初等数学问题研究

Problems from the Book

[美] 蒂图·安德雷斯库(Titu Andreescu)
[法] 加布里埃尔·道斯佩妮(Gabriel Dospinescu) 著

冯志新 译

哈尔滨工业大学出版社
HARBIN INSTITUTE OF TECHNOLOGY PRESS

黑版贸审字 08－2017－032 号

图书在版编目（CIP）数据

初等数学问题研究/（美）蒂图·安德雷斯库（Titu Andreescu），（法）加布里埃尔·道斯佩妮（Gabriel Dospinescu）著;冯志新译. —哈尔滨:哈尔滨工业大学出版社,2021.3(2024.1 重印)

书名原文:Problems from the Book

ISBN 978－7－5603－9200－4

Ⅰ.①初…　Ⅱ.①蒂…　②加…　③冯…　Ⅲ.①初等数学　Ⅳ.①O12

中国版本图书馆 CIP 数据核字(2020)第 231215 号

策划编辑　刘培杰　张永芹

责任编辑　李广鑫

封面设计　孙茵艾

出版发行　哈尔滨工业大学出版社

社　　址　哈尔滨市南岗区复华四道街 10 号　邮编 150006

传　　真　0451－86414749

网　　址　http://hitpress. hit. edu. cn

印　　刷　哈尔滨市石桥印务有限公司

开　　本　787 mm×1092 mm　1/16　印张 26　字数 454 千字

版　　次　2021 年 3 月第 1 版　2024 年 1 月第 3 次印刷

书　　号　ISBN 978－7－5603－9200－4

定　　价　48.00 元

（如因印装质量问题影响阅读,我社负责调换）

序　言

　　初等数学中的一本新书对现有的期刊、文章和书籍能有什么贡献？这是我们决定写这本书时最关心的问题. 这个问题的必然性不利于回答，因为经过五年的写作和反复修改，我们还有一些内容需要补充. 这可能是一个新问题，一个我们认为相关的评论，或者一个解决方案，直到这个预测性的时刻，我们应该把它交给这个领域的专家来审查. 只要熟读这本书就应该足以确定其目标读者：准备参加国家或国际数学奥林匹克竞赛的学生和教练. 我们更加需要认识到，这些人并不是这项工作的唯一潜在受益者. 虽然这本书包含了从各种数学竞赛和期刊中甄选的问题，但人们不能忽视数学的经典结果，因为它们超过了有时间限制的竞赛水平. 经典并不意味着简单！这些数学之美不仅仅可以证明初等数学可以产生珍宝，它们被许多人视为"真正的数学"，是对超越竞赛的数学的一种邀请. 在这种背景下，读者远比人们想象得更为多样化.

　　即便如此，读者很容易发现这本书的许多问题是有一定难度的. 因此，理论部分较短，重点放在问题上. 当然，还有更微妙的结果，比如二次互异性和原根的存在性，都与线性代数或数学分析的基本结果有关. 本书会提供对读者有帮助的证明过程. 我们假定读者熟悉初等数学的经典理论，我们会自由地使用它们. 本书通过权衡常规练习的需要来选择问题，这种练习让你熟悉解决难题的方法而找到真正美妙解法的乐趣. 我们努力只选择那些最能说明我们想要展示想法的问题，无论是简单的还是困难的题目. 请允许我们简要地讨论一下这本书的结构. 当读者仅仅浏览目录时，最有可能使他们吃惊的是没有任何关于几何的章节. 这本书并不想成为彻底的详尽无遗的关于初等数学的概括，如果真有这样一本书出版，那将是数学悲哀的一天. 相反，我们试图把那些让我们着迷的问题组合起来，以便给我们一种学习技巧和拓展思路的感觉，这不仅成为解决问题的主题，而且成为所有数学的主题. 此外，还有很多关于几何学的优秀书籍，而且不难发现，我们无法创造新的东西来增加这个领域的研究. 因此，我们更愿意详细阐述初等数学领域的三个重要问题：代数、数论和组合数学. 即使在焦点缩小之后，仍有许多主题被简单地忽略了，要么是考虑到可用的空间，要么由于"有关该主题的现有文献更好". 例如，函数方程,一个可以产生非常困难、有趣问题的领域,但它没有明显反复出现的主题能够把一切联系起来.

希望你们没有因为这些遗漏而放弃这本书,因为许多人可能没有记住这些陈述的主题而认为这些遗漏是主要的,我们将继续阐述章节的内容.首先,我们按照所使用的主题工具的难度来排列章节.本文从代数中的经典代换技巧入手,着重介绍了大量的实例和应用.接下来是一个我们非常感兴趣的话题:柯西-施瓦兹不等式及其变形.用一个相当大的篇幅介绍了拉格朗日插值公式的应用,绝大多数是机械地直接应用.感兴趣的读者将在这一章找到一些真正的"珍珠",这应该足以改变他对这个有用的数学工具的看法.这本书的最后给出了数学分析和代数相结合的两个相当困难的章节.其中一个很有独创性,展示了简单的积分计算可以解决非常困难的不等式,另一个讨论了等分布稠密数列的性质.有太多的书认为外尔等分布定理"太难了",我们忍不住提供一个基本的证明来反驳他们.此外,读者将很快认识到,对于初等问题,我们没有回避使用数学分析或高等代数,提出所谓的非初等解决方案.将这两种类型的数学视为两种不同的实体是不准确的,如果不承认对具有概念性和简单的非初等解的问题进行泛化的可能性,就给出费力的初等解,那就更糟了.最后,我们用一整章的篇幅来讨论多项式不可约性的判别准则,我们发现一些非常有效的准则(如佩隆和卡佩利的准则)实际上是未知的,尽管它们比著名的艾森斯坦准则更有效.

专门研究数论的部分是内容最多的.一些章节涉及$4k+3$形式的质数,这一元素的加入是为了更好地理解本书后面使用的基本结果.开发了一种既简单又有用的工具:整数因式分解中质数的指数.一些属于保罗·埃尔德和其他人的数学瑰宝出现在其中.尽管很多书中都提到二次互异性,我们还是用了整整一章来讨论这个主题,因为我们可以利用的问题太巧妙了,无法排除.接下来是一些较难章节,涉及多项式算术性质、几何数论(其中我们介绍了著名的闵可夫斯基定理的一些算术应用),以及代数数论的性质.一个特别的章节研究了一个非常简单的概念的一些应用,即一个收敛的整数序列最终是平稳的!读者将有机会认识到,在无神论中,即使是简单的想法也会产生巨大的影响.例如,考虑一下在区间$(-1,1)$中,唯一的整数是0的基本思想,但是有多少关于无理数的奇妙

2

结果仅仅是由此而来！另一章关于数字之和，这是一个总是能解决意想不到的、令人着迷的问题的主题，但我们找不到独特的方法.

最后，介绍组合数论部分.读者会立即注意到，我们对这个主题的介绍带有代数上的倾向性，实际上这正是我们的意图. 通过这种方式，我们试图在组合数论中展示一些意想不到的复数应用，并用一章来讨论有用的形式级数. 另一章展示了线性代数在求解集合中的组合学问题时是多么有用. 当然，我们传统地提出图兰定理和图论的应用，一般来说，鸽笼原理是不可忽略的. 我们在这里遇到了困难，因为这个话题在其他书中有广泛的介绍，很少有令人满意的方式. 基于这个原因，我们试图介绍一些鲜为人知的问题，因为这个话题对初等数学爱好者来说是如此的珍贵. 我们在最后一章中介绍了多项式在数论和组合数学中的特殊应用，重点介绍了Noga –Alon的组合Nullstellensatz定理.

最后，我们对各章的结构做了一些评论.总的来说，陈述了主要的理论结果，如果它们足够深奥或晦涩，则给出了证明.在理论部分之后，我们给出了10到15个例子，大多数来自数学竞赛或来自诸如Kvant，Komal和《美国数学月刊》等期刊，其他是新问题或经典结果. 每一章都以一系列问题结束，其中大部分问题都源于理论结果.最后，有一个会让一些人高兴而另一些人害怕的变化：章节结尾的问题没有解决方案！我们有两个原因：第一个也是最实际的考虑是减少这本书的篇幅；第二个也是更重要的因素是：我们考虑解决问题必须包括不可避免的漫长的试验和研究过程，而包含解决方案可能会提供太诱人的捷径.考虑到这一点，选择问题的标准是勤奋的读者能解决其中三分之一的问题，在第二个三分之一取得一些进展，并且至少在剩下的部分中对寻找解决方案感到满意.

我们现在来到了最微妙的时刻，说声谢谢的时刻.首先，我们要感谢Marin Tetiva 和Paul Stanford 阅读手稿时发现了许多我们不希望在最后定稿中出现的错误.我们感谢他们为审阅这本书所付出的巨大努力. 所有剩余的错误都是作者的责任，他们会感谢错误报告，以便在未来的版本中更正和修改. 非常感谢Radu Sorici提出了许多改进建议.我们感谢Adrian Zahariuc在撰写数论与图论部分给予的帮助，有几种解决办法要么是他自己的成果，要么是他经验的结晶. 特别感谢Valentin Vornicu创建了Mathlinks，它产生了这本书所包含的许多问题.他的网站mathlinks.ro 是一个问题宝

库，我们邀请热情的数学家利用这一资源.我们还要感谢Ravi Boppana,
Vesselin Dimitrov 和Richard Stong，他们提供了优秀的问题、解决方案和
评论.最后，对于在写作过程中帮助我们的许多人，我们向他们表示感谢.

蒂图·安德雷斯库

(titu.andreescu@utdallas.edu)

加布里埃尔·道斯佩妮

(gdospi2002@yahoo.com)

目　　录

第1章　一些有用的替换 1

 1.1　理论和实例 1

 1.2　习题 13

第2章　永远的柯西－施瓦兹 17

 2.1　理论和实例 17

 2.2　习题 29

第3章　看看指数 34

 3.1　理论和实例 34

 3.2　习题 48

第4章　质数和平方 53

 4.1　理论和实例 53

 4.2　习题 63

第5章　T2引理 66

 5.1　理论和实例 66

 5.2　习题 78

第6章　极值图论中的几个经典问题 82

 6.1　理论和实例 82

 6.2　习题 89

第7章　复杂的组合 92

 7.1　理论和实例 92

 7.2　习题 103

第8章　重温形式级数 107

 8.1　理论和实例 107

 8.2　习题 121

第9章　代数数论简介 125

 9.1　理论和实例 125

 9.2　习题 140

第10章　多项式的算术性质 144

 10.1　理论和实例 144

10.2 习题 159

第11章 拉格朗日插值公式 164
11.1 理论和实例 164
11.2 习题 183

第12章 组合数学中的高等代数 187
12.1 理论和实例 187
12.2 习题 199

第13章 几何和数论 204
13.1 理论和实例 204
13.2 习题 219

第14章 越小越好 222
14.1 理论和实例 222
14.2 习题 231

第15章 密度与正则分布 234
15.1 理论和实例 234
15.2 习题 245

第16章 正整数的位数和 248
16.1 理论和实例 248
16.2 习题 258

第17章 在分析与数论的边缘 261
17.1 理论和实例 261
17.2 习题 275

第18章 二次互反律 279
18.1 理论和实例 279
18.2 习题 293

第19章 用积分法解初等不等式 296
19.1 理论和实例 296
19.2 习题 310

第20章 重新审视鸽笼原理 314
20.1 理论和实例 314
20.2 习题 329

第21章　一些有用的不可约性原则 333

   21.1　理论和实例 333

   21.2　习题 349

第22章　循环、路径和其他方式 352

   22.1　理论和实例 352

   22.2　习题 359

第23章　多项式的一些特殊应用 362

   23.1　理论和实例 362

   23.2　习题 376

参考文献 380

第 1 章　一些有用的替换

1.1 理论和实例

我们知道，在大多数带有条件$abc = 1$的不等式问题中，代换$a = \dfrac{x}{y}$，$b = \dfrac{y}{z}$，$c = \dfrac{z}{x}$可以简化问题的解答（当然并不是所有这类问题都能简化），代换也不只是针对于不等式问题，还有许多类似的代换使解答更容易.你有没有想过其他情况，例如

$$xyz = x + y + z + 2, \quad xy + yz + zx + 2xyz = 1, \quad x^2 + y^2 + z^2 + 2xyz = 1$$

或$x^2 + y^2 + z^2 = xyz + 4$? 这一章的目的是介绍这类最经典的代换及其应用. 你会惊喜地发现（除非你已经知道结果），若$xyz = x + y + z + 2$且满足$x, y, z > 0$，则一定存在正实数a, b, c使得

$$x = \frac{b+c}{a}, \quad y = \frac{c+a}{b}, \quad z = \frac{a+b}{c}.$$

接下来我们解释一下.事实上，经过简单计算，条件$xyz = x + y + z + 2$可以写成如下等价形式

$$\frac{1}{1+x} + \frac{1}{1+y} + \frac{1}{1+z} = 1.$$

现在令

$$a = \frac{1}{1+x}, \quad b = \frac{1}{1+y}, \quad c = \frac{1}{1+z}.$$

则

$$a + b + c = 1 \text{ 且} x = \frac{1-a}{a} = \frac{b+c}{a}.$$

同理可以得出$y = \dfrac{c+a}{b}$，$z = \dfrac{a+b}{c}$. 逆命题($\dfrac{b+c}{a}, \dfrac{c+a}{b}, \dfrac{a+b}{c}$满足$xyz = x + y + z + 2$) 可以利用简单的计算证明其成立. 现在我们看看第二组条件$x, y, z > 0$且$xy + yz + zx + 2xyz = 1$. 如果你仔细观察，会发现它与第一组条件密切相关.事实上，$x, y, z > 0$满足$xy + yz + zx + 2xyz = 1$当且仅当$\dfrac{1}{x}$，$\dfrac{1}{y}$，$\dfrac{1}{z}$满足

$$\frac{1}{xyz} = \frac{1}{x} + \frac{1}{y} + \frac{1}{z} + 2,$$

于是有如下代换

$$x = \frac{a}{b+c}, \quad y = \frac{b}{c+a}, \quad z = \frac{c}{a+b}.$$

我们现在仔细看一下刚刚提到的另两个代换

$$x^2 + y^2 + z^2 + 2xyz = 1$$

和

$$x^2 + y^2 + z^2 = xyz + 4.$$

让我们从下面的问题开始, 这个问题也可以看作一个练习. 考虑三个实数 a, b, c 使得 $abc = 1$ 且

$$x = a + \frac{1}{a}, \quad y = b + \frac{1}{b}, \quad z = c + \frac{1}{c} \tag{1.1}$$

问题是找到 x, y, z 之间的代数关系, 且不依赖于 a, b, c. 解答这个问题的一个有效方法是观察到 (不需要通过解二次方程进行计算)

$$\begin{aligned}
xyz &= \left(a + \frac{1}{a}\right)\left(b + \frac{1}{b}\right)\left(c + \frac{1}{c}\right) \\
&= \left(a^2 + \frac{1}{a^2}\right) + \left(b^2 + \frac{1}{b^2}\right) + \left(c^2 + \frac{1}{c^2}\right) + 2 \\
&= (x^2 - 2) + (y^2 - 2) + (z^2 - 2) + 2.
\end{aligned}$$

因此

$$x^2 + y^2 + z^2 - xyz = 4. \tag{1.2}$$

因为对于所有实数 a 有 $\left|a + \frac{1}{a}\right| \geq 2$. 显然, 并不是所有数组 (x, y, z) 满足式(1.2)就具有形式(1.1). 然而, 附加假设 $\min\{|x|, |y|, |z|\} \geq 2$ 得到更好的结果, 逆命题成立, 即 x, y, z 是实数且满足 $\min\{|x|, |y|, |z|\} \geq 2$ 和式(1.2), 则存在满足(1.1)的实数 a, b, c 且 $abc = 1$. 事实上, 仅假设 $\max\{|x|, |y|, |z|\} > 2$. 的确, 我们可以假设 $|x| > 2$, 这样则存在一个非零实数 u 使得 $x = u + \frac{1}{u}$. 现在我们把式(1.2)看成是关于 z 的二次方程, 因为判别式非负, 所以有 $(x^2 - 4)(y^2 - 4) \geq 0$. 但是由于 $|x| > 2$, 我们发现 $y^2 \geq 4$, 并且存在非零实数 v 使得 $y = v + \frac{1}{v}$. 怎样求符合题意的 z 呢? 只需求解二次方程, 我们找到了两个答案

$$z_1 = uv + \frac{1}{uv}, \quad z_2 = \frac{u}{v} + \frac{v}{u}.$$

现在我们差不多做完了.

如果$z = uv + \dfrac{1}{uv}$，我们取$(a,b,c) = \left(u, v, \dfrac{1}{uv}\right)$，如果$z = \dfrac{u}{v} + \dfrac{v}{u}$，我们取$(a,b,c) = \left(\dfrac{1}{u}, v, \dfrac{u}{v}\right)$．受前一个方程的启发，我们考虑另一个方程

$$x^2 + y^2 + z^2 + xyz = 4 \tag{1.3}$$

其中$x,y,z > 0$．我们将证明这个方程的解是三元数组$(2\cos A, 2\cos B, 2\cos C)$，其中$A, B, C$ 是锐角三角形的角．首先证明所有这样的三元数组都是方程的解．归纳出恒等式

$$\cos^2 A + \cos^2 B + \cos^2 C + 2\cos A \cos B \cos C = 1.$$

这个恒等式可以用和积公式证明．相反，由于$0 < x,y,z < 2$，因此存在$A, B \in \left(0, \dfrac{\pi}{2}\right)$ 使得$x = 2\cos A, y = 2\cos B$．

解关于z的方程并考虑到$z \in (0,2)$，我们得出$z = -2\cos(A + B)$．这样我们可以取$C = \pi - A - B$ 并得到

$$(x, y, z) = (2\cos A, 2\cos B, 2\cos C).$$

我们总结一下：我们看到了一些很好的代换，甚至更好的证明，但我们还没有看到任何应用．我们一会儿可以用这些技巧来解决很多问题．首先，看一个简单而经典的问题，源于Nesbitt．它有许多扩展和归纳，我们必须首先讨论它．

例1.1 证明

$$\frac{a}{b+c} + \frac{b}{c+a} + \frac{c}{a+b} \geq \frac{3}{2}$$

其中$a,b,c > 0$．

解答． 通过神奇的代换，足以证明，如果$x,y,z>0$ 满足$xy+yz+zx+2xyz = 1$，则$x + y + z \geq \dfrac{3}{2}$．假设情况并非如此，即$x + y + z < \dfrac{3}{2}$．因为$xy + yz + zx \leq \dfrac{(x+y+z)^2}{3}$，则$xy + yz + zx < \dfrac{3}{4}$，并且由于$xyz \leq \left(\dfrac{x+y+z}{3}\right)^3$，则$2xyz < \dfrac{1}{4}$．于是$1 = xy+yz+zx+2xyz < \dfrac{3}{4}+\dfrac{1}{4} = 1$，得出矛盾，证毕．

现在让我们增加难度：假设你不知道这些代换，尝试解决以下问题，然后看看所提供的解决方案，你会发现一个好代换几乎可以单独解决一个问题．

例1.2 令 $x, y, z > 0$ 使得 $xy + yz + zx + 2xyz = 1$. 证明

$$\frac{1}{x} + \frac{1}{y} + \frac{1}{z} \geq 4(x + y + z).$$

(Mircea Lascu)

解答. 用前面的代换，不等式变为

$$\frac{b+c}{a} + \frac{c+a}{b} + \frac{a+b}{c} \geq 4\left(\frac{a}{b+c} + \frac{b}{c+a} + \frac{c}{a+b}\right).$$

这是由于

$$\frac{4a}{b+c} \leq \frac{a}{b} + \frac{a}{c}, \quad \frac{4b}{c+a} \leq \frac{b}{c} + \frac{b}{a}, \quad \frac{4c}{a+b} \leq \frac{c}{a} + \frac{c}{b}.$$

简单而有效，这就是这个代换的特点. 这是上一个问题的几何应用.

例1.3 证明在任何锐角三角形 ABC 中，下列不等式成立

$$\cos^2 A \cos^2 B + \cos^2 B \cos^2 C + \cos^2 C \cos^2 A \leq \frac{1}{4}(\cos^2 A + \cos^2 B + \cos^2 C).$$

(Titu Andreescu)

解答. 我们发现待证的不等式等价于

$$\frac{\cos A \cos B}{\cos C} + \frac{\cos B \cos C}{\cos A} + \frac{\cos A \cos C}{\cos B}$$

$$\leq \frac{1}{4}\left(\frac{\cos A}{\cos B \cos C} + \frac{\cos B}{\cos C \cos A} + \frac{\cos C}{\cos A \cos B}\right).$$

设

$$x = \frac{\cos B \cos C}{\cos A}, \quad y = \frac{\cos A \cos C}{\cos B}, \quad z = \frac{\cos A \cos B}{\cos C},$$

上述不等式源于

$$4(x + y + z) \leq \frac{1}{x} + \frac{1}{y} + \frac{1}{z}.$$

这正是前一个例子中的不等式. 接下来证明 $xy + yz + zx + 2xyz = 1$. 这个方程等价于

$$\cos^2 A + \cos^2 B + \cos^2 C + 2\cos A \cos B \cos C = 1,$$

我们已经证明过了.

接下来的问题是用多项式给出方程(1.2)一个很好的描述, 并且教给我们一些关于两个或三个变量的多项式的内容.

例1.4 求所有实系数多项式函数 $f(x,y,z)$, 使其满足

$$f\left(a+\frac{1}{a}, b+\frac{1}{b}, c+\frac{1}{c}\right)=0$$

其中 $abc=1$.

(Gabriel Dospinescu)

解答. 从序言中可以看出所求多项式能够被 $x^2+y^2+z^2-xyz-4$ 整除, 但这不是显然的, 接下来我们用经典的多项式长除法证明这一点. 设有实系数多项式 $g(x,y,z), h(y,z), k(y,z)$ 使其满足

$$f(x,y,z)=(x^2+y^2+z^2-xyz-4)g(x,y,z)+xh(y,z)+k(y,z).$$

由此我们推断

$$0=\left(a+\frac{1}{a}\right)h\left(b+\frac{1}{b}, c+\frac{1}{c}\right)+k\left(b+\frac{1}{b}, c+\frac{1}{c}\right)$$

其中 $abc=1$. 这似乎无解, 其实不然. 取两个数 x,y 使得 $\min\{|x|,|y|\}>2$, 并且记

$$x=b+\frac{1}{b}, \quad y=c+\frac{1}{c}$$

此时 $b=\dfrac{x+\sqrt{x^2-4}}{2}, c=\dfrac{y+\sqrt{y^2-4}}{2}$.

那么易推算出 $a+\dfrac{1}{a}$ 恰好是 $xy+\sqrt{(x^2-4)(y^2-4)}$. 于是

$$\left(xy+\sqrt{(x^2-4)(y^2-4)}\right)h(x,y)+k(x,y)=0$$

且 $\min\{|x|,|y|\}>2$. 现在呢? 上一个关系式表明我们应该证明对每一个 y 且 $|y|>2$, 函数 $x\to\sqrt{x^2-4}$ 是不合理的, 即不存在多项式 p,q, 使得

$$\sqrt{x^2-4}=\frac{p(x)}{q(x)}.$$

原因很简单, 因为如果存在这样的多项式, x^2-4 的零点应该有偶数个, 然而事实并非如此. 因此, 对于每一个满足 $|y|>2$ 的 y, 我们有 $h(x,y)=k(x,y)=$

0 对所有 x 成立. 但是这意味着对于所有 x, y, $h(x, y) = k(x, y) = 0$，即所求多项式能被 $x^2 + y^2 + z^2 - xyz - 4$ 整除.

继续增加难度，再次提及我们提议的实验，如果读者不使用上述代换方法解答，一定会理解为什么难以考虑这些问题.

例1.5 证明如果 $x, y, z > 0$ 且 $xyz = x + y + z + 2$, 则有

$$2\left(\sqrt{xy} + \sqrt{yz} + \sqrt{zx}\right) \le x + y + z + 6.$$

解答. 这个问题即使使用代换，技巧性也很强. 主要有两个想法：使用一些恒等式将不等式转化为简单的形式，然后使用代换. 我们看一下，$2\left(\sqrt{xy} + \sqrt{yz} + \sqrt{zx}\right)$ 能看出点什么？显然，它和下面的式子有关系，

$$\left(\sqrt{x} + \sqrt{y} + \sqrt{z}\right)^2 - (x + y + z).$$

因此，待证不等式化为

$$\sqrt{x} + \sqrt{y} + \sqrt{z} \le \sqrt{2(x + y + z + 3)}.$$

首先想到利用柯西-施瓦兹不等式 $\sqrt{x} + \sqrt{y} + \sqrt{z} \le \sqrt{3(x + y + z)} \le \sqrt{2(x + y + z + 3)}$) 并没有得出答案，事实上，后一个不等式不成立. 设 $x + y + z = s$, 有 $3s \le 2(s + 3)$, 这是因为 AM-GM 不等式（均值不等式）意味着

$$xyz \le \frac{s^3}{27}$$

所以

$$\frac{s^3}{27} \ge s + 2,$$

等价于 $(s - 6)(s + 3)^2 \ge 0$, 则 $s \ge 6$.

让我们看看代换有什么帮助，不等式变成

$$\sqrt{\frac{b+c}{a}} + \sqrt{\frac{c+a}{b}} + \sqrt{\frac{a+b}{c}} \le \sqrt{2\left(\frac{b+c}{a} + \frac{c+a}{b} + \frac{a+b}{c} + 3\right)}.$$

最后一步可能是最重要的.

我们必须把表达式 $\dfrac{b+c}{a} + \dfrac{c+a}{b} + \dfrac{a+b}{c} + 3$ 变形，如果每个分数加 1，则出现公因数 $a + b + c$，则

$$\frac{b+c}{a} + \frac{c+a}{b} + \frac{a+b}{c} + 3 = (a + b + c)\left(\frac{1}{a} + \frac{1}{b} + \frac{1}{c}\right).$$

现在我们终于解决了这个问题，有趣的是又一次应用了柯西－施瓦兹不等式

$$\sqrt{\frac{b+c}{a}} + \sqrt{\frac{c+a}{b}} + \sqrt{\frac{a+b}{c}} \le \sqrt{(b+c+c+a+a+b)\left(\frac{1}{a}+\frac{1}{b}+\frac{1}{c}\right)}.$$

我们继续2003年的美国数学奥林匹克竞赛（USAMO）问题，这种不等式有许多证明方法，但都不容易.下面的解决方案同样不简单，但是对于熟悉这种代换的人似乎很自然.

例1.6 证明对任意正实数a, b, c有如下不等式

$$\frac{(2a+b+c)^2}{2a^2+(b+c)^2} + \frac{(2b+c+a)^2}{2b^2+(c+a)^2} + \frac{(2c+a+b)^2}{2c^2+(a+b)^2} \le 8.$$

(Titu Andreescu, Zuming Feng, USAMO 2003)

解答. 待证不等式等价于

$$\frac{\left(2+\dfrac{b+c}{a}\right)^2}{2+\left(\dfrac{b+c}{a}\right)^2} + \frac{\left(2+\dfrac{c+a}{b}\right)^2}{2+\left(\dfrac{c+a}{b}\right)^2} + \frac{\left(2+\dfrac{a+b}{c}\right)^2}{2+\left(\dfrac{a+b}{c}\right)^2} \le 8.$$

利用之前的代换，可以证明如果

$$xyz = x+y+z+2,$$

则

$$\frac{(2+x)^2}{2+x^2} + \frac{(2+y)^2}{2+y^2} + \frac{(2+z)^2}{2+z^2} \le 8.$$

上式可化为

$$\frac{2x+1}{x^2+2} + \frac{2y+1}{y^2+2} + \frac{2z+1}{z^2+2} \le \frac{5}{2}.$$

再转化为

$$\frac{(x-1)^2}{x^2+2} + \frac{(y-1)^2}{y^2+2} + \frac{(z-1)^2}{z^2+2} \ge \frac{1}{2}.$$

最后这种形式建议用柯西－施瓦兹不等式证明出如下不等式

$$\frac{(x-1)^2}{x^2+2} + \frac{(y-1)^2}{y^2+2} + \frac{(z-1)^2}{z^2+2} \ge \frac{(x+y+z-3)^2}{x^2+y^2+z^2+6}.$$

所以最后我们只需证明不等式 $2(x+y+z-3)^2 \geq x^2+y^2+z^2+6$. 这应该很简单，事实上此不等式等价于

$$2(x+y+z-3)^2 \geq (x+y+z)^2 - 2(xy+yz+zx)+6.$$

现在，由于 $xyz \geq 8$（回想 x, y, z 是什么，并且应用AM-GM不等式三次），我们发现 $xy+yz+zx \geq 12$ 和 $x+y+z \geq 6$（应用相同的AM-GM不等式）. 这足以证明当 $s \geq 6$ 时有不等式 $2(s-3)^2 \geq s^2-18$, 显然其等价于 $(s-3)(s-6) \geq 0$, 证毕.

接下来的问题仍然很难，但是利用本章提到的代换可以得出简单的解答.

例1.7 证明如果 $x, y, z > 0$ 且满足 $xy+yz+zx+xyz = 4$,则有不等式

$$x+y+z \geq xy+yz+zx.$$

(India 1998)

解答. 首先把题设条件改写为

$$\frac{x}{2} \cdot \frac{y}{2} + \frac{y}{2} \cdot \frac{z}{2} + \frac{z}{2} \cdot \frac{x}{2} + 2 \cdot \frac{x}{2} \cdot \frac{y}{2} \cdot \frac{z}{2} = 1.$$

因此存在正实数 a, b, c，这样

$$x = \frac{2a}{b+c}, \quad y = \frac{2b}{c+a}, \quad z = \frac{2c}{a+b}.$$

现在解答基本要结束了，由于不等式

$$x+y+z \geq xy+yz+zx$$

等价于

$$\frac{a}{b+c} + \frac{b}{c+a} + \frac{c}{a+b} \geq \frac{2ab}{(c+a)(c+b)} + \frac{2bc}{(a+b)(a+c)} + \frac{2ca}{(b+a)(b+c)}.$$

去除分母后，不等式变成
$$a(a+b)(a+c) + b(b+a)(b+c) + c(c+a)(c+b)$$
$$\geq 2ab(a+b) + 2bc(b+c) + 2ca(c+a).$$
经过基本计算，不等式化简为

$$a(a-b)(a-c) + b(b-a)(b-c) + c(c-a)(c-b) \geq 0.$$

这是舒尔不等式.

接下来是一个难题，代换起到了关键的作用，但是代换不能独立解决问题.

例1.8 证明如果 $x, y, z > 0$ 且满足 $xyz = x + y + z + 2$, 则有不等式

$$xyz(x-1)(y-1)(z-1) \leq 8.$$

(Gabriel Dospinescu)

解答. 应用代换

$$x = \frac{b+c}{a}, \quad y = \frac{c+a}{b}, \quad z = \frac{a+b}{c},$$

待证不等式变为

$$(a+b)(b+c)(c+a)(a+b-c)(b+c-a)(c+a-b) \leq 8a^2b^2c^2 \tag{1.4}$$

其中 a, b, c 是任意实数. 容易看出这个形式强于舒尔不等式

$$(a+b-c)(b+c-a)(c+a-b) \leq abc.$$

首先，假设 a, b, c 是三角形 ABC 的三边，否则(1.4)的左边是负数. $a+b-c, b+c-a, c+a-b$ 都不是负数. 令 R 是三角形 ABC 外接圆的中心，不难推断出以下等式

$$(a+b-c)(b+c-a)(c+a-b) = \frac{a^2b^2c^2}{(a+b+c)R^2}.$$

因此，待证不等式可以写成

$$(a+b+c)R^2 \geq \frac{(a+b)(b+c)(c+a)}{8}.$$

我们知道，在三角形 ABC 中，有 $9R^2 \geq a^2 + b^2 + c^2$. 因此

$$8(a+b+c)(a^2+b^2+c^2) \geq 9(a+b)(b+c)(c+a).$$

这个不等式由下面两个不等式得出

$$8(a+b+c)(a^2+b^2+c^2) \geq \frac{8}{3}(a+b+c)^3$$

和

$$9(a+b)(b+c)(c+a) \leq \frac{8}{3}(a+b+c)^3.$$

第一个不等式化简为

$$a^2 + b^2 + c^2 \geq \frac{1}{3}(a+b+c)^2,$$

而第二个不等式是均值不等式（AM-GM不等式）的一个推论，将这两个结果合起来得出期望的不等式.

接下来的问题及其独特的解答表明，有时一个有效的代换可以实现很多复杂的想法.

例1.9 设 $a, b, c > 0$.求所有三元正实数数组 (x, y, z)，使得

$$\begin{cases} x + y + z = a + b + c \\ a^2 x + b^2 y + c^2 z + abc = 4xyz \end{cases}$$

(Titu Andreescu, IMO Shortlist 1995)

解答. 我们试图利用第二个方程给出的信息，它可以改写为

$$\frac{a^2}{yz} + \frac{b^2}{zx} + \frac{c^2}{xy} + \frac{abc}{xyz} = 4$$

并且我们已知关系式

$$u^2 + v^2 + w^2 + uvw = 4$$

其中 $u = \dfrac{a}{\sqrt{yz}}$, $v = \dfrac{b}{\sqrt{zx}}$, $w = \dfrac{c}{\sqrt{xy}}$. 根据例1.3，我们可以找到一个锐角三角形 ABC，使得

$$u = 2\cos A, \quad v = 2\cos B, \quad w = 2\cos C.$$

然后利用第一个条件推断出

$$x + y + z = 2\sqrt{xy}\cos C + 2\sqrt{yz}\cos A + 2\sqrt{zx}\cos B.$$

试着把它看作关于 $\sqrt{x}$ 的二次方程，判别式为

$$-4\left(\sqrt{y}\sin C - \sqrt{z}\sin B\right)^2.$$

因为这个判别式非负，我们推断

$$\sqrt{y}\sin C = \sqrt{z}\sin B \quad, \quad \sqrt{x} = \sqrt{y}\cos C + \sqrt{z}\cos B.$$

利用最后两个关系式得出

$$\frac{\sqrt{x}}{\sin A} = \frac{\sqrt{y}}{\sin B} = \frac{\sqrt{z}}{\sin C}$$

现在平方之后，应用

$$\cos A = \frac{a}{2\sqrt{yz}}, \quad \cos B = \frac{b}{2\sqrt{zx}}, \quad \cos C = \frac{c}{2\sqrt{xy}}.$$

结论是

$$x = \frac{b+c}{2}, \quad y = \frac{c+a}{2}, \quad z = \frac{a+b}{2},$$

显然，这组数满足了两个条件，因此有唯一解组.

现在我们回到之前的问题，这次是基于几何参数的解.

例1.10 证明如果正实数 x, y, z 满足

$$xy + yz + zx + xyz = 4,$$

则有不等式

$$x + y + z \geq xy + yz + zx.$$

(India 1998)

解答. 题设中的关系式不是方程(1.3)的类比，我们把条件 $xy+yz+zx+xyz = 4$ 改写成

$$\sqrt{xy}^2 + \sqrt{yz}^2 + \sqrt{zx}^2 + \sqrt{xy} \cdot \sqrt{yz} \cdot \sqrt{zx} = 4.$$

现在利用例1.3 的结果推断出一定存在一个锐角三角形 ABC 使得

$$\begin{cases} \sqrt{yz} = 2\cos A \\ \sqrt{zx} = 2\cos B \\ \sqrt{xy} = 2\cos C. \end{cases}$$

解出这个方程组的解组为

$$(x, y, z) = \left(\frac{2\cos B \cos C}{\cos A}, \frac{2\cos A \cos C}{\cos B}, \frac{2\cos A \cos B}{\cos C} \right).$$

因此只需证明

$$\frac{\cos B \cos C}{\cos A} + \frac{\cos A \cos C}{\cos B} + \frac{\cos A \cos B}{\cos C} \geq 2(\cos^2 A + \cos^2 B + \cos^2 C).$$

这个不等式很难，而且是从一个普遍结果得来的.

引理1.1 如果ABC是一个三角形，且x, y, z是任意实数，那么有不等式

$$x^2 + y^2 + z^2 \geq 2yz\cos A + 2zx\cos B + 2xy\cos C.$$

证明. 考虑分别在直线AB, BC, CA上的三点P, Q, R，使得$AP = BQ = CR = 1$，则待证不等式显然等价于

$$(x \cdot \overrightarrow{AP} + y \cdot \overrightarrow{BQ} + z \cdot \overrightarrow{CR})^2 \geq 0,$$

注意：条件

$$x + y + z = 2\sqrt{xy}\cos C + 2\sqrt{yz}\cos A + 2\sqrt{zx}\cos B$$

是引理1.1中等号成立的情况，它给例1.9提供了另一种方法. 证明引理，我们只需取

$$x = \sqrt{\frac{2\cos B \cos C}{\cos A}}, \quad y = \sqrt{\frac{2\cos A \cos C}{\cos B}}, \quad z = \sqrt{\frac{2\cos A \cos B}{\cos C}}$$

问题得证.

最后一道例题，是一个复杂的递推关系.

例1.11 令$(a_n)_{n \geq 0}$是一个正整数非递减序列, $a_0 = a_1 = 47$,且

$$a_{n-1}^2 + a_n^2 + a_{n+1}^2 - a_{n-1}a_na_{n+1} = 4$$

其中$n \geq 1$.证明$2 + a_n$和$2 + \sqrt{2 + a_n}$当$n \geq 0$时是完全平方数.

(Titu Andreescu)

解答. 记$a_n = x_n + \dfrac{1}{x_n}$,其中$x_n > 1$, 则所给条件变成$x_{n+1} = x_nx_{n-1}$,显然$(\ln x_n)_{n \geq 0}$是一个斐波那契数列.

由于$x_0 = x_1$, 则$x_n = x_0^{F_n}$,其中$F_0 = F_1 = 1, F_{n+1} = F_n + F_{n-1}$. 那么$x_0$是什么？答案$x_0 = \dfrac{47 + \sqrt{47^2 - 1}}{2}$还不充分. 注意到

$$\left(\sqrt{x_0} + \frac{1}{\sqrt{x_0}}\right)^2 = 49$$

则

$$\sqrt{x_0} + \frac{1}{\sqrt{x_0}} = 7.$$

同理得出

$$\sqrt[4]{x_0} + \frac{1}{\sqrt[4]{x_0}} = 3.$$

解方程，得出

$$\sqrt[4]{x_0} = \left(\frac{1+\sqrt{5}}{2}\right)^2 = \lambda^2,$$

即 $x_0 = \lambda^8$. 至此，得出通项公式

$$a_n = \lambda^{8F_n} + \lambda^{-8F_n}.$$

现在问题变得简单了，由于

$$a_n + 2 = (\lambda^{4F_n} + \lambda^{-4F_n})^2 \quad , \quad 2 + \sqrt{2 + a_n} = (\lambda^{2F_n} + \lambda^{-2F_n})^2.$$

接下来只需证明 $\lambda^{2k} + \dfrac{1}{\lambda^{2k}} \in \mathbb{N}$，其中 $k \in \mathbb{N}$. 这个不难，因为

$$\lambda^2 + \frac{1}{\lambda^2} \in \mathbb{N}, \quad \lambda^4 + \frac{1}{\lambda^4} \in \mathbb{N}$$

并且

$$\lambda^{2(k+1)} + \frac{1}{\lambda^{2(k+1)}} = \left(\lambda^2 + \frac{1}{\lambda^2}\right)\left(\lambda^{2k} + \frac{1}{\lambda^{2k}}\right) - \left(\lambda^{2(k-1)} + \frac{1}{\lambda^{2(k-1)}}\right).$$

1.2 习题

1. 求所有正实数组 (x, y, z)，使得

$$\begin{cases} x^2 + y^2 + z^2 = xyz + 4 \\ xy + yz + zx = 2(x + y + z). \end{cases}$$

2. 证明如果 $a, b, c \geq 0$ 且满足 $|a^2 + b^2 + c^2 - 4| = abc$, 则有

$$(a-2)(b-2) + (b-2)(c-2) + (c-2)(a-2) \geq 0.$$

(Titu Andreescu, Gazeta Matematică)

3. 证明如果 $x, y, z > 0$ 且满足 $xyz = x + y + z + 2$，则有

$$xy + yz + zx \geq 2(x + y + z) \quad , \quad \sqrt{x} + \sqrt{y} + \sqrt{z} \leq \frac{3}{2}\sqrt{xyz}.$$

4. 令 $x, y, z > 0$ 且 $xy + yz + zx = 2(x + y + z)$，证明不等式

$$xyz \leq x + y + z + 2.$$

(Gabriel Dospinescu, Mircea Lascu)

5. 求所有正整数组 (k, l, m) ，且它们之和为 2002，使得方程组

$$\begin{cases} \dfrac{x}{y} + \dfrac{y}{x} = k \\[2mm] \dfrac{y}{z} + \dfrac{z}{y} = l \\[2mm] \dfrac{z}{x} + \dfrac{x}{z} = m \end{cases}$$

有实数解.

(Titu Andreescu, Proposed for IMO 2002)

6. 证明：若 $a, b, c \geq 2$ 且满足 $a^2 + b^2 + c^2 = abc + 4$,则有不等式

$$a + b + c + ab + ac + bc \geq 2\sqrt{(a + b + c + 3)(a^2 + b^2 + c^2 - 3)}.$$

(Marian Tetiva)

7. 令 $x, y, z > 0$ 且 $xy + yz + zx + xyz = 4$，证明不等式

$$3\left(\frac{1}{\sqrt{x}} + \frac{1}{\sqrt{y}} + \frac{1}{\sqrt{z}}\right)^2 \geq (x + 2)(y + 2)(z + 2).$$

(Gabriel Dospinescu)

8. 证明在任何锐角三角形中，

$$\left(\frac{\cos A}{\cos B}\right)^2 + \left(\frac{\cos B}{\cos C}\right)^2 + \left(\frac{\cos C}{\cos A}\right)^2 + 8\cos A \cos B \cos C \geq 4.$$

(Titu Andreescu, MOSP 2000)

9. 证明在锐角三角形 ABC 中，

$$(\cos A + \cos B)^2 + (\cos B + \cos C)^2 + (\cos C + \cos A)^2 \leq 3.$$

10. 证明：若 $a, b, c \geq 0$ 且 $a^2 + b^2 + c^2 + abc = 4$，则有

$$0 \leq ab + bc + ca - abc \leq 2.$$

(Titu Andreescu, USAMO 2001)

11. 求解如下方程的正整数根,

$$(x+2)(y+2)(z+2) = (x+y+z+2)^2.$$

(Titu Andreescu)

12. 令实数$u, v, w > 0$且满足$u + v + w + \sqrt{uvw} = 4$. 证明

$$\sqrt{\frac{uv}{w}} + \sqrt{\frac{vw}{u}} + \sqrt{\frac{wu}{v}} \geq u + v + w.$$

(Chinese TST 2007)

13. 考虑数列$(a_n)_{n \geq 0}$,其中$a_0 = a_1 = 97$, 且$n \geq 1$时,

$$a_{n+1} = a_n a_{n-1} + \sqrt{(a_n^2 - 1)(a_{n-1}^2 - 1)}.$$

证明$2 + \sqrt{2 + 2a_n}$是n的完全平方.

(Titu Andreescu)

14. 证明:若$a, b, c > 0$且$x = a + \dfrac{1}{b}$, $y = b + \dfrac{1}{c}$, $z = c + \dfrac{1}{a}$,则有

$$xy + yz + zx \geq 2(x + y + z).$$

(Vasile Cartoaje)

15. 证明:若$a, b, c > 0$,则有

$$\frac{(b+c-a)^2}{(b+c)^2+a^2} + \frac{(c+a-b)^2}{(c+a)^2+b^2} + \frac{(a+b-c)^2}{(a+b)^2+c^2} \geq \frac{3}{5}.$$

(Japan 1997)

16. 证明在任何锐角三角形中, 有

$$\frac{a^2 b^2}{c^2} + \frac{a^2 c^2}{b^2} + \frac{b^2 c^2}{a^2} \geq 9R^2.$$

(Nguyen Son Ha)

17. 求所有正实数k , 使之满足:对于所有正实数a, b, c下列不等式成立

$$\left(k + \frac{a}{b+c}\right)\left(k + \frac{b}{c+a}\right)\left(k + \frac{c}{a+b}\right) \geq \left(k + \frac{1}{2}\right)^3.$$

(Vietnamese TST 2009)

18. 令 $a_1, a_2, \ldots, a_5$ 是正实数，且满足

$$a_1 a_2 \ldots a_5 = a_1(1 + a_2) + a_2(1 + a_3) + \ldots + a_5(1 + a_1) + 2.$$

求 $\dfrac{1}{a_1} + \dfrac{1}{a_2} + \cdots + \dfrac{1}{a_5}$ 的最小可能值？

（Gabriel Dospinescu, Mathematical Reflections）

第 2 章 永远的柯西－施瓦兹······

2.1 理论和实例

近年来，柯西－施瓦兹不等式已经成为数学竞赛中最常用的结论之一，是解决难题必不可少的工具. 有无数的问题很容易化简为这种不等式，并且柯西－施瓦兹不等式是更多问题解答的关键. 在本章中，我们将不再关注众所周知的理论结果.然而，展示柯西－施瓦兹不等式的例子并不容易获得，为此首先我们看几个简单应用这个不等式的例子，再过渡到一些棘手的问题. 让我们从一个非常简单的问题开始，虽然是不等式的一个直接应用，但强调了一个看似不太重要的环节：对等式的分析.

例2.1 证明正实数有限序列$a_0, a_1, \ldots, a_n$ 是等比级数，当且仅当

$$(a_0^2 + a_1^2 + \cdots + a_{n-1}^2)(a_1^2 + a_2^2 + \cdots + a_n^2) = (a_0 a_1 + \cdots + a_{n-1} a_n)^2.$$

解答. 我们看到题目中的关系式是柯西－施瓦兹不等式中相等的情况，相当于n元数组$(a_0, a_1, \ldots, a_{n-1})$和$(a_1, a_2, \ldots, a_n)$ 成比例，即

$$\frac{a_0}{a_1} = \frac{a_1}{a_2} = \cdots = \frac{a_{n-1}}{a_n}.$$

但是这只是几何级数的定义，因此问题被解决了.注意拉格朗日恒等式允许处理等价问题.下面的问题是柯西－施瓦兹不等式的又一个简单应用. 这次不等式隐藏在一个封闭形式中，建议使用微积分. 现有一种使用导数的解答方案，但它没有特征函数那么简洁.

例2.2 设p是一个正实系数多项式，证明不等式

$$p(x^2)p(y^2) \geq p^2(xy)$$

其中x, y是正实数.

(Russian Mathematical Olympiad)

解答. 如果我们只处理封闭不等式$p(x^2)p(y^2) \geq p^2(xy)$, 那么找到继续下去的方法机会很小, 为此,

$$p(x) = a_0 + a_1x + \ldots + a_nx^n.$$

待证不等式变成

$$(a_0 + a_1x^2 + \ldots + a_nx^{2n})(a_0 + a_1y^2 + \ldots + a_ny^{2n}) \geq (a_0 + a_1xy + \ldots + a_nx^ny^n)^2.$$

现在柯西－施瓦兹不等式出现了：

$$\begin{aligned}
&(a_0 + a_1xy + \ldots + a_nx^ny^n)^2 \\
=\ & \left(\sqrt{a_0} \cdot \sqrt{a_0} + \sqrt{a_1x^2} \cdot \sqrt{a_1y^2} + \ldots + \sqrt{a_nx^n} \cdot \sqrt{a_ny^n}\right)^2 \\
\leq\ & (a_0 + a_1x^2 + \ldots + a_nx^{2n})(a_0 + a_1y^2 + \ldots + a_ny^{2n}).
\end{aligned}$$

问题解决了.此外我们看到, 条件$x, y > 0$是多余的, 因为$p^2(xy) \leq p^2(|xy|)$. 再者, 注意问题的一个有趣的结果：$f : (0, \infty) \to (0, \infty)$, $f(x) = \ln p(e^x)$ 是凸的, 这就是为什么我们在介绍这个问题时说它有一个基于微积分的解决方案. 这个解答的关键是证明这个函数的二阶导数是非负的.我们不会在这里证明它, 但是注意到一个简单的结果：一个更一般的不等式

$$p(x_1^k)p(x_2^k)\ldots p(x_k^k) \geq p^k(x_1x_2\ldots x_k),$$

源于詹森不等式得到的凸函数$f(x) = \ln p(e^x)$.

这是柯西－施瓦兹不等式的又一个应用, 这次你可能会惊讶为什么这个 "技巧" 在第一种方法中失败了.

例2.3 证明:若$x, y, z > 0$且$\dfrac{1}{x} + \dfrac{1}{y} + \dfrac{1}{z} = 2$, 则有

$$\sqrt{x-1} + \sqrt{y-1} + \sqrt{z-1} \leq \sqrt{x+y+z}.$$

(Iran 1998)

解答. 很明显且最自然的方法是把柯西－施瓦兹不等式应用于不等式

$$\sqrt{x-1} + \sqrt{y-1} + \sqrt{z-1} \leq \sqrt{3(x+y+z-3)}$$

然后证明不等式

$$\sqrt{3(x+y+z-3)} \leq \sqrt{x+y+z},$$

此不等式等价于 $x + y + z \leq \dfrac{9}{2}$. 不幸的是, 这个不等式不成立, 因为反向不等式成立, 即 $x + y + z \geq \dfrac{9}{2}$, 因为

$$2 = \frac{1}{x} + \frac{1}{y} + \frac{1}{z} \geq \frac{9}{x+y+z}.$$

如此第一种方法失败了, 所以我们另辟蹊径, 再次应用柯西－施瓦兹不等式, 但是以这种形式

$$\sqrt{x-1} + \sqrt{y-1} + \sqrt{z-1} = \sqrt{a} \cdot \sqrt{\frac{x-1}{a}} + \sqrt{b} \cdot \sqrt{\frac{y-1}{b}} + \sqrt{c} \cdot \sqrt{\frac{z-1}{c}}$$

$$\leq \sqrt{(a+b+c)\left(\frac{x-1}{a} + \frac{y-1}{b} + \frac{z-1}{c}\right)}.$$

我们希望最后一个表达式等于 $\sqrt{x+y+z}$. 取 $a = x, b = y, c = z$, 因为这种情况下

$$\frac{x-1}{a} + \frac{y-1}{b} + \frac{z-1}{c} = 1$$

且

$$a + b + c = x + y + z.$$

因此这种想法可行, 问题解决了.

我们继续看一个经典的结果, 不太著名的 Aczel 不等式. 在我们穿越柯西－施瓦兹不等式的旅程中, 会看到 Aczel 不等式的一个很好的应用.

例2.4 设 $a_1, a_2, \ldots, a_n, b_1, b_2, \ldots, b_n$ 是实数, 且 $A, B > 0$ 满足

$$A^2 \geq a_1^2 + a_2^2 + \ldots + a_n^2 \quad \text{或} \quad B^2 \geq b_1^2 + b_2^2 + \ldots + b_n^2.$$

则有

$$(A^2 - a_1^2 - a_2^2 - \ldots - a_n^2)(B^2 - b_1^2 - b_2^2 - \ldots - b_n^2) \leq (AB - a_1 b_1 - a_2 b_2 - \ldots - a_n b_n)^2.$$

(Aczel)

解答. 首先我们可以假设

$$A^2 > a_1^2 + a_2^2 + \ldots + a_n^2$$

且

$$B^2 > b_1^2 + b_2^2 + \ldots + b_n^2.$$

否则待证不等式的左边小于或等于0，此时为平凡情形. 根据假设和柯西－施瓦兹不等式，我们推断

$$a_1 b_1 + a_2 b_2 + \ldots + a_n b_n \leq \sqrt{a_1^2 + a_2^2 + \ldots + a_n^2} \cdot \sqrt{b_1^2 + b_2^2 + \ldots + b_n^2} < AB.$$

因此我们可以用更合适的形式重写不等式为

$$a_1 b_1 + a_2 b_2 + \ldots + a_n b_n + \sqrt{(A^2 - a)(B^2 - b)} \leq AB,$$

其中 $a = a_1^2 + a_2^2 + \ldots + a_n^2$ 且 $b = b_1^2 + b_2^2 + \ldots + b_n^2$. 现在，我们可以应用柯西－施瓦兹不等式，首先

$$a_1 b_1 + a_2 b_2 + \ldots + a_n b_n + \sqrt{(A^2 - a)(B^2 - b)} \leq \sqrt{ab} + \sqrt{(A^2 - a)(B^2 - b)}$$

并且

$$\sqrt{ab} + \sqrt{(A^2 - a)(B^2 - b)} \leq \sqrt{(a + A^2 - a)(b + B^2 - b)} = AB.$$

把最后两个不等式结合起来，就得到了待证不等式.

由于这种不等式，我们讨论了以下问题，其中的条件似乎是多余的，事实上，这是建议使用Aczel不等式的关键.

例2.5 设 $a_1, a_2, \ldots, a_n, b_1, b_2, \ldots, b_n$ 是实数，且满足

$$(a_1^2 + \ldots + a_n^2 - 1)(b_1^2 + \ldots + b_n^2 - 1) > (a_1 b_1 + \ldots + a_n b_n - 1)^2.$$

证明 $a_1^2 + a_2^2 + \ldots + a_n^2 > 1$ 且 $b_1^2 + b_2^2 + \ldots + b_n^2 > 1$.

(Titu Andreescu, Dorin Andrica, USA TST 2004)

解答. 首先不难看出间接方法更有效，此外我们甚至可以假设这里两个数

$$a_1^2 + a_2^2 + \ldots + a_n^2 - 1 \text{ 和} b_1^2 + b_2^2 + \ldots + b_n^2 - 1$$

是负数，因为它们同号（这直接来自问题的假设）.现在我们要证明

$$(a_1^2 + \ldots + a_n^2 - 1)(b_1^2 + \ldots + b_n^2 - 1) \leq (a_1 b_1 + \ldots + a_n b_n - 1)^2 \qquad (2.1)$$

为了得到想要的矛盾.突然之间我们得到了前面问题的结果.的确，我们现在有条件

$$1 > a_1^2 + a_2^2 + \ldots + a_n^2 \text{ 和} 1 > b_1^2 + b_2^2 + \ldots + b_n^2,$$

而结论是(2.1). 这就是Aczel不等式，其中 $A = 1$ 且 $B = 1$. 结论如下.

柯西－施瓦兹不等式在下一个问题中隐藏得非常好，可以从解答中看出这也是对柯西－施瓦兹不等式的一种改进.

例2.6 对于给定的$n > k > 1$，求出最佳的常数$T(n, k)$，使得对于任意实数$x_1, x_2, \ldots, x_n$，如下不等式成立：

$$\sum_{1 \leq i < j \leq n} (x_i - x_j)^2 \geq T(n, k) \sum_{1 \leq i < j \leq k} (x_i - x_j)^2.$$

(Gabriel Dospinescu)

解答. 在这种形式下我们不能给出任何关于$T(n, k)$的合理推测，所以我们需要一个有效的变换. 我们观察到，根据拉格朗日恒等式

$$\sum_{1 \leq i < j \leq n} (x_i - x_j)^2$$

不外乎是

$$n \sum_{i=1}^{n} x_i^2 - \left(\sum_{i=1}^{n} x_i \right)^2$$

和

$$\sum_{1 \leq i < j \leq n} (x_i - x_j)^2 = k \sum_{i=1}^{k} x_i^2 - \left(\sum_{i=1}^{k} x_i \right)^2,$$

因此不等式可以写成等价形式

$$n \sum_{i=1}^{n} x_i^2 - \left(\sum_{i=1}^{n} x_i \right)^2 \geq T(n, k) \left[k \sum_{i=1}^{k} x_i^2 - \left(\sum_{i=1}^{k} x_i \right)^2 \right].$$

现在我们看到，只有证明出$T(n, k) > 0$，这确实是对柯西−施瓦兹不等式的一种改进. 我们也观察到左侧有变量$n - k$，这些变量不会出现在右侧，当这些变量相等时，左边是最小的，所以，让我们把它们都取为零. 结果是

$$n \sum_{i=1}^{k} x_i^2 - \left(\sum_{i=1}^{k} x_i \right)^2 \geq T(n, k) \left[k \sum_{i=1}^{k} x_i^2 - \left(\sum_{i=1}^{k} x_i \right)^2 \right],$$

它等价于

$$(T(n, k) - 1) \left(\sum_{i=1}^{k} x_i \right)^2 \geq (kT(n, k) - n) \sum_{i=1}^{k} x_i^2. \tag{2.2}$$

现在，如果$kT(n, k) - n > 0$，我们可以取一个k元数组$(x_1, x_2, \ldots, x_k)$使得

$$\sum_{i=1}^{k} x_i = 0 \ , \quad \sum_{i=1}^{k} x_i^2 \neq 0$$

并且我们否认不等式(2.2)，因此有 $kT(n,k) - n \leq 0$，即 $T(n,k) \leq \dfrac{n}{k}$. 这表明对于所有实数 $x_1, x_2, \ldots, x_n$，有

$$n \sum_{i=1}^{n} x_i^2 - \left(\sum_{i=1}^{n} x_i \right)^2 \geq \frac{n}{k} \left[k \sum_{i=1}^{k} x_i^2 - \left(\sum_{i=1}^{k} x_i \right)^2 \right] \tag{2.3}$$

如果我们能证明这个不等式，则有 $T(n,k) = \dfrac{n}{k}$. 但是(2.3)等价于

$$n \sum_{i=k+1}^{n} x_i^2 \geq \left(\sum_{i=1}^{k} x_i \right)^2 - \frac{n}{k} \left(\sum_{i=1}^{k} x_i \right)^2.$$

现在，我们必须应用柯西－施瓦兹不等式，因为需要 $\displaystyle\sum_{i=k+1}^{n} x_i$. 我们发现

$$n \sum_{i=k+1}^{n} x_i^2 \geq \frac{n}{n-k} \left(\sum_{i=k+1}^{n} x_i \right)^2$$

所以它足以证明

$$\frac{n}{n-k} A^2 \geq (A+B)^2 - \frac{n}{k} B^2, \tag{2.4}$$

其中，取

$$A = \sum_{i=k+1}^{n} x_i \ \text{和} B = \sum_{i=1}^{k} x_i.$$

但是式(2.4)是非常明确的，因为它等价于

$$(kA - (n-k)B)^2 + k(n-k)B^2 \geq 0,$$

最终，问题得以解决：

$$T(n,k) = \frac{n}{k}$$

是最佳的常数.

我们用Murray Klamkin的一个非常好的问题来继续一系列困难的不等式，这次问题的一部分显然来自柯西－施瓦兹不等式，但第二个不是立即得到的.让我们来看看.

例2.7 令 a, b, c 是正实数，求下列表达式的极值

$$\sqrt{a^2 x^2 + b^2 y^2 + c^2 z^2} + \sqrt{b^2 x^2 + c^2 y^2 + a^2 z^2} + \sqrt{c^2 x^2 + a^2 y^2 + b^2 z^2}$$

其中 x, y, z 是实数且满足 $x^2 + y^2 + z^2 = 1$.

(Murray Klamkin, Crux Mathematicorum)

解答. 找到上界似乎并不太困难, 因为从柯西–施瓦兹不等式可以看出

$$\sqrt{a^2x^2 + b^2y^2 + c^2z^2} + \sqrt{b^2x^2 + c^2y^2 + a^2z^2} + \sqrt{c^2x^2 + a^2y^2 + b^2z^2}$$

$$\leq \sqrt{3(a^2x^2 + b^2y^2 + c^2z^2 + b^2x^2 + c^2y^2 + a^2z^2 + c^2x^2 + a^2y^2 + b^2z^2)}$$

$$= \sqrt{3(a^2 + b^2 + c^2)}.$$

我们已经假设 $x^2 + y^2 + z^2 = 1$. 因此, $\sqrt{3(a^2 + b^2 + c^2)}$ 是上界, 并且此时 $x = y = z = \dfrac{\sqrt{3}}{3}$. 但是下界没有这么容易了. 考察当 $xyz = 0$ 时, 最小值应该是 $a + b + c$, 此时其中两个值为 0, 第三个值为 1 或 -1. 因此, 我们应该试图证明不等式

$$\sqrt{a^2x^2 + b^2y^2 + c^2z^2} + \sqrt{b^2x^2 + c^2y^2 + a^2z^2} + \sqrt{c^2x^2 + a^2y^2 + b^2z^2} \geq a + b + c.$$

为什么不平方呢? 因为我们观察到

$$a^2x^2 + b^2y^2 + c^2z^2 + b^2x^2 + c^2y^2 + a^2z^2 + c^2x^2 + a^2y^2 + b^2z^2 = a^2 + b^2 + c^2,$$

所以得到新的不等式不能有一个非常复杂的形式. 我们利用不等式

$$\sqrt{a^2x^2 + b^2y^2 + c^2z^2} \cdot \sqrt{b^2x^2 + c^2y^2 + a^2z^2}$$
$$+ \sqrt{b^2x^2 + c^2y^2 + a^2z^2} \cdot \sqrt{c^2x^2 + a^2y^2 + b^2z^2}$$
$$+ \sqrt{c^2x^2 + a^2y^2 + b^2z^2} \cdot \sqrt{a^2x^2 + b^2y^2 + c^2z^2} \geq ab + bc + ca$$

事实上它确实成立, 源自柯西–施瓦兹不等式

$$\sqrt{a^2x^2 + b^2y^2 + c^2z^2} \cdot \sqrt{b^2x^2 + c^2y^2 + a^2z^2} \geq abx^2 + bcy^2 + caz^2$$

还有其他两个相似的不等式. 这表明最小值是 $a + b + c$, 例如此时 $(x, y, z) = (1, 0, 0)$.

现在是冠军不等式了. 如果你花费的时间比在其他例子上的时间长得多, 不要担心: 这些问题很难解决! 有一些不等式, 你可以马上看出你应该应用柯西–施瓦兹不等式, 然而, 错误地应用它可能会非常恼人, 下面的例子就是这样的, 只有一种可能性可以用柯西–施瓦兹不等式来解决这个问题.

例2.8 证明对于任意实数 a, b, c, x, y, z, 有如下不等式

$$ax + by + cz + \sqrt{(a^2 + b^2 + c^2)(x^2 + y^2 + z^2)} \geq \frac{2}{3}(a + b + c)(x + y + z).$$

(Vasile Cartoaje, Kvant)

解答. 很明显，对 $\sqrt{(a^2+b^2+c^2)(x^2+y^2+z^2)}$ 直接应用柯西－施瓦兹不等式是行不通的，相反，如果我们开发 $\frac{2}{3}(a+b+c)(x+y+z)$ 可以分组 a,b,c 并再次尝试同样的方法，让我们看看

$$\frac{2}{3}(a+b+c)(x+y+z)-(ax+by+cz)$$

$$=a\cdot\frac{2y+2z-x}{3}+b\cdot\frac{2x+2z-y}{3}+c\cdot\frac{2x+2y-z}{3}$$

并且后者可以被 $\sqrt{a^2+b^2+c^2}\cdot\sqrt{\sum\left(\frac{2x+2y-z}{3}\right)^2}$ 限制.

现在我们要做的就是证明简单不等式

$$\sum\left(\frac{2x+2y-z}{3}\right)^2\le x^2+y^2+z^2,$$

实际上这是一个等式.

例2.9 证明对于任何非负数 $a_1,a_2,\ldots,a_n$ 且

$$\sum_{i=1}^{n}a_i=\frac{1}{2},$$

有如下不等式

$$\sum_{1\le i<j\le n}\frac{a_ia_j}{(1-a_i)(1-a_j)}\le\frac{n(n-1)}{2(2n-1)^2}.$$

(Vasile Cartoaje)

解答. 这是一个非常困难的问题.我们将使用柯西－施瓦兹不等式和詹森不等式的组合来构造一个解，但我们要提醒读者，这种解不容易被做出来.让我们把不等式写成

$$\left(\sum_{i=1}^{n}\frac{a_i}{1-a_i}\right)^2\le\sum_{i=1}^{n}\frac{a_i^2}{(1-a_i)^2}+\frac{n(n-1)}{(2n-1)^2}.$$

现在应用柯西－施瓦兹不等式发现

$$\left(\sum_{i=1}^{n}\frac{a_i}{1-a_i}\right)^2\le\left(\sum_{i=1}^{n}a_i\right)\left(\sum_{i=1}^{n}\frac{a_i}{(1-a_i)^2}\right)=\sum_{i=1}^{n}\frac{a_i/2}{(1-a_i)^2}.$$

这样，仍然需要证明不等式

$$\sum_{i=1}^{n} \frac{a_i/2}{(1-a_i)^2} \le \sum_{i=1}^{n} \frac{a_i^2}{(1-a_i)^2} + \frac{n(n-1)}{(2n-1)^2}.$$

后者当然可以写成以下形式

$$\sum_{i=1}^{n} \frac{a_i(1-2a_i)}{(1-a_i)^2} \le \frac{2n(n-1)}{(2n-1)^2}.$$

这道例题鼓励我们研究函数

$$f : \left[0, \frac{1}{2}\right] \to \mathbb{R}, \quad f(x) = \frac{x(1-2x)}{(1-x)^2}$$

并且看看它是不是凹的.这点并不难，经过简单计算得到

$$f''(x) = \frac{-6x}{(1-x)^4} \le 0.$$

因此，我们可以应用詹森不等式来完成解答.

我们继续讨论，罗马尼亚数学奥林匹克委员会委员克劳迪乌·拉伊奇发现的一个非凡的解决方案，解决了2004年罗马尼亚一次选拔测试中遇到的难题.

例2.10 令$a_1, a_2, \ldots, a_n$是实数，且S是$\{1, 2, \ldots, n\}$的非空子集，证明

$$\left(\sum_{i \in S} a_i\right)^2 \le \sum_{1 \le i < j \le n} (a_i + \ldots + a_j)^2.$$

(Gabriel Dospinescu, Romanian TST 2004)

解答. 让我们定义 $s_i = a_1 + a_2 + \ldots + a_i$, $i \ge 1$, $s_0 = 0$. 把S分成一组连续的数字，则 $\displaystyle\sum_{i \in S} a_i$ 具有形式 $s_{j_1} - s_{i_1} + s_{j_2} - s_{i_2} + \ldots + s_{j_k} - s_{i_k}$, 其中$0 \le i_1 < i_2 < \ldots < i_k \le n, j_1 < j_2 < \ldots < j_k$ 且$i_1 < j_1, \ldots, i_k < j_k$. 现在，让我们观察一下左手边只不过是

$$\sum_{i=1}^{n} s_i^2 + \sum_{1 \le i < j \le n} (s_j - s_i)^2 = \sum_{1 \le i < j \le n} (s_j - s_i)^2.$$

因此我们只需证明

$$(s_{j_1} - s_{i_1} + s_{j_2} - s_{i_2} + \ldots + s_{j_k} - s_{i_k})^2 \leq \sum_{0 \leq i < j \leq n+1} (s_j - s_i)^2.$$

取 $a_1 = s_{i_1}$, $a_2 = s_{j_1}, \ldots, a_{2k-1} = s_{i_k}$, $a_{2k} = s_{j_k}$ 并且观察到明显（但是很重要）的不等式

$$\sum_{0 \leq i < j \leq n} (s_j - s_i)^2 \geq \sum_{1 \leq i < j \leq 2k} (a_i - a_j)^2.$$

于是得到不等式

$$(a_1 - a_2 + a_3 - \ldots + a_{2k-1} - a_{2k})^2 \leq \sum_{1 \leq i < j \leq 2k} (a_i - a_j)^2. \qquad (2.5)$$

后一个不等式可以通过应用柯西－施瓦兹不等式 k 次

$$\begin{cases} (a_1 - a_2 + a_3 - \ldots + a_{2k-1} - a_{2k})^2 \\ \quad \leq k((a_1 - a_2)^2 + (a_3 - a_4)^2 + \ldots + (a_{2k-1} - a_{2k})^2) \\ (a_1 - a_2 + a_3 - \ldots + a_{2k-1} - a_{2k})^2 \\ \quad \leq k((a_1 - a_4)^2 + (a_3 - a_6)^2 + \ldots + (a_{2k-1} - a_{2k+2})^2) \\ (a_1 - a_2 + a_3 - \ldots + a_{2k-1} - a_{2k})^2 \\ \quad \leq k((a_1 - a_{2k})^2 + (a_3 - a_{2k+2})^2 + \ldots + (a_{2k-1} - a_{4k-2})^2) \end{cases}$$

并且汇总所有这些不等式. 右手边小于 $\displaystyle\sum_{1 \leq i < j \leq 2k} (a_i - a_j)^2$, 由此证明(2.5)是正确的. 解答完毕.

下面是一个著名的不等式, 其中柯西－施瓦兹不等式隐藏得非常好. 我们必须承认, 经过几周的反复试验, 找到以下解决方案:

例2.11 证明对于任意正实数 a, b, c, x, y, z, 且 $xy + yz + zx = 3$,有不等式

$$\frac{a}{b+c}(y+z) + \frac{b}{c+a}(x+z) + \frac{c}{a+b}(x+y) \geq 3.$$

(Titu Andreescu, Gabriel Dospinescu)

解答. 这可能是一个最好的例子来说明如何找到好的齐次不等式来化简解答. 在我们的例子中, 它足以证明齐次不等式

$$\frac{a}{b+c}(y+z) + \frac{b}{c+a}(x+z) + \frac{c}{a+b}(x+y) \geq \sqrt{3(xy + yz + zx)}.$$

现在我们可以假设 $x+y+z=1!$，然后应用柯西–施瓦兹不等式

$$\frac{a}{b+c}x+\frac{b}{c+a}y+\frac{c}{a+b}z+\sqrt{3(xy+yz+zx)}$$

$$\leq \sqrt{\sum\left(\frac{a}{b+c}\right)^2}\cdot\sqrt{\sum x^2}+\sqrt{\frac{3}{4}(xy+yz+zx)}+\sqrt{\frac{3}{4}(xy+yz+zx)}$$

$$\leq \sqrt{\frac{3}{2}+\sum\left(\frac{a}{b+c}\right)^2}\cdot\sqrt{(x+y+z)^2}$$

因此，如果我们能证明不等式

$$\sqrt{\frac{3}{2}+\sum\left(\frac{a}{b+c}\right)^2}\leq\sum\frac{a}{b+c}$$

即

$$\sum\frac{ab}{(a+c)(b+c)}\geq\frac{3}{4}$$

问题则迎刃而解，显然这就归结为 $(a+b+c)(ab+bc+ca)\geq 9abc$.

最后，两个经典不等式展示了巧妙应用柯西–施瓦兹不等式结合一些分析工具的威力.

例2.12 证明对于任意实数 $a_1,a_2,\ldots,a_n$ 有下列不等式

$$\sum_{i=1}^{n}\sum_{j=1}^{n}\frac{a_ia_j}{i+j}\leq\pi\cdot\sum_{i=1}^{n}a_i^2.$$

(Hilbert)

解答. 这是应用柯西–施瓦兹不等式的一种不寻常的方法

$$\left(\sum_{i=1}^{n}\sum_{j=1}^{n}\frac{a_ia_j}{i+j}\right)^2=\left(\sum_{i,j=1}^{n}\frac{\sqrt[4]{i}\cdot a_i}{\sqrt[4]{j}\cdot\sqrt{i+j}}\cdot\frac{\sqrt[4]{j}\cdot a_j}{\sqrt[4]{i}\cdot\sqrt{i+j}}\right)^2$$

$$\leq\left(\sum_{i,j=1}^{n}\frac{\sqrt{i}\cdot a_i^2}{\sqrt{j}\cdot(i+j)}\right)\left(\sum_{i,j=1}^{n}\frac{\sqrt{j}\cdot a_j^2}{\sqrt{i}\cdot(i+j)}\right).$$

重新排列两个和的项，足以证明对任意正整数 m

$$\sum_{n\geq 1}\frac{\sqrt{m}}{(m+n)\sqrt{n}}\leq\pi.$$

幸运的是这并不难，因为不等式

$$\frac{1}{(n+m+1)\sqrt{n+1}} \le \int_n^{n+1} \frac{dx}{(x+m)\sqrt{x}}$$

可以根据函数 $f(x) = \dfrac{1}{(x+m)\sqrt{x}}$ 的单调性推出. 通过把这些不等式合并，我们推断出

$$\sum_{n\ge 0} \frac{1}{(n+m+1)\sqrt{n+1}} \le \int_0^\infty \frac{dx}{(x+m)\sqrt{x}}.$$

令 $x = mu^2$，通过简单的计算，后一个积分值为 $\dfrac{\pi}{\sqrt{m}}$. 问题解答完毕.

我们以弗里茨·卡尔森提出的一个著名不等式结束本章内容.有很多分析方法证明这个结果，但是毫无疑问，哈代提出的下列方法会让你惊叹：永远是柯西－施瓦兹不等式！

例2.13 证明对于任意实数 $a_1, a_2, \ldots, a_n$ 有不等式

$$\pi^2 \cdot (a_1^2 + a_2^2 + \ldots + a_n^2)(a_1^2 + 4a_2^2 + \ldots + n^2 a_n^2) \ge (a_1 + \ldots + a_n)^4.$$

(Fritz Carlson)

解答. 选择任意正实数 x, y，并且应用柯西－施瓦兹不等式

$$(a_1 + a_2 + \ldots + a_n)^2 \le \sum_{k=1}^n (x + yk^2)a_k^2 \cdot \sum_{k\ge 1} \frac{1}{x + yk^2}.$$

因为函数 $f(z) = \dfrac{1}{x + yz^2}$ 单调递减，我们得出

$$\sum_{k\ge 1} \frac{1}{x + yk^2} \le \int_0^\infty \frac{dz}{x + yz^2}.$$

后一个积分等于 $\dfrac{\pi}{2\sqrt{xy}}$. 因此如果我们令

$$S = a_1^2 + a_2^2 + \ldots + a_n^2$$

和

$$T = a_1^2 + 2^2 a_2^2 + \ldots + n^2 a_n^2,$$

则对于任意正实数 x, y，有不等式

$$(a_1 + a_2 + \ldots + a_n)^2 \leq \frac{\pi}{2\sqrt{xy}}(Sx + Ty).$$

现在，我们选择恰当的 x, y 使得后一个和取最小值，不难看出，明智的选择是令 $x = \sqrt{\dfrac{T}{S}}$ 和 $y = \dfrac{1}{x}$. 接下来就是把这些值代入之前的不等式中，然后对这个关系式取平方. 问题得证.

2.2 习题

1. 令 a, b, c 是非负实数，证明对于所有非负实数 x，有

$$(ax^2 + bx + c)(cx^2 + bx + a) \geq (a + b + c)^2 x^2.$$

(Titu Andreescu, Gazeta Matematică)

2. 设 p 是一个正系数多项式，证明不等式 $p\left(\dfrac{1}{x}\right) \geq \dfrac{1}{p(x)}$ 对于 $x = 1$ 成立，则对于 $x > 0$ 也成立.

(Titu Andreescu, Revista Matematică Timişoara)

3. 证明对于任意实数 $a, b, c \geq 1$,有不等式

$$\sqrt{a-1} + \sqrt{b-1} + \sqrt{c-1} \leq \sqrt{a(bc+1)}.$$

4. 对于任意正整数 n，求出 n 元有序整数组 $(a_1, a_2, \ldots, a_n)$ 使得

$$a_1 + a_2 + \ldots + a_n \geq n^2$$

且

$$a_1^2 + a_2^2 + \ldots + a_n^2 \leq n^3 + 1.$$

(China 2002)

5. 证明对于任意正实数 a, b, c，有

$$\frac{1}{a+b} + \frac{1}{b+c} + \frac{1}{c+a} + \frac{1}{2\sqrt[3]{abc}} \geq \frac{\left(a + b + c + \sqrt[3]{abc}\right)^2}{(a+b)(b+c)(c+a)}.$$

(Titu Andreescu, MOSP 1999)

6. 设 $x_1, x_2, \ldots, x_{10}$ 是介于 0 和 $\dfrac{\pi}{2}$ 之间的实数，且满足

$$\sin^2 x_1 + \sin^2 x_2 + \ldots + \sin^2 x_{10} = 1.$$

证明

$$3(\sin x_1 + \sin x_2 + \ldots + \sin x_{10}) \leq \cos x_1 + \cos x_2 + \ldots + \cos x_{10}.$$

(Saint Petersburg 2001)

7. 设 ABC 是一个三角形且满足

$$\left(\cot \frac{A}{2}\right)^2 + \left(2\cos \frac{B}{2}\right)^2 + \left(3\cot \frac{C}{2}\right)^2 = \left(\frac{6s}{7r}\right)^2.$$

证明三角形 ABC 与边长为正整数且无公约数的三角形 T 相似，并求出这些正整数.

(Titu Andreescu, USAMO 2002)

8. 设 $n \geq 2$ 是偶整数，考虑实系数多项式 $x^n + a_{n-1}x^{n-1} + \ldots + a_1 x + 1$ 至少有一个实零点，确定 $a_1^2 + a_2^2 + \ldots + a_{n-1}^2$ 的最小可能值.

(Czech-Polish-Slovak Competition 2002)

9. 证明对于任意正实数 x, y, z，且满足 $xyz \geq 1$，有不等式

$$\frac{x}{x^3 + y^2 + z} + \frac{y}{y^3 + z^2 + x} + \frac{z}{z^3 + x^2 + y} \leq 1.$$

(Tuan Le, Kömal)

10. 设 $n \geq 2$ 且实数 $a_1, \ldots, a_n$ 和 $b_1, \ldots, b_n$ 满足

$$a_1^2 + a_2^2 + \ldots + a_n^2 = b_1^2 + b_2^2 + \ldots + b_n^2 = 1 \quad , \quad a_1 b_1 + a_2 b_2 + \ldots + a_n b_n = 0.$$

证明 $(a_1 + a_2 + \ldots + a_n)^2 + (b_1 + b_2 + \ldots + b_n)^2 \leq n$.

(Cezar and Tudorel Lupu, Romania TST 2007)

11. 设 $x_1, x_2, \ldots, x_n$ 是正实数，且满足

$$\frac{1}{1 + x_1} + \frac{1}{1 + x_2} + \ldots + \frac{1}{1 + x_n} = 1.$$

证明不等式

$$\sqrt{x_1} + \sqrt{x_2} + \ldots + \sqrt{x_n} \geq (n-1)\left(\frac{1}{\sqrt{x_1}} + \frac{1}{\sqrt{x_2}} + \ldots + \frac{1}{\sqrt{x_n}}\right).$$

(Vojtech Jarnik Competition 2002)

12. 找到最大实数T, 使得对于任意非负实数a, b, c, d, e且$a + b = c + d + e$有不等式

$$\sqrt{a^2 + b^2 + c^2 + d^2 + e^2} \geq T \left(\sqrt{a} + \sqrt{b} + \sqrt{c} + \sqrt{d} + \sqrt{e}\right)^2.$$

(Iran 2007)

13. 证明对于任意实数$x_1, x_2, \ldots, x_n$,有

$$\frac{x_1}{1 + x_1^2} + \frac{x_2}{1 + x_1^2 + x_2^2} + \ldots + \frac{x_n}{1 + x_1^2 + \ldots + x_n^2} < \sqrt{n}.$$

(Bogdan Enescu, IMO Shortlist 2001)

14. 对于$n \geq 2$ 设正实数$a_1, a_2, \ldots, a_n$满足

$$(a_1 + a_2 + \ldots + a_n) \left(\frac{1}{a_1} + \frac{1}{a_2} + \ldots + \frac{1}{a_n}\right) \leq \left(n + \frac{1}{2}\right)^2.$$

证明$\max(a_1, a_2, \ldots, a_n) \leq 4 \min(a_1, a_2, \ldots, a_n)$.

(Titu Andreescu, USAMO 2009)

15. 设$n > 2$ 且正实数$x_1, x_2, \ldots, x_n$满足

$$(x_1 + x_2 + \ldots + x_n) \left(\frac{1}{x_1} + \frac{1}{x_2} + \ldots + \frac{1}{x_n}\right) = n^2 + 1.$$

证明

$$(x_1^2 + x_2^2 + \ldots + x_n^2) \left(\frac{1}{x_1^2} + \frac{1}{x_2^2} + \ldots + \frac{1}{x_n^2}\right) > n^2 + 4 + \frac{2}{n(n-1)}.$$

(Gabriel Dospinescu)

16. 证明如果a, b, c, d 是正实数, 有

$$\frac{a}{b^2 + c^2 + d^2} + \frac{b}{a^2 + c^2 + d^2} + \frac{c}{a^2 + b^2 + d^2} + \frac{d}{a^2 + b^2 + c^2} > \frac{4}{a + b + c + d}.$$

(P.K. Hung)

17. 设整数$n \geq 2$ 且实数$x_1, x_2, \ldots, x_n$ 满足

$$x_1^2 + x_2^2 + \ldots + x_n^2 + x_1 x_2 + x_2 x_3 + \ldots + x_{n-1} x_n = 1.$$

对于一个固定的$1 \leq k \leq n$,求$|x_k|$的最大值.

(China 1998)

18. 设 a, b, c 是正实数，证明

$$\frac{1}{a^2} + \frac{1}{b^2} + \frac{1}{c^2} + \frac{1}{(a+b+c)^2} \geq \frac{7}{25}\left(\frac{1}{a} + \frac{1}{b} + \frac{1}{c} + \frac{1}{a+b+c}\right)^2.$$

(Iran 2010)

19. 设 x, y, z 是实数，且 A, B, C 是三角形的角，证明

$$x\sin A + y\sin B + z\sin C \leq \sqrt{(1+x^2)(1+y^2)(1+z^2)}.$$

20. 设 a, b, c, x, y, z 是实数，且

$$A = ax + by + cz, \quad B = ay + bz + cx, \quad C = az + bx + cy.$$

假设 $\min(|A-B|, |B-C|, |C-A|) \geq 1$，求 $(a^2+b^2+c^2)(x^2+y^2+z^2)$ 的最小值.

(Adrian Zahariuc, Mathematical Reflections)

21. 设 a, b, c, d, e 是非负实数，且满足

$$a^2 + b^2 + c^2 = d^2 + e^2 \quad , \quad a^4 + b^4 + c^4 = d^4 + e^4.$$

证明 $a^3 + b^3 + c^3 \leq d^3 + e^3$.

(IMC)

22. 证明对于任意实数 $x_1, x_2, \ldots, x_n$，有

$$\left(\sum_{i=1}^{n}\sum_{j=1}^{n}|x_i - x_j|\right)^2 \leq \frac{2(n^2-1)}{3}\left(\sum_{i=1}^{n}\sum_{j=1}^{n}|x_i - x_j|^2\right).$$

(IMO 2003)

23. 设 a, b, c, d 是实数，且满足

$$(a^2+1)(b^2+1)(c^2+1)(d^2+1) = 16.$$

证明 $-3 \leq ab + bc + cd + da + ac + bd - abcd \leq 5$.

(Titu Andreescu, Gabriel Dospinescu, Mathematical Reflections)

24. 设 $a_1, a_2, \ldots, a_n$ 是正实数且和为1. 令 n_i 是整数 k 的个数，满足 $2^{1-i} \geq a_k > 2^{-i}$. 证明

$$\sum_{i \geq 1} \sqrt{\frac{n_i}{2^i}} \leq 4 + \sqrt{\log_2 n}.$$

(L. Leindler, Miklos Schweitzer Competition)

25. 设整数 $n > 2$，求出最大实数 k 满足下列性质: 如果正实数 $x_1, x_2, \ldots, x_n$ 满足

$$k > (x_1 + x_2 + \ldots + x_n) \left(\frac{1}{x_1} + \frac{1}{x_2} + \ldots + \frac{1}{x_n} \right),$$

则它们之中任意三个数可以构成三角形的边.

(Adapted after IMO 2004)

26. 如果实数 a, b, c, d, e 满足 $a + b + c + d + e = 0$, 则

$$(a^2 + b^2 + c^2 + d^2 + e^2)^2 \leq \frac{30}{7} (a^4 + b^4 + c^4 + d^4 + e^4).$$

(Vasile Cartoaje)

27. 证明对于任意正实数 $a_1, a_2, \ldots, a_n$, $x_1, x_2, \ldots, x_n$ 满足 $\displaystyle\sum_{1 \leq i < j \leq n} x_i x_j = \binom{n}{2}$, 有不等式

$$\frac{a_1}{a_2 + \ldots + a_n}(x_2 + \ldots + x_n) + \ldots + \frac{a_n}{a_1 + \ldots + a_{n-1}}(x_1 + \ldots + x_{n-1}) \geq n.$$

(Vasile Cartoaje, Gabriel Dospinescu)

第 3 章 看看指数

3.1 理论和实例

大多数情况，证明整除性可归结为同余或是著名的费马定理、欧拉定理或威尔逊定理. 例如，当我们证明对于任意正整数 a, b, c，有 $\operatorname{lcm}(a, b, c)^2 \mid \operatorname{lcm}(a, b) \cdot \operatorname{lcm}(b, c) \cdot \operatorname{lcm}(c, a)$ 成立，该怎么做？肯定的是上面的方法不适用，而另一种巧妙的方法是：如果我们证明 $a \mid b$, 那么 a 的质因数分解中质数的指数至少是 b 的质因数分解中相同质数的指数. 为简单起见，我们用 $v_p(a)$ 表示 a 的质因数分解式中质数 p 的指数，当然，如果 p 不能整除 a，则 $v_p(a) = 0$. 此外很容易证明 $v_p(a)$ 的下列性质：

- $v_p(a + b) \geq \min\{v_p(a), v_p(b)\}$.

- $v_p(ab) = v_p(a) + v_p(b)$ 对任意正整数 a 和 b 成立. 现在我们用 $v_p(a)$ 重新描述上述想法：$a \mid b$ 当且仅当对任意质数 p 有 $v_p(a) \leq v_p(b)$, $a = b$ 当且仅当对任意质数 p 有 $v_p(a) = v_p(b)$.

- $v_p(\gcd(a_1, a_2, \ldots, a_n)) = \min\{v_p(a_1), v_p(a_2), \ldots, v_p(a_n)\}$.

- $v_p(\operatorname{lcm}(a_1, a_2, \ldots, a_n)) = \max\{v_p(a_1), v_p(a_2), \ldots, v_p(a_n)\}$.

- $v_p(n!) = \left\lfloor \dfrac{n}{p} \right\rfloor + \left\lfloor \dfrac{n}{p^2} \right\rfloor + \left\lfloor \dfrac{n}{p^3} \right\rfloor + \ldots = \dfrac{n - s_p(n)}{p - 1}$.

这里，$s_p(n)$ 是以 p 为底的 n 的位数之和. 观察到第三个和第四个性质是定义的简单结果. 第五个性质就不那么简单了，因为在数字 $1, \ldots, n$ 中，有 $\left\lfloor \dfrac{n}{p} \right\rfloor$ 个 p 的倍数，有 $\left\lfloor \dfrac{n}{p^2} \right\rfloor$ 个 p^2 的倍数，等等. 另一个等式并不困难. 实际上，我们记 $n = a_0 + a_1 p + \ldots + a_k p^k$, 其中 $a_0, a_1, \ldots, a_k \in \{0, 1, \ldots, p - 1\}$ 且 $a_k \neq 0$. 则

$$\left\lfloor \frac{n}{p} \right\rfloor + \left\lfloor \frac{n}{p^2} \right\rfloor + \ldots = a_1 + a_2 p + \ldots + a_k p^{k-1} + a_2 + a_3 p + \ldots + a_k p^{k-2} + \ldots + a_k,$$

并且应用公式

$$1 + p + \ldots + p^i = \frac{p^{i+1} - 1}{p - 1},$$

我们得出第五个性质.

例3.1 设a和b是正整数，且$a \mid b^2$，$b^3 \mid a^4$，$a^5 \mid b^6$，$b^7 \mid a^8, \ldots$证明$a = b$.

解答. 我们将证明对任何质数p有$v_p(a) = v_p(b)$. 假设$a \mid b^2$，$b^3 \mid a^4$，$a^5 \mid b^6$，$b^7 \mid a^8, \ldots$相当于对于任意正整数n有$a^{4n+1} \mid b^{4n+2}$及$b^{4n+3} \mid a^{4n+4}$. 但是关系式$a^{4n+1} \mid b^{4n+2}$可以写成对任意n有$(4n+1)v_p(a) \leq (4n+2)v_p(b)$，因此

$$v_p(a) \leq \lim_{n \to \infty} \frac{4n+2}{4n+1} v_p(b) = v_p(b).$$

同样地，条件$b^{4n+3} \mid a^{4n+4}$说明$v_p(a) \geq v_p(b)$，所以$v_p(a) = v_p(b)$. 结论如下.

我们在一开始就提到了一个又好又简单的问题，虽然你可能已经做过了，但是是时候解决它了.

例3.2 证明对任意正整数a, b, c，有$\operatorname{lcm}(a, b, c)^2 \mid \operatorname{lcm}(a, b) \cdot \operatorname{lcm}(b, c) \cdot \operatorname{lcm}(c, a)$.

解答. 设p为任意质数. 我们有

$$v_p(\operatorname{lcm}(a, b, c)^2) = 2\max\{x, y, z\}$$

和

$$v_p(\operatorname{lcm}(a, b) \cdot \operatorname{lcm}(b, c) \cdot \operatorname{lcm}(c, a)) = \max\{x, y\} + \max\{y, z\} + \max\{z, x\},$$

其中$x = v_p(a)$，$y = v_p(b)$，$z = v_p(c)$. 所以我们需要证明对于任意非负整数x, y, z，有

$$\max\{x, y\} + \max\{y, z\} + \max\{z, x\} \geq 2\max\{x, y, z\}$$

但是这是对称的：假设$x \geq y \geq z$, 则不等式归结为$2x + y \geq 2x$.

是时候讨论一些难题了，我们选择呈现的都是基于本章开头的观察结果.

例3.3 证明存在一个常数c使得对于任意正整数a, b, n且满足$a! \cdot b! \mid n!$有不等式$a + b < n + c\ln n$.

(Paul Erdös)

解答. 当然，对这个常数没有合理的估计，所以我们最好看看如果$a! \cdot b! \mid n!$会有什么结果. 然后$v_2(a!) + v_2(b!) \leq v_2(n!)$，也可以被写成$a - s_2(a) + b - s_2(b) \leq n - s_2(n) < n$. 所以我们差不多找到了需要的：

$a+b<n+s_2(a)+s_2(b)$. 现在我们需要另一个观察结果: 数字A被写成二进制时位数之和不超过数字A写成以2为底的形式的位数, 这个位数为$1+[\log_2 A]$ (根据$2^{k-1}\le A<2^k$, 其中k是数字A写成以2为底的形式的位数). 因此有

$$a+b\le n+s_2(a)+s_2(b)\le n+2+\log_2 ab\le n+2+2\log_2 n$$

(因为显然$a,b\le n$), 可以直接得出结论.

下一个问题出自Kvant.经过很长一段时间, 数学奥林匹克竞赛选手S·Konyagin才找到一个简单的解决方案.我们在这里不介绍他的方案, 而是介绍另一个更简单的解决方案.

例3.4 是否存在一个无穷正整数集合, 使得无论怎样选择这个集合的某些元素, 它们的和都不是一个完全幂?

(Kvant)

解答. 取集合$A=\{2^n\cdot 3^{n+1}\mid n\ge 1\}$. 如果从这个集合中取一些不同数字, 它们的和为$2^x\cdot 3^{x+1}\cdot y$, 其中$(y,6)=1$. 这当然不是一个完全幂, 否则指数应该同时除以$x$和$x+1$. 如此这个集合事实上是一个好的选择.

下面的问题展示了初等数论的美, 它结合了各种各样的想法和技巧, 并且我们将要呈现的结果真的很美.通过计算$\mathbb{Z}/2\mathbb{Z}$中的可逆矩阵, 你可能还想尝试一种组合方法.

例3.5 证明对于任意正整数n, $n!$是

$$\prod_{k=0}^{n-1}(2^n-2^k)$$

的一个除数.

解答. 取一个质数p, 假设$p\le n$. 首先, 若$p=2$. 有

$$v_2(n!)=n-s_2(n)\le n-1$$

且

$$v_2\left(\prod_{k=0}^{n-1}(2^n-2^k)\right)=\sum_{k=0}^{n-1}v_2(2^n-2^k)\ge n-1$$

(因为2^n-2^k是偶数, $k\ge 1$). 现在假设$p>2$. 由费马定理$p\mid 2^{p-1}-1$, 于是$p\mid 2^{k(p-1)}-1$, $k\ge 1$. 现在

$$\prod_{k=0}^{n-1}(2^n-2^k)=2^{\frac{n(n-1)}{2}}\prod_{k=1}^{n}(2^k-1)$$

且可以推出

$$v_p\left(\prod_{k=0}^{n-1}(2^n-2^k)\right)=\sum_{k=1}^{n}v_p(2^k-1)\geq\sum_{1\leq k(p-1)\leq n}v_p(2^{k(p-1)}-1)$$
$$\geq\operatorname{card}\{k\mid 1\leq k(p-1)\leq n\}.$$

因为

$$\operatorname{card}\{k\mid 1\leq k(p-1)\leq n\}=\left\lfloor\frac{n}{p-1}\right\rfloor,$$

有

$$v_p\left(\prod_{k=0}^{n-1}(2^n-2^k)\right)\geq\left\lfloor\frac{n}{p-1}\right\rfloor.$$

但是

$$v_p(n!)=\frac{n-s_p(n)}{p-1}\leq\frac{n-1}{p-1}<\frac{n}{p-1},$$

并且由于$v_p(n!)\in\mathbb{Z}$, 有$v_p(n!)\leq\left\lfloor\frac{n}{p-1}\right\rfloor$.

根据这两个不等式，我们推断出

$$v_p\left(\prod_{k=0}^{n-1}(2^n-2^k)\right)\geq v_p(n!)$$

问题得证.

用这章提到的方法也可以解决不定方程.接下来是一道俄罗斯数学奥林匹克竞赛上的难题.

例3.6 证明方程

$$\frac{1}{10^n}=\frac{1}{n_1!}+\frac{1}{n_2!}+\ldots+\frac{1}{n_k!}$$

没有整数解，且满足$1\leq n_1<\ldots<n_k$.

(Tuymaada Olympiad)

解答. 已知

$$10^n((n_1+1)\ldots(n_k-1)n_k+\ldots+(n_{k-1}+1)\ldots(n_k-1)n_k+1)=n_k!$$

表明n_k 能够整除10^n. 因此设$n_k=2^x\cdot5^y$. 令

$$S=(n_1+1)\ldots(n_k-1)n_k+\ldots+(n_{k-1}+1)\ldots(n_k-1)n_k+1.$$

首先假设x, y是正数. 因此, S与10互质, 满足$v_2(n_k!) = v_5(n_k!)$. 于是, 对于所有j, 有$\left\lfloor \frac{n_k}{2^j} \right\rfloor = \left\lfloor \frac{n_k}{5^j} \right\rfloor$ (因为$\left\lfloor \frac{n_k}{2^j} \right\rfloor \geq \left\lfloor \frac{n_k}{5^j} \right\rfloor$且$n_k \leq 3$.) 一个简单的验证表明在这种情况下没有解. 接下来, 假设$y = 0$. 则S是奇数, 且$v_2(n_k!) = n \leq v_5(n_k!)$. 又推出$v_2(n_k!) = v_5(n_k!)$. 我们已知这种情况无解, 因此$x = 0$. 关键是若$n_k > n_{k-1} + 1$, 则$S$是奇数, 且又得到$v_2(n_k!) = n \leq v_5(n_k!)$, 这是不可能的. 于是$n_k = n_{k-1} + 1$. 但是, 考虑到$n_k$是5的幂, 推出在模是4时, S与2同余. 于是$v_2(n_k!) = n + 1 \leq v_5(n_k!) + 1$. 由此可见$\left\lfloor \frac{n_k}{2} \right\rfloor \leq 1 + \left\lfloor \frac{n_k}{5} \right\rfloor$且$n_k \leq 6$. 因为$n_k$是5的幂, 有$n_k = 5$, $n_{k-1} \leq 4$且详尽讨论了所有情况表明无解.

1997年亚太数学奥林匹克竞赛有一道难题, 要求证明有一个数字$100 < n < 1997$满足$n \mid 2^n + 2$. 接下来邀请你一起来验证一下数字$2 \cdot 11 \cdot 43$是解, 并且看看我们是怎样找到这个数字的. 首先验证表明所有这样的数字都是偶数, 这很难证明, 最先是由Schinzel证明的.

例3.7 证明任意$n > 1$, 推不出$n \mid 2^{n-1} + 1$.

(Schinzel)

解答. 证明虽然很短, 但是很巧妙. 假设n是解.

设$n = \prod_{i=1}^{s} p_i^{k_i}$其中$p_1 < p_2 < \ldots < p_s$是质数. 现在考虑$v_2(p_i - 1)$, 选择使得这个量最小的$p_i$且记为$p_i = 1 + 2^{r_i} m_i$, 其中$m_i$是奇数. 则$n \equiv 1 \pmod{2^{r_i}}$, 或写成$n - 1 = 2^{r_i} t$. 已知$2^{2^{r_i} t} \equiv -1 \pmod{p_i}$, 则

$$-1 \equiv 2^{2^{r_i} t m_i} \equiv 2^{(p_i - 1)t} \equiv 1 \pmod{p_i}$$

(最后一个同余由费马小定理导出). 于是$p_i = 2$, 这显然是不可能的.

我们继续处理一个非常好但是很困难的问题, 在这个问题中, 考虑指数是非常有用的. 它好像第一次出现在AMM, 但在过去的几年里, 它已经在各种各样的国家和国际比赛中提出.

例3.8 证明对于任意整数$a_1, a_2, \ldots, a_n$, 数字

$$\prod_{1 \leq i < j \leq n} \frac{a_i - a_j}{i - j}$$

是一个整数.

(Armond E. Spencer, AMM E 2637)

解答.我们考虑一个质数 p 并且证明对于 $k \geq 1$，差分序列 $(a_i - a_j)_{1 \leq i < j \leq n}$ 比 $(i-j)_{1 \leq i < j \leq n}$ 有更多的数字被 p^k 整除. 因为

$$v_p\left(\prod_{1 \leq i < j \leq n}(a_i - a_j)\right) = \sum_{k \geq 1} N_{p^k}\left(\prod_{1 \leq i < j \leq n}(a_i - a_j)\right),$$

其中 $N_{p^k}(\{(i,j) \mid 1 \leq i < j \leq n\})$ 是序列 A 中 x 的倍数项的个数，且

$$v_p\left(\prod_{1 \leq i < j \leq n}(i - j)\right) = \sum_{k \geq 1} N_{p^k}\left(\prod_{1 \leq i < j \leq n}(i - j)\right),$$

如果能证明我们的断言，问题就解决了. 固定 $k \geq 1$ 并假设存在 b_i，指标 $j \in \{1, 2, \ldots, n\}$，使得对于每个 $i \in \{0, 1, \ldots, p^k - 1\}$，$a_j \equiv i \pmod{p^k}$. 则

$$N_{p^k}\left(\prod_{1 \leq i < j \leq n}(a_i - a_j)\right) = \sum_{i=0}^{p^k-1}\binom{b_i}{2}.$$

我们看一下若 $a_i = i$ 会怎么样. 若 $i = 0$，则满足 $1 \leq j \leq n$ 且 $j = 0 \pmod{p^k}$ 的个数是 $\left\lfloor \frac{n}{p^k} \right\rfloor$. 若 $i > 0$ 则满足 $1 \leq j \leq n$ 且 $j = i \pmod{p^k}$ 的数具有形式 $rp^k + i$，其中 $0 \leq r \leq \left\lfloor \frac{n-i}{p^k} \right\rfloor$. 这种情况有 $1 + \left\lfloor \frac{n-i}{p^k} \right\rfloor$ 个指标. 因此

$$N_{p^k}\left(\prod_{1 \leq i < j \leq n}(i - j)\right) = \sum_{i=1}^{p^k-1}\binom{1 + \left\lfloor \frac{n-i}{p^k}\right\rfloor}{2} + \binom{\left\lfloor \frac{n}{p^k}\right\rfloor}{2}. \tag{3.1}$$

令 $j = p^k - 1$，代入式 (3.1)，推出

$$N_{p^k}\left(\prod_{1 \leq i < j \leq n}(i - j)\right) = \sum_{j=0}^{p^k-1}\binom{\left\lfloor \frac{n+j}{p^k}\right\rfloor}{2},$$

这就证明了

$$\sum_{i=0}^{p^k-1}\binom{b_i}{2} \geq \sum_{j=0}^{p^k-1}\binom{\left\lfloor \frac{n+j}{p^k}\right\rfloor}{2}.$$

现在，需要求出 $\sum_{i=0}^{p^k-1}\binom{x_i}{2}$ 的最小值，此时 $\sum_{i=0}^{p^k-1}x_i = n$. 根据 b_i 的定义显然

$$\sum_{i=0}^{p^k-1}b_i = n = \sum_{j=0}^{p^k-1}\left\lfloor \frac{n+j}{p^k}\right\rfloor$$

因此，假设$x_0 \le x_1 \le x_2 \le \ldots \le x_{p^k-1}$ 这组p^k元数字达到了最小值(存在这p^k元数组是因为方程$\sum_{i=0}^{p^k-1} x_i = n$ 有有限个解).

如果$x_{p^k-1} > x_0 + 1$, 考虑n元数组$(x_0 + 1, x_1, \ldots, x_{p^k-2}, x_{p^k-1} - 1)$, 其中各分量之和是$n$, 但有

$$\binom{x_0+1}{2} + \binom{x_1}{2} + \ldots + \binom{x_{p^k-2}}{2} + \binom{x_{p^k-1}-1}{2}$$

$$< \binom{x_0}{2} + \binom{x_1}{2} + \ldots + \binom{x_{p^k-2}}{2} + \binom{x_{p^k-1}}{2}.$$

最后一个不等式成立，因为它等价于$x_{p^k-1} > x_0 + 1$.

但这与$(x_0, x_1, \ldots, x_2, \ldots, x_{p^k-1})$ 的最小值矛盾. 所以$x_{p^k-1} \le x_0 + 1$, 且$x_i \in \{x_0, x_0 + 1\}$, $i \in \{0, 1, 2, \ldots, p^k - 1\}$. 因此存在一个$j \in \{0, 1, 2, \ldots, p^k - 1\}$ 使得$x_0 = x_1 = \ldots = x_j$ 且$x_{j+1} = x_{j+2} = \ldots = x_{p^k-1} = x_0 + 1$. 因为变量$x_r$和为$n$, 必有

$$(j+1)x_0 + (p^k - j - 1)(x_0 + 1) = n,$$

于是$p^k(x_0 + 1) = n + j + 1$. 因此

$$\sum_{i=0}^{p^k-1} \binom{b_i}{2} \ge (j+1)\binom{x_0}{2} + (p^k - 1)\binom{x_0+1}{2}.$$

最后，观察所有$0 \le i \le p^k - 1$ 有

$$\left\lfloor \frac{n+i}{p^k} \right\rfloor = x_0 + 1 + \left\lfloor \frac{i-j-1}{p^k} \right\rfloor,$$

且当$i \ge j + 1$时等价于$x_0 + 1$, 否则等价于x_0. 所以

$$\sum_{i=0}^{p^k-1} \binom{\left\lfloor \frac{n+i}{p^k} \right\rfloor}{2} = (j+1)\binom{x_0}{2} + (p^k - j - 1)\binom{x_0+1}{2}.$$

下一个练习特别困难，但在其解决方案中使用的思想在解决其他问题时非常有用.

例3.9 设a和b 是两个不同的正有理数，使得对于无数整数$n, a^n - b^n$ 是一个整数. 证明a和b 也都是整数.

(Gabriel Dospinescu, Mathlinks Contest)

解答. 首先设 $a = \dfrac{x}{z}$, $b = \dfrac{y}{z}$, 其中 x, y, z 是互质的不同正整数, 且 $x \neq y$. 我们得到在无限集合 M 中, 对于任意正整数 n, 有 $z^n \mid x^n - y^n$. 假设 $z > 1$ 且取 z 的一个质因数 p, 若 p 不能整除 x, 它也不能整除 y. 现有如下两种情况:

(i) 若 $p = 2$, 则设 n 满足 $2^n \mid x^n - y^n$. 记 $n = 2^{u_n} j_n$, 其中 j_n 是奇数. 根据恒等式

$$x^{2^{u_n} j_n} - y^{2^{u_n} j_n} = (x^{j_n} - y^{j_n})(x^{j_n} + y^{j_n}) \ldots (x^{2^{u_n-1} j_n} + y^{2^{u_n-1} j_n})$$

有

$$v_2(x^n - y^n) = v_2(x^{j_n} - y^{j_n}) + \sum_{k=0}^{u_n-1} v_2(x^{2^k j_n} + y^{2^k j_n}).$$

但是 $x^{j_n-1} + x^{j_n-2} y + \ldots + xy^{j_n-2} + y^{j_n-1}$ 显然是奇数(因为 j_n, x, y 是奇数), 因此

$$v_2(x^{j_n} - y^{j_n}) = v_2(x - y).$$

同理, 证明得出

$$v_2(x^{j_n} + y^{j_n}) = v_2(x + y).$$

因为

$$x^{2^k j_n} + y^{2^k j_n} \equiv 2 \pmod 4$$

$k > 0$, 最终推出

$$2^{u_n} j_n \leq v_2(x^n - y^n) \leq v_2(x + y) + v_2(x - y) + u_n - 1. \tag{3.2}$$

因此, $(2^{u_n})_{n \in M}$ 有界, 原因是

$$2^{u_n} \leq v_2(x + y) + v_2(x - y) + u_n - 1.$$

于是 $(u_n)_{n \in M}$ 是有限值, 又由式(3.2), $(j_n)_{n \in M}$ 也是有限值, 故 M 是有限集合, 矛盾.

(ii) 设 p 是奇数且令 d 是使得 $p \mid x^k - y^k$ 成立的最小正整数 k, 则对于集合 M 中的任意 n, 令 $x = tu$, $y = tv$, 其中 $(u, v) = 1$. 显然, tuv 不是 p 的倍数. 因此

$$p \mid (u^d - v^d, u^n - v^n) = u^{(n,d)} - v^{(n,d)} \mid x^{(n,d)} - y^{(n,d)}$$

并且选择恰当的 d, 必有 $d \mid n$. 因此 M 中任意元素都是 d 的倍数. 取 M 中的 n 记作 $n = md$, 其中 m 是正整数. 令 $A = x^d$, $B = y^d$. 则对于无数个 m, 有

$$p^m \mid p^n \mid x^n - y^n = A^m - B^m.$$

再者 $p \mid A - B$. 令 R 是这无数个 m 组成的集合.

我们现在将证明这类问题的一个非常有用的结果.

定理3.1 设 p 是一个奇质数，A, B 是不能被 p 整除的正整数，但 $p \mid A - B$. 则对于所有正整数 n 有

$$v_p(A^n - B^n) = v_p(n) + v_p(A - B).$$

证明. 这个定理的证明是自然的，尽管它很长而且有技巧. 事实上，记 $n = p^k \cdot l$ 且 $\gcd(l, p) = 1$. 我们将通过对 k 的归纳来证明结果. 首先，设 $k = 0$. 观察到

$$v_p(A^n - B^n) = v_p(A - B)$$

当且仅当 p 不能整除 $A^{n-1} + A^{n-2}B + \ldots + AB^{n-2} + B^{n-1}$. 因为 $A = B \pmod{p}$,如果后者不成立，可以推出 $p \mid nA^{n-1}$，这是不成立的，因为 $k = 0$ 且 $\gcd(A, p) = 1$. 现在假设 k 且取 $n = p^{k+1}l$ 满足 $\gcd(l, p) = 1$，则如果 $m = p^k l$，我们可以应用归纳假设，并写出

$$v_p(A^n - B^n) = v_p(A^{mp} - B^{mp})$$
$$= v_p(A^m - B^m) + v_p(A^{m(p-1)} + A^{m(p-2)}B^m + \ldots + A^m B^{m(p-2)} + B^{m(p-1)})$$
$$= v_p(A - B) + k + v_p(A^{m(p-1)} + A^{m(p-2)}B_m + \ldots + A^m B^{m(p-2)} + B^{m(p-1)}).$$

所以只需证明

$$v_p(A^{m(p-1)} + A^{m(p-2)}B^m + \ldots + A^m B^{m(p-2)} + B^{m(p-1)}) = 1.$$

这并不难. 首先注意，如果令 $A^m = a$, $B^m = b$, 足以证明若 $v_p(a) = v_p(b) = v_p(a - b) - 1 = 0$, 则

$$v_p(a^{p-1} + a^{p-2}b + \ldots + ab^{p-2} + b^{p-1}) = 1.$$

现在，记 $b = a + pc$，其中 c 是整数，应用二项式可以写出
$$a^{p-1} + a^{p-2}b + \ldots + ab^{p-2} + b^{p-1}$$
$$= a^{p-1} + a^{p-2}(a + pc) + a^{p-3}(a^2 + 2apc) + \ldots + a^2(a^{p-3} + (p-3)a^{p-4}pc) +$$
$$a(a^{p-2} + (p-2)a^{p-3}pc) + a^{p-1} + (p-1)a^{p-2}pc$$
$$= pa^{p-1} + ca^{p-2}p^2 \cdot \frac{p-1}{2}$$
$$= pa^{p-1} \pmod{p^2},$$
如此证明了归纳步骤，完成了定理的证明. □

回到我们的问题. 应用定理，我们推断出对于无限个 m 有

$$m \leq v_p(A^m - B^m) = v_p(A - B) + v_p(m) \leq v_p(A - B) + \lfloor \log_p m \rfloor,$$

显然这是不可能的. 因此$p \mid x$ 且$p \mid y$, 这与x, y, z互质矛盾. 于是$z = 1$ 且a, b是整数.

如果你认为这是本章最后的挑战，那么你错了.接下来的问题被称作The Erdös Corner，因为它们的美丽和艰深，特别留在这一章的末尾.

例3.10 (a) 证明对于任意正整数n 存在正整数$a_1 < a_2 < \ldots < a_n$ 使得$a_i - a_j \mid a_i$ ，其中$i \leq j$.

(b) 证明存在一个正常数c 使得对于任意n 和任意序列$a_1 < a_2 < \ldots < a_n$ 满足条件(a),$a_1 > n^{cn}$.

(Paul Erdös, Miklos Schweitzer Competition)

解答. 如果证明(a)不那么困难，(b)的证明就需要独创性了.证明(a) 当然需要对n 的归纳. 对于$n = 1$ ，取$a_1 = 1$就足够了. 假设$a_1 < a_2 < \ldots < a_n$ 是一个好序列，取$b = a_1 a_2 \ldots a_n$. 序列b, $b + a_1$, $b + a_2$,..., $b + a_n$ 也是好的，并显示了归纳步骤. 现在讨论(b). 取任意质数$p \leq n$ 并观察，如果$a_i \equiv a_j \pmod{p}$ ，则$a_i \equiv a_j \equiv 0 \pmod{p}$. 因此$a_1, a_2, \ldots, a_n$中至少存在$p - 1$ 个数字不是p的倍数. 在$a_1, a_2, \ldots, a_n$中考虑p 的倍数，并用p去除，我们得到另一个好的序列，先前的讨论表明这个新序列中至少有$p - 1$项不能被p整除. 重复这个讨论得出

$$v_p(a_1 a_2 \ldots a_n) \geq (n - (p-1)) + (n - 2(p-1)) + \ldots + \left(n - \left\lfloor \frac{n}{p-1} \right\rfloor (p-1)\right).$$

简单的计算得出若$p \leq \sqrt{n}$, 则后一个数超过$\frac{n^2}{3p}$. 因此

$$a_1 a_2 \ldots a_n \geq \prod_{p \leq \sqrt{n}} p^{\frac{n^2}{3p}}.$$

但是显然$a_1 \geq a_n - a_1$, 所以

$$a_1 \geq \frac{a_n}{2} \geq \frac{\sqrt[n]{a_1 a_2 \ldots a_n}}{2},$$

上式表明

$$a_1 \geq \frac{1}{2} \cdot e^{\frac{n}{3} \cdot \sum_{p \leq \sqrt{n}} \frac{\ln p}{p}}.$$

现在我们需要证明的就是存在常数$c > 0$ 使得

$$\sum_{p \leq n} \frac{\ln p}{p} \geq c \cdot \ln n.$$

事实上我们将证明出更多, 即

$$\sum_{p \le n} \frac{\ln p}{p} = \ln n + O(1).$$

将再次使用$n!$的因式分解这个工具. 事实上, 这给出了恒等式

$$\ln(n!) = \sum_p v_p(n!) \cdot \ln p.$$

一方面使用斯特林公式 $n! \approx \left(\frac{n}{e}\right)^n \cdot \sqrt{2\pi n}$, 推出

$$\ln(n!) = n(\ln n - 1) + O(\ln n).$$

另一方面, $\frac{n}{p} - 1 \le v_p(n!) < \frac{n}{p-1}$. 因此

$$n \cdot \sum_{p \le n} \frac{\ln p}{p} + n \cdot \sum_{p \le n} \frac{\ln p}{p(p-1)} \ge \sum_p v_p(n!) \cdot \ln p > n \cdot \sum_{p \le n} \frac{\ln p}{p} - \ln \prod_{p \le n} p. \quad (3.3)$$

因为显然$\sum_p \dfrac{\ln p}{p(p-1)}$ 是收敛的,所以

$$n \cdot \sum_{p \le n} \frac{\ln p}{p(p-1)} = O(n).$$

现在将证明下面的结果也是源于厄多斯

$$\prod_{p \le n} p \le 4^{n-1} (n \ge 1)$$

这个理论的证明太棒了. 我们应用归纳法. 对于比较小的数值n 这是显然的. 现在假设小于n 时不等式成立, 然后证明

$$\prod_{p \le n} p \le 4^{n-1}.$$

如果n 是偶数, 不用证明, 因为

$$\prod_{p \le n} p = \prod_{p \le n-1} p \le 4^{n-2} < 4^{n-1}.$$

现在假设$n = 2k + 1$ 并考虑二项式系数

$$\binom{2k+1}{k} = \frac{(k+2)\dots(2k+1)}{k!}.$$

恒等式 $2^{2k+1} = \sum_{i \geq 0} \binom{2k+1}{i}$ 的一个应用表明

$$\binom{2k+1}{k} \leq 4^k.$$

这样应用归纳假设, 我们得出

$$\prod_{p \leq n} p \leq \prod_{p \leq k+1} p \cdot \prod_{k+2 \leq p \leq 2k+1} p \leq 4^k \cdot 4^k = 4^{n-1}.$$

这个结果表明 $\ln \prod_{p \leq n} p = O(n)$, 所以使用之前的判断, 写成

$$\sum_{p \leq n} \frac{\ln p}{p} = \ln n + O(1).$$

下面是著名的伯特兰假设的改进和证明, 断言若 $n > 1$, 则在 n 和 $2n$ 之间总有一个质数. 事实上, 下一个例子中著名的结果表明, 对于足够大的 n, 结果更加正确, 并且给出了一个有效的计算常数 $c < 10000$ 的方法, 用以证明伯特兰假设. 简单的计算之后就可以完整地证明这个结果. 但是我们更喜欢下面的定量结果.

例3.11 对于任意 $\varepsilon > 0$, 存在一个 n_0 使得当 $n > n_0$ 时, 至少有

$$\left(\frac{2}{3} - \varepsilon\right) \frac{n}{\log_2(n)}$$

个质数介于 n 和 $2n$ 之间.

(Paul Erdös)

证明. 研究除二项式系数 $\binom{2n}{n}$ 的幂是得到质数计数结果有趣界限的一个好方法. 为什么这个数字这么特别? 首先因为它很容易渐近估值. 可以很容易地证明, 例如使用斯特林公式 $\binom{2n}{n} \approx \frac{4^n}{\sqrt{\pi n}}$. 然而还有更基本的估计. 例如, 应用 $\binom{2n}{n}$ 是最大的二项式系数, 且这些二项式系数和为 4^n, 易推出不等式 $\binom{2n}{n} \geq \frac{4^n}{2n+1}$, 这对我们的小目标来说已经足够了. 关于二项式系数的另一个重要事实是它的质数幂除它后没有大的指数. 事实上

$$v_p\left(\binom{2n}{n}\right) = \sum_{k \geq 1} \left(\left\lfloor \frac{2n}{p^k} \right\rfloor - 2 \left\lfloor \frac{n}{p^k} \right\rfloor\right) \leq \lfloor \log_p 2n \rfloor,$$

这表明用p的最大的幂去除$\binom{2n}{n}$不超过$2n$. 这意味着任意质数的指数$p > \sqrt{2n}$至少是1. 厄多斯特别指出，事实上这个特殊的二项式系数并不是介于$\frac{2n}{3}$和n之间，因为你可以立即使用

$$v_p\left(\binom{2n}{n}\right) = \sum_{k \geq 1} \left(\left\lfloor \frac{2n}{p^k} \right\rfloor - 2\left\lfloor \frac{n}{p^k} \right\rfloor\right)$$

来证明.

所以，利用所有这些观察，我们推断

$$\frac{4^n}{2n+1} \leq \binom{2n}{n} \leq \prod_{p \leq \sqrt{2n}} 2n \cdot \prod_{\sqrt{2n} \leq p \leq \frac{2n}{3}} p \cdot \prod_{n < p \leq 2n} p.$$

利用前面例子所证明的结果，推断出

$$\prod_{\sqrt{2n} \leq p \leq \frac{2n}{3}} p \leq 4^{\frac{2n}{3}-1}.$$

并且，显然

$$\prod_{p \leq \sqrt{2n}} 2n \leq (2n)^{\sqrt{2n}+1},$$

所以若$f(n)$是介于n和$2n$之间的数，则

$$\frac{4^n}{2n+1} \leq (2n)^{1+\sqrt{2n}} \cdot 4^{\frac{2n}{3}-1} \cdot (2n)^{f(n)}.$$

取对数，最终推出

$$f(n) \geq \frac{\frac{2n}{3} - O\left(\sqrt{n} \cdot \ln n\right)}{\log_2 n},$$

由此得出结论.

但本章最微妙和最困难的问题（可能是整本书）是下面这个令人着迷的结果，Palfy 推测并由厄多斯应用西尔维斯特（Sylvester）关于连续数的质数除数的定理证明. 以下由M.Szegedi提出的奇妙解决方案摘自注释"对于所有质数p，由$a \pmod{p} \leq b \pmod{p}$推出$a = b$"，出版于1987年《美国数学月刊》第二期.

例3.12 设 a,b 是正整数，且对于任意质数 p，$a \pmod p \leq b \pmod p$.
则 $a = b$.

(Erdös, Palfy, Miklos Schweitzer Competition 1984)

证明. 这个证明不会很短，但它的优点是非常基础.它源自于对于质数
幂除 $\binom{b}{a}$ 的非常微妙的分析(显然取质数 $p > a + b$ 可得到 $a \leq b$).因此假
设 $a < b$.观察到如果 $\frac{b}{2} < a$，则设 $c = b - a$，得出 $0 < c < \frac{b}{2}$ 且

$$c \pmod p = b \pmod p - a \pmod p \leq b \pmod p$$

(因为 $0 \leq b \pmod p - a \pmod p < p$),所以足以证明 $0 < a \leq \frac{b}{2}$ 是不可能
的. 设 $\binom{b}{a} = \frac{B}{A}$，其中 $A = a!$ 且 $B = b(b-1)\ldots(b-a+1)$. 同时，设 $A(p^k)$
和 $B(p^k)$ 分别是 A 和 B 的因数, 是 p^k 的倍数.显然

$$A(p^k) = \left\lfloor \frac{a}{p^k} \right\rfloor \quad \text{and} \quad B(p^k) = \left\lfloor \frac{b}{p^k} \right\rfloor - \left\lfloor \frac{b-a}{p^k} \right\rfloor.$$

然后，根据对于所有实数 x, y 有 $0 \leq \lfloor x + y \rfloor - \lfloor x \rfloor - \lfloor y \rfloor \leq 1$. 我们推
出 $B(p^k) - A(p^k)$ 是0或1. 现在关键是 $A(p) \geq B(p)$. 事实上，乘积 $a \cdot (a-1) \cdot$
$\ldots \cdot 2 \cdot 1$ 中第一个 p 的倍数是 $a - a \pmod p$，而在 $b \cdot (b-1)\ldots(b-a+2)(b-a+1)$ 中
第一个 p 的倍数是 $b - b \pmod p$. 由此序列 $1, 2, \ldots, a$ 和 $b - a + 1, b - a + 2, \ldots,$
b 长度相同, 我们推出 $A(p) \geq B(p)$. 但是我们已经看到,这意味着 $A(p) = B(p)$.
所以如果 $p > a$，则必有 $A(p) = 0$，则 $B(p) = 0$，且对于所有正整数 k 和所
有 $p > a$，$A(p^k) = B(p^k) = 0$. 所以

$$A = \prod_{p \leq a} p^{A(p) + A(p^2) + \ldots} \quad , \quad B = \prod_{p \leq a} p^{B(p) + B(p^2) + \ldots},$$

于是

$$\binom{b}{a} = \frac{B}{A} = \prod_{p \leq a} p^{B(p) - A(p) + B(p^2) - A(p^2) + \ldots}$$

还有一点很重要: 若 $m(p)$ 是使得 $B(p^k)$ 不是零的最大 k 值, 则由 $A(p) = B(p)$ 可得到

$$B(p) - A(p) + B(p^2) - A(p^2) + \ldots = \sum_{j=1}^{m(p)} (B(p^j) - A(p^j)),$$

于是

$$B(p) - A(p) + B(p^2) - A(p^2) + \ldots \leq m(p) - 1$$

(回顾我们已经确立的不等式 $B(p^k) - A(p^k) \le 1$). 所以 $\binom{b}{a}$ 是 $\prod\limits_{p \le a} p^{m(p)-1}$ 的一个除数且

$$\frac{(b-a+1)(b-a+2)\dots b}{\prod\limits_{p \le a} p^{m(p)}}$$

是 $\dfrac{a!}{\prod\limits_{p \le a} p}$ 的一个除数. 然而最后一个可除性不能保证 $b \ge 2a$. 事实上, 显然

$$\frac{a!}{\prod\limits_{p \le a} p} \le a^{a-\pi(a)} < \frac{(b-a+1)(b-a+2)\dots b}{\prod\limits_{p \le a} p^{m(p)}},$$

因为约分

$$\frac{(b-a+1)(b-a+2)\dots b}{\prod\limits_{p \le a} p^{m(p)}},$$

后得到 $a - \pi(a)$ 个因数至少等于 $b - a + 1 > a$, 矛盾.

3.2 习题

1. 证明对于所有正整数 a, b, c 有恒等式

$$\frac{\operatorname{lcm}(a,b,c)^2}{\operatorname{lcm}(a,b) \cdot \operatorname{lcm}(b,c) \cdot \operatorname{lcm}(c,a)} = \frac{\gcd(a,b,c)^2}{\gcd(a,b) \cdot \gcd(b,c) \cdot \gcd(c,a)}$$

.

(USAMO 1972)

2. 令 $a_1, a_2, \dots, a_k,\ b_1, b_2, \dots, b_k$ 是正整数, 且满足 $\gcd(a_i, b_i) = 1$, $i \in \{1, 2, \dots, k\}$. 令 $m = \operatorname{lcm}(b_1, b_2, \dots, b_k)$. 证明

$$\gcd\left(\frac{a_1 m}{b_1}, \frac{a_2 m}{b_2}, \dots, \frac{a_k m}{b_k}\right) = \gcd(a_1, a_2, \dots, a_k).$$

(IMO 1974 Shortlist)

3. 证明如果n是正整数且a, b 是整数，那么$n!$ 可以整除$a(a + b)(a + 2b)\ldots(a + (n-1)b)b^{n-1}$.

(IMO 1985 Shortlist)

4. 令a, b, c 是正整数且$c \mid a^c - b^c$. 证明$c \mid \dfrac{a^c - b^c}{a - b}$.

(I. Niven, AMM E 564)

5. 证明对于所有整数a, b 且$b \neq 0$ ，存在一个正整数n 使得

$$v_2(n!) = a \pmod{b}$$

.

(Kömal)

6. 证明对于任意正整数n,

$$(n + 1)\mathrm{lcm}\left(\binom{n}{0}, \binom{n}{1}, \ldots, \binom{n}{n}\right) = \mathrm{lcm}\,(1, 2, \ldots, n + 1).$$

(Peter L. Montgomery, AMM E 2686)

7. 设m是大于1的整数，假设正整数n 对于所有与n互质的整数a 满足$n \mid a^m - 1$. 证明$n \leq 4m(2^m - 1)$. 找出所有相等的情况.

(Gabriel Dospinescu, Marian Andronache, Romanian TST 2004)

8. 令n 是正整数，整数$a > b > 1$ 且b 是奇数，满足$b^n \mid a^n - 1$.
证明$a^b > \dfrac{3^n}{n}$.

(Chinese TST 2009)

9. 求出所有质数p 满足$n^{p-1} \mid (p - 1)^n + 1$的正整数$n$.

(After IMO 1999)

10. 设a 是一个正整数. 证明$2^{2^n} + a$的质因数序列是无限的，$n = 1, 2, \ldots$.

(Iranian TST 2009)

11. 令$p > 7$ 是质数. 证明p^4写成分数时可整除

$$2 \cdot \sum_{k=1}^{p-1} \frac{1}{k} + p \cdot \sum_{k=1}^{p-1} \frac{1}{p^2}$$

分子的最低项.

(Gabriel Dospinescu)

12. 令$p_1, p_2, \ldots, p_k$ 是不同的质数，S 是质因数在$p_1, p_2, \ldots, p_k$之中的数组成的序列. 如果A为有限整数集, 令$G(A)$ 是以A为顶点的图形,如果$a - b \in S$, 则两个顶点$a, b \in A$相邻. 对任意$m \geq 3$，我们能找到含m 个元素的集合A 使得下列条件成立吗？

(a) $G(A)$ 是完整的图形；

(b) $G(A)$ 是连通的且所有顶点度数不超过2.

(Miklos Schweitzer Competition 2009)

13. 求解正整数方程$x^{2007} - y^{2007} = x! - y!$.

(Romanian TST 2007)

14. 证明对于所有区别于3和5的正整数n ，$n!$ 可以被它的正除数的个数整除.

(Paul Erdös, Miklos Schweitzer Competition)

15. 求出所有正整数a, b, c 使得$(2^a - 1)(3^b - 1) = c!$.

(Gabriel Dospinescu, Mathematical Reflections)

16. 设a 是一个固定的正整数. 证明等式$n! = a^b - a^c$ 有有限个正整数解(n, b, c) .

(Chinese TST 2004)

17. 设$m > n^{n-1}$是正整数，满足$m + 1, m + 2, \ldots, m + n$是合数. 证明存在成对的不同质数$p_1, p_2, \ldots, p_n$ 使得p_i 整除$m + i$ ，$1 \leq i \leq n$.

(Tuymaada Olympiad 2004)

18. 求出所有具有下列性质的正整数n:存在不全相等的自然数$b_1, b_2, \ldots, b_n$,且使得数字$(b_1 + k)(b_2 + k) \ldots (b_n + k)$对于每个自然数$k$是一个整数的幂. 这里的幂的形式为$x^y$ ，$x, y > 1$.

(Russia 2008)

19. 设$(a_n)_{n \geq 1}$ 是一个正整数数列，对于所有正整数m, n 满足$\gcd(a_m, a_n) = a_{\gcd(m,n)}$. 证明存在唯一一个正整数数列$(b_n)_{n \geq 1}$ 使得$a_n = \prod_{d | n} b_d$.

(Marcel Ţena, Romanian TST)

20. 设$m \geq 2$ ，$a_1, a_2, \ldots, a_n$ 是不全相等的正整数, 证明存在无数个质数p 且具有性质: 存在正整数k 满足$p \mid a_1^k + a_2^k + \ldots + a_n^k$.

(Iran 2004)

21. 设 n, k 是正整数且满足 $n > 9^k$. 证明 $\binom{n}{k}$ 至少有 k 个不同的质因数.

(Paul Erdös, Miklos Schweitzer Competition)

22. 设 $f(n)$ 是 $\{1, 2, \ldots, n\}$ 的不包含满足 $i \mid 2j$ 的 i, j 的最大子集 A ，证明存在一个常数 $C > 0$ 使得对于所有 n 有

$$\left| f(n) - \frac{4n}{9} \right| \le C \ln n.$$

(Paul Erdös, AMM E 3403)

23. 证明 $\lim_{n \to \infty} x_n = \infty$, 其中 x_n 是 $\frac{2}{1} + \frac{2^2}{2} + \ldots + \frac{2^n}{n}$ 的分子中 2 的幂，并证明 $x_{2^n} \ge 2^n - n + 1$.

(Adapted from a Kvant problem)

24. 求出

$$\binom{2^{n+1}}{2^n} - \binom{2^n}{2^{n-1}}$$

的质因数分解中 2 的幂.

(J. Desmong, W.R. Hastings, AMM E 2640)

25. 设 x, y 是互质的正整数，证明对于无数个质数 p, $x^{p-1} - y^{p-1}$ 中 p 的指数是奇数.

(Barry Powell, AMM E 2948)

26. 设 p 是一个质数，$n > s + 1$ 是正整数，证明 p^d 可以整除 $\displaystyle\sum_{p \mid k, \, 0 \le k \le n} (-1)^k \cdot k^s \binom{n}{k}$, 其中 $d = \left\lfloor \dfrac{n - s - 1}{p - 1} \right\rfloor$.

(Gabriel Dospinescu, Mathematical Reflections)

27. 证明对于任意 $c > 0$ 存在无数个 n 使得 $n^2 + 1$ 的最大质因数大于 cn.

(Chebyshev, Nagell)

28. (a) 设 p 是质数，$a_0, a_1, \ldots$ 是整数，对于无数个正整数 n 有

$$\sum_{k=0}^{n} p^k \binom{n}{k} a_k = 0$$

证明对于所有 n, $a_n = 0$.

(b) 对于所有 $n \geq 0$,整数数列 $(a_n)_n$ 满足

$$a_{n+d} = x_1 a_{n+d-1} + x_2 a_{n+d-2} + \ldots + x_d a_n$$

其中 $d \geq 1$ 和 $x_1, x_2, \ldots, x_d$ 是整数，证明存在一个有限集合 S 和整数 $c_1, c_2, \ldots, c_N, d_1, d_2, \ldots, d_N$ 满足

$$\{n \geq 0 \mid a_n = 0\} = S \cup (c_1 + d_1 \mathbb{N}) \cup \ldots \cup (c_N + d_N \mathbb{N}).$$

(Skolem-Mahler-Lech theorem)

第 4 章 质数和平方

4.1 理论和实例

尽管质数性质的研究已经非常成熟，但许多古老的猜想和悬而未决的问题仍有待解决. 在这一章中，我们介绍了一些质数类的性质，以及一些与表示为两个平方和有关的经典结论. 在本单元的最后，我们将一如既往地讨论一些非标准和令人惊讶的问题.因为我们会多次使用一些事实，所以我们更愿意在讨论问题之前修正一些符号.我们将考虑所有的集合P_1和P_3 分别是$4k + 1$和$4k + 3$形式的质数.Q_2将表示可以写成两个完全平方和的所有数字的集合.我们的目的是提出一些与P_1，P_3，Q_2有关的经典结果. 这个集合P_1最引人注目的特性是它的任何元素都是两个正整数的平方和.这不是一个微不足道的性质，接下来，我们将给出一个漂亮的证明.

例4.1 证明P_1 是Q_2的子集.

(Fermat)

解答. 我们需要证明任何具有$4k + 1$ 形式的质数一定是两个数的平方和.我们将使用一个非常漂亮的结果.

定理4.1 (Thue). 如果n 是一个正整数，a 与n互质,那么存在整数$0 < x, y \leq \sqrt{n}$ 满足$xa \equiv y \pmod{n}$，适当选择符号$+$或$-$.

证明. 证明很简单，但这个定理本身就是一颗钻石. 事实上，让我们考虑所有的数值$xa - y$，其中$0 \leq x, y \leq \lfloor \sqrt{n} \rfloor$. 于是, 得出一列$(\lfloor \sqrt{n} \rfloor + 1)^2 > n$的数并且其中任意两个数被$n$除时余数相同， 设其为$ax_1 - y_1$ 和$ax_2 - y_2$. 不难看出我们可以假设$x_1 > x_2$ （显然不能有$x_1 = x_2$ 或$y_1 = y_2$）. 若取$x = x_1 - x_2$和$y = |y_1 - y_2|$，所有条件均满足, 定理得证.

我们现在用威尔逊定理来求一个整数n 使得$p \mid n^2 + 1$. 事实上, 让我们记$p = 4k + 1$ ，可以取$n = (2k)!$. 为什么? 因为根据威尔逊定理有

$$-1 \equiv (p-1)! \equiv 1 \cdot 2 \cdot \ldots \cdot \left(\frac{p-1}{2}\right)\left(p - \frac{p-1}{2}\right) \cdot \ldots \cdot (p-1)$$

$$\equiv (-1)^{\frac{p-1}{2}} \left(\left(\frac{p-1}{2}\right)!\right)^2 \equiv ((2k)!)^2 \pmod{p}$$

断言得证. 现在, 由于 $p \mid n^2 + 1$, 显然 p 和 n 互质. 因此我们可以找到正整数 $0 < x$, $y < \sqrt{p}$ (由于 $\sqrt{p} \notin \mathbb{Q}$) 使得 $p \mid n^2x^2 - y^2$. 因为 $p \mid n^2 + 1$, 所以 $p \mid x^2 + y^2$, 因为 $0 < x, y < \sqrt{p}$, 我们推断出 $p = x^2 + y^2$. 定理得证. □

现在是时候研究一下集合 P_3 的性质了. 因为它们比较简单, 我们将以简单的例子来讨论.

例4.2 令 $p \in P_3$ 且假设 x 和 y 是整数使得 $p \mid x^2 + y^2$, 则 $p \mid \gcd(x,y)$；因此, 任意数字 $n^2 + 1$ 只有属于 P_1 或等于2的质因数；推出若 P_1 是无限的, 则 P_3 是无限的.

解答. 先看第一问. 假设 $p \mid \gcd(x,y)$ 不成立. 则显然 xy 不是 p 的倍数. 因为 $p \mid x^2 + y^2$, 有 $x^2 \equiv -y^2 \pmod{p}$. 结合 $\gcd(x,p) \equiv \gcd(y,p) = 1$ 和费马小定理, 我们发现

$$1 \equiv x^{p-1} \equiv (-1)^{\frac{p-1}{2}} y^{p-1} \equiv (-1)^{2k+1} \equiv -1 \pmod{p} \text{ for } p = 4k+3,$$

这是不可能的. 第一问解答完毕. 第二问显然由第一问得出. 现在证明第三问. 证明 P_3 是无限的等价于证明存在无限个质数. 事实上, 假设 $p_1, p_2, \ldots, p_n$ 是 P_3 所有元素且个数大于3, 且考虑奇数 $N = 4p_1p_2 \ldots p_n + 3$. 因为 $N \equiv 3 \pmod 4$, N 必有一个质因数属于 P_3. 但是由于 p_i 不是 N 的除数, $i = 1, 2, \ldots, n$, 产生矛盾, 所以 P_3 是无限的. 同理可证 P_1 是无限的, 这次我们用到第二个问题的结果. 事实上, 这次我们考虑数字 $M = (q_1q_2 \ldots q_m)^2 + 1$, 其中 $q_1, q_2, \ldots, q_m$ 是 P_1 的元素, 然后只需应用第二个问题的结果, 结论显然.

现在来描述集合 Q_2 元素的性质不难. 一个数字是两个平方的和当且仅当它的属于 P_3 的质因数出现在该数字分解的偶数指数处. 这个证明只是第一个例子的结果, 我们不必再做.

在介绍了一些我们将在本单元中进一步使用的基本结论之后, 现在来看看这两个例子的一些应用. 作为第一个示例的简单结果, 我们考虑了以下问题, 对于了解费马定理关于 P_1 元素的人来说当然容易, 否则就够难了.

例4.3 求整数 $x \in \{-1997, \ldots, 1997\}$ 使得

$$1997 \mid x^2 + (x+1)^2.$$

(India 1998)

解答. 我们知道任何二次同余都可以化简为同余 $x^2 \equiv a \pmod{p}$, 所以我们继续把已知的同余化简为这种特殊形式. 这并不难, 由于

$$x^2 + (x+1)^2 \equiv 0 \pmod{1997}$$

等价于

$$2x^2 + 2x + 1 \equiv 0 \pmod{1997},$$

化成

$$(2x+1)^2 + 1 \equiv 0 \pmod{1997}.$$

因为$1997 \in P_1$, 同余$n^2 \equiv -1 \pmod{1997}$ 至少有一个解.

更准确地说, 恰好有两个解属于$\{1, 2, \ldots, 1996\}$, 因为若n_0 是一个解, 则$1997 - n_0$也是解, 这个方程对1997取余数最多有两个不相等的解. 因为$\gcd(2, 1997) = 1$, 函数$x \mapsto 2x + 1$ 是$\mathbb{Z}/1997\mathbb{Z}$的一个序列, 所以初始同余恰好有两个解$x \in \{1, 2, \ldots, 1996\}$. 同理恰有两个解$x \in \{-1997, -1996, \ldots, -1\}$. 因此恰好有四个数$x \in \{-1997, \ldots, 1997\}$ 使得$1997 \mid x^2 + (x+1)^2$.

接下来我们看1996年罗马尼亚为IMO提出的一个更棘手的问题, 尽管它只使用了以前证明过的关于p_3的基本事实, 但这个问题还是相当困难.

例4.4 令$\mathbb{N}_0$ 表示非负整数集. 是否存在双射函数$f : \mathbb{N}_0 \to \mathbb{N}_0$ 使得对于所有非负整数m, n 有$f(3mn + m + n) = 4f(m)f(n) + f(m) + f(n)$?

(IMO 1996 Shortlist)

解答. 第一步注意到可以将给定的关系转化为

$$f\left(\frac{(3m+1)(3n+1) - 1}{3}\right) = \frac{(4f(m)+1)(4f(n)+1) - 1}{4}.$$

这样做的好处是引入函数

$$g : 3 \cdot \mathbb{N}_0 + 1 \to 4 \cdot \mathbb{N}_0 + 1, \quad g(n) = 4f\left(\frac{n-1}{3}\right) + 1$$

后, 化为$g(mn) = g(m)g(n)$, 这比初始关系简单得多. 因为很容易从g构建出f

$$f(n) = \frac{g(3n+1) - 1}{4},$$

问题变为: 是否存在双射乘法函数g 介于$3 \cdot \mathbb{N}_0 + 1$ 和$4 \cdot \mathbb{N}_0 + 1$之间, 即幺半群$3 \cdot \mathbb{N}_0 + 1$ 和$4 \cdot \mathbb{N}_0 + 1$ 同构吗? 让我们引入类似的集合T_1, T_2, 形如$3k + 1$和$3k + 2$的正质数集合. 就像我们证明P_1, P_3是无限的, 可以证明T_1, T_2也是无限的. 因为它们显然是可数的, 在P_1 和T_1 之间, P_3 和T_2之间分别存在双射. 这给我们提供了一个$P_1 \cup P_3$ 和$T_1 \cup T_2$之间的双射ψ, 把P_1 双向映射成T_1 且P_3双向映射成T_2. 现在, 不难构造一个同构g: 定义$g(1) = 1$ 且若$n > 1$属于$3 \cdot \mathbb{N}_0 + 1$. 记$n = p_1 p_2 \ldots p_k$, 质数$p_i \in T_1 \cup T_2$, 不必区分和定

义 $g(n) = \psi(p_1) \cdot \psi(p_2) \cdot \ldots \cdot \psi(p_k)$. 我们需要验证 g 定义了乘法、双射. 首先注意 T_2 在 $p_1, p_2, \ldots, p_k$ 之中有偶数个元素. 则 P_3 在 $\psi(p_i)$ 之中有偶数个元素, 于是 $g(n) \in 4 \cdot \mathbb{N}_0 + 1$. 这样 g 定义明确. 显然 g 是乘法 (由定义本身), 利用 ψ 的性质立即证明 g 也是双射. 这证明了一个具有期望性质的函数 f 的存在性.

根据前面的观察, 我们知道一个数是两个平方和的条件是非常严格的, 这表明集合 Q_2 是相当稀少的, 这个结论可以转化为下面的好问题.

例4.5 证明 Q_2 没有有界间断 (间隙), 即存在任意的连续整数的长序列, 没有一个可以写成两个完全平方和.

(AMM)

解答. 这个问题的表述建议使用中国剩余定理, 但这里的主要思想是使用我们刚刚讨论的集合 Q_2 的完整刻画: $Q_2 = \{n \in \mathbb{Z} \mid$ 若 $p \mid n$ 且 $p \in P_3$, 则 $\psi_p(n) \in 2\mathbb{Z}\}$. 我们知道我们必须做什么. 我们将取连续整数的长序列, 每个序列都有一个属于 P_3 的指数为 1 的素数因子. 更准确地说, 我们取 P_3 中不同元素 $p_1, p_2, \ldots, p_n$ (我们可以取需要的个数, 因为 P_3 是无限的), 然后寻求下面同余方程组的解

$$
\begin{cases}
x \equiv p_1 - 1 \pmod{p_1^2} \\
x \equiv p_2 - 1 \pmod{p_2^2} \\
\ldots \\
x \equiv p_n - 1 \pmod{p_n^2}
\end{cases}
$$

这种解的存在性源于中国剩余定理, 因此数字 $x+1, x+2, \ldots, x+n$ 不能写成两个完全平方和, 因为 $p_i \mid x+i$, 但是 p_i^2 不能整除 $x+i$. 因为 n 要多大有多大, 所以得到结论.

丢番图方程 $x(x+1)(x+2)\ldots(x+n) = y^k$ 被许多数学家广泛研究过, 并且厄多斯和 Selfridge 得到了非常好的结果, 但是这些结果非常难证明, 我们更喜欢提出相关的问题, 有很好的基础数学的味道.

例4.6 对于 P_3 中任意 p, 证明没有一组 $p-1$ 个连续正整数可以划分成两个子集, 且每个子集的元素乘积相同.

解答. 假设正整数 $x+1, x+2, \ldots, x+p-1$ 被分成两个类 X, Y, 它们都有相同的元素乘积. 如果这 $p-1$ 个数中至少有一个是 p 的倍数, 那么一定有另一个数被 p 整除 (因为在这种情况下 X 和 Y 的元素乘积都必须是 p 的倍数), 这显然是不可能的. 于是这些数中没有一个是 p 的倍数, 这意味着这些数被 p 除的余数集恰好是 $1, 2, \ldots, p-1$. 此外, 从假设中可以得出存在一个正整数 n 使

得

$$(x+1)(x+2)\ldots(x+p-1) = n^2.$$

因此

$$n^2 \equiv 1 \cdot 2 \cdot \ldots \cdot (p-1) \equiv -1 \pmod{p},$$

由威尔逊定理得到的最后一个同余. 但是从第二个例子我们得知对于$p \in P_3$同余$n^2 \equiv -1 \pmod{p}$是不可能的, 这是必要的矛盾.

第二个例子中的结果是求解非标准丢番图方程的有用工具, 您可以在以下两个示例中看到这一点.

例4.7 证明方程$x^4 = y^2 + z^2 + 4$没有整数解.

(Reid Barton, Rookie Contest 1999)

解答. 事实上, 我们必须说明$x^4 - 4$ 不属于Q_2. 因此我们需要找到P_3的一个具有奇指数的元素, 且是$x^4 - 4$的质因数. 第一个例子是当x是奇数时, 使用分解式

$$x^4 - 4 = (x^2 - 2)(x^2 + 2)$$

且观察$x^2 + 2 \equiv 3 \pmod 4$,我们推断出存在$p \in P_3$使得$v_p(x^2 + 2)$ 是奇数. 但是因为p 不能整除$x^2 - 2$(否则$p \mid x^2 + 2 - (x^2 - 2)$,不是这样的),我们得出$v_p(x^4 - 4)$是奇数, 于是$x^4 - 4$不属于$Q_2$. 这表明在方程的任意解中$x$ 是偶数, 令$x = 2k$, 则必有$4k^4 - 1 \in Q_2$,这显然是不可能的, 因为$4k^4 - 1 \equiv 3 \pmod 4$, 且$4k^4 - 1$有一个属于$P_3$的具有奇指数的质因数. 此外, 值得注意的是方程$x^2 + y^2 = 4k + 3$可以直接通过模4求解.

下面的问题要困难得多, 但基本思想是一样的.然而, 细节并不那么明显, 最重要的是, 还不清楚如何开始.

例4.8 令$p \in P_3$且假设整数x, y, z, t 使得$x^{2p} + y^{2p} + z^{2p} = t^{2p}$. 证明$x, y, z, t$ 中至少有一个数是p的倍数.

(Barry Powel, AMM)

解答. 不失一般性, 我们假设x, y, z, t 是互质的. 接下来证明t 是奇数. 假设相反, 我们得到

$$x^{2p} + y^{2p} + z^{2p} \equiv 0 \pmod 4.$$

因为$a^2 \pmod 4 \in \{0, 1\}$, 后者意味x, y, z 是偶数, 与假设$\gcd(x, y, z, t) = 1$相反. 因此t 是奇数. 这意味着x, y, z 中至少有一个是奇数. 假设z 是奇数, 我们把方程写作

$$x^{2p} + y^{2p} = \frac{t^{2p} - z^{2p}}{t^2 - z^2}(t^2 - z^2)$$

在等式右边的因式分解中寻找一个具有奇数指数的质数$q \in P_3$，这个因子的最佳选项是

$$\frac{t^{2p} - z^{2p}}{t^2 - z^2} = (t^2)^{p-1} + (t^2)^{p-2}z^2 + \ldots + (z^2)^{p-1},$$

符合3 (mod 4). 这是根据假设$p \in P_3$并且对任意奇数a有$a^2 \equiv 1$ (mod 4)得出的，因此存在$q \in P_3$ 使得$v_q\left(\frac{t^{2p} - z^{2p}}{t^2 - z^2}\right)$是奇数. 因为$x^{2p} + y^{2p} \in Q_2$，得出$v_q(x^{2p} + y^{2p})$是偶数，所以$v_q(t^2 - z^2)$是奇数. 特别地, $q \mid t^2 - z^2$，并且因为

$$q \mid (t^2)^{p-1} + (t^2)^{p-2}z^2 + \ldots + (z^2)^{p-1},$$

我们推断出$q \mid pt^{2(p-1)}$. 若$q \neq p$，则$q \mid t$，因此$q \mid z$ 且$q \mid x^{2p} + y^{2p}$. 因为$q \in P_3$，我们推断$q \mid \gcd(x, y, z, t) = 1$，这显然是不可能的. 因此$q = p$，且$p \mid x^{2p} + y^{2p}$. 因为$p \in P_3$，我们发现$p \mid x$ 且$p \mid y$. 结论得证.

前面的结果用于解决以下问题.即使问题被表述为一个函数方程，我们也会立即看到它是纯数论和一些简单的代数运算的混合.

例4.9 求最小非负整数n 使得存在一个非常数函数$f : \mathbb{Z} \to [0, \infty)$且具有下列性质:
(a) $f(xy) = f(x)f(y)$;
(b) $2f(x^2 + y^2) - f(x) - f(y) \in \{0, 1, \ldots, n\}$ ，所有$x, y \in \mathbb{Z}$.
对于这个n, 求所有满足上述性质的函数.

(Gabriel Dospinescu, Crux Mathematicorum)

解答. 首先, 我们将证明对于$n = 1$ 存在满足性质(a) 和(b)的函数. 对任意$p \in P_3$，定义

$$f_p : \mathbb{Z} \to \mathbb{Z}, \quad f_p(x) = \begin{cases} 0, & \text{若 } p \mid x \\ 1, & \text{否则.} \end{cases}$$

应用P_1 和P_3的性质, 易证f_p 满足问题的条件. 因此对于$p \in P_3$, f_p 是一个解.

接下来我们将证明若f 非常数, 且满足题设的条件, 则$n > 0$. 假设不是，则

$$2f(x^2 + y^2) = f(x) + f(y)$$

因此

$$2f(x)^2 = 2f(x^2 + 0^2) = f(x) + f(0).$$

显然有 $f(0)^2 = f(0)$. 因为 f 非常数,必有 $f(0) = 0$. 因此,对所有整数 x, $2f(x)^2 = f(x)$. 但是若存在 x 使得 $f(x) = \dfrac{1}{2}$, 则 $2f(x^2)^2 \neq f(x^2)$,矛盾. 于是, 对任意整数 x, $f(x) = 0$ 且 f 是常数, 矛盾. 所以, $n = 1$ 是存在满足性质 (a) 和 (b) 的非常函数的最小非负整数. 我们将证明任何满足性质 (a) 和 (b) 的非常函数 f 一定符合形式 f_p: 或将所有非零整数映射为 1 且 0 映射为 0. 我们已知 $f(0) = 0$. 因为 $f(1)^2 = f(1)$ 且 f 非常数, 必有 $f(1) = 1$. 并且对所有整数 x,

$$2f(x)^2 - f(x) = 2f(x^2 + 0^2) - f(x) - f(0) \in \{0, 1\}$$

于是 $f(x) \in \{0, 1\}$. 因为 $f(-1)^2 = f(1) = 1$ 且 $f(-1) \in [0, \infty)$, 必然对于任意整数 x, $f(-1) = 1$ 和 $f(-x) = f(-1)f(x) = f(x)$. 那么,因为 $f(xy) = f(x)f(y)$, 对任意质数 p 足以找到 $f(p)$. 我们证明恰好存在一个质数 p 使得 $f(p) = 0$. 由于 f 非常数且 f 没有把所有非零整数映射为 1, 因此存在一个质数 p 使得 $f(p) = 0$. 假设存在另外一个质数 q 使得 $f(q) = 0$. 则 $2f(p^2 + q^2) \in \{0, 1\}$,即 $f(p^2 + q^2) = 0$. 则对于任意整数 a 和 b 必有

$$0 = 2f(a^2 + b^2)f(p^2 + q^2) = 2f((ap + bq)^2 + (aq - bp)^2).$$

观察到对任意 x 和 y, $0 \leq f(x) + f(y) \leq 2f(x^2 + y^2)$, 所以必有

$$f(ap + bq) = f(aq - bp) = 0.$$

但是 p 和 q 是互质的, 所以存在整数 a 和 b 使得 $aq - bp = 1$. 那么 $f(1) = f(aq - bp) = 0$, 一个常数. 所以恰好存在一个质数 p 使得 $f(p) = 0$. 假设 $p = 2$. 则对任意偶数 x, $f(x) = 0$ 且对任意奇数 x 和 y, $2f(x^2 + y^2) = 0$. 这意味着对任意奇数 x 和 y, $f(x) = f(y) = 0$, 此时 f 是常数, 矛盾. 因此 $p \in P_1 \cup P_3$. 假设 $p \in P_1$. 根据例 4.1, 存在正整数 a 和 b 使得 $p = a^2 + b^2$. 则必有 $f(a) = f(b) = 0$. 但是 $\max\{a, b\} > 1$ 且存在一个质数 q 使得 $q \mid \max\{a, b\}$ $f(q) = 0$ (否则, $f(\max\{a, b\}) = 1$). 但是显然 $q < p$ 且我们找到两个不同的质数 p 和 q 使得 $f(p) = f(q) = 0$, 我们已知这是不可能的. 因此 $p \in P_3$, 对任意被 p 整除的 x 有 $f(x) = 0$, 且对任意不被 p 整除的 x, 有 $f(x) = 1$. 因此, f 必为 f_p, 结论得证.

　　本章结束时还要介绍两个漂亮的问题, 是关于形如 $4k + 1$ 或 $4k + 3$ 的质数的性质. 我们已知 Q_2 没有有界间隙, 还要展示 Q_2 密度为零. 定义一个正整数集合 P_1 的密度为序列 $\dfrac{P_1(x)}{x}$ 的极限 (若存在极限), 其中 $P_1(x)$ 是集合 P_1 的计数函数

$$P_1(x) = \sum_{a \in P_1, \, a \leq x} 1.$$

证明Q_2有零密度之前我们先证明一个数学瑰宝, 它是解析数论的第一步.

例4.10 集合P_1和P_3具有迪利克雷密度$\frac{1}{2}$, 即

$$\lim_{s\to 1} \frac{1}{\ln\frac{1}{s-1}} \cdot \sum_{p\in P_1}\frac{1}{p^s} = \frac{1}{2}$$

P_3亦是如此.

(Dirichlet)

解答. 考虑$s>1$且$L(s)=\sum_{n\geq 1}\frac{\lambda(n)}{n^s}$, 其中, 若$n$是偶数则$\lambda(n)=0$, 否则$\lambda(n)=(-1)^{\frac{n-1}{2}}$. 显然$\lambda(n)\cdot\lambda(m)=\lambda(mn)$. 由此不难看出

$$L(s)=\prod_p\left(1+\frac{\lambda(p)}{p^s}+\frac{\lambda(p^2)}{p^{2s}}+\cdots\right)=\prod_p\frac{1}{1-\frac{\lambda(p)}{p^s}}.$$

的确, 定义

$$P(x)=\prod_{p\leq x}\left(1+\frac{\lambda(p)}{p^s}+\frac{\lambda(p^2)}{p^{2s}}+\cdots\right).$$

它是绝对收敛级数的有限积, 所以我们可以写成

$$P(x)=\sum_{n\in P_1(x)}\frac{\lambda(n)}{n^s},$$

其中$P_1(x)$是所有质因数不超过x的正整数集合. 于是绝对收敛级数$\sum_{n\geq 1}\frac{\lambda(n)}{n^s}$的和与$P(x)$的差恰好是$\frac{\lambda(n)}{n^s}$的和, 取自所有至少有一个大于$x$的质因数的正整数集合, 显然它的绝对值有界$\sum_{n\geq x}\frac{1}{n^s}$. 因为这个收敛于$0$（$x\to\infty$）, 推出$P(x)$收敛于$L(s)$（$x\to\infty$）, 所以

$$L(s)=\prod_p\left(1+\frac{\lambda(p)}{p^s}+\frac{\lambda(p^2)}{p^{2s}}+\cdots\right)=\prod_p\frac{1}{1-\frac{\lambda(p)}{p^s}}.$$

现在，观察到

$$L(s) = 1 - \frac{1}{3^s} + \frac{1}{5^s} - \frac{1}{7^s} + \ldots > 0, \qquad (4.1)$$

我们可以对式(4.1)两边取对数，得到

$$\ln L(s) = -\sum_p \ln\left(1 - \frac{\lambda(p)}{p^s}\right).$$

最后，观察到存在一个常数 w 使得

$$|-\ln(1-x) - x| \le Cx^2，\text{其中} 0 \le x \le \frac{1}{2}.$$

实际上，函数 $\dfrac{-\ln(1-x) - x}{x^2}$ 在 $\left[0, \frac{1}{2}\right]$ 上连续，所以它有界. 因此

$$\left|\ln L(s) - \sum_p \frac{\lambda(p)}{p^s}\right| \le w \cdot \sum_p \frac{1}{p^{2s}} \le w \cdot \sum_p \frac{1}{p^2}.$$

现在证明 $\ln L(s)$ 有界（$s \to 1$）. 实际上, 由

$$L(s) = \left(1 - \frac{1}{3^s}\right) + \left(\frac{1}{5^s} - \frac{1}{7^s}\right) + \ldots = 1 - \left(\frac{1}{3^s} - \frac{1}{5^s}\right) - \ldots$$

推出对于 $s > 1$ 有 $\ln L(s) \in \left(\ln \frac{2}{3}, 0\right)$. 同理(对于奇数 n 应用于函数 $\psi(n) = 1$, 对于偶数 n 则 $\psi(n) = 0$, 且 $L_1(s) = \sum_{n \ge 1} \frac{\psi(n)}{n^s}$) 我们可以证明

$$\ln\left(\sum_{n \in 2\mathbb{N}+1} \frac{1}{n^s}\right) - \sum_{p > 2} \frac{1}{p^s}$$

有界（$s \to 1$）. 然而，显然

$$\sum_{n \in 2\mathbb{N}+1} \frac{1}{n^s} = \left(1 - \frac{1}{2^s}\right) \cdot \zeta(s),$$

其中 $\zeta(s) = \sum_{n \ge 1} \frac{1}{n^s}$ 是著名的黎曼函数. 因为 $\ln L(s)$ 有界, 根据先前的不等式得出 $\sum_{p > 2} \frac{\lambda(p)}{p^s}$ 在 1 附近也有界. 最终我们推出

$$\sum_{p \in P_1} \frac{1}{p^s} - \sum_{p \in P_3} \frac{1}{p^s} = O(1)$$

和

$$\sum_{p \in P_1} \frac{1}{p^s} + \sum_{p \in P_3} \frac{1}{p^s} = \ln(1 - 2^{-s}) + \ln \zeta(s) + O(1)$$

（$s \to 1$）. 一个简单的积分估计表明

$$\ln(1 - 2^{-s}) + \ln \zeta(s) \approx \ln \frac{1}{s-1}$$

（$s \to 1$），定理证明结束.

现在，让我们看看为什么集合Q_2的密度为零.这个结果的证明看起来肯定很复杂，事实上，这是一个给出一些与这个问题有关的非常有用的结果的前提. 首先，让我们从下面的定理开始.

定理4.2 设P 是一个质数集合.若

$$\prod_{q \in P} \left(1 - \frac{1}{q}\right) = 0$$

能被$p \in P$整除的正整数n的集合的密度为1 .

证明. 这个结果的证明相当简单，为了严密我们需要一些技巧. 显然P是无限的, 所以设其元素$p_1 < p_2 < \ldots$. 设E 是能被质数$p \in P$整除的数字n 的集合，设X是不能被P中任意元素整除的正整数n的集合，并且设$f(x,y)$ 是不超过x且与 $\prod\limits_{q \in P, \ q \leq y} q$互质的数字组成的集合的基数. 使用包含排除原则（取舍原理）以及不超过x 的$p_{i_1}p_{i_2}\ldots p_{i_s}$的倍数的个数与$\dfrac{x}{p_{i_1}p_{i_2}\ldots p_{i_s}}$之多差1这个结论. 我们推出

$$f(x,y) = x \cdot \prod_{q \in P, q \leq y} \left(1 - \frac{1}{q}\right) + O(2^y)$$

(因为在包含排除原则（取舍原理）中出现的和中有2^y 个条件形如$\dfrac{x}{p_{i_1}p_{i_2}\ldots p_{i_s}} + O(1)$).

现在，选择$y = \ln x$ ，可推出

$$f(x, \ln x) = x \cdot \prod_{q \in P, q \leq \ln x} \left(1 - \frac{1}{q}\right) + O(x^{\ln 2}).$$

因为X 的计数函数满足对于所有x, y，都有$R(x) \leq f(x,y)$，且因为

$$\lim_{x \to \infty} \prod_{q \in P, q \leq \ln x} \left(1 - \frac{1}{q}\right) = 0,$$

于是 $R(x) = O(x)$, 即 X 有零密度. 显然 E 有密度1. □

现在, 应用前面提及的迪利克雷的相关理论, 我们可以很容易确定

$$\sum_{p \in P_3} \frac{1}{p} = \infty.$$

因为 $\ln\left(1 - \frac{1}{n}\right) + \frac{1}{n} + O\left(\frac{1}{n^2}\right)$, 显然满足 $\prod_{p \in P_3}\left(1 - \frac{1}{p}\right) = 0$.

根据前面的定理, 能够至少被 P_3 的一个元素整除的整数集密度为1. 现在, 设 $P_3(x)$ 是不能被4或 P_3 任意元素整除的正整数集的计数函数. 它们是两个互质平方和的唯一整数. 我们也证明了 $P_3(x) = O(x)$. 显然若 $Sq(x)$ 是两个平方和的正整数集的计数函数, 那么

$$Sq(x) \leq \sum_{j \geq 1} P_3\left(\frac{x}{j^2}\right).$$

现在, 对于任意正整数 N, 观察到

$$\sum_{\frac{x}{j^2} \leq N} P_3\left(\frac{x}{j^2}\right) \leq \sqrt{x} \cdot P_3(N)$$

因为对于 j, $P_3\left(\frac{x}{j^2}\right) \leq P_3(N)$ 并且这个和至多有 $\sqrt{x}$ 个非零项. 另一方面,

$$\sum_{\frac{x}{j^2} \geq N} P_3\left(\frac{x}{j^2}\right) \leq \sup_{t \geq N} \frac{P_3(t)}{t} \cdot \sum_{j \geq 1} \frac{x}{j^2} \leq 3x \cdot \sup_{t \geq N} \frac{P_4(t)}{t}.$$

现在总结一下: 对于 $\varepsilon > 0$, 如果能选择恰当的 N 使得 $\sup_{t \geq N} \frac{P_3(t)}{t} < \frac{\varepsilon}{6}$, 那么对于 $x > \frac{4B(N)^2}{\varepsilon}$, 我们有 $Sq(x) \leq \varepsilon x$, 即 $Sq(x) = x$.

4.2 习题

1. 证明若 m 和 n 是正整数, 数字 $4mn - m - n$ 不会是一个完全平方.

2. 设 n 是一个正整数, 证明方程 $x^2 + y^2 = n$ 有整数解当且仅当它有有理数解.

(Euler)

3. 证明具有$4k+1$形式的质数p可表示为两个整数的平方和, 直到顺序和.

(Euler)

4. 证明方程$3^k = m^2 + n^2 + 1$在正整数中有无数个解.

(Saint-Petersburg Olympiad)

5. 求出所有正整数对(m, n)使得$m^2 - 1 \mid 3^m + (n! - 2)^m$.

(Gabriel Dospinescu)

6. 求出所有正整数对(x, y)使得数字$\dfrac{x^2 + y^2}{x - y}$是1995的一个因数.

(Bulgaria 1995)

7. 求出所有n元正整数组$(a_1, a_2, \ldots, a_n)$使得

$$(a_1! - 1)(a_2! - 1) \ldots (a_n! - 1) - 16$$

是一个完全平方.

(Gabriel Dospinescu)

8. 证明存在无穷多对相邻数（连续数）, 其中不会有两对具有$4k+3$形式的质因数.

9. 证明方程$y^2 = x^5 - 4$没有整数解.

(Balkan Olympiad 1998)

10. 证明没有n使得$n^7 + 7$是一个完全平方.

(Titu Andreescu, USA TST 2008)

11. 设$p > 2$是一个质数, 证明$p \equiv -1 \pmod 4$当且仅当存在x, y使得$x^2 - py^2 = -1$.

12. 求出所有正整数n使得数字$2^n - 1$具有一个$m^2 + 9$形式的倍数.

(IMO 1999 Shortlist)

13. 这是一个厄多斯方程的长期猜想, 方程对于所有正整数n

$$\frac{4}{n} = \frac{1}{x} + \frac{1}{y} + \frac{1}{z}$$

有正整数解. 证明使得这个命题为真的n的集合密度为1.

14. 设 T 是使得方程 $n^2 = a^2 + b^2$ 有正整数解的正整数 n 的集合，证明 T 密度为 1.

(Moshe Laub, AMM 6583)

15. 设 p 具有 $4k + 1$ 形式的质数，证明

$$\sum_{j=1}^{\frac{p-1}{4}} \left\lfloor \sqrt{jp} \right\rfloor = \frac{p^2 - 1}{12}.$$

(V. Bunyakovski)

16. 求函数 $f : \mathbb{Z}^+ \to \mathbb{Z}$ 具有性质：

(a) $f(a) \ge f(b)$，其中 a 整除 b;

(b) 对于所有正整数 a 和 b,

$$f(ab) + f(a^2 + b^2) = f(a) + f(b).$$

(Gabriel Dospinescu, Mathlinks Contest)

17. 证明方程 $x^8 = n! + 1$ 有无数个非负整数解.

18. 设 $L_0 = 2$, $L_1 = 1$，$L_{n+2} = L_{n+1} + L_n$ 为 Lucas 序列，则 $n > 1$ 时唯一使得 L_n 是完全平方的是 $n = 3$.

(Cohn's theorem)

第 5 章 T2引理

5.1 理论和实例

T2引理显然是柯西－施瓦兹不等式的直接应用.有人会说这实际上就是柯西－施瓦兹不等式，他们没有错.这个特殊的引理在参加美国IMO团队培训的美国学生中广受欢迎，这件事发生在2001年6月在乔治敦大学举行的奥林匹克夏季计划（MOSP）中. 但是这个引理到底讲了什么？"它"说，对任意实数$a_1, a_2, \ldots, a_n$ 和任意正实数$x_1, x_2, \ldots, x_n$，不等式

$$\frac{a_1^2}{x_1} + \frac{a_2^2}{x_2} + \ldots + \frac{a_n^2}{x_n} \geq \frac{(a_1 + a_2 + \ldots + a_n)^2}{x_1 + x_2 + \ldots + x_n} \tag{5.1}$$

成立. 现在我们看出为什么称它为柯西－施瓦兹不等式是很自然的，因为它实际上是下面这个不等式的等价形式

$$\left(\frac{a_1^2}{x_1} + \frac{a_2^2}{x_2} + \ldots + \frac{a_n^2}{x_n} \right)(x_1 + x_2 + \ldots + x_n)$$

$$\geq \left(\sqrt{\frac{a_1^2}{x_1}} \cdot \sqrt{x_1} + \sqrt{\frac{a_2^2}{x_2}} \cdot \sqrt{x_2} + \ldots + \sqrt{\frac{a_n^2}{x_n}} \cdot \sqrt{x_n} \right)^2.$$

但是通过归纳，对式(5.1)有一个更好的证明，归纳步骤实际上可被立即化简为$n=2$的情况. 实际上它可以归结为$(a_1 x_2 - a_2 x_1)^2 \geq 0$，当且仅当$\dfrac{a_1}{x_1} = \dfrac{a_2}{x_2}$时等式成立. 将这个结果应用两次得到

$$\frac{a_1^2}{x_1} + \frac{a_2^2}{x_2} + \frac{a_3^2}{x_3} \geq \frac{(a_1 + a_2)^2}{x_1 + x_2} + \frac{a_3^2}{x_3} \geq \frac{(a_1 + a_2 + a_3)^2}{x_1 + x_2 + x_3}$$

我们看到一个简单的归纳论点完成了证明. 通过这个简短的介绍，让我们来讨论一些问题.在数学竞赛或数学杂志上也有很多这样的题目. 首先，一个古老的问题变成了经典.我们会看到应用T2引理，问题变得更直接，并得到不等式的一个改进.

例5.1 证明对于任意正实数a, b, c，

$$\frac{a^3}{a^2 + ab + b^2} + \frac{b^3}{b^2 + bc + c^2} + \frac{c^3}{c^2 + ca + a^2} \geq \frac{a + b + c}{3}.$$

(Tournament of the Towns, 1998)

解答. 我们将不等式的左边变形，以便于应用T2引理. 这不难，我们只需写成

$$\frac{a^4}{a(a^2 + ab + b^2)} + \frac{b^4}{b(b^2 + bc + c^2)} + \frac{c^4}{c(c^2 + ca + a^2)}.$$

左边大于或等于

$$\frac{(a^2 + b^2 + c^2)^2}{a^3 + b^3 + c^3 + ab(a + b) + bc(b + c) + ca(c + a)}.$$

但是观察到

$$a^3 + b^3 + c^3 + ab(a + b) + bc(b + c) + ca(c + a) = (a + b + c)(a^2 + b^2 + c^2),$$

所以我们证明了一个更强的不等式, 即

$$\frac{a^3}{a^2 + ab + b^2} + \frac{b^3}{b^2 + bc + c^2} + \frac{c^3}{c^2 + ca + a^2} \geq \frac{a^2 + b^2 + c^2}{a + b + c}.$$

第二个例子也代表了整类问题，在众多的竞赛和数学杂志中有无数这样的例子，所以我们觉得有必要讨论一下.

例5.2 对任意正实数 a, b, c, d 证明不等式

$$\frac{a}{b + 2c + 3d} + \frac{b}{c + 2d + 3a} + \frac{c}{d + 2a + 3b} + \frac{d}{a + 2b + 3c} \geq \frac{2}{3}.$$

(Titu Andreescu, IMO 1993 Shortlist)

解答. 如果我们把不等式左边写成

$$\frac{a^2}{a(b + c + 3d)} + \frac{b^2}{b(c + 2d + 3a)} + \frac{c^2}{c(d + 2a + 3b)} + \frac{d^2}{d(a + 2b + 3c)},$$

显然, 由引理我们得到

$$\frac{a}{b + 2c + 3d} + \frac{b}{c + 2d + 3a} + \frac{c}{d + 2a + 3b} + \frac{d}{a + 2b + 3c}$$
$$\geq \frac{(a + b + c + d)^2}{4(ab + bc + cd + da + ac + bd)}.$$

因此它足以证明不等式

$$3(a+b+c+d)^2 \geq 8(ab+bc+cd+da+ac+bd).$$

但是不难看到

$$(a+b+c+d)^2 = a^2+b^2+c^2+d^2+2(ab+bc+cd+da+ac+bd),$$

推出

$$8(ab+bc+cd+da+ac+bd) = 4(a+b+c+d)^2-4(a^2+b^2+c^2+d^2).$$

因此，我们剩下不等式

$$4(a^2+b^2+c^2+d^2) \geq (a+b+c+d)^2,$$

这就是对于四个变量的柯西－施瓦兹不等式.

下面的问题在1995年IMO中提出，在许多出版物中被广泛讨论，利用上述引理也可以解决这一问题.

例5.3 设 a, b, c 是正实数，且 $abc = 1$. 证明

$$\frac{1}{a^3(b+c)} + \frac{1}{b^3(c+a)} + \frac{1}{c^3(a+b)} \geq \frac{3}{2}.$$

解答. 我们有

$$\begin{aligned}
\frac{1}{a^3(b+c)} + \frac{1}{b^3(c+a)} + \frac{1}{c^3(a+b)} &= \frac{a^{\frac{1}{2}}}{a(b+c)} + \frac{b^{\frac{1}{2}}}{b(c+a)} + \frac{c^{\frac{1}{2}}}{c(a+b)} \\
&\geq \frac{\left(\dfrac{1}{a}+\dfrac{1}{b}+\dfrac{1}{c}\right)^2}{2(ab+bc+ca)} = \frac{(ab+bc+ca)^2}{2(ab+bc+ca)} \\
&= \frac{ab+bc+ca}{2} \geq \frac{3}{2},
\end{aligned}$$

后一个不等式根据均值不等式（AM-GM）即可得证.

下面的问题也不难，但它使用了这个引理和幂平均不等式. 这是另一个证明中间不等式（即使用引理后仍需证明的不等式）并不难的例子.

例5.4 设$n \geq 2$，求这个表达式

$$\frac{x_1^5}{x_2 + x_3 + \ldots + x_n} + \frac{x_2^5}{x_1 + x_3 + \ldots + x_n} + \ldots + \frac{x_n^5}{x_1 + x_2 + \ldots + x_{n-1}}$$

的最小值，其中$x_1, x_2, \ldots, x_n$是正实数，且满足$x_1^2 + x_2^2 + \ldots + x_n^2 = 1$.

(Turkey, 1997)

解答. 通常在这类问题中，当变量相等时可以取得最小值，所以我们推测最小值是$\dfrac{1}{n(n-1)}$，当$x_1 = x_2 = \ldots = x_n = \dfrac{1}{\sqrt{n}}$时取得. 实际上应用引理, 左边大于或等于

$$\frac{\left(\sum_{i=1}^{n} x_i^3\right)^2}{\sum_{i=1}^{n} x_i(x_1 + \ldots + x_{i-1} + x_{i+1} + \ldots + x_n)}.$$

但是不难观察到

$$\sum_{i=1}^{n} x_i(x_1 + \ldots + x_{i-1} + x_{i+1} + \ldots + x_n) = \left(\sum_{i=1}^{n} x_i\right)^2 - 1.$$

所以，证明

$$\frac{x_1^5}{x_2 + x_3 + \ldots + x_n} + \frac{x_2^5}{x_1 + x_3 + \ldots + x_n} + \ldots + \frac{x_n^5}{x_1 + x_2 + \ldots + x_{n-1}} \geq \frac{1}{n(n-1)}$$

归结为证明不等式

$$\left(\sum_{i=1}^{n} x_i^3\right)^2 \geq \frac{\left(\sum_{i=1}^{n} x_i\right)^2 - 1}{n(n-1)}.$$

这是幂平均不等式的一个简单结果.

实际上，我们有

$$\left(\sum_{i=1}^{n} \frac{x_i^3}{n}\right)^{\frac{1}{3}} \geq \left(\sum_{i=1}^{n} \frac{x_i^2}{n}\right)^{\frac{1}{2}} \geq \sum_{i=1}^{n} \frac{x_i}{n},$$

说明

$$\sum_{i=1}^{n} x_i^3 \geq \frac{1}{\sqrt{n}} \quad \text{且} \quad \sum_{i=1}^{n} x_i \leq \sqrt{n}.$$

结论成立.

1954年, H.S. Shapiro曾问，对于任意实数$a_1, a_2, \ldots, a_n$，下面这个不等式是否都是正确的

$$\frac{a_1}{a_2 + a_3} + \frac{a_2}{a_3 + a_4} + \ldots + \frac{a_n}{a_1 + a_2} \geq \frac{n}{2}.$$

这个问题原来是非常困难的，答案确实出乎意料：不等式对于小于或等于23的所有奇数整数和所有小于或等于12的偶数整数是成立的，但对其他所有整数都不成立. 让我们验证一下$n = 5$时的情况，这是MOSP 2001提出的问题.

例5.5 证明对于任意正实数a_1, a_2, a_3, a_4, a_5,

$$\frac{a_1}{a_2 + a_3} + \frac{a_2}{a_3 + a_4} + \frac{a_3}{a_4 + a_5} + \frac{a_4}{a_5 + a_1} + \frac{a_5}{a_1 + a_2} \geq \frac{5}{2}.$$

解答. 再一次应用引理且推出不等式

$$(a_1 + a_2 + a_3 + a_4 + a_5)^2$$

$$\geq \frac{5}{2}[a_1(a_2 + a_3) + a_2(a_3 + a_4) + a_3(a_4 + a_5) + a_4(a_5 + a_1) + a_5(a_1 + a_2)].$$

其中$a_1 + a_2 + a_3 + a_4 + a_5 = S$. 然后我们观察到

$$a_1(a_2 + a_3) + a_2(a_3 + a_4) + a_3(a_4 + a_5) + a_4(a_5 + a_1) + a_5(a_1 + a_2)$$

$$= \frac{a_1(S - a_1) + a_2(S - a_2) + a_3(S - a_3) + a_4(S - a_4) + a_5(S - a_5)}{2}$$

$$= \frac{S^2 - a_1^2 - a_2^2 - a_3^2 - a_4^2 - a_5^2}{2}.$$

根据这个恒等式我们推断中间不等式实际上是

$$(a_1 + a_2 + a_3 + a_4 + a_5)^2 \geq \frac{5}{4}(S^2 - a_1^2 - a_2^2 - a_3^2 - a_4^2 - a_5^2),$$

它等价于

$$5(a_1^2 + a_2^2 + a_3^2 + a_4^2 + a_5^2) \geq S^2,$$

这就是柯西－施瓦兹不等式.

另一个问题是: 是否存在一个正实数使得对于任意正实数$a_1, a_2, \ldots, a_n$和任意$n \geq 3$有下面不等式成立:

$$\frac{a_1}{a_2 + a_3} + \frac{a_2}{a_3 + a_4} + \ldots + \frac{a_n}{a_1 + a_2} \geq cn.$$

这次, 答案是肯定的, 但是找到这种常数的最优值是极其困难的. 这个问题最初是由Drinfield (顺便说一下, 他是菲尔兹奖获得者)解决的. 答案相当复杂, 我们不会在这里讨论它(有关Drinfield方法的详细介绍, 感兴趣的读者可以参考1997年ENS的笔试). 下一个问题是2005年摩尔多瓦的TST 提出的, 它表明$c = \sqrt{2} - 1$是这样一个常数(不是最优的), 最优的常数相当复杂,其一个近似值是0.49456682.

对任意$a_1, a_2, \ldots, a_n$ 和任意$n \geq 3$ 以下不等式成立

$$\frac{a_1}{a_2 + a_3} + \frac{a_2}{a_3 + a_4} + \ldots + \frac{a_n}{a_1 + a_2} \geq \left(\sqrt{2} - 1\right) n.$$

证明是很基本的, 但很难找到. 一个巧妙的使用算术－几何平均值不等式的论点完成了这项工作: 让我们把不等式写成

$$\frac{a_1 + a_2 + a_3}{a_2 + a_3} + \frac{a_2 + a_3 + a_4}{a_2 + a_4} + \ldots + \frac{a_n + a_1 + a_2}{a_1 + a_2} \geq \sqrt{2} \cdot n.$$

现在应用均值不等式（AM-GM不等式）, 足以证明更强的不等式:

$$\frac{a_1 + a_2 + a_3}{a_2 + a_3} \cdot \frac{a_2 + a_3 + a_4}{a_2 + a_4} \cdot \ldots \cdot \frac{a_n + a_1 + a_2}{a_1 + a_2} \geq \left(\sqrt{2}\right)^n.$$

观察到

$$(a_i + a_{i+1} + a_{i+2})^2 = \left(a_i + \frac{a_{i+1}}{2} + \frac{a_{i+1}}{2} + a_{i+2}\right)^2$$
$$\geq 4\left(a_i + \frac{a_{i+1}}{2}\right)\left(\frac{a_{i+1}}{2} + a_{i+2}\right)$$

(后一个不等式是均值不等式的另一个结果). 于是,

$$\prod_{i=1}^{n}(a_i + a_{i+1} + a_{i+2})^2 \geq \prod_{i=1}^{n}(2a_i + a_{i+1})\prod_{i=1}^{n}(2a_{i+1} + a_{i+1}).$$

现在真正的技巧是适当地改写后一个乘积. 我们观察一下

$$\prod_{i=1}^{n}(2a_{i+2} + a_{i+1}) = \prod_{i=1}^{n}(2a_{i+1} + a_i),$$

于是

$$\prod_{i=1}^{n}(2a_i + a_{i+1})\prod_{i=1}^{n}(2a_{i+2} + a_{i+1}) = \prod_{i=1}^{n}((2a_i + a_{i+1})(a_i + 2a_{i+1}))$$

$$\geq \prod_{i=1}^{n}(2(a_i + a_{i+1})^2) = 2^n\left(\prod_{i=1}^{n}(a_i + a_{i+1})\right)^2.$$

结论得证.

这个引理在2005年IMO上也派上了用场(问题5.3). 为了证明对任意正实数x, y, z 且$xyz \geq 1$ 有如下不等式成立

$$\sum \frac{x^2 + y^2 + z^2}{x^5 + y^2 + z^2} \leq 3,$$

一些学生成功地应用了上面提到的引理. 例如,一位来自爱尔兰的学生应用了这个结果并称之为"SQ 引理". 在协调过程中, 爱尔兰副组长解释了 "Q" 代表什么: "...escu". 使用这个引理的一个典型解决方案如下

$$x^5 + y^2 + z^2 = \frac{x^4}{\frac{1}{x}} + \frac{y^4}{y^2} + \frac{z^4}{z^2} \geq \frac{(x^2 + y^2 + z^2)^2}{\frac{1}{x} + y^2 + z^2},$$

因此

$$\sum \frac{x^2 + y^2 + z^2}{x^5 + y^2 + z^2} \leq \sum \frac{\frac{1}{x} + y^2 + z^2}{x^2 + y^2 + z^2} = 2 + \frac{xy + yz + zx}{xyz(x^2 + y^2 + z^2)} \leq 3.$$

现在是最困难的时候了, 我们从一个困难的几何不等式开始. 对于这个问题, 我们用T2的引理找到了一个直接的解, 下面就是.

例5.6 设m_a, m_b, m_c, r_a, r_b, r_c 是三角形ABC中线长和外接圆的半径. 证明下列不等式

$$\frac{r_a r_b}{m_a m_b} + \frac{r_b r_c}{m_b m_c} + \frac{r_c r_a}{m_c m_a} \geq 3.$$

(Ji Chen, Crux Mathematicorum)

解答. 当然, 我们从把不等式改写为代数不等式开始. 幸运的是这不难,因为应用Heron关系和著名的

$$r_a = \frac{K}{s - a}, \quad m_a = \frac{\sqrt{2b^2 + 2c^2 - a^2}}{2}$$

类似的, 期望不等式有等价形式

$$\frac{(a+b+c)(b+c-a)}{\sqrt{2a^2+2b^2-c^2}\cdot\sqrt{2a^2+2c^2-b^2}} + \frac{(a+b+c)(c+a-b)}{\sqrt{2b^2+2a^2-c^2}\cdot\sqrt{2b^2+2c^2-a^2}}$$
$$+ \frac{(a+b+c)(a+b-c)}{\sqrt{2c^2+2b^2-a^2}\cdot\sqrt{2c^2+2a^2-b^2}} \geq 3.$$

在这种形式下不等式太庞大了, 所以我们想看看是否有简单的形式, 对每个分母应用均值不等式. 这样, 试着证明更强的不等式

$$\frac{2(a+b+c)(c+b-a)}{4a^2+b^2+c^2} + \frac{2(a+b+c)(c+a-b)}{4b^2+c^2+a^2}$$
$$+ \frac{2(a+b+c)(a+b-c)}{4c^2+a^2+b^2} \geq 3.$$

写成更适合的形式

$$\frac{c+b-a}{4a^2+b^2+c^2} + \frac{c+a-b}{4b^2+c^2+a^2} + \frac{a+b-c}{4c^2+a^2+b^2} \geq \frac{3}{2(a+b+c)}.$$

我们看到由T2引理左边至少是

$$\frac{(a+b+c)^2}{(b+c-a)(4a^2+b^2+c^2)+(c+a-b)(4b^2+a^2+c^2)+(a+b-c)(4c^2+a^2+b^2)}.$$

基本计算表明, 最后一个表达式的分母等于

$$4a^2(b+c) + 4b^2(c+a) + 4c^2(a+b) - 2(a^3+b^3+c^3)$$

因此, 中间不等式化简到更简单的形式

$$3(a^3+b^3+c^3) + (a+b+c)^3 \geq 6[a^2(b+c) + b^2(c+a) + c^2(a+b)].$$

放大$(a+b+c)^3$得到等价不等式

$$4(a^3+b^3+c^3) + 6abc \geq 3[a^2(b+c) + b^2(c+a) + c^2(a+b)],$$

这一点也不难. 事实上, 它源自不等式

$$4(a^3+b^3+c^3) \geq 4[a^2(b+c) + b^2(c+a) + c^2(a+b)] - 12abc$$

和

$$a^2(b+c) + b^2(c+a) + c^2(a+b) \geq 6abc.$$

第一个恰好是Schur不等式的等价形式, 第二个则直接来自于恒等式

$$a^2(b+c) + b^2(c+a) + c^2(a+b) - 6abc = a(b-c)^2 + b(c-a)^2 + c(a-b)^2.$$

最后，我们已经证明了中间不等式，因此问题解决.

接下来继续一个非常困难的问题，这是1997年日本奥林匹克数学竞赛提出的，由于难度大而声名狼藉.我们给出这个不等式的两个解答. 第一个方法把T2引理和"两个有用的替换"单元中讨论的替换很好地结合起来.

例5.7 证明对于任意正实数 a, b, c 有

$$\frac{(b+c-a)^2}{a^2+(b+c)^2} + \frac{(c+a-b)^2}{b^2+(c+a)^2} + \frac{(a+b-c)^2}{c^2+(a+b)^2} \geq \frac{3}{5}.$$

(Japan 1997)

解答. 当然，从这个问题的介绍，读者已经注意到尝试直接应用引理是无用的，但是利用代换

$$x = \frac{b+c}{a}, \quad y = \frac{c+a}{b}, \quad z = \frac{a+b}{c},$$

我们必须证明对于任意正实数 x, y, z 且满足

$$xyz = x + y + z + 2,$$

不等式

$$\frac{(x-1)^2}{x^2+1} + \frac{(y-1)^2}{y^2+1} + \frac{(z-1)^2}{z^2+1} \geq \frac{3}{5}$$

成立. 现在在下面的形式中应用T2引理

$$\frac{(x-1)^2}{x^2+1} + \frac{(y-1)^2}{y^2+1} + \frac{(z-1)^2}{z^2+1} \geq \frac{(x+y+z-3)^2}{x^2+y^2+z^2+3}.$$

因此足以证明不等式

$$\frac{(x+y+z-3)^2}{x^2+y^2+z^2+3} \geq \frac{3}{5}.$$

但它等价于

$$(x+y+z)^2 - 15(x+y+z) + 3(xy+yz+zx) + 18 \geq 0$$

这不是一个简单的不等式.我们利用第一章（一些有用的替换）中给出的例1.6，将这个不等式化简为

$$(x+y+z)^2 - 9(x+y+z) + 18 \geq 0,$$

它由不等式 $x + y + z \geq 6$ 推出. 问题解决.

但这里有另一个原始的解决方案.

替代方案. 在下面的形式中应用T2引理:

$$\frac{(b+c-a)^2}{a^2+(b+c)^2} + \frac{(c+a-b)^2}{b^2+(c+a)^2} + \frac{(a+b-c)^2}{c^2+(a+b)^2}$$

$$= \frac{((b+c)^2 - a(b+c))^2}{a^2(b+c)^2 + (b+c)^4} + \frac{((c+a)^2 - b(c+a))^2}{b^2(c+a)^2 + (c+a)^4} + \frac{((a+b)^2 - c(a+b))^2}{c^2(a+b)^2 + (a+b)^4}$$

$$\geq \frac{4(a^2+b^2+c^2)^2}{a^2(b+c)^2 + b^2(c+a)^2 + c^2(a+b)^2 + (a+b)^4 + (b+c)^4 + (c+a)^4}.$$

因此，只需证明最后一个数大于或等于 $\dfrac{3}{5}$. 这可以通过展开所有项做到，但还有一个更简洁的证明. 观察到

$$a^2(b+c)^2 + b^2(c+a)^2 + c^2(a+b)^2 + (a+b)^4 + (b+c)^4 + (c+a)^4$$
$$= [(a+b)^2 + (b+c)^2 + (c+a)^2](a^2+b^2+c^2)$$
$$+ 2ab(a+b)^2 + 2bc(b+c)^2 + 2ca(c+a)^2.$$

因为

$$(a+b)^2 + (b+c)^2 + (c+a)^2 \leq 4(a^2+b^2+c^2),$$

待证不等式化简为

$$2ab(a+b)^2 + 2bc(b+c)^2 + 2ca(c+a)^2 \leq \frac{8}{3}(a^2+b^2+c^2)^2.$$

这个不等式并不难. 首先我们观察到

$$2ab(a+b)^2 + 2bc(b+c)^2 + 2ca(c+a)^2$$
$$\leq 4ab(a^2+b^2) + 4bc(b^2+c^2) + 4ca(c^2+a^2).$$

并且因为 $(a-b)^4 \geq 0$，有

$$4ab(a^2+b^2) \leq a^4 + b^4 + 6a^2b^2,$$

因此

$$4ab(a^2+b^2) + 4bc(b^2+c^2) + 4ca(c^2+a^2) \leq 2(a^2+b^2+c^2)^2$$
$$+ 2(a^2b^2 + b^2c^2 + c^2a^2) \leq \frac{8}{3}(a^2+b^2+c^2)^2$$

只要稍做改动，我们就可以很容易地看到这个解决方案甚至可以在没有假设 a, b, c 是正数的情况下实施.

基于T2引理不太明显的应用，我们用一系列更难的问题结束这个讨论（这可能是永久开放的).

例5.8 设$a_1, a_2, \ldots, a_n > 0$ 且$a_1 + a_2 + \ldots + a_n = 1$. 证明

$$(a_1 a_2 + \ldots + a_n a_1) \left(\frac{a_1}{a_2^2 + a_2} + \ldots + \frac{a_n}{a_1^2 + a_1} \right) \geq \frac{n}{n+1}.$$

(Gabriel Dospinescu)

解答. 我们怎么才能得到$a_1 a_2 + a_2 a_3 + \ldots + a_n a_1$呢? 可能应用引理后从

$$\frac{a_1^2}{a_1 a_2} + \frac{a_2^2}{a_2 a_3} + \ldots + \frac{a_n^2}{a_n a_1}$$

中得出. 那么让我们试试下面的估计:

$$\frac{a_1}{a_2} + \frac{a_2}{a_3} + \ldots + \frac{a_n}{a_1} = \frac{a_1^2}{a_1 a_2} + \frac{a_2^2}{a_2 a_3} + \ldots + \frac{a_n^2}{a_n a_1} \geq \frac{1}{a_1 a_2 + a_2 a_3 + \ldots + a_n a_1}.$$

新问题, 证明

$$\frac{a_1}{a_2^2 + a_2} + \frac{a_2}{a_3^2 + a_3} + \ldots + \frac{a_n}{a_1^2 + a_1} \geq \frac{n}{n+1} \left(\frac{a_1}{a_2} + \frac{a_2}{a_3} + \ldots + \frac{a_n}{a_1} \right)$$

看起来更难,为了解决它必须再做一步. 再次观察不等式右边, 把

$$\frac{a_1}{a_2} + \frac{a_2}{a_3} + \ldots + \frac{a_n}{a_1}$$

写作

$$\frac{\left(\dfrac{a_1}{a_2} + \dfrac{a_2}{a_3} + \ldots + \dfrac{a_n}{a_1} \right)^2}{\dfrac{a_1}{a_2} + \dfrac{a_2}{a_3} + \ldots + \dfrac{a_n}{a_1}}.$$

应用T2引理后, 我们发现

$$\frac{a_1}{a_2^2 + a_2} + \frac{a_2}{a_3^2 + a_3} + \ldots + \frac{a_n}{a_1^2 + a_1} = \frac{\left(\dfrac{a_1}{a_2} \right)^2}{a_1 + \dfrac{a_1}{a_2}} + \frac{\left(\dfrac{a_2}{a_3} \right)^2}{a_2 + \dfrac{a_2}{a_3}} + \ldots + \frac{\left(\dfrac{a_n}{a_1} \right)^2}{a_n + \dfrac{a_n}{a_1}}$$

$$\geq \frac{\left(\dfrac{a_1}{a_2} + \dfrac{a_2}{a_3} + \ldots + \dfrac{a_n}{a_1} \right)^2}{1 + \dfrac{a_1}{a_2} + \dfrac{a_2}{a_3} + \ldots + \dfrac{a_n}{a_1}}.$$

我们还有一个简单的问题: 若$t = \dfrac{a_1}{a_2} + \ldots + \dfrac{a_n}{a_1}$, 则$\dfrac{t^2}{1+t} \geq \dfrac{nt}{n+1}$, 或$t \geq n$. 但这一点很快就根据均值不等式得出.

例5.9 证明对于任意正实数a, b, c 有

$$\frac{(a+b)^2}{c^2+ab} + \frac{(b+c)^2}{a^2+bc} + \frac{(c+a)^2}{b^2+ca} \geq 6.$$

(Darij Grinberg, Peter Scholze)

解答. 我们不会向你隐瞒，事情变得非常复杂，让我们再次尝试使用T2引理，当然不是以直接的形式，因为那是注定的. 为了使分子尽可能强，我们可以先选择$(a+b)^4$. 我们知道不等式左边至少等于

$$\frac{\left(\sum (a+b)^2\right)^2}{\sum (a+b)^2(c^2+ab)}.$$

所以我们该看看不等式

$$\left(\sum (a+b)^2\right)^2 \geq 6 \sum (a+b)^2(c^2+ab)$$

是否成立. 然而这并不容易，计算需要一点勇气，我们可以放大并得到等价不等式

$$2(a^4+b^4+c^4) + ab(a^2+b^2) + bc(b^2+c^2) + ca(c^2+a^2) + 2abc(a+b+c)$$
$$\geq 6(a^2b^2+b^2c^2+c^2a^2).$$

幸运的是, 这可以分解为:因为$bc(b^2+c^2) \geq 2b^2c^2$, 所以

$$a^4+b^4+c^4 + abc(a+b+c) \geq 2(a^2b^2+b^2c^2+c^2a^2).$$

现在, 如果你知道Heron（海伦）关于三角形面积的公式

$$2(a^2b^2+b^2c^2+c^2a^2) - (a^4+b^4+c^4)$$

恰好等于

$$(a+b+c)(a+b-c)(b+c-a)(c+a-b).$$

于是得到经典不等式

$$(a+b-c)(b+c-a)(c+a-b) \leq abc.$$

若 $a+b-c$, $b+c-a$, $c+a-b$ 之中有一个是负的, 得证. 否则, 观察到

$$a = (a+b-c) + (c+a-b) \geq 2\sqrt{(a+b-c)(c+a-b)}.$$

将这个不等式和两个类似的不等式相乘, 很容易得出结论.

你喜欢用恒等式来证明不等式吗? 这里有一个问题结合了T2引理和一个非常奇怪的恒等式, 别担心, 这样的事情不会经常出现.

例5.10 证明: 若 $a, b, c, d > 0$ 且

$$abc + bcd + cda + dab = a + b + c + d,$$

则

$$\sqrt{\frac{a^2+1}{2}} + \sqrt{\frac{b^2+1}{2}} + \sqrt{\frac{c^2+1}{2}} + \sqrt{\frac{d^2+1}{2}} \leq a+b+c+d.$$

(Gabriel Dospinescu)

解答. 下面的解答方案很难找到, 是作者唯一的解答. 想法是把T2引理应用到一个几乎不可能找到的恒等式上. 我们将证明

$$\frac{a^2+1}{a+b} + \frac{b^2+1}{b+c} + \frac{c^2+1}{c+d} + \frac{d^2+1}{d+a} = a+b+c+d$$

其余由T2引理得出.

为了证明这个恒等式, 只要观察到

$$(a+b)(a+c)(a+d) = a^2(a+b+c+d) + abc + bcd + cda + dab$$
$$= (a^2+1)(a+b+c+d).$$

使用相似的恒等式并把它们相加.

5.2 习题

1. 设实数 $x_1, x_2, \ldots, x_n, y_1, y_2, \ldots, y_n$ 满足

$$x_1 + x_2 + \ldots + x_n \geq x_1y_1 + x_2y_2 + \ldots + x_ny_n.$$

证明

$$x_1 + x_2 + \ldots + x_n \leq \frac{x_1}{y_1} + \frac{x_2}{y_2} + \ldots + \frac{x_n}{y_n}.$$

(Romeo Ilie, Romania 1999)

2. 设 a, b, c 是正实数. 证明

$$\frac{a^3}{b^2+c^2} + \frac{b^3}{c^2+a^2} + \frac{c^3}{a^2+b^2} \geq \frac{a+b+c}{2}.$$

(Mircea Becheanu, Mathematical Reflections)

3. 设非零实数 a, b, c 满足 $ab+bc+ca \geq 0$. 证明

$$\frac{ab}{a^2+b^2} + \frac{bc}{b^2+c^2} + \frac{ca}{c^2+a^2} \geq -\frac{1}{2}.$$

(Titu Andreescu)

4. 若正实数 a, b, c, d 满足 $ab+bc+cd+da = 1$, 则

$$\frac{a^3}{b+c+d} + \frac{b^3}{c+d+a} + \frac{c^3}{d+a+b} + \frac{d^3}{a+b+c} \geq \frac{1}{3}.$$

(IMO 1990 Shortlist)

5. 设实数 a, b, c 满足

$$\frac{1}{a^2+1} + \frac{1}{b^2+1} + \frac{1}{c^2+1} \leq 2.$$

证明 $ab+bc+ca \leq \dfrac{3}{2}$.

6. 证明若正实数 a, b, c 满足 $abc = 1$, 则

$$\frac{a}{b+c+1} + \frac{b}{c+a+1} + \frac{c}{a+b+1} \geq 1.$$

(Vasile Cartoaje, Gazeta Matematică)

7. 证明对于任意正实数 a, b, c, 有

$$\left(\frac{a}{b+c}\right)^2 + \left(\frac{b}{c+a}\right)^2 + \left(\frac{c}{a+b}\right)^2 \geq \frac{3}{4} \cdot \frac{a^2+b^2+c^2}{ab+bc+ca}.$$

(Gabriel Dospinescu)

8. 证明对与所有正实数 a, b, c 且满足 $a+b+c = 1$, 有

$$\frac{a}{1+bc} + \frac{b}{1+ca} + \frac{c}{1+ab} \geq \frac{9}{10}.$$

9. 设正实数 a, b, c 满足 $abc = 1$. 证明

$$\frac{a+b+1}{a+b^2+c^3} + \frac{b+c+1}{b+c^2+a^3} + \frac{c+a+1}{c+a^2+b^3} \leq \frac{(a+1)(b+1)(c+1)+1}{a+b+c}.$$

(Titu Andreescu, Mathematical Reflections)

10. 证明对于任意正实数 a, b, c,有

$$\frac{1}{3a+b} + \frac{1}{3b+c} + \frac{1}{3c+a} \geq \frac{1}{2a+b+c} + \frac{1}{2b+c+a} + \frac{1}{2c+a+b}.$$

11. 证明对于任意 $n \geq 4$ 和任意非负实数 $x_1, x_2, \ldots, x_n$,有

$$\frac{x_1}{x_n+x_2} + \frac{x_2}{x_1+x_2} + \ldots + \frac{x_n}{x_{n-1}+x_1} \geq 2.$$

(Tournament of the Towns 1982)

12. 设整数 $n \geq 4$,正实数 $a_1, a_2, \ldots, a_n$ 满足 $a_1^2 + a_2^2 + \ldots + a_n^2 = 1$. 证明

$$\frac{a_1}{a_2^2+1} + \frac{a_2}{a_3^2+1} + \ldots + \frac{a_n}{a_1^2+1} \geq \frac{4}{5} \left(a_1\sqrt{a_1} + a_2\sqrt{a_2} + \ldots + a_n\sqrt{a_n} \right)^2.$$

(Mircea Becheanu and Bogdan Enescu, Romanian TST 2002)

13. 证明对于任意正实数 a, b, c 有

$$\frac{a}{\sqrt{a^2+8bc}} + \frac{b}{\sqrt{b^2+8ca}} + \frac{c}{\sqrt{c^2+8ab}} \geq 1.$$

(Hojoo Lee, IMO 2001)

14. 设正实数 a, b, c 满足 $ab + bc + ca = 3$. 证明

$$\frac{a}{2a+b^2} + \frac{b}{2b+c^2} + \frac{c}{2c+a^2} \leq 1.$$

(T.Q. Anh)

15. 确定最佳常数 k_n 使得对于所有正实数 $a_1, a_2, \ldots, a_n$ 且 $a_1 a_2 \ldots a_n = 1$,有

$$\frac{a_1 a_2}{(a_1^2+a_2)(a_2^2+a_1)} + \frac{a_2 a_3}{(a_2^2+a_3)(a_3^2+a_2)} + \ldots + \frac{a_n a_1}{(a_n^2+a_1)(a_1^2+a_n)} \leq k_n.$$

(Gabriel Dospinescu and Mircea Lascu)

16. 证明对于任意正实数 a, b, c, 有

$$\frac{(2a+b+c)^2}{2a^2+(b+c)^2}+\frac{(2b+c+a)^2}{2b^2+(c+a)^2}+\frac{(2c+a+b)^2}{2c^2+(a+b)^2}\le 8.$$

(Titu Andreescu and Zuming Feng, USAMO 2003)

17. 设正实数 a, b, c, d 满足 $abcd = 1$. 证明

$$\frac{1}{(1+a)^2}+\frac{1}{(1+b)^2}+\frac{1}{(1+c)^2}+\frac{1}{(1+d)^2}\ge 1.$$

(Vasile Cartoaje)

18. 设正整数 $n \ge 13$, 且正实数 $a_1, a_2, \ldots, a_n$ 满足 $a_1 + a_2 + \ldots + a_n = 1$ 和 $a_1 + 2a_2 + \ldots + na_n = 2$. 证明

$$(a_2 - a_1)\sqrt{2} + (a_3 - a_2)\sqrt{3} + \ldots + (a_n - a_{n-1})\sqrt{n} < 0.$$

(Gabriel Dospinescu)

19. 证明对于所有正实数 a, b, c, 有

$$\sqrt{\frac{a}{8b+c}}+\sqrt{\frac{b}{8c+a}}+\sqrt{\frac{c}{8a+b}}\ge 1.$$

(Vo Quoc Ba Can)

20. 设 $a_n = \dfrac{1}{\sqrt{2\cos\dfrac{2\pi}{n}-1}}$. 证明对于所有 $x_1, x_2, \ldots, x_n \in \left[\dfrac{1}{a_n}, a_n\right]$, 有 Shapiro 不等式

$$\frac{x_1}{x_2+x_3}+\frac{x_2}{x_3+x_4}+\ldots+\frac{x_n}{x_1+x_2}\ge\frac{n}{2}.$$

(Vasile Cartoaje, Gabriel Dospinescu)

第 6 章 极值图论中的几个经典问题

6.1 理论和实例

你已经看到了很多策略和想法，你可能会说："这些把戏够了！我们什么时候才能讨论点有价值的问题？"我们将试图说服您，以下结果不仅仅是简单的工具或技巧，它们有助于建立一个良好的基础，这对某些喜欢数学的人来说是必不可少的，而且它们是一些真正漂亮的并且困难的定理或问题. 你必须承认前几单元讨论的最后一个问题是相当复杂的事实. 值得一提的是，这些策略并不是万能药，这一断言得到了证实. 事实上，每年在比赛中基于众所周知的技巧的问题都会非常困难. 在本单元中，我们将通过关注一个非常熟悉的主题：没有完整子图的图. 为什么我们说熟悉？因为在世界各地不同的数学竞赛中和专业期刊上有数百个针对这个主题的问题，而每一个这样的问题似乎都增加了一些东西. 在讨论第一个问题之前，我们假设已知图的基本知识，我们分别用 $d(V)$ 和 $C(V)$ 表示个数以及与 V 相邻的顶点集. 另外，如果有 k 个顶点，其中任意两个都是连接的，我们将说一个图有一个完整的 k-子图. 简单起见,若 G 不包含一个完整的 k-子图，我们称其是无 k 的. 首先我们讨论一个关于 k-正则图的一个经典结果——图兰定理. 在此之前，我们证明一个有用的引理，即 Zarankiewicz 引理，它是图兰定理证明的主要步骤.

例6.1 如果 G 是一个 k-正则图，则存在一个具有最多度数为 $\left\lfloor \dfrac{k-2}{k-1}n \right\rfloor$ 的顶点.

(Zarankiewicz)

解答. 假设结论不成立，任取一个顶点 V_1. 则

$$|V(V_1)| > \left\lfloor \frac{k-2}{k-1}n \right\rfloor,$$

于是存在 $V_1 \in C(V_1)$. 此外，

$$|C(V_1) \cap C(V_2)| = d(V_1) + d(V_2) - |C(V_1) \cup C(V_2)|$$
$$\geq 2\left(1 + \left\lfloor \frac{k-2}{k-1}n \right\rfloor\right) - n > 0.$$

选择一个顶点 $V_3 \in C(V_1) \cap C(V_2)$. 同理可证

$$|C(V_1) \cap C(V_2) \cap C(V_3)| \geq 3\left(1 + \left\lfloor \frac{k-2}{k-1}n \right\rfloor\right) - 2n.$$

重复这个论证, 得到

$$V_4 \in C(V_1) \cap C(V_2) \cap C(V_3)$$

$$\vdots$$

$$V_{k-1} \in \bigcap_{i=1}^{k-2} C(V_i).$$

并且

$$\left| \bigcap_{i=1}^{j} C(V_i) \right| \geq j \left(1 + \left\lfloor \frac{k-2}{k-1} n \right\rfloor \right) - (j-1)n.$$

这很容易用归纳法证明. 于是

$$\left| \bigcap_{i=1}^{k-1} C(V_i) \right| \geq (k-1) \left(1 + \left\lfloor \frac{k-2}{k-1} n \right\rfloor \right) - (k-2)n > 0,$$

因此, 我们可以选择

$$V_k \in \bigcap_{i=1}^{k-1} C(V_i).$$

但是显然 $V_1, V_2, \ldots, V_k$ 构成完整 k 图, 这与 G 是 k-正则图矛盾.

现在我们证明图兰定理.

例6.2 一个具有 n 个顶点的 k-正则图的最大边数是 $\dfrac{k-2}{k-1} \cdot \dfrac{n^2 - r^2}{2} + \dbinom{r}{2}$, 其中 r 是 n 被 $k-1$ 除得的余数.

(Turan)

解答. 首先对 n 使用归纳法. 第一种情况很简单, 假设所有具有 $n-1$ 个顶点的 k-正则图结果为真. 设 G 是一个具有 n 个顶点的 k-正则图. 应用 Zarankiewicz 引理, 我们可以找到一个顶点 V 满足

$$d(V) \leq \left\lfloor \frac{k-2}{k-1} n \right\rfloor.$$

因为由其他 $n-1$ 个顶点确定的子图显然是 k-正则的, 使用归纳假设, 我们发现 G 最多有

$$\left\lfloor \frac{k-2}{k-1} n \right\rfloor + \frac{k-2}{k-1} \cdot \frac{(n-1)^2 - r_1^2}{2} + \binom{r_1}{2}$$

条边, 其中 $r_1 = n - 1 \pmod{k-1}$.

设 $n = q(k-1) + r = q_1(k-1) + r_1 + 1$, 则 $r_1 \in \{r-1, r+k-2\}$ (因为 $r - r_1 \equiv 1 \pmod{k-1}$) 并且易证

$$\left\lfloor \frac{k-2}{k-1} n \right\rfloor + \frac{k-2}{k-1} \cdot \frac{(n-1)^2 - r_1^2}{2} + \binom{r_1}{2} = \frac{k-2}{k-1} \cdot \frac{n^2 - r^2}{2} + \binom{r}{2}.$$

归纳证明成立. 现在需要构造一个具有 n 个顶点和 $\dfrac{k-2}{2} \cdot \dfrac{n^2 - r^2}{k-1} + \dbinom{r}{2}$ 条边的 k-正则图. 这并不难. 仅考虑 $k-1$ 类顶点, 其中 r 个有 $q+1$ 个元素, 其余有 q 个元素, 其中 $q(k-1) + r = n$, 并且把不同位置的顶点连接起来. 很明显这个图是 k-正则的, 有 $\dfrac{k-2}{k-1} \cdot \dfrac{n^2 - r^2}{2} + \dbinom{r}{2}$ 条边, 顶点的最小度为 $\left\lfloor \dfrac{k-2}{k-1} n \right\rfloor$. 这个图称为图兰图, 表示为 $T(n, k)$.

这两个定理产生了许多漂亮而又困难的问题. 例如, 使用这些结果可以直接解决以下的保加利亚问题.

例6.3 一个国家有 2001 个城镇, 每个城镇至少与 1600 个城镇通过直达公交线路连接, 找一个最大的 n, 使得 n 个城镇中任何两个都通过一条直达的公交线路连接.

(Spring Mathematics Tournament 2001)

解答. 实际上, 这个问题要求找到最大的 n 使得任何具有 2001 个顶点并且最小度至少为 1600 的图 G 是 n-正则的. 但是 Zarankiewicz 引理暗示如果 G 是 n-正则的, 那么至少有一个顶点最多有 $\left\lfloor \dfrac{n-2}{n-1} 2001 \right\rfloor$ 度. 于是我们需要最大的 n 使 $\left\lfloor \dfrac{n-2}{n-1} 2001 \right\rfloor < 1600$. 显然 $n = 5$. 因此, 对于 $n = 5$ 任何这样的图 G 都是 n-正则的. 这足以构建一个顶点的所有的度至少为 1600 的图, 且它是 6-正则的. 我们当然取 $T(2001, 6)$, 它的最小度是 $\left\lfloor \dfrac{4}{5} 2001 \right\rfloor = 1600$ 且它是 6-正则的. 于是答案是 $n = 5$.

下面是图兰定理在组合几何中的一个很好的应用.

例6.4 考虑一个圆周上的 21 个点. 证明有至少 100 对点在中心处的夹角小于或等于 120°.

(Tournament of the Towns 1986)

解答. 在这些问题中, 选择正确的图比应用定理更为重要, 因为只要

恰当地选择了图，解决方案或多或少会变得简单．在这里我们会考虑在给定点有顶点的图，将连接两个点如果它们对的中心角小于或等于120°．因此我们需要证明这个图至少有100条边．这似乎是图兰定理的另一种形式，图兰定理使k-正则图的边数最大化．倒转形式的倒转形式是自然形式，应用这个原理，让我们看看"反向"图，即互补图．我们必须证明它至多有 $\binom{21}{2} - 100 = 110$ 条边．这是非常直接的，因为显然这个图没有三角形，所以根据图兰定理它最多有 $\dfrac{21^2 - 1}{4} = 110$ 条边，问题得证．

乍一看，以下问题似乎与前面的例子没有关联，但是，正如我们马上看到的，这是一个关于Zarankiewicz引理的简单结果．这是一个改编自USAMO 1978年的问题，无论如何，这比实际的比赛问题更棘手．

例6.5 在一个会议上有n名代表，他们每个人最多都懂k种语言，在任何三个代表中，至少有两个讲共同语言．找到最小数n，以便满足上述要求的任何语言分布属性，可以找到至少三个代表所说的语言．

解答. 我们将证明 $n = 2k + 3$．首先，我们证明如果有 $2k + 3$ 个代表，结论成立．条件"任何三个代表中，至少有两个讲共同语言"建议取人为顶点的3－正则图及其边连接不讲共同语言的人．根据Zarankiewicz引理,存在一个顶点，其度至多是 $\left\lfloor \dfrac{n}{2} \right\rfloor = k + 1$．因此它至少与$k + 1$个其他顶点不相连．因此存在一个人$A$ 和$k + 1$ 个人$A_1, A_2, \ldots, A_{k+1}$，他们可以与$A$交流．因为$A$至多讲$k$ 种语言，则$A_1, A_2, \ldots, A_{k+1}$中有两人与$A$讲同一种语言．但至少有三名代表说了这种语言，我们就这样做了．现在还需要证明的是，我们可以创造一个有$2k + 2$个代表的局面，但是没有一种语言能被两个以上的代表说出来．我们通过创造两组$k + 1$ 个代表，再次使用图兰图．分配给第一组中的每对人一种公共语言，因此该组中任何两对的关联语言都是不同的．对第二组执行相同的操作，注意第二组中与一对关联的语言与第一组中与一对关联的语言不相同．不同群体的人不交流.很明显，在三个人中，有两个人同一组，因此将有一个共同的语言．当然，任何语言最多由两名代表发言．

下面的问题原来是2004年IMO罗马尼亚队选拔考试的一个问题，只有四名选手解决了这个问题．这个想法比以前的问题更容易，但这次我们需要一点不那么明显的观察．

例6.6 设$A_1, A_2, \ldots, A_{101}$是集合$\{1, 2, \ldots, n\}$的不同子集．假设任意50个子集的并集有$\dfrac{50}{51}n$ 以上的元素．证明其中有三个，其中任意两个有共同的元素．

(Gabriel Dospinescu, Romanian TST 2004)

解答. 如结论所示，我们应该取一个有顶点的图为子集，如果两个子集具有公共元素，则将它们连接起来.假设这个图是3-正则的. 主要思想不是使用Zarankiewicz引理,而是找到许多度数的顶点. 事实上，我们将证明至少有51个顶点的度至多为50. 假设这是不成立的，即至少51个顶点的度大于51. 选取顶点A，它联结至少51个顶点，所以它必须与度至少为51的顶点B相邻. 因为A和B都至少与51个顶点相连, 所以他们有一个邻接的顶点, 于是有了一个三角形,与假设矛盾. 因此可以找到$A_{i_1}, \ldots, A_{i_{51}}$, 它们都至多度为50. 所以$A_{i_1}$与至少50个子集不相交. 因为这50个子集的并集有多于$\frac{50}{51}n$个元素，所以我们推断

$$|A_{i_1}| < n - \frac{50}{51}n = \frac{n}{51}.$$

使用同样方法, 得到$|A_{i_j}| \leq \frac{n}{51}$, $j \in \{1, 2, \ldots, 51\}$ 并且

$$|A_{i_1} \cup A_{i_2} \cup \ldots \cup A_{i_{50}}| \leq |A_{i_1}| + \ldots + |A_{i_{50}}| < \frac{50}{51}n,$$

与假设相矛盾.

我们继续改编一个《美国数学月刊》上的非常具有挑战性的问题.

例6.7 证明任何具有n个顶点和m条边的3-正则图的补集至少有$\frac{n(n-1)(n-5)}{24} + \frac{2}{n}\left(m - \frac{n^2-n}{4}\right)^2$个三角形.

(A.W. Goodman, AMM)

解答. 信不信由你, 互补图中的三角形数只能用图的顶点度数来表示. 更精确地说, 若G是一个3-正则图, 那么补集中三角形的数目是

$$\binom{n}{3} - \frac{1}{2}\sum_{x \in X} d(x)(n-1-d(x)),$$

其中X是G的顶点集合. 确实, 考虑G的顶点的三元数组(x, y, z), 我们将计算补图$\overline{G}$中不构成三角形的三元组. 考虑和$\sum_{x \in X} d(x)(n-1-d(x))$. 若$x$和$y$相连而$z$不与$x$或$y$相邻, (x, y, z)计数两次: x一次y一次. 若y与x和z都相连(x, y, z)也计数两次: x一次z一次. 因此$\frac{1}{2}\sum_{x \in X} d(x)(n-1-d(x))$ 就是补图

中不能构成三角形的数组(x, y, z) 的数量(这里我们应用了G 是3-正则图.) 现在足以证明

$$\binom{n}{3} - \frac{1}{2} \sum_{x \in X} d(x)(n - 1 - d(x)) \geq \frac{n(n-1)(n-5)}{24} + \frac{2}{n}\left(m - \frac{n^2 - n}{4}\right)^2.$$

因为$\sum_{x \in X} d(x) = 2m$,经过计算不等式简化到

$$\sum_{x \in X} d^2(x) \geq \frac{4m^2}{n}. \tag{6.1}$$

这是柯西-施瓦兹不等式与$\sum_{x \in X} d(x) = 2m$的结合.

最后两个例子.以下问题乍一看与我们的主题无关,但它给出了一个非常漂亮的图兰定理的证明.

例6.8 设G 是一个简单的图. 对于G 的每个顶点指定一个非负实数,这些数字的和为1. 对于边连接的任意两个顶点,计算与这些顶点对应的数字之积. 并且这些结果的总和是多少?

解答. 答案一点也不明显,首先说明几点. 如果是n阶的完整图,那么问题就减少到求$\displaystyle\sum_{1 \leq i < j \leq n} x_i x_j$的最大值,其中$x_1 + x_2 + \ldots + x_n = 1$. 这很简单,因为

$$\sum_{1 \leq i < j \leq n} x_i x_j = \frac{1}{2}\left(1 - \sum_{i=1}^{n} x_i^2\right) \leq \frac{1}{2}\left(1 - \frac{1}{n}\right).$$

最后的不等式就是柯西-施瓦兹不等式并且当所有变量是$\frac{1}{n}$时等式成立. 不幸的是, 在其他情况下问题困难得多, 但至少我们有一个可能的答案:事实上, 这很容易.现在求最大值的下界: 若H 是具有最大顶点数k的完整子图,指定这些顶点为$\frac{1}{k}$, 其他顶点为0, 我们发现期望的最大值至少是$\frac{1}{2}\left(1 - \frac{1}{k}\right)$. 我们必须解决最困难的部分: 表明期望的最大值至多是$\frac{1}{2}\left(1 - \frac{1}{k}\right)$. 让我们对$G$ 的顶点个数n进行归纳来讨论. 若$n = 1$, 一切都是显然的, 所以假设对于至多有$n - 1$ 个顶点的图结论是正确的, 取n个顶点的图G , 标号$1, 2, \ldots, n$. 设A 是一个非负坐标的向量集合, 其分量之和为1, E是G的边的集合. 因为函数

$$f(x_1, x_2, \ldots, x_n) = \sum_{(i,j) \in E} x_i x_j$$

在紧致集合A上是连续的, 在点$(x_1, x_2, \ldots, x_n)$上达到最大值. 用$f(G)$ 表示函数在A上的最大值. 若x_i 中至少有一个是零, 则$f(G) = f(G_1)$, 其中G_1是通过擦除顶点i 和与该点相关的边得到的图. 将归纳假设应用于G_1 (显然, G_1的最大完全子图的顶点个数至多是G的最大完全子图顶点的个数). 假设所有x_i是正数, 我们可以假设G不完整, 因为这种情况已经讨论过了. 所以, 假设顶点1 和2 没有连接. 选择任何$0 < a \le x_1$标注G的顶点$1, 2, \ldots, n$ 为数字$x_1 - a$, $x_2 + a$, $x_3, \ldots, x_n$. 根据$f(G)$的极大值, 有

$$\sum_{i \in C_1} x_i \le \sum_{i \in C_2} x_i,$$

其中C_1 是与顶点2 相邻但不与顶点1 相邻的顶点集合(C_2 的定义显然). 通过对称性, 推测出

$$\sum_{i \in C_1} x_i = \sum_{i \in C_2} x_i,$$

表明$f(x_1, x_2, \ldots, x_n) = f(0, x_1 + x_2, x_3, \ldots, x_n)$. 因此应用以前的情况问题得以解决. 观察图兰定理中的不等式, 取所有x_i 为$\dfrac{1}{n}$.

最后一个问题是关于图的完全子图个数的一个非常漂亮的结果.

例6.9 一个n个顶点上的图可以拥有的极大完全子图的最大数目是多少?

(Leo Moser, J. W. Moon)

解答. 假设$n \ge 5$, 其他情况很容易验证. 令$f(n)$ 是所求数字, G是达到这个最大值的图. 显然这个图是不完整的, 于是有两个顶点x 和y 没有被边连接. 为了简化解答需要几个符号. 设$V(x)$ 是与x相邻的顶点集合, $G(x)$是擦去顶点x得到的子图, $G(x, y)$ 是通过擦去与顶点x 关联的边并替换为x到$V(y)$的任意顶点的边所得到的的图. 最后, 设$a(x)$为顶点在$V(x)$中的完备子图的个数, 关于$G(x)$ 的极大值, 设$c(x)$ 为包含x的G的极大完全子图的个数.

下面看一些重要的事情:通过擦除与x相关的边, 恰好$c(x) - a(x)$ 个极大完全子图消失, 通过联结x和$V(y)$所有顶点, 恰好$c(y)$ 个极大完全子图出现. 所以,若$c(G)$ 是G的极大完全子图的个数,则有

$$c(G(x, y)) = c(G) + c(y) - c(x) + a(x).$$

根据对称性, 假设$c(y) \ge c(x)$. 根据$c(G)$的极大值,有$c(G(x, y)) \le c(G)$, 即$c(y) = c(x)$, $a(x) = 0$. 因此$G(x, y)$也有$f(n)$ 个极大完全子图. 同理推出$c(G(x, y)) = c(G(y, x)) = c(G)$. 现在去一顶点$x$ 且设$x_1, x_2, \ldots, x_k$为不

与 x 相邻的顶点. 执行前面的操作, 将 G 转换为 $G_1 = G(x_1, x)$, 再转换为 $G_2 = G_1(x_2, x)$ 直到 $G_k = G_{k-1}(x_k, x)$, 保持极大完全子图的个数 $f(n)$. 观察 G_k 具有性质: $x, x_1, \ldots, x_k$ 不被边连接, $V(x_1) = V(x_2) = \ldots = V(x_k) = V(x)$. 现在我们知道如何去做:若 $V(x)$ 是空的, 停止. 否则,考虑 $V(x)$ 的一个顶点并应用前面的转换. 最终我们得到一个完整多部图 G' 它的顶点可以划分为 r 类: $n_1, n_2, \ldots, n_r$ 顶点, 两个顶点被边联结当且仅当它们不属于同一类. 因为 G' 有 $f(n)$ 个极大完全子图,推出

$$f(n) = \max_r \max_{n_1 + n_2 + \ldots + n_r = n} n_1 n_2 \ldots n_r. \tag{6.2}$$

关系式 (6.2) 很容易得出. 事实上, 设 $(n_1, n_2, \ldots, n_r)$ 为得到了极大值的 r 元组. 若这些数字中至少等于4, 设为 n_1, 考虑 $(2, n_1 - 2, n_3, \ldots, n_r)$ 各分量的乘积至少是所求的最大值, 所以没有 n_i 超过3. 再者,由于 $2 \cdot 2 \cdot 2 < 3 \cdot 3$, 在 $n_1, n_2, \ldots, n_r$ 中至多有两个数等于2. 这表明若 n 是3的倍数, 则 $f(n) = 3^{\frac{n}{3}}$; 若 $n - 1$ 是3的倍数, 则 $f(n) = 4 \cdot 3^{\frac{n-4}{3}}$, 否则 $f(n) = 2 \cdot 3^{\frac{n-2}{3}}$.

6.2 习题

1. 设 $x_1, x_2, \ldots, x_n$ 是实数. 证明存在至多 $\dfrac{n^2}{4}$ 对 $(i, j) \in \{1, 2, \ldots, n\}^2$ 使得 $i < j$ and $1 < |x_i - x_j| < 2$.

   (MOSP 2001)

2. 证明若单位圆上有 n 个点,则至多有 $\dfrac{n^2}{3}$ 个联结它们的弦长度大于 $\sqrt{2}$.

   (Poland 1997)

3. 有 1999 人参加了展览. 任意 50 人中至少两人互不认识. 证明至少可以找出 41 人, 他们至多认识 1958 个其他人.

   (Taiwan 1999)

4. 平面上有 $5n$ 个点, 把一些点联结起来画出 $10n^2 + 1$ 条线段, 用两种颜色给这些线段上色, 证明我们可以找到一个单色三角形.

5. 一组人如果满足下列两个条件则称其为 n-平衡:

   (a) 任意三个人中, 有两人彼此认识;

   (b) 任意 n 个人中, 至少有两人彼此不认识.

证明在一个n-平衡人群中，至多有$\dfrac{(n-1)(n+2)}{2}$个人.

(Dorel Mihet, Romanian TST 2008)

6. 设A 是集合$S = \{1, 2, \ldots, 1000000\}$ 的子集，恰有101个元素. 证明存在$t_1, t_2, \ldots, t_{100} \in S$ 使得集合$A_j = \{x + t_j \mid x \in A\}$ 成对不相交.

(IMO 2003)

7. 证明一个具有n 个顶点和k 条边的图至少有$\dfrac{k}{3n}(4k - n^2)$个三角形.

(APMO 1989)

8. 图G 有n 个顶点且不含有4个顶点的完全子图. 证明G 包含至多$\dfrac{n^3}{27}$ 个三角形.

(Ivan Borsenco, Mathematical Reflections)

9. (a)设p是一个质数. 考虑这样一个图，其顶点是有序数对(x, y)，$x, y \in \{0, 1, \ldots, p - 1\}$，其边联结$(x, y)$ 和(x', y') 当且仅当$xx' + yy' \equiv 1 \pmod{p}$. 证明这个图不包含弦4-圈.

(b) 证明对于无穷多个n 存在一个图G_n，其至少有$\dfrac{n\sqrt{n}}{2} - n$条边且不含弦4-圈.

(Hungary-Israel Competition 2001)

10. 一个具有n 个顶点和k 条边的图没有三角形. 证明可以选择一个顶点使得通过删除此顶点获得子图，且其邻图至多有$k\left(1 - \dfrac{4k}{n^2}\right)$条边.

(USAMO 1995)

11. 一个图具有$2n$个顶点$n^2 + 1$条边. 证明它至少包含n个角.

12. 一个图具有$n^2 + 1$ 条边和$2n$个顶点. 证明它包含两个三角形有一条公共边.

(Chinese TST 1987)

13. 一个岛上有n个居民,他们中的任何两个要么是朋友，要么是敌人. 有一天他们接到命令说所有公民都应该制作并佩戴一条没有石头或更多石头的项链，以便

(a) 对任何一对朋友来说，都有这样一种颜色：两个人都有一块这种颜色的石头；

(b) 任何一对敌人都不存在这样的颜色.

最少需要多少颜色的石头（考虑到所有可能的岛上居民之间的关系)？

(Belarus 2001)

14. 在一个连通的n顶点图中，任何边都属于三角形的边的最少数目是多少？

(Paul Erdös, AMM E 3255)

15. 证明对于每个n，都可以构造一个没有三角形且色数至少为n的图.

(Mycielski's theorem)

16. 对于有限图G，设$f(G)$（$g(G)$）为由G的边构成的三角形（四面体）的个数. 求出最小常数c使得$g^3(G) \leq c \cdot f(G)^4$.

(IMO Shortlist 2004)

17. 对于坐标面上的点对$A = (x_1, y_1)$和$B = (x_2, y_2)$，设

$$d(A, B) = |x_1 - x_2| + |y_1 - y_2|.$$

对于平面上100个点, 确定满足$1 < d(A, B) \leq 2$的数对(A, B)（无序的)的最大数量.

(USA TST 2006)

18. 设k是一个正整数. 一个顶点集合是正整数集合的图，且不包含任何完全$k \times k$二部子图. 证明存在任意长的正整数算术级数，使得同一级数的没有两个元素在该图中用一条边连在一起.

(Kömal)

第 7 章 复杂的组合

7.1 理论和实例

在阅读标题时，您可能会想到一个困难的、反映了组合数学的复杂性的单元，但是这不是我们的意图.我们只是想讨论一些组合问题，可以通过使用复数巧妙地解决. 此时此刻，读者可能会说我们疯了，但我们会坚持我们的想法，并证明复数在解决计数问题以及与分蘖相关的问题中起着重要作用. 它们在组合数论中也有许多应用，所以我们的目的是从这些情况中说明一点. 之后，您一定会很高兴使用此方法解决所提出的问题. 为了避免重复，我们将在讨论开始时给出一个有用的结论.

引理7.1 若 p 是一个质数，$a_0, a_1, \ldots, a_{p-1}$ 是实数且满足

$$a_0 + a_1\varepsilon + a_2\varepsilon^2 + \ldots + a_{p-1}\varepsilon^{p-1} = 0,$$

其中

$$\varepsilon = \cos\frac{2\pi}{p} + i\sin\frac{2\pi}{p} = e^{\frac{2\pi i}{p}},$$

则 $a_0 = a_1 = \ldots = a_{p-1}$.

证明. 我们只需简述一下证明，这并不难. 观察到多项式

$$a_0 + a_1X + a_2X^2 + \ldots + a_{p-1}X^{p-1} \quad \text{和} \quad 1 + X + X^2 + \ldots + X^{p-1}$$

不是互质的——因为它们有共同的一个根——由于 $1+X+X^2+\ldots+X^{p-1}$ 对于 $\mathbb{Q}$ 是不可约的(你可以在关于多项式不可约性的一章找到证明)，$1+X+X^2+\ldots+X^{p-1}$ 整除 $a_0 + a_1X + a_2X^2 + \ldots + a_{p-1}X^{p-1}$，只有满足 $a_0 = a_1 = \ldots = a_{p-1}$. 因此，证明了引理，是时候解决一些好问题了. $\qquad\square$

注意，在下面的例子中，$m(A)$ 表示集合 A 中元素的和. 规定 $m(\varnothing) = 0$.

第一个例子是改编自罗马尼亚竞赛"Traian Lalescu"中的一个问题. 当然，有一个使用递归序列的解决方案，但是它远不如下面的这个好.

例7.1 有多少个这样的 n 位数字,其各数位上数字是1, 3, 4, 6, 7,或9 ,且所有位数上的和是7的倍数？

解答. 设$a_n^{(k)}$是这样的n位数字的个数, 其数位上是1, 3, 4, 6, 7, 9 且其各数位上数字和等于k模7. 显然有

$$\sum_{k=0}^{6} a_n^{(k)} \varepsilon^k = \sum_{x_1, x_2, \ldots, x_n \in \{1,3,4,6,7,9\}} \varepsilon^{x_1+x_2+\ldots+x_n}$$
$$= (\varepsilon + \varepsilon^3 + \varepsilon^4 + \varepsilon^6 + \varepsilon^7 + \varepsilon^9)^n,$$

其中$\varepsilon = \cos\dfrac{2\pi}{7} + i\sin\dfrac{2\pi}{7}$. 注意到$1 + \varepsilon + \varepsilon^2 + \ldots + \varepsilon^6 = 0$ 和$\varepsilon^9 = \varepsilon^2$将$(\varepsilon + \varepsilon^3 + \varepsilon^4 + \varepsilon^6 + \varepsilon^7 + \varepsilon^9)^n$ 转化成简单的形式$(-\varepsilon^5)^n$. 例如, 假设n 可以被7整除(其他情况可以类似地讨论), 则

$$\sum_{k=0}^{6} a_n^{(k)} \varepsilon^k = (-1)^n$$

并且根据引理可以推出

$$a_n^{(0)} - (-1)^n = a_n^{(1)} = \ldots = a_n^{(6)}.$$

设q 是常数, 那么

$$7q = \sum_{k=0}^{6} a_n^{(k)} - (-1)^n = 6^n - (-1)^n$$

事实上, 因为6^n 的数字有n 位, 都等于1, 3, 4, 6, 7, 9. 在这个例子中

$$a_n^{(0)} = (-1)^n + \frac{6^n - (-1)^n}{7}.$$

其他情况留给读者练习: $n \equiv 1, 2, 3, 4, 5, 6 \pmod 7$.

在这个技巧之后, 列举一个稍微困难一些的问题, 在2005年巴尔干奥运会的入围名单上, 它被用于选拔罗马尼亚IMO 2005团队.

例7.2 设$(a_n)_{n \geq 1}$ 是一个正整数序列, 对于所有n满足$a_n \leq 4.999n$. 证明存在无数个n 使得a_n 的数位之和不是5的倍数. 如果条件放宽为$a_n \leq 5n$, 那么对于所有n结果是否仍然成立?

(Gabriel Dospinescu)

解答. 设$s(x)$ 是x的位数之和, 且假设对于所有$n > M$有$5 \mid s(a_n)$.

设 n 使得 $\left\lfloor \dfrac{10^n - 1}{4.999} \right\rfloor > M + 3$ 且 A 是前 10^n 个非负整数集合.

数字 a_k（其中 $1 \leq k \leq \left\lfloor \dfrac{10^n - 1}{4.999} \right\rfloor$）属于集合 A，因为对于这些 k，$1 \leq a_k \leq 4.999k \leq 10^n - 1$. 因此 A 至少包含 $\left\lfloor \dfrac{10^n - 1}{4.999} \right\rfloor - M$ 个数位之和被 5 整除的数字. 现在固定数字 $2 \leq i \leq n$ 且观察到若 x_j 是 A 中 i 位数元素的数量，且数位之和与 j 同余模为 5，那么

$$x_0 + x_1 \varepsilon + x_2 \varepsilon^2 + x_3 \varepsilon^3 + x_4 \varepsilon^4 = \sum_{\substack{0 \leq a_2,\ldots,a_i \leq 9 \\ 1 \leq a_1 \leq 9}} \varepsilon^{a_1 + a_2 + \ldots + a_i}$$

$$= (\varepsilon + \varepsilon^2 + \ldots + \varepsilon^9)(1 + \varepsilon + \ldots + \varepsilon^9)^{i-1} = 0.$$

应用引理，并考虑到 $x_0 + x_1 + \ldots + x_4 = 9 \cdot 10^{i-1}$，我们推断出至多有 $1 + \sum_{i=2}^{n} \dfrac{9 \cdot 10^{i-1}}{5} = 2 \cdot 10^{n-1} - 1$ 个 A 中的元素数位之和是 5 的倍数. 于是 $\left\lfloor \dfrac{10^n - 1}{4.999} \right\rfloor - M \leq 2 \cdot 10^{n-1} - 1$，其中 n 足够大，这显然是不可能的.

对于问题的第二部分，答案是否定的. 事实上，考虑以 1 开始并包含正整数的序列（递增顺序），其数位之和可被 5 整除. 让我们证明对于所有 n 有 $a_n < 5n$. 事实上对于 $n = 1, 2, 3$ 是显然的，因为 $a_1 = 1$，$a_2 = 5$，$a_3 = 14$. 关键是，在任何连续的 10 个正整数中，正好有两个是序列的项，因此 $a_{2n} < 10n$ 且 $a_{2n-1} = a_{2n} - 5 < 5(2n - 1)$. 这说明对于 $a_n \leq 5n$，这个命题不再成立.

同样简单但巧妙的想法可能为 IMO 1995 年的问题 6 提供最漂亮的解决方案. 值得一提的是，Nikolai Nikolov 因以下出色的解决方案获得了特别奖.

例7.3 设 $p > 2$ 是一个质数，且 $A = \{1, 2, \ldots, 2p\}$. 求出 A 的含有 p 个元素且和能被 p 整除的子集的个数.

(IMO 1995)

解答. 考虑 $\varepsilon = \cos \dfrac{2\pi}{p} + i \sin \dfrac{2\pi}{p}$，设 x_j 是集合 A 的子集 X 的个数，其中 $|X| = p$ 且 $m(X) \equiv j \pmod{p}$. 那么不难看出

$$\sum_{j=0}^{p-1} x_j \varepsilon^j = \sum_{B \subset A, |B| = p} \varepsilon^{m(B)} = \sum_{1 \leq c_1 < c_2 < \ldots < c_p \leq 2p} \varepsilon^{c_1 + c_2 + \ldots + c_p}.$$

但是 $\displaystyle\sum_{1 \leq c_1 < c_2 < \ldots < c_p \leq 2p} \varepsilon^{c_1 + c_2 + \ldots + c_p}$ 正是多项式 $(X + \varepsilon)(X + \varepsilon^2) \ldots (X +$

ε^{2p})中X_p的系数. 因为

$$X^p - 1 = (X - 1)(X - \varepsilon)\ldots(X - \varepsilon^{p-1}),$$

我们容易得到

$$(X + \varepsilon)(X + \varepsilon^2)\ldots(X + \varepsilon^{2p}) = (X^p + 1)^2.$$

因此$\displaystyle\sum_{j=0}^{p-1} x_j\varepsilon^j = 2$, 并且引理推出$x_0 - 2 = x_1 = \ldots = x_{p-1}$. 由于存在$\dbinom{2p}{p}$个有$p$个元素的子集, 因此

$$x_0 + x_1 + \ldots + x_{p-1} = \binom{2p}{p}.$$

所以

$$x_0 = 2 + \frac{1}{p}\left(\binom{2p}{p} - 2\right)$$

.

下面的问题处理一个更一般的情况，不再保持对基数施加的限制.

例7.4 设$f(n)$ 是$1, 2, 3, \ldots, n$的子集个数，其元素之和为$0 \pmod n$. 包括空集，空集元素之和为零. 证明

$$f(n) = \frac{1}{n} \cdot \sum_{\substack{d|n \\ d \text{ odd}}} \varphi(d) 2^{\frac{n}{d}}.$$

解答. 设

$$g(X) = \prod_{i=1}^{n}(1 + X^i) = \sum_{k \geq 0} a_k X^k$$

$\varepsilon = e^{\frac{2i\pi}{n}}$. 显然$f(n) = \displaystyle\sum_{j \geq 0} a_{jn}$. 另一方面, 后一个和可以计算为$g(\varepsilon^j)$. 事实上，可以验证

$$\frac{1}{n} \cdot \sum_{j=1}^{n} g(\varepsilon^j) = \sum_{j \geq 0} a_{jn}.$$

现在，计算$g(\varepsilon^j)$. 若$d = \dfrac{n}{\gcd(j, n)}$ (即ε^j 是原始的d重根)，则

$$X^d - 1 = (X - \varepsilon^j)(X - \varepsilon^{2j})\ldots(X - \varepsilon^{dj})$$

若d是奇数,

$$(1+\varepsilon^j)(1+\varepsilon^{2j})\ldots(1+\varepsilon^{dj}) = 2$$

否则为0. 这表明若d是奇数$g(\varepsilon^j) = 2^{\frac{n}{d}}$,否则为0. 但是恰有$\varphi(d)$ 个j 的值使得ε^j 是原始d重根,所以

$$\frac{1}{n} \cdot \sum_{j=1}^{n} g(\varepsilon^j) = \frac{1}{n} \cdot \sum_{\substack{d|n \\ d \text{ odd}}} \varphi(d)2^{\frac{n}{d}}.$$

有一个稍微不同但密切相关的想法,我们可以解决以下的问题.

例7.5 设$n > 1$ 是整数,且$a_1, a_2, \ldots, a_m$ 是正整数. 用$f(k)$ 表示使得$1 \leq c_i \leq a_i$且$c_1+c_2+\ldots+c_m \equiv k \pmod{n}$成立的$m$元数组$(c_1, c_2, \ldots, c_m)$的个数.

证明$f(0) = f(1) = \ldots = f(n-1)$ 当且仅当存在一个指数$i \in \{1, 2, \ldots, m\}$使得$n \mid a_i$.

(Reid Barton, Rookie Contest 1999)

解答. 观察到

$$\sum_{k=0}^{n-1} f(k)\varepsilon^k = \sum_{1 \leq c_i \leq a_i} \varepsilon^{c_1+c_2+\ldots+c_m} = \prod_{i=1}^{m}(\varepsilon + \varepsilon^2 + \ldots + \varepsilon^{a_i})$$

其中ε 是任意复数且使得

$$\varepsilon^{n-1} + \varepsilon^{n-2} + \ldots + \varepsilon + 1 = 0.$$

因此问题的一部分得到验证,因为若

$$f(0) = f(1) = \ldots = f(n-1)$$

则可以找到$i \in \{1, 2, \ldots, m\}$ 使得$\varepsilon + \varepsilon^2 + \ldots + \varepsilon^{a_i} = 0$ (我们选择一个原始根ε). 我们推断出$\varepsilon^{a_i} = 1$,所以$n \mid a_i$. 现在,假设存在一个指数$i \in \{1, 2, \ldots, m\}$ 使得 $n \mid a_i$. 那么对于多项式$\sum_{k=0}^{n-1} X^k$ 的任意零根

ε ,我们有$\sum_{k=0}^{n-1} f(k)\varepsilon^k = 0$,所以多项式$\sum_{k=0}^{n-1} X^k$ 整除$\sum_{k=0}^{n} f(k)X^k$. 这是因

为$\sum_{k=0}^{n-1} X^k$ 只有单根. 简单考虑,只有当

$$f(0) = f(1) = \ldots = f(n-1)$$

时成立.

上述解决方案所产生的热情可能会受到以下问题的抑制, 我们还需要一些棘手的操作.

例7.6 设质数 $p > 2$, m 和 n 是 p 的倍数, n 是奇数. 对任意函数
$f : \{1, 2, \ldots, m\} \to \{1, 2, \ldots, n\}$ 满足

$$\sum_{k=1}^{m} f(k) \equiv 0 \pmod{p},$$

考虑积 $\prod_{k=1}^{m} f(k)$. 证明这些积的和能被 $\left(\dfrac{n}{p}\right)^m$ 整除.

(Gabriel Dospinescu)

解答. 设 $\varepsilon = \cos\dfrac{2\pi}{p} + i\sin\dfrac{2\pi}{p}$, 且 x_k 是 $\prod_{k=1}^{m} f(k)$ 的和, 其中 $f : \{1, 2, \ldots, m\} \to \{1, 2, \ldots, n\}$ 使得 $\sum_{i=1}^{m} f(i) \equiv k \pmod{p}$.

显然

$$\sum_{k=0}^{p-1} x_k \varepsilon^k = \sum_{c_1, c_2, \ldots, c_m \in \{1, 2, \ldots, n\}} c_1 c_2 \ldots c_m \varepsilon^{c_1 + c_2 + \ldots + c_m}$$
$$= (\varepsilon + 2\varepsilon^2 + \ldots + n\varepsilon^n)^m.$$

回忆等式

$$1 + 2x + 3x^2 + \ldots + nx^{n-1} = \frac{nx^{n+1} - (n+1)x^n + 1}{(x-1)^2}.$$

代入 ε 有

$$\varepsilon + 2\varepsilon^2 + \ldots + n\varepsilon^n = \frac{n\varepsilon^{n+2} - (n+1)\varepsilon^{n+1} + \varepsilon}{(\varepsilon - 1)^2} = \frac{n\varepsilon}{\varepsilon - 1}.$$

因此,

$$\sum_{k=0}^{p-1} x_k \varepsilon^k = \frac{n^m}{(\varepsilon - 1)^m}.$$

另一方面, 不难证明

$$\varepsilon^{p-1} + \varepsilon^{p-2} + \ldots + \varepsilon + 1 = 0 \Leftrightarrow$$

$$\frac{1}{\varepsilon - 1} = -\frac{1}{p}(\varepsilon^{p-2} + 2\varepsilon^{p-3} + \ldots + (p-2)\varepsilon + p-1).$$

考虑到

$$(X^{p-2} + 2X^{p-3} + \ldots + (p-2)X + p-1)^m = b_0 + b_1 X + \ldots + b_{m(p-2)} X^{m(p-2)},$$

我们有

$$\frac{n^m}{(\varepsilon - 1)^m} = \left(-\frac{n}{p}\right)^m (c_0 + c_1 \varepsilon + \ldots + c_{p-1}\varepsilon^{p-1}),$$

其中

$$c_k = \sum_{j \equiv k \ (\mathrm{mod}\ p)} b_j.$$

记 $r = \left(-\dfrac{n}{p}\right)^m$，推出

$$x_0 - rc_0 + (x_1 - rc_1)\varepsilon + \ldots + (x_{p-1} - rc_{p-1})\varepsilon^{p-1} = 0.$$

由引理，证得 $x_0 - rc_0 = x_1 - rc_1 = \ldots = x_{p-1} - rc_{p-1} = k$. 因为 $c_0, c_1, \ldots, c_{p-1}$ 显然是整数, 只需证 $r \mid k$. 因为

$$\begin{aligned} pk &= x_0 + x_1 + \ldots + x_{p-1} - r(c_0 + c_1 + \ldots + c_{p-1}) \\ &= (1 + 2 + \ldots + n)^m - r(b_0 + b_1 + \ldots + b_{m(p-2)}) \\ &= \left(\frac{n(n+1)}{2}\right)^m - r\left(\frac{p(p-1)}{2}\right)^m, \end{aligned}$$

显然 $r \mid k$. 这里我们应用了假设条件, 问题得证.

现在是时候抛开这些问题, 讨论一下复数在分冪中的一些应用了. 在给出一些实例之前, 先做一些约定: 考虑一个矩形表, 其边缘平行于两条固定（正交）线 Ox 和 Oy. 一个 $a \times b$ 矩形是一个 ab 单位平方组成的数字, 其边平行于 Ox 和 Oy, 且平行于 Ox 的边长为 a, 平行于 Oy 的边长为 b. 例如, 顶点为 $(0,0)$, $(2,0)$, $(2,1)$, $(0,1)$ 的矩形是一个 2×1 矩形, 而顶点为 $(0,0)$, $(1,0)$, $(1,2)$, $(0,2)$ 的矩形是一个 1×2 矩形. 现在, 我们的想法是把一个复数放在一张表的每一个方格上, 然后用复数重新表述一个特定的分冪问题的假设和结论. 我们将通过解决一些实际问题来了解这种技巧如何更好地工作. 首先, 看一些简单的例子.

例7.7 考虑一个矩形, 它可以由 $1 \times m$ 和 $n \times 1$ 矩形的有限组合平铺, 其中 m, n 是正整数. 证明仅用 $1 \times m$ 或 $n \times 1$ 矩形平铺这个矩形是可能的.

(Gabriel Carrol, BMC Contest 2000)

解答. 设初始矩形的尺寸是$a \times b$, a和b是正整数. 现在把这个矩形分割成1×1的方形并标记这些矩形为

$$(1,1), (1,2), \ldots, (1,b), \ldots, (a,1), (a,2), \ldots, (a,b).$$

接下来把数字$\varepsilon_1^x \varepsilon_2^y$放在标记为$(x,y)$的正方形中, 其中

$$\varepsilon_1 = \cos\frac{2\pi}{n} + i\sin\frac{2\pi}{n}, \quad \varepsilon_2 = \cos\frac{2\pi}{m} + i\sin\frac{2\pi}{m}.$$

主要观察结果是在任意$1 \times m$或$n \times 1$矩形中这些数字之和为0. 这是直接的, 但这一简单观察的结果令人惊讶. 事实上, 所有正方形中的数字之和为0, 于是

$$0 \sum_{\substack{1 \le x \le a \\ 1 \le y \le b}} \varepsilon_1^x \varepsilon_2^y = \sum_{i=1}^{a} \varepsilon_1^i \cdot \sum_{j=1}^{b} \varepsilon_2^j.$$

因此数字$\sum_{i=1}^{a} \varepsilon_1^i$和$\sum_{j=1}^{b} \varepsilon_2^j$中至少有一个是0. 这意味着$n \mid a$或$m \mid b$. 其他情况同理.

前一个问题中的想法是非常有用的, 帮助许多平铺问题变得简单明了. 这里还有一个例子:

例7.8 我们是否可以平铺一个13×13表格, 且从中仅用1×4或4×1矩形来移除中心单元正方形?

(Baltic Contest 1998)

解答. 假设这种铺设是可能的, 且像上一个问题一样给标记正方形. 接下来, 正方形(k,j)对应数字i^{k+2j}. 显然, 每个1×4或4×1矩形对应数字之和为0. 因此, 所有标记的总和等于对应于中央单位平方的数字. 因此

$$i^{21} = (i + i^2 + \ldots + i^{13})(i^2 + i^4 + \ldots + i^{26}) = i \cdot \frac{i^{13} - 1}{i - 1} \cdot i^2 \cdot \frac{i^{26} - 1}{i^2 - 1} = i^3,$$

这显然是不成立的. 因此, 我们所做的假设是错误的, 这样的平铺是不可能的.

我们现在要讨论的例子是基于相同的思想, 这里更涉及复数.

例7.9 在一个8×9表格上我们放置3×1的矩形和"破碎的"1×3矩形, 通过移除它们中心的单位正方形得到. 这些矩形和"破碎的"矩形不重

叠，无法旋转. 证明存在一个由18个方格组成的集合 S ，使得如果表的70个单位方格被覆盖，那么剩下的两个就属于 S.

(Gabriel Dospinescu)

解答. 再次，我们从左上角开始标记表格的方格为 $(1,1)$, $(1,2)$,…, $(8,9)$. 在标记为 (k,j) 的方格中，放置数字 $i^j \cdot \varepsilon^k$，其中 $i^2 = -1$, $\varepsilon^2 + \varepsilon + 1 = 0$. 任意矩形或"破碎的"矩形中数字之和为0. 所有数字之和是

$$\left(\sum_{k=1}^{8} \varepsilon^k\right)\left(\sum_{j=1}^{9} i^j\right) = -i.$$

假设 (a_1, b_1) 和 (a_2, b_2) 是没有被覆盖的方格. 那么

$$i^{b_1}\varepsilon^{a_1} + i^{b_2}\varepsilon^{a_2} = -i.$$

设 $z_1 = i^{b_1-1}\varepsilon^{a_1}$, $z_2 = i^{b_2-1}\varepsilon^{a_2}$. 有 $|z_1| = |z_2| = 1$, $z_1 + z_2 = -1$. 推出 $\dfrac{1}{z_1} + \dfrac{1}{z_2} = -1$, 于是 $z_1^3 = z_2^3 = 1$. 反之意味着等式 $i^{3(b_1-1)} = i^{3(b_2-1)} = 1$, 从中推断出 $b_1 \equiv b_2 \equiv 1 \pmod 4$. 因此关系式 $z_1 + z_2 = -1$ 化为 $\varepsilon^{a_1} + \varepsilon^{a_2} = -1$, 当且仅当 a_1, a_2 被3除时余数分别是1 和2. 于是我们可以选择 S 是位于1, 2, 4, 5, 7, 8 行和1, 5, 9列交叉处的方格集合. 从上面的论述来看，如果两个方格仍然没有被覆盖，那么它们属于 S. 结论得证.

例7.10 设 m 和 n 是大于1的整数， $a_1, a_2, \ldots, a_n$ 是整数，且都不能被 m^{n-1} 整除.

证明可以找到不全为零的整数 $e_1, e_2, \ldots, e_n$，使得对于所有 i 有 $|e_i| < m$ 和 $m^n \mid e_1a_1 + e_2a_2 + \ldots + e_na_n$.

(IMO 2002 Shortlist)

解答. 观察数字 $\sum_{i=1}^{n} e_i a_i$, 对于所有 i, $0 \le e_i \le m-1$. 注意有一个 m^n 各数字的集合(记为 A). 我们可以假设这是一个完整的 m^n 剩余模系统(否则立即得出结论). 现在，考虑

$$f(x) = \sum_{a \in A} x^a.$$

则

$$f(x) = \prod_{i=1}^{m}\left(\sum_{j=0}^{m-1} x^{ja_i}\right) = \prod_{i=1}^{n}\frac{1 - x^{ma_i}}{1 - x^{a_i}}.$$

取 $\varepsilon = e^{\frac{2i\pi}{m^n}}$. 因为这 m^n 个数字我们之前考虑取自完整的 m^n 剩余模系统，必有 $f(\varepsilon) = 0$. 因此(假设确保了 $\varepsilon^{a_i} \neq 1$)

$$\prod_{i=1}^{n}(1 - \varepsilon^{ma_i}) = 0.$$

但这显然与 $a_1, a_2, \ldots, a_n$ 中任何数都不是 m^{n-1} 的倍数矛盾.

例7.11 设 p 是一个质数，

$$f_k(x_1, x_2, \ldots, x_n) = a_{k1}x_1 + a_{k2}x_2 + \ldots + a_{kn}x_n$$

是系数为整数的线性形式，$k = 1, 2, \ldots, p^n$. 假设对于所有整数系统 $(x_1, x_2, \ldots, x_n)$, 并不能都被 p 整除，

$$f_1(x_1, x_2, \ldots, x_n), f_2(x_1, x_2, \ldots, x_n), \ldots, f_{p^n}(x_1, x_2, \ldots, x_n)$$

表示为每个余数模 p 恰好 p^{n-1} 次.

证明 $\{(a_{k1}, a_{k2}, \ldots, a_{kn}) \mid k = 1, 2, \ldots, p^n\}$ 等于

$$\{(i_1, i_2, \ldots, i_n) \mid i_1, i_2, \ldots, i_n = 0, 1, \ldots, p-1\}.$$

(Miklos Schweitzer Competition)

解答. 设 $\varepsilon = e^{\frac{2i\pi}{p}}$ 且观察到假设表明等式

$$\sum_{k=1}^{p^n} \varepsilon^{f_k(x_1, \ldots, x_n)} = 0$$

对于所有 $x_1, \ldots, x_n$, 不全是 p 的倍数. 现在固定 $i_1, i_2, \ldots, i_n$. 等式两边乘以 $\varepsilon^{-i_1x_1 - i_2x_2 \ldots - i_nx_n}$ 推出

$$\sum_{k=1}^{p^n} \varepsilon^{(a_{k_1}-i_1)x_1 + \ldots + (a_{kn}-i_n)x_n} = 0.$$

通过把这些等式的总和对应所有 $(x_1, x_2, \ldots, x_n) \in \{0, 1, \ldots, p-1\}^n$ 且考虑到 $(x_1, x_2, \ldots, x_n) = (0, 0, \ldots, 0)$ 左边等于 p^n, 推出

$$p^n = \sum_{k=1}^{p^n} \prod_{j-1}^{n} \left(\sum_{x_j=0}^{p-1} \varepsilon^{x_j(a_{kj}-i_j)} \right). \tag{7.1}$$

因为式(7.1) 右边的和不为零, 至少有一项不为零. 然而, 注意和的每一项都等于0 或p^n. 因此存在唯一的k 使得对于所有j, $a_{kj} = i_j \pmod{p}$, 或者说

$$\{(a_{k1}, \ldots, a_{kn}) \mid k = 1, \ldots, p^n\} = \{(i_1, \ldots, i_n) \mid i_1, \ldots, i_n = 0, \ldots, p-1\}.$$

下面的问题由Vesselin Dimitrov提出,这是一个非常特殊的问题. 它涉及厄多斯1952年在一篇论文中引入的一个概念: 一致性覆盖系统. 更准确地说, 有序对的族$(a_1, d_1), (a_2, d_2), \ldots, (a_k, d_k)$, 其中$1 < d_1 < d_2 < \ldots < d_k$, 若$x \equiv a_i \pmod{d_i}$对于任意整数$x$ 可解, 它被称作覆盖同余集. 厄多斯立即意识到, 这个新概念可能是一个困难问题的来源, 并成为深入研究的来源. 厄多斯推测不存在所有模都是奇数的覆盖一致集, 这个问题仍是开放的. 另一方面,厄多斯应用覆盖集(更精确地, 集合$(0, 2)$, $(0, 3)$, $(1, 4)$, $(3, 8)$, $(7, 12)$, $(23, 24)$) 证明不是$2^n + p$形式的奇数正整数无穷算术级数的存在性. Schinzel 在他的关于多项式不可约性的研究中也研究了这些系统. 厄多斯的猜想,接下来的例子被太阳证明了, 真正奇怪的是, 这个解是绝对基本的. 我们感谢Vesselin Dimitrov 指出数论中的这颗宝石.

例7.12 设F 是k 无穷算术级数$a_i + d_i \mathbb{Z}$的族, 其中$1 < d_1 < \ldots < d_k$. 假设F 包含2^k个连续整数(即, 存在一个整数x 使得序列x, $x + 1, \ldots, x + 2^k - 1$中每个数至少属于族$F$的一个元), 那么$F$ 是一个一致性覆盖系统.

(Erdös-Sun)

解答. 这个神奇的想法是以一种更代数的方式重写条件, 即一个数字属于算术级数的并集. 例如, $x + t$属于F的元的并集, 可以被写作

$$\prod_{1 \le j \le k} \left(1 - e^{\frac{2i\pi}{d_j}(x+t-a_j)}\right) = 0.$$

现在, 我们要做的是开发这个乘积并注意到同样的关系可以表示为

$$\sum_{I \subseteq S} \alpha_I \cdot e^{(x+t)\beta_I} = 0, \tag{7.2}$$

其中$S = \{1, 2, \ldots, k\}$ (包括空集, 若结果为0), α_I 和β_I 仅依赖于覆盖本身. 事实上这是显然的, 因为

$$\prod_{1 \le j \le k} \left(1 - e^{\frac{2i\pi}{d_j}(x+t-a_j)}\right) = \sum_{I \subset \{1,2,\ldots,k\}} (-1)^{|I|} \cdot e^{-2i\pi \cdot \sum_{j \in I} \frac{a_j}{d_j}} \cdot e^{2i\pi \cdot \sum_{j \in I} \frac{1}{d_j}(x+t)}.$$

如果我们能证明同样的关系(7.2) 适用于任意整数y 而不是x, 就做完了,因为这意味着任意整数属于至少F的一个元. 若我们考虑$z_I = e^{\beta_I}$, 则对于

所有 $0 \le t \le 2^k - 1$ 有

$$\sum_I \alpha_I z_I^{t+x} = 0$$

定义

$$u_n = \sum_I \alpha_I z_I^n$$

并注意到 u_n 满足 2^k 阶的线性递推关系, u_n 的系数非零. 事实上，考虑多项式 $\prod_I (X - z_I)$, 它是 2^k 次幂并且有非零自由项(因为所有 z_I 是非零的), 把它写作

$$X^{2^k} + A_{2^k-1} X^{2^k-1} + \ldots + A_1 X + A_0.$$

那么

$$z_I^{2^k} + A_{2^k-1} z_I^{2^k-1} + \ldots + A_0 = 0.$$

把这个关系式乘以 $\alpha_I \cdot z_I^n$ (这里允许负指数) 并相加这些关系式, 得到一个递推关系

$$u_{n+2^k} + A_{2^k-1} u_{n+2^k-1} + \ldots + A_0 = 0.$$

根据假设, 这个序列的连续 2^k 项消失.因为序列满足与非零自由项的 2^k 阶递推关系，因此由归纳得出所有项均为零. 证明完毕.

7.2 习题

1. 有 A, B, C 三人做游戏:随机选取集合 $\{1, 2, \ldots, 1986\}$ 的一个含有 k 个元素的子集, 所有选择可能性相同. 根据所选子集的元素和是否等于0, 1, 或2 模3, 获胜者是 A，B，或 C. 求出所有使得 A, B, C 有同等获胜的机会的 k 值.

(IMO 1987 Shortlist)

2. 掷骰子 n 次，所掷数字之和为5的倍数的概率是多少?

(IMC 1999)

3. 设 a_k, b_k, c_k 是整数, $k = 12 \ldots n$, $f(x)$ 是 $S = \{1, 2, \ldots, n\}$ 的子集中三元有序数组 (A, B, C) 的个数，它们的并集是 S , 且

$$\sum_{i \in S \setminus A} a_i + \sum_{i \in S \setminus B} b_i + \sum_{i \in S \setminus C} c_i \equiv x \pmod 3.$$

假设 $f(0) = f(1) = f(2)$. 证明存在 $i \in S$ 使得 $3 \mid a_i + b_i + c_i$.

(Gabriel Dospinescu)

4. 设 k 是大于2的整数. 对于哪些奇数正整数 n 可以用 $1 \times k$ 或 $k \times 1$ 矩形平铺一个 $n \times n$ 表格, 且仅使得中心单元方格不被覆盖?

(Gabriel Dospinescu)

5. 设 $n \geq 2$ 是一个整数. 当点 (i, j) 有整数坐标时写数字 $i + j$ (mod n). 找到所有正整数对 (a, b) 使得在顶点为 $(0, 0)$, $(a, 0)$, (a, b), $(0, b)$ 的矩形的边上任意余数模 n 出现相同次数, 且在矩形内部任意余数模 n 出现相同的次数.

(Bulgaria 2001)

6. 设 $p > 2$ 是一个质数, 集合 $\{1, 2, \ldots, p-1\}$ 有多少个子集元素总和能被 p 整除?

(Ivan Landjev, Bulgaria TST 2006)

7. 证明集合 $\{1, 2, \ldots, 2n\}$ 的由 n 个元素组成的子集且其元素和是 n 的倍数, 这样子集的个数是

$$\frac{(-1)^n}{n} \cdot \sum_{d \mid n} (-1)^d \varphi\left(\frac{n}{d}\right) \binom{2d}{d}.$$

(Adapted after IMO 1995)

8. 设 p 是一个奇质数. 求出介于 0 和 $p-1$ 之间整数组成且使得

$$a^2 + b^2 + c^2 \equiv d^2 + e^2 + f^2 \pmod{p}$$

的六元数组 (a, b, c, d, e, f) 的个数?

(MOSP 1997)

9. 设 d 和 n 是正整数, 且 $d \mid n$. 考虑所有序列 $(x_1, x_2, \ldots, x_n)$ 使得

$$0 \leq x_1 \leq x_2 \leq \ldots \leq x_n \leq n, \ d \mid x_1 + x_2 + \ldots + x_n.$$

证明在这些序列中恰好有一半满足 $x_n = n$.

(Chinese IMO training program)

10. 设 p 是一个奇质数, 且 $n \geq 2$. 对于集合 $\{1, 2, \ldots, n\}$ 的一个置换 σ 定义 $S(\sigma) = \sigma(1) + 2\sigma(2) + \ldots + n\sigma(n)$.

设 A_j 是使得 $S(\sigma) \equiv j \pmod{p}$ 的偶置换 σ 的集合, B_j 是使得 $S(\sigma) \equiv j \pmod{p}$ 的奇置换 σ 的集合. 证明 $n > p$ 当且仅当对于所有 j, A_j 和 B_j 有相同个数的元素.

(Gabriel Dospinescu)

11. 设 p 是一个奇质数. 证明 $2^{\frac{p-1}{2}}$ 个数 $\pm 1 \pm 2 \pm \ldots \pm \dfrac{p-1}{2}$ 用相同的次数表示每个模 p 的非零剩余类. 计算这个次数.

(R.L. McFarland, AMM 6457)

12. 集合 $M = \{1, 2, \ldots, n\}$ 的每个元素都被涂上三种颜色之一. 设集合 A 的元素是 M 的元素组成的数组 (x, y, z), 满足 n 整除 $x + y + z$ 且 x, y, z 是相同颜色. 同样定义集合 B, 要求 x, y, z 有成对的不同颜色. 证明 $2|A| \geq |B|$.

(Chinese TST 2010)

13. 用三种颜色数字 $1, 2, \ldots, N$ 涂色, 使得每种颜色至多有 $\dfrac{N}{2}$ 个数字. 设集合 A 元素是四元数组 $(a, b, c, d) \in \{1, 2, \ldots, n\}^4$, 满足 $a + b + c + d = 0 \pmod{N}$ 且 a, b, c, d 有相同颜色. 设集合 B 元素是四元数组 $(a, b, c, d) \in \{1, 2, \ldots, n\}^4$, 满足 $a + b + c + d = 0 \pmod{N}$, a, b 和 c, d 有相同颜色, 但是这些颜色不同. 证明 $|A| \leq |B|$.

(Kömal)

14. (a) 设 n 为奇整数. 求序列 $(a_0, a_1, \ldots, a_n)$ 的个数, 满足对于所有 i, 有 $a_i \in \{1, 2, \ldots, n\}$, 对于所有 $i = 1, 2, \ldots, n$, $a_n = a_0$ 且 $a_i - a_{i-1} \not\equiv i \pmod{n}$.

(b) 设 n 是奇质数. 求序列 $(a_0, a_1, \ldots, a_n)$ 的个数, 满足对于所有 i 有 $a_i \in \{1, 2, \ldots, n\}$, 对于所有 $i = 1, 2, \ldots, n$ 有 $a_n = a_0$ 且 $a_i - a_{i-1} \not\equiv i, 2i \pmod{n}$.

(USA TST 2004)

15. 设 $p > 3$ 是一个质数, $f(X)$ 是序列 $(a_1, a_2, \ldots, a_{p-1})$ 的个数, 满足对于所有 j, $a_j \in X$ 且 p 整除 $\displaystyle\sum_{j=1}^{p-1} j a_j$. 这里 X 是 $\{0, 1, \ldots, p-1\}$ 的非空子集. 证明 $f(\{0, 1, 3\}) \geq f(\{0, 1, 2\})$, 等号成立当且仅当 $p = 5$.

(IMO 1999 Shortlist)

16. 是否存在一个正整数 k 使得 $p = 6k + 1$ 是质数且

$$\binom{3k}{k} \equiv 1 \pmod{p}?$$

(USA TST 2010)

17. 设 p 是一个奇质数，a, b, c, d 是不能被 p 整除的整数，且满足对于所有不能被 p 整除的 r,

$$\left\{\frac{ra}{p}\right\} + \left\{\frac{rb}{p}\right\} + \left\{\frac{rc}{p}\right\} + \left\{\frac{rd}{p}\right\} = 2$$

(这里 $\{\cdot\}$ 是分数). 证明 $a+b,\ a+c,\ a+d,\ b+c,\ b+d,\ c+d$ 之中至少有两个数被 p 整除.

(Kiran Kedlaya, USAMO 1999)

18. 设 p 是一个质数，$S \subset \{\mathbb{Z}/p\mathbb{Z}\}^d$ 是不包括仿射空间 $(\mathbb{Z}/p\mathbb{Z})^d$ 行的子集. 证明 S 至多有 $\dfrac{2 \cdot 3^d}{d}$ 个元素. 但是,证明我们可以找到一个至少含有 $3^{\frac{2d}{3}-1}$ 个元素的集合.

(Meshulam-Roth theorem)

第 8 章 重温形式级数

8.1 理论和实例

我们从一个谜语和一个挑战开始：以下问题之间的联系是什么？

1. 非负整数集被划分为 $n \geq 1$ 个公差为 $r_1, r_2, \ldots, r_n$ 的无限算术序列，且第一项分别是 $a_1, a_2, \ldots, a_n$. 那么

$$\frac{a_1}{r_1} + \frac{a_2}{r_2} + \ldots + \frac{a_n}{r_n} = \frac{n-1}{2}.$$

2. 正多边形的顶点被着色，使得具有相同颜色的每一组顶点都是正多边形的顶点集，证明其中存在两个全等多边形.

第一个问题是USA IMO 团队筹备过程中讨论过的一个经典问题. 至于第二个问题是N. Vasiliev在俄罗斯奥赛上提出的一个著名问题. 如果你没有线索，我们给你一个小提示: 解决这两个问题的方法是非常相似的，可以包括在一个更大的领域形式级数中. 给定一个交换A, 我们可以定义另一个环，叫作系数在A中的形式级数环，记作$A[[X]]$. $A[[X]]$ 中的元素形式为 $\sum_{n \geq 0} a_n X^n$, 其中$a_n \in A$, 它也被称为序列$(a_n)_{n \geq 0}$的生成函数. 加法和乘法是自然运算，定义为与多项式类似的运算

$$\left(\sum_{n \geq 0} a_n X^n \right) + \left(\sum_{n \geq 0} b_n X^n \right) = \sum_{n \geq 0} (a_n + b_n) X^n$$

和

$$\left(\sum_{n \geq 0} a_n X^n \right) \left(\sum_{n \geq 0} b_n X^n \right) c_n X^n,$$

其中$c_n = \sum_{p+q=n} a_p b_q.$ 然而，对于整个函数

$$g(z) = \sum_{n \geq 0} g_n z^n$$

和形式级数

$$f(X) = \sum_{n \geq 0} a_n X^n$$

我们可以定义形式级数

$$g(f(X)) = \sum_{n \geq 0} b_n X^n$$

从公式中获得

$$g(f(X)) = \sum_{n \geq 0} g_n f^n(X)$$

通过展开$f^n(X)$并根据X的连续的幂对项分组，你可以轻松证明该类型的所有公式

$$e^f \cdot e^g = e^{f+g}, \quad \sin(f+g) = \sin(f)\cos(g) + \sin(g)\cos(f)$$

等等，在形式级数的环中都是有效的.

此外，我们可以在这个环上定义一个导数，类似地定义为多项式的通常导数，即

$$f'(X) = \sum_{n \geq 1} n a_n X^{n-1}$$

并验证导数在多项式空间上的所有性质保持不变. 实际上，多项式上允许的所有运算都可以正式地转移到幂级数环上，并保持它们的性质，只要它们完全用系数表示(当然，这不包括讨论形式级数的零元). 正如我们将在下面看到的，形式级数在不同领域有一些非常好的应用：代数、组合数学和数论. 但是现在我们开始工作，假设熟悉一些基本的分析工具. 我们告知读者：我们会不时地强调一些收敛或连续性问题，但其他时候我们仅在形式级数环中讨论，因此，只采用了这个环的运算，不涉及收敛问题.

例8.1 设复数$a_1, \ldots, a_n$，对于所有$1 \leq k \leq n$有$a_1^k + \ldots + a_n^k = 0$. 那么所有数字等于0.

解答. 经验丰富的读者已经注意到这个问题是牛顿关系式的直接结果. 但如果我们不熟悉这些关系式，能做些什么呢？这里有一个很好的方法来解决这个问题（和一种证明牛顿关系式的方法）. 首先观察题设条件，对于所有正整数k有

$$a_1^k + a_2^k + \ldots + a_n^k = 0$$

实际上，设

$$f(X) = X^n + b_{n-1}X^{n-1} + \ldots + b_1 X + b_0 = \prod_{i=1}^{n}(X - a_i).$$

则

$$a_i^k + b_{n-1}a_i^{k-1} + \ldots + b_0 a_i^{k-n} = 0$$

$k \geq n+1$. 加上这些关系, 用强归纳法证明这种说法就足够了. 现在考虑函数

$$f(z) = \sum_{i=1}^n \frac{1}{1-za_i}.$$

应用

$$\frac{1}{1-x} = 1 + x + x^2 + \ldots + \quad (|x| < 1),$$

展开函数得到, 对于所有足够小的 z 有 $f(z) = n$ (指对于这些 z 满足 $|z| \max_{1 \leq i \leq n}\{|a_i|\} < 1$). 假设不是所有数字都为零, 取 $a_1, \ldots, a_s$ $(1 \leq s \leq n)$ 为这 n 个数字最大绝对值的集合, 且设 r 为最大绝对值. 取序列 $z_p \to \frac{1}{r}$ 使得 $|z_p \cdot r| < 1$, 得到与关系式

$$\sum_{i=1}^n \frac{1}{1-z_p a_i} = n$$

矛盾(事实上,只需观察左侧是无界的，而右边的是有界的). 于是所有数字都为0.

我们将讨论一个很好的数论问题, 它的解答实际上是基于相同的思想. 这个结果是证明任何有限子群 $GL_n(\mathbb{Z})$ 的阶整除 $(2n)!$ 的重要一步. 事实上, 不难证明如果 G 是 $GL_n(\mathbb{Z})$ 的一个有限子群, 则 $|G|$ 整除 $\sum_{g \in G} Tr(g)$ (需要注意 $\frac{1}{|G|}\sum_{g \in G} g$ 是等幂的, 即在有限群中平移实际上是排列的直接结果; 或者, 一个等幂矩阵的迹就是它的秩, 因此是一个整数). 使用张量乘积矩阵 $A \otimes A$, 其中 $A \in G$ 并重复上述讨论得到

$$|G| \mid \sum_{g \in G} (Tr(g))^k$$

$k \geq 0$. 现在，我们应用下面的结果得出结论

$$|G| \mid (n - Tr(g_1))(n - Tr(g_2)) \ldots (n - Tr(g_s)),$$

其中 $Tr(g_1), Tr(g_2), \ldots, Tr(g_s)$ 是列表 $(Tr(g))_{g \in G, g \neq I_n}$ 中出现的不同的迹. 因为 $n - Tr(g_i)$ 是介于 1 和 $2n$ 之间不同的整数, 则 $|G|$ 整除 $(2n)!$.

例8.2 设整数 $a_1, a_2, \ldots, a_q, x_1, x_2, \ldots, x_q$ 和 m 使得 $m \mid a_1 x_1^k + a_2 x_2^k + \ldots + a_q x_q^k$（$k \geq 0$）. 那么

$$m \mid a_1 \prod_{i=2}^{q} (x_1 - x_i).$$

解答. 考虑形式级数

$$f(z) = \sum_{i=1}^{q} \frac{a_i}{1 - z x_i}.$$

使用与第一个问题相同的公式, 我们得到

$$f(z) = \sum_{i=1}^{q} a_i + \left(\sum_{i=1}^{q} a_i x_i \right) z + \ldots,$$

它表明这个形式级数的所有系数都是被 m 整除的整数. 由此推出形式级数

$$\sum_{i=1}^{q} a_i \prod_{j \neq i} (1 - x_j z)$$

的所有系数都能被 m 整除.

现在考虑 $S_t^{(i)}$, x_j $(j \neq i)$ 中第 t 个基本对称和. 因为 $\sum_{i=1}^{q} a_i \prod_{j \neq i} (1 - x_j z)$ 的所有系数是 m 的倍数, 通过简单的计算表明有可除性关系

$$m \mid x_1^{q-1} \sum_{i=1}^{q} a_i - x_1^{q-2} \sum_{i=1}^{q} a_i S_1^{(i)} + \ldots + (-1)^{q-1} \sum_{i=1}^{q} a_i S_{q-1}^{(i)}.$$

也可以被重写为

$$m \mid \sum_{i=1}^{q} a_i (x_1^{q-1} - x_1^{q-2} S_1^{(i)} + \ldots + (-1)^{q-1} S_{q-1}^{(i)}).$$

平凡恒等式

$$(x_1 - x_1) \ldots (x_1 - x_{i-1})(x_1 - x_{i+1}) \ldots (x_1 - x_n) = 0$$

给出关系式

$$x_1^{q-1} - x_1^{q-2} S_1^{(i)} + \ldots + (-1)^{q-1} S_{q-1}^{(i)} = 0$$

$i \geq 2$. 因此

$$x_1^{q-1} - x_1^{q-2} S_1^{(1)} + \ldots + (-1)^{q-1} S_{q-1}^{(1)} = (x_1 - x_2) \ldots (x_1 - x_n)$$

为了解决开始时提出的问题, 我们需要一个引理, 它本身很有趣, 我们更愿意把它作为一个单独的问题来表示.

例8.3 假设一组非负整数集被分为有限个具有相同差分 $r_1, r_2, \ldots, r_n$ 的无限算术级数, 第一项分别是 $a_1, a_2, \ldots, a_n$. 那么

$$\frac{1}{r_1} + \frac{1}{r_2} + \ldots + \frac{1}{r_n} = 1.$$

解答. 我们观察到对任意 $|x| < 1$ 有恒等式

$$\sum_{k \geq 0} x^{a_1 + k r_1} + \sum_{k \geq 0} x^{a_2 + k r_2} + \ldots + \sum_{k \geq 0} x^{a_n + k r_n} = \sum_{k \geq 0} x^k.$$

事实上, 我们所做的就是写下这样一个事实: 每个非负整数恰好是算术序列中的一个. 上述关系式变为

$$\frac{x^{a_1}}{1 - x^{r_1}} + \frac{x^{a_2}}{1 - x^{r_2}} + \ldots + \frac{x^{a_n}}{1 - x^{r_n}} = \frac{1}{1 - x} \tag{8.1}$$

在式(8.1) 上乘以 $1 - x$ 并应用

$$\lim_{x \to 1} \frac{1 - x^a}{1 - x} = a.$$

我们得到期望的关系式

$$\frac{1}{r_1} + \frac{1}{r_2} + \ldots + \frac{1}{r_n} = 1.$$

现在是时候解决第一个问题了, 我们只需要一小步, 但不太明显, 我们就可以完成了. 基本关系式还是(8.1).

例8.4 非负整数集被划分为 $n \geq 1$ 个无穷算术级数, 公差分别为 $r_1, \ldots, r_n$, 首项为 $a_1, a_2, \ldots, a_n$. 那么

$$\frac{a_1}{r_1} + \frac{a_2}{r_2} + \ldots + \frac{a_n}{r_n} = \frac{n-1}{2}.$$

(MOSP)

解答. 首先把关系式(8.1) 写作更合适的形式

$$\frac{x^{a_1}}{1 + x + \ldots + x^{r_1 - 1}} + \ldots + \frac{x^{a_n}}{1 + x + \ldots + x^{r_n - 1}} = 1 \tag{8.2}$$

现在对式(8.2)求导数，然后在结果表达式中令 $x \to 1$. 计算很简单，留给读者，得到

$$\sum_{i=1}^{n} \frac{a_i r_i - \dfrac{r_i(r_i - 1)}{2}}{r_i^2} = 0.$$

现在应用例8.3证明的结果足以推导出

$$\frac{a_1}{r_1} + \frac{a_2}{r_2} + \ldots + \frac{a_n}{r_n} = \frac{n-1}{2}.$$

对这两种关系式做些必要的评论. 首先, 利用厄多斯的一个漂亮的但是困难的结果, 我们可以说关系式

$$\frac{1}{r_1} + \frac{1}{r_2} + \ldots + \frac{1}{r_n} = 1$$

意味着 $\max(r_1, r_2, \ldots, r_n) < 2^{2^{n-1}}$. 事实上, 厄多斯这个著名的理论断言若正整数 $x_1, x_2, \ldots, x_k$ 的倒数之和小于1, 则

$$\frac{1}{x_1} + \frac{1}{x_2} + \ldots + \frac{1}{x_k} \leq \frac{1}{u_1} + \frac{1}{u_2} + \ldots + \frac{1}{u_k},$$

其中 $u_1 = 2$, $u_{n+1} = u_n^2 - u_n + 1$. 但读者可以通过归纳立即验证

$$\frac{1}{u_1} + \frac{1}{u_2} + \ldots + \frac{1}{u_k} = 1 - \frac{1}{u_1 u_2 \ldots u_k}.$$

于是写作

$$1 - \frac{1}{r_n} \leq 1 - \frac{1}{u_1 u_2 \ldots u_{n-1}},$$

或, $r_n \leq u_1 u_2 \ldots u_{n-1} = u_n - 1$ (最后一个关系用一个简单的归纳法). 另一个归纳论点证明 $u_n \leq 2^{2^{n-1}}$. 因此 $\max(r_1, r_2, \ldots, r_n) < 2^{2^{n-1}}$. 应用例8.4中证明的结果, 我们也推断出

$$\max(a_1, a_2, \ldots, a_n) < (n-1) \cdot 2^{2^{n-1}} - 1.$$

这表明对于固定的 n, 不仅有有限种方法可以将正整数集划分为 n 个算术级数, 而且关于公差和首项我们也有一些明确的（即使是巨大的）界限.

现在是时候解决本章开头讨论的显著问题了. 我们将看到, 使用前面的结果证明, 解决方案变得自然, 然而, 这个问题仍然很难解决.

例8.5 给正多边形的顶点着色：每个具有相同颜色的顶点集都是正多边形的顶点集. 证明它们之中有两个全等多边形.

(N. Vasiliev, Russian Olympiad)

解答. 假设初始多边形(现在起我们称之为大的)有n条边, 它内接于单位圆上, 顶点坐标分别是数字$1, \varepsilon, \varepsilon^2, \ldots, \varepsilon^{n-1}$, 其中$\varepsilon = e^{\frac{2i\pi}{n}}$ (当然, 我们不会失去所有这些限制的普遍性). 设$n_1, n_2, \ldots, n_k$是单色多边形的边数, 且这些数字不同. 设$\varepsilon_j = e^{\frac{2i\pi}{n_j}}$ 观察每个单色多边形顶点的坐标为$z_j, z_j \varepsilon_j, \ldots, z_j \varepsilon_j^{n_j-1}$, 复数$z_j$是单位圆周上的点. 首先, 先看一个技术成果.

引理8.1 对于任意复数z 和$\zeta = e^{\frac{2i\pi}{p}}$ 有恒等式

$$\frac{1}{1-z} + \frac{1}{1-z\zeta} + \ldots + \frac{1}{1-z\zeta^{p-1}} = \frac{p}{1-z^p}.$$

证明. 定理证明非常简单. 事实上, 可以观察到$z, z\zeta, \ldots, z\zeta^{p-1}$是$P(X) = X^p - z^p$的零点. 或者, 观察到

$$\frac{P'(X)}{P(X)} = \frac{1}{X-z} + \ldots + \frac{1}{X-z\zeta^{p-1}},$$

于是取$X = 1$ 得到结果.

现在由问题的假设和引理可以写出

$$\frac{n_1}{1-(zz_1)^{n_1}} + \frac{n_2}{1-(zz_2)^{n_2}} + \ldots + \frac{n_k}{1-(zz_k)^{n_k}} = \frac{n}{1-z^n}.$$

再者, 简单地观察$n_1 + n_2 + \ldots + n_k = n$ 得出行的恒等式

$$\frac{n_1 z_1^{n_1}}{1-(zz_1)^{n_1}} z^{n_1} + \frac{n_2 z_2^{n_2}}{1-(zz_2)^{n_2}} z^{n_2} + \ldots + \frac{n_k z_k^{n_k}}{1-(zz_k)^{n_k}} z^{n_k} = \frac{n z^n}{1-z^n}. \quad (8.3)$$

现在假设$n_1 < \min(n_2, \ldots, n_k)$ 并用z^{n_1}去除式(8.3). 则对于任意非零z 有

$$\frac{n_1 z_1^{n_1}}{1-(zz_1)^{n_1}} + \frac{n_2 z_2^{n_2}}{1-(zz_2)^{n_2}} z^{n_2-n_1} + \ldots + \frac{n_k z_k^{n_k}}{1-(zz_k)^{n_k}} z^{n_k-n_1} = \frac{n z^{n-n_1}}{1-z^n}. \quad (8.4)$$

我们完成了: 若在式(8.4)中令$z \to 0$ (沿非零值), 得到$z_1^{n_1} = 0$, 这是非常重要的, 因为$|z_1| = 1$. 证明结束. $\qquad \square$

我们现在要讨论的问题已经以不同的形式出现在各种竞赛中. 这是一个非常好的恒等式, 可以用非常基本的方法证明. 项目是一个非常好的使用形式级数的例子.

例8.6 对于任意复数 $a_1, a_2, \ldots, a_n$ 有下列恒等式

$$\left(\sum_{i=1}^{n} a_i\right)^n - \sum_{i=1}^{n}\left(\sum_{j\neq i} a_j\right)^n + \sum_{1\leq i<j\leq n}\left(\sum_{k\neq i,j} a_k\right)^n$$

$$- \ldots + (-1)^{n-1}\sum_{i=1}^{n} a_i^n = n!\prod_{i=1}^{n} a_i.$$

解答. 考虑形式级数

$$f(z) = \prod_{i=1}^{n}(e^{za_i} - 1).$$

我们将用两种不同的方法计算它. 首先, 显然

$$f(z) = \prod_{i=1}^{n}\left(za_i + \frac{z^2 a_i^2}{2!} + \ldots\right),$$

因此 z^n 的系数是 $\displaystyle\prod_{i=1}^{n} a_i$. 另一方面, 有

$$f(z) = e^{z\sum_{i=1}^{n} a_i} - \sum_{i=1}^{n} e^{z\sum_{j\neq i} a_j} + \ldots + (-1)^{n-1}\sum_{i=1}^{n} e^{za_i} + (-1)^n.$$

　　事实上, 你是对的: 一切都清楚了, 因为在 e^{kz} 中 z^n 的系数是 $\dfrac{k^n}{n!}$. 结论如下.

　　这个公式有两个应用. 一个是最近的普特南 (Putnam) 问题 (2004), 要求竞争对手证明对于任意 n , 存在 N 和一些有理数 $c_1, c_2, \ldots, c_N$ 使得

$$x_1 x_2 \ldots x_n = \sum_{i=1}^{N} c_i(a_{i1}x_1 + a_{i2}x_2 + \ldots + a_{in}x_n)^n$$

在复杂变量 $x_1, x_2, \ldots, x_n$ 中保持恒等且 a_{ij} 等于 $-1, 0$ 或 1. 显然上面的恒等式给出了一个答案 $N = 2^n$, 我们有更多的答案, $a_{ij} \in \{0, 1\}$. 大概普特南竞赛20年前, 圣彼得堡奥运会上提出了以下问题: 计算器可以执行以下操作: 加上或减去两个数字, 将任何数字除以任何非零整数, 并将任何数字提高到10次方. 证明用这个计算器可以计算任意十个数的乘积. 如您所见, 解决方案应用上述恒等式, 不使用它, 很难解决这个问题. 不仅可以用形式级数优

雅地解决代数问题，而且还可以解决一些漂亮的数论和组合数学问题. 我们将把重点放在续篇中的每一类问题上.

例8.7 设非负整数序列$0 = a_0 < a_1 < a_2 < \ldots$，对于所有$n$，方程$a_i + 2a_j + 4a_k = n$有唯一解$(i, j, k)$. 找到$a_{1998}$.

(IMO 1998 Shortlist)

解答. 这有一个非常漂亮的结果: 9817030729. 设$A = \{a_0, a_1, \ldots\}$，若$n \in A$，$b_n = 1$，否则为0. 接下来，考虑形式级数

$$f(x) = \sum_{n \geq 0} b_n x^n,$$

集合A的生成函数(我们可以用更直观的方式来写作$f(x) = \sum_{n \geq 0} x^{a_n}$). 加在$A$上的假设转化为

$$f(x)f(x^2)f(x^4) = \frac{1}{1-x}.$$

用x^{2^k}替换x. 我们得到递推关系

$$f\left(x^{2^k}\right) f\left(x^{2^{k+1}}\right) f\left(x^{2^{k+2}}\right) = \frac{1}{1-x^{2^k}}.$$

现在观察到

$$\prod_{k \geq 0} f\left(x^{2^k}\right) = \prod_{k \geq 0} \left(f\left(x^{2^{3k}}\right) f\left(x^{2^{3k+1}}\right) f\left(x^{2^{3k+2}}\right) \right) = \prod_{k \geq 0} \frac{1}{1 - x^{2^{3k}}}$$

和

$$\prod_{k \geq 0} f(x^{2^k}) = \prod_{k \geq 0} \left(f\left(x^{2^{3k+1}}\right) f\left(x^{2^{3k+2}}\right) f\left(x^{2^{3k+3}}\right) \right) = \prod_{k \geq 0} \frac{1}{1 - x^{2^{3k+1}}}.$$

因此(观察到建立这些关系式时严格不是重点)，

$$f(x) = \prod_{k \geq 0} \frac{1 - x^{2^{3k+1}}}{1 - x^{2^{3k}}} = \prod_{k \geq 0} (1 + x^{8^k}).$$

这表明集合A正是这样的非负整数集合，以8为基数写入时仅使用数字0和1. 基于这一观察结果的快速计算表明，问题所要求的神奇结果是9817030729.

下面的问题绝对是经典的. 它以不同的形式出现在世界各地的奥林匹克竞赛上. 我们展示一个最新的问题，出现在2003 Putnam 竞赛中.

例8.8 设非负整数集合，且具有性质：对于所有非负整数n，方程$x + y = n$（$x < y$）解$(x, y) \in A \times A$的个数和$B \times B$中相同．求这个集合中所有具有两个类A, B的分区．

解答. 设f和g分别是A和B的生成函数，则

$$f(x) = \sum_{n \geq 0} a_n x^n, \quad g(x) = \sum_{n \geq 0} b_n x^n$$

其中，和上一个问题一样，若$n \in A$，a_n等于1，否则等于0. 事实上A和B是非负整数集的一个分割，也可以被写作

$$f(x) + g(x) = \sum_{n \geq 0} x^n = \frac{1}{1 - x}.$$

此外，关于方程$x + y = n$解的个数的假设推出

$$f^2(x) - f(x^2) = g^2(x) - g(x^2).$$

因此

$$f(x^2) - g(x^2) = \frac{f(x) - g(x)}{1 - x},$$

或写作

$$\frac{f(x) - g(x)}{f(x^2) - g(x^2)} = 1 - x.$$

现在，想法和上一个问题相同：用x^{2^k}替换x并迭代. 乘法后，推出

$$f(x) - g(x) = \prod_{k \geq 0}(1 - x^{2^k}) \lim_{n \to \infty}(f(x^{2^n}) - g(x^{2^n})).$$

让我们不失一般性地假设$0 \in A$，观察

$$1 \leq f(x) \leq 1 + \frac{x}{1 - x} , \quad 0 \leq g(x) \leq \frac{x}{1 - x}(0 < x < 1)$$

可以很容易验证

$$\lim_{n \to \infty} f(x^{2^n}) = 1 , \quad \lim_{n \to \infty} g(x^{2^n}) = 0.$$

这表明

$$f(x) - g(x) = \prod_{k \geq 0}(1 - x^{2^k}) = \sum_{k \geq 0}(-1)^{s_2(k)} x^k,$$

其中$s_2(x)$是二进制表示x的数字之和. 考虑到关系式

$$f(x) + g(x) = \frac{1}{1-x},$$

我们最后推出A和B分别是以2为基数写入时具有偶数（分别为奇数）和的非负整数集.

我们将讨论一个很好的问题，其中形式级数和复数以非常壮观的方式出现.

例8.9 设正整数n和k使得$n \geq 2^{k-1}$，$S = \{1, 2, \ldots, n\}$. 证明对于

$$\sum_{x \in A} x \equiv m \quad (\bmod\ 2^k)$$

S的子集A的个数不依赖于$m \in \{0, 1, \ldots, 2^k - 1\}$.

解答. 考虑函数(如果你愿意可以称之为形式级数):

$$f(x) = \prod_{i=1}^{n}(1 + x^i).$$

若我们证明$1 + x + \ldots + x^{2^k - 1}$整除$f(x)$,那我们当然完成了这项工作. 为了证明这一点, 只要证明除1外任意单位2^k次方根是f的根. 但这足以证明对任意$l \in \{1, 2, \ldots, 2^{k-1} - 1\}$我们有

$$\left(\cos\frac{2l\pi}{2^k} + i\sin\frac{2l\pi}{2^k}\right)^{2^{k-1-v_2(l)}} = -1$$

所以

$$f\left(\cos\frac{2l\pi}{2^k} + i\sin\frac{2l\pi}{2^k}\right) = 0,$$

问题得以解决.

最后，是时候解决一个棘手的问题了,它由Constantin Tănăasescu解决.

例8.10 设S是使用$m \geq 1$个指定字母组成的所有单词的集合. 对于任意$w \in S$, 令$l(w)$是其长度. 且设$W \subseteq S$也是单词的集合. 我们知道S中任何单词都可以由W中单词经过至多一种方法连接而成. 证明

$$\sum_{w \in W} \frac{1}{m^{l(w)}} \leq 1.$$

(Adrian Zahariuc)

解答. 设 A 是可以由 W 中单词连接而成的词语的集合.

$$f(x) = \sum_{w \in W} x^{l(w)}, \quad g(x) = \sum_{w \in A} x^{l(w)}.$$

由 A 的定义,

$$g(x) = 1 + f(x) + f^2(x) + \ldots = \frac{1}{1 - f(x)}.$$

因此

$$f(x)g(x) = g(x) - 1. \tag{8.5}$$

现在, A （和 W）至多有 m^k 个长度为 k 的元素, 于是对于 $x < \frac{1}{m}$ 有 $g(x) < \infty$, $f(x) < \infty$. 于是对于所有 $x \in \left(0, \frac{1}{m}\right)$, 式(8.5)中的表达式小于 $g(x)$, 则对于所有 $x \in \left(0, \frac{1}{m}\right)$, $f(x) < 1$. 现在需要令 x 趋于 $\frac{1}{m}$, 则得到 $f\left(\frac{1}{m}\right) \leq 1$, 这正是我们期望的不等式. 事实上, 观察到对于一些非负实数 a_n, f 可以被写作 $f(x) = \sum_{n \geq 0} a_n x^n$. 固定一个正整数 N. 因为对于所有 $0 < x < \frac{1}{m}$,

$$\sum_{k=0}^{N} a_k x^k \leq f(x) \leq 1,$$

通过多项式的连续性, 可以得出: $\sum_{k=0}^{N} \frac{a_k}{m^k} \leq 1$, 又因为 N 是任意的, 有 $\sum_{k \geq 0} \frac{a_k}{m^k} \leq 1$, 即 $f\left(\frac{1}{m}\right) \leq 1$.

下面的结果利用群论有一个很简短的解答, 但不是自然的方法. 下面的解决方案似乎非常复杂和具有技术性, 但它的编写是为了让读者相信, 我们有时需要处理形式级数的组合, 而不仅仅是它们的和与积.

例8.11 设 $c(\sigma)$ 为 σ 分解为不相交循环（包括长度为1）的循环数. 证明

$$\frac{1}{m!} \cdot \sum_{\sigma \in S_m} n^{c(\sigma)} = \binom{m+n-1}{m},$$

其中S_m 是$\{1, 2, \ldots, m\}$的排列集.

(Marvin Marcus, AMM 5751)

解答. 我们先证明一个引理.

引理8.2 给定非负整数$k_1, k_2, \ldots, k_n$ 使得

$$k_1 + 2k_2 + \ldots + nk_n = n,$$

则$\{1, 2, \ldots, n\}$的对于所有i, 有k_i 个长度为i的循环的排列集的个数是

$$\frac{n!}{k_1! k_2! \ldots k_n! 1^{k_1} 2^{k_2} \ldots n^{k_n}}.$$

证明. 事实上, 存在$n!$ 种方法填充循环元素, 但观察到每个长度为j 的循环都有j 个方式旋转, 且相同的循环也有$k_j!$ 种方式排列长度为j 的循环以致得到相同的排列. 所有的操作都是独立的, 引理的叙述如下. □

因此我们需要计算的和是

$$\sum_{k_1 + 2k_2 + \ldots + mk_m = m} \frac{m!}{1^{k_1} 2^{k_2} \ldots m^{k_m} k_1! k_2! \ldots k_m!} n^{k_1 + k_2 + \ldots + k_m}.$$

你可能会说这比最初的问题要困难得多,那你就错了, 因为后者的和可以写作

$$m! \sum_p \frac{1}{p!} \cdot \sum_{\substack{k_1 + 2k_2 + \ldots + mk_m = m \\ k_1 + k_2 + \ldots + k_m = p}} \frac{p!}{k_1! k_2! \ldots k_m!} \cdot \left(\frac{n}{1}\right)^{k_1} \cdot \left(\frac{n}{2}\right)^{k_2} \cdots \left(\frac{n}{m}\right)^{k_m}.$$

现在观察多项式公式发现

$$\sum_{\substack{k_1 + 2k_2 + \ldots + mk_m = m \\ k_1 + k_2 + \ldots + k_m = p}} \frac{p!}{k_1! k_2! \ldots k_m!} \cdot \left(\frac{n}{1}\right)^{k_1} \cdot \left(\frac{n}{2}\right)^{k_2} \cdots \left(\frac{n}{m}\right)^{k_m}$$

恰是形式级数

$$\left(\frac{nX}{1} + \frac{nX^2}{2} + \ldots + \frac{nX^m}{m} + \ldots\right)^p$$

中X^m 的系数. 所以要计算的和是形式级数

$$m! \cdot \sum_p \frac{1}{p!} \left(\frac{nX}{1} + \frac{nX^2}{2} + \ldots + \frac{nX^m}{m} + \ldots\right)^p = m! \cdot e^{\frac{nX}{1} + \frac{nX^2}{2} + \ldots + \frac{nX^m}{m} + \ldots}$$

中 X^m 的系数.

最后，观察到

$$\frac{nX}{1} + \frac{nX^2}{2} + \ldots + \frac{nX^m}{m} + \ldots = -n\ln(1-X),$$

所以

$$e^{\frac{nX}{1} + \frac{nX^2}{2} + \ldots + \frac{nX^m}{m} + \cdots} = \frac{1}{(1-X)^n}.$$

但是使用 $(1-x)^{-n}$ 的二项式公式容易发现 $\dfrac{1}{(1-x)^n}$ 中 X^m 的系数为 $\dbinom{n+m-1}{m}$. 解答完毕.

我们还应该提到使用群论的漂亮解答. 记住当群 G 作用在集合 Y 上(即, 我们可以定义 $g \in G$, $x \in Y$. 元素 $g \cdot x \in Y$ 使得对于所有 g, h, x 有 $g \cdot (h \cdot x) = (g \cdot h) \cdot x$ 和 $1 \cdot x = x$). G 作用于 Y 的轨道数,即具有 $\{g \cdot x \mid g \in G\}$ 形式的不同集合数, 等于

$$\frac{1}{|G|} \cdot \sum_{g \in G} |\text{Fix}(g)|,$$

其中 $\text{Fix}(g)$ 为使得 $g \cdot x = x$ 成立的 $x \in Y$ 的集合. 它被称作 Burnside 引理，而且非常有用, 尽管证明非常简单: 只需用两种方法计算数对 (g, x) 使得 $g \cdot x = x$. 现在, 考虑前 m 个正整数的集合 Y , 和它的元素排列的集合 G. G 明显作用于有 n 个颜色 $C_1, C_2, \ldots, C_n$ 的 Y 的着色集(即, 作用在 Y 到 $\{1, 2, \ldots, n\}$ 的函数集合 Y). 轨道的数目就是成对的不对称的颜色类别的数目, 如果两种颜色可以通过 G 的排列得到, 则它们是等价的. 显然有 $\dbinom{n+m-1}{m}$ 个这样的等价类(因为它们由和为 m 的非负整数 $(k_1, k_2, \ldots, k_n)$ 决定, 其中 k_i 是用 C_i 着色的对象数量;方程 $k_1 + k_2 + \ldots + k_n = m$ 存在 $\dbinom{n+m-1}{m}$ 个非负整数解). 另一方面，我们可以用 Burnside 引理来计算这些成对的不对称色. 观察到排列 g 固定了一个颜色当且仅当循环 g 有相同个数的颜色. 因此, $\text{Fix}(g)$ 是一组在 g 的每个循环中保持不变的颜色. 存在 $n^{c(g)}$ 种这样的着色. 于是,存在

$$\frac{1}{m!} \sum_{g \in G} n^{c(g)}$$

个着色类.证明完成.

为了看你是否理解这种类型的论证, (用这个技巧) 尝试说明对于所有整数 N , n 整除 $\displaystyle\sum_{k=1}^{n} N^{\gcd(k,n)}$.

(提示: 计算一个规则n-多边形顶点的着色类数量, 如果两种颜色是通过保持多边形不变的旋转获得的, 则它们是等价的.)

8.2 习题

1. 设$a_1, a_2, \ldots, a_n$ 是相对质数正整数. 求出当$k \to \infty$时方程$a_1x_1 + a_2x_2 + \ldots + a_nx_n = k$正整数解的个数.

2. 证明如果我们把非负整数集分解成有限个无限算数序列, 那么其中会有两个有相同的公差.

3. 对于$n \geq 3$ 和$A \subset \{1, 2, \ldots, n\}$, 若$A$ 的元素之和为偶数, 则称A 是偶的. 否则, 称A 是奇的. 按照惯例, 空集是偶的.

   (a) 分别求出$\{1, 2, \ldots, n\}$的偶子集和奇子集的个数.

   (b) 分别求出$\{1, 2, \ldots, n\}$的偶子集和奇子集元素之和.

   (Romanian TST 1994)

4. 证明对于每个正整数n有

$$\sum_{k=1}^{n} \binom{n+k-1}{2k-1} = F_{2n},$$

   其中F_n 是斐波那契数列(并且$F_1 = F_2 = 1$).

   (Iran 2008)

5. 对于正整数m 和n, 设$f(m, n)$表示使得$|x_1| + |x_2| + \ldots + |x_n| \leq m$成立的$n$ 元整数组$(x_1, x_2, \ldots, x_n)$ 的个数. 证明$f(m, n) = f(n, m)$.

   (Putnam 2005)

6. 设A 为一个有限的非负整数集. 定义一个集合序列, 令$A_0 = A$ 且对于$n \geq 0$, 整数a属于A_{n+1} 当且仅当$a-1$和a 之中有一个属于A_n. 证明对于无数多个正整数k, A_k 是具有形式$k + a$ 且$a \in A$的数字组成的集合A 的并集.

   (Putnam 2000)

7. 有多少个系数为0, 1, 2, 或3的多项式P 且满足$P(2) = n$, 其中n 是一个指定正整数?

   (Romanian TST 1994)

8. 设 n 和 k 是正整数. 对任意其和为 n 的非负整数序列 $(a_1, a_2, \ldots, a_k)$, 计算乘积 $a_1 a_2 \ldots a_k$. 证明这些乘积之和为

$$\frac{n(n^2 - 1^2)(n^2 - 2^2) \ldots (n^2 - (k-1)^2)}{(2k-1)!}.$$

9. 有多少种方法用括号括起一个非关联乘积 $a_1 a_2 \ldots a_n$?

(Catalan)

10. 设 $F(n)$ 是函数 $f : \{1, 2, \ldots, n\} \to \{1, 2, \ldots, n\}$ 的个数, 且具有性质: 若 i 在 f 的范围内, 则对于所有 $j \le i$ 是 j. 证明

$$F(n) = \sum_{k \ge 0} \frac{k^n}{2^{k+1}}.$$

(L. Lovasz, Miklos Schweitzer Competition)

11. 设 p 是一个质数, $d \in \{0, 1, \ldots, p\}$. 证明

$$\sum_{k=0}^{p-1} \binom{2k}{k+d} \equiv r \pmod{p},$$

其中 $r \equiv p - d \pmod 3$, $r \in \{-1, 0, 1\}$.

(Mathlinks Contest)

12. 对于哪个正整数 n 能令我们找到实数 $a_1, a_2, \ldots, a_n$ 使得

$$\{|a_i - a_j| \mid 1 \le i < j \le n\} = \left\{1, 2, \ldots, \binom{n}{2}\right\}?$$

(Chinese TST 2002)

13. 找到所有具有如下性质的正整数 n: 对于任意实数 $a_1, a_2, \ldots, a_n$, 已知 $a_i + a_j$, $i < j$, 确定 $a_1, a_2, \ldots, a_n$ 的唯一值.

(Erdös and Selfridge)

14. 设 $A_1 = \emptyset$, $B_1 = \{0\}$ 且

$$A_{n+1} = \{1 + x \mid x \in B_n\}, \quad B_{n+1} = (A_n \setminus B_n) \cup (B_n \setminus A_n).$$

求出所有正整数 n 使得 $B_n = \{0\}$.

(Chinese Olympiad)

15. 假设 $a_0 = a_1 = 1$ 且对于 $n \geq 1$ 有 $(n+3)a_{n+1} = (2n+3)a_n + 3na_{n-1}$. 证明这个序列的所有项都是整数.

(Kömal)

16. 设 m, n 是正整数且 $m \geq n$, S 是所有 n 项正整数序列 $(a_1, a_2, \ldots, a_n)$ 的集合，且满足 $a_1 + a_2 + \ldots + a_n = m$. 证明

$$\sum_{(a_1, \ldots, a_n) \in S} 1^{a_1} 2^{a_2} \ldots n^{a_n} = \sum_{i=1}^{n} (-1)^{n-i} \binom{n}{i} i^m.$$

(Palmer Mebane, USA TST 2010)

17. 是否有可能把所有12位数字分成4个数字一组，使得每组数字的在11个位置上有相同的数字，其余位置上有4位连续数字?

(St. Petersburg Olympiad)

18. 考虑整数序列 $(b_n)_{n \geq 1}$ 使得 $b_1 = 0$ ，定义 $a_1 = 0$ 且对于 $n \geq 2$, $a_n = nb_n + a_1 b_{n-1} + \ldots + a_{n-1} b_1$. 证明对于任意质数 p 有 $p \mid a_p$.

(Komal)

19. 设 p 是一个质数且 $n \geq p$ ，$a_1, a_2, \ldots, a_n$ 是整数. 定义 $f_0 = 1$ 和 f_k 为有 k 个元素的子集 $B \subset \{1, 2, \ldots, n\}$ 的个数，使得 p 整除 $\sum_{i \in B} a_i$. 证明 $f_0 - f_1 + f_2 - \ldots + (-1)^n f_n$ 是 p 的倍数.

(Saint Petersburg 2003)

20. 设 A 是一个无穷正整数集合. 令 $f(n)$ 是满足 $a < b$ 和 $a + b = n$ 的数对 $(a, b) \in A \times A$ 的个数. 证明序列 $(f(n))_n$ 最终不是常数.

(Donald J. Newman)

21. 设 n 是一个正整数. 证明下列叙述的等价性:

(a) 存在 $S \subset \{1, 2, \ldots, n\}$ 使得 $0, 1, 2, \ldots, n-1$ 的每个元素都有奇数个表现形式 $x - y$，其中 $x, y \in S$;

(b) $2n - 1$ 是 $2^{2k+1} - 1$ 的倍数.

(Miklos Schweitzer Competition)

22. 设 $p > 3$ 是一个质数. 证明

$$\sum_{k=1}^{p^2-1} \binom{2k}{k} \equiv 0 \pmod{p^2}.$$

(David Callan, AMM 11292)

23. 设 x 和 y 是非交换变量. 用 n 表示 $(x + y + x^{-1} + y^{-1})^n$ 的常数项.

(M. Haiman, D. Richman, AMM 6458)

第 9 章 代数数论简介

9.1 理论和实例

我们已经看到一些主题，其中代数、数论和组合数学混合，以获得一些漂亮的结果. 我们知道，这些主题不容易被没有经验的读者消化，但是我们也认为对初等数学有一个统一的看法是基本的，这就是为什么我们决定在这一章中把代数和数论结合起来的原因. 你的努力和耐心将再次受到考验. 本章的目的是考察代数数及其应用的一些经典结果，以及数论与线性代数之间的一些联系.

首先，我们回顾一些关于矩阵、行列式和线性方程组的基本事实. 例如，任何齐次线性方程组

$$\begin{cases} a_{11}x_1 + a_{12}x_2 + \ldots + a_{1n}x_n = 0 \\ a_{21}x_1 + a_{22}x_2 + \ldots + a_{2n}x_n = 0 \\ \ldots \\ a_{n1}x_1 + a_{n2}x_2 + \ldots + a_{nn}x_n = 0 \end{cases}$$

其中

$$\begin{vmatrix} a_{11} & a_{12} & \ldots & a_{1n} \\ a_{21} & a_{22} & \ldots & a_{2n} \\ \vdots & \vdots & & \vdots \\ a_{n1} & a_{n2} & \ldots & a_{nn} \end{vmatrix} \neq 0$$

它仅有唯一解. 其次, 我们需要范德蒙行列式

$$\begin{vmatrix} 1 & x_1 & x_1^2 & \ldots & x_1^{n-1} \\ 1 & x_2 & x_2^2 & \ldots & x_2^{n-1} \\ \vdots & \vdots & \vdots & & \vdots \\ 1 & x_n & x_n^2 & \ldots & x_n^{n-1} \end{vmatrix} = \prod_{1 \leq i < j \leq n} (x_j - x_i). \tag{9.1}$$

最后,在研究代数数时，我们需要两个更具体的结果. 第一个是哈密尔顿和凯莱, 第二个是对称多项式的基本定理.

定理9.1 对于任意域 F 和任意矩阵 $\boldsymbol{A} \in M_n(F)$，若 p_A 是 $\boldsymbol{A}$ 的特征多项式：$p_A(\boldsymbol{X}) = \det(\boldsymbol{X}\boldsymbol{I}_n - \boldsymbol{A})$，那么 $p_A(\boldsymbol{A}) = O_n$.

定理9.2 设 A 是一个环，且 $f \in A[X_1, X_2, \ldots, X_n]$ 是系数属于 A 的对称多项式，即对于任何排列 $\sigma \in S_n$ 有

$$f(X_1, X_2, \ldots, X_n) = f(X_{\sigma(1)}, X_{\sigma(2)}, \ldots, X_{\sigma(n)}).$$

则可以找到一个多项式 $g \in A[X_1, X_2, \ldots, X_n]$ 使得

$$f(X_1, X_1, \ldots, X_n) = g(X_1 + X_2 + \ldots + X_n, X_1 X_2 + X_1 X_3 + \ldots + X_{n-1}X_n, \ldots, X_1 X_2, \ldots X_n).$$

这意味着在环中具有系数的任何对称多项式都是对称基本和的一个多项式（系数在同一个环中）：

$$S_k(X_1, \ldots, X_n) = \sum_{1 \le i_1 < i_2 < \ldots < i_k \le n} X_{i_1} \ldots X_{i_k}.$$

像往常一样，我们从一些简单的例子开始，这是定理9.2的一个很好的（直接的）应用.

例9.1 给定一个具有复系数的多项式，只对系数进行加、乘和除，才能决定它是否有一个二重零点吗？

解答. 是的，可以，尽管乍一看这似乎并不自然. 设

$$f(x) = a_0 + a_1 x + \ldots + a_n x^n.$$

那么这个多项式有一个二重零点当且仅当

$$F(x_1, x_2, \ldots, x_n) = 0,$$

其中

$$F(x_1, x_2, \ldots, x_n) = \prod_{1 \le i < j \le n} (x_i - x_j)^2$$

且 $x_1, x_2, \ldots, x_n$ 是多项式的零点.

同时 $F(x_1, x_2, \ldots, x_n)$ 对称于 $x_1, x_2, \ldots, x_n$，于是根据定理9.2它是基本对称和 $x_1, x_2, \ldots, x_n$ 中的多项式. 根据Vieta公式，这些基本和仅是 f (仅是一个

符号)的系数, 于是$F(x_1, x_2, \ldots, x_n)$ 是一个f的系数的多项式. 因此我们可以决定是否

$$F(x_1, x_2, \ldots, x_n) = 0$$

仅通过对假设所述多项式系数的运算. 这表明问题的答案是肯定的.

你可能知道下面的经典问题:若$a, b, c \in \mathbb{Q}$ 满足

$$a + b\sqrt[3]{2} + c\sqrt[3]{4} = 0,$$

则$a = b = c = 0$. 你有没有想过一般情况? 这不可能只用简单的技巧就能做到, 我们需要更多. 当然,对多项式$f(X) = X^n - 2$应用爱森斯坦(Eisenstein)判别法可以得出一个直接解答, 但是这里有一个使用线性代数的很好的证明. 这一次我们需要谨慎从事, 在最合适的领域工作.

例9.2 证明若$a_0, a_1, \ldots, a_{n-1} \in \mathbb{Q}$ 满足

$$a_0 + a_1 \sqrt[n]{2} + \ldots + a_{n-1} \sqrt[n]{2^{n-1}} = 0,$$

则$a_0 = a_1 = \ldots = a_{n-1} = 0$.

解答. 若$a_0 + a_1 \sqrt[n]{2} + \ldots + a_{n-1} \sqrt[n]{2^{n-1}} = 0$, 则对于任意实数$k$有

$$ka_0 + ka_1 \sqrt[n]{2} + \ldots + ka_{n-1} \sqrt[n]{2^{n-1}} = 0$$

因此可以假设$a_0, a_1, \ldots, a_{n-1} \in \mathbb{Z}$. 想法是选取$k$ 的n个值以获得一个具有非平凡解的线性方程组. 那么系数行列式必为零, 就可以推出$a_0 = a_1 = \ldots = a_{n-1} = 0$. 现在填补空缺. 如何恰当选取$k$的值? 注意到$\sqrt[n]{2^{n-1}} \cdot \sqrt[n]{2} = 2 \in \mathbb{Z}$. 所以取值$(k_1, k_2, \ldots, k_n) = \left(1, \sqrt[n]{2}, \ldots, \sqrt[n]{2^{n-1}}\right)$ 很合适, 并且方程组变为

$$\begin{cases} a_0 + a_1 \cdot \sqrt[n]{2} + \ldots + a_{n-1} \cdot \sqrt[n]{2^{n-1}} = 0 \\ a_0 \cdot \sqrt[n]{2} + a_1 \cdot \sqrt[n]{2^2} + \ldots + 2a_{n-1} = 0 \\ \ldots \\ a_0 \cdot \sqrt[n]{2^{n-1}} + 2a_1 + \ldots + 2a_{n-1} \cdot \sqrt[n]{2^{n-2}} = 0. \end{cases}$$

浏览$\left(1, \sqrt[n]{2}, \ldots, \sqrt[n]{2^{n-1}}\right)$ 作为方程组的一个非平凡解, 可以得出

$$\begin{vmatrix} a_0 & a_1 & \ldots & a_{n-1} \\ 2a_{n-1} & a_0 & \ldots & a_{n-2} \\ \vdots & \vdots & & \vdots \\ 2a_1 & 2a_2 & \ldots & a_0 \end{vmatrix} = 0.$$

但是我们现在能做什么呢? 展开行列式没有任何意义. 正如我们在讨论解决方案之前所说的, 我们应该始终在最合适的领域工作. 这次的域是 $\mathbb{Z}/2\mathbb{Z}$, 因为在这种情况下, 行列式很容易计算出来;它等于 $\overline{a}_0^n = \overline{0}$, 其中 $\overline{x}$ 表示整数 x 模2的余数类. 因此 a_0 必须是偶数, 即 $a_0 = 2b_0$, 我们有

$$\begin{vmatrix} b_0 & a_1 & \ldots & a_{n-1} \\ a_{n-1} & a_0 & \ldots & a_{n-2} \\ \vdots & \vdots & & \vdots \\ a_1 & 2a_2 & \ldots & a_0 \end{vmatrix} = 0.$$

现在, 我们交换行列式的前两行. 它的值仍然是0, 但是当我们在 $\mathbb{Z}_2$ 中展开它时, 得到 $\overline{a}_1^n = \overline{0}$. 同样我们发现所有的 a_i 是偶数, 写作 $a_i = 2b_i$, 则得到

$$b_0 + b_1 \cdot \sqrt[n]{2} + \ldots + b_{n-1} \cdot \sqrt[n-1]{2^{n-1}} = 0$$

并且根据同样的原因推出 b_i 是偶数. 当然, 只要我们愿意可以重复下去. 使用无线降阶法, 我们发现 $a_0 = a_1 = \ldots = a_{n-1} = 0$.

与使用爱森斯坦准则的解决方案相比, 上述解决方案可能显得过于困难, 但这个想法太好了, 无法在这里介绍. 下面的问题尽管它很简单, 但是可能会成为一场噩梦.

例9.3 设 $A = \{a^3 + b^3 + c^3 - 3abc \mid a, b, c \in \mathbb{Z}\}$. 证明若 $x, y \in A$, 则 $xy \in A$.

解答. 观察到

$$a^3 + b^3 + c^3 - 3abc = \begin{vmatrix} a & c & b \\ b & a & c \\ c & b & a \end{vmatrix}$$

导出一个快速解决方案. 实际上, 只要注意到

$$\begin{pmatrix} a & c & b \\ b & a & c \\ c & b & a \end{pmatrix} \begin{pmatrix} x & z & y \\ y & x & z \\ z & y & x \end{pmatrix} = \begin{pmatrix} ax+cy+bz & az+by+cx & ay+bx+cz \\ ay+bx+cz & ax+cy+bz & az+by+cx \\ az+by+cx & ay+bx+cz & ax+cy+bz \end{pmatrix}$$

于是

$$(a^3 + b^3 + c^3 - 3abc)(x^2 + y^3 + z^3 - 3xyz) = A^3 + B^3 + C^3 - 3ABC,$$

其中

$$A = ax + bz + cy, \quad B = ay + bx + cz, \quad C = az + by + cx.$$

我们知道著名的贝祖(Bezout)定理,它说若$a_1, a_2, \ldots, a_n$ 是互质的, 则可以找到整数$k_1, k_2, \ldots, k_n$ 使得

$$k_1 a_1 + k_2 a_2 + \ldots + k_n a_n = 1.$$

接下来的问题要求更多, 至少$n = 3$.

例9.4 证明若a, b, c 为互质的整数, 则存在整数x, y, z, u, v, w 使得

$$a(yw - zv) + b(zu - xw) + c(xv - yu) = 1.$$

解答. 给定的条件可以写作det $\boldsymbol{A} = 1$, 其中

$$\boldsymbol{A} = \begin{pmatrix} a & x & u \\ b & y & v \\ c & z & w \end{pmatrix}.$$

所以我们来证明一个更一般的结果.

定理9.3 整数分量互质的向量$\boldsymbol{v}$是行列式等于1的整数矩阵的第一列.

证明. 我们对向量$\boldsymbol{v}$ 的维数n 进行归纳. 实际上, 当$n = 2$ 时就是贝佐特定理. 写作假设对于$\mathbb{Z}^{n-1}$中的向量成立并取$\boldsymbol{v} = (v_1, v_2, \ldots, v_n)$ 使得v_i 是互质的. 考虑数字$\dfrac{v_1}{g}, \dfrac{v_2}{g}, \ldots, \dfrac{v_{n-1}}{g}$, 其中$g$ 是$v_1, v_2, \ldots, v_{n-1}$的最大公约数. 它们是互质的, 且矩阵

$$\begin{pmatrix} \dfrac{v_1}{g} & a_{12} & \ldots & a_{1,n-1} \\ \vdots & \vdots & & \vdots \\ \dfrac{v_{n-1}}{g} & a_{n-1,2} & \ldots & a_{n-1,n-1} \end{pmatrix}$$

的行列式等于1. 我们可以找到α, β 使得$\alpha g + \beta v_n = 1$并验证以下矩阵具有积分项和行列式1

$$\begin{pmatrix} v_1 & a_{12} & \ldots & a_{1,n-1} & (-1)^{n-1}\beta\dfrac{v_1}{g} \\ \vdots & \vdots & & \vdots & \vdots \\ v_{n-1} & a_{n-1,2} & \ldots & a_{n-1,n-1} & (-1)^{n-1}\beta\dfrac{v_{n-1}}{g} \\ v_n & 0 & \ldots & 0 & (-1)^{n-1}\alpha \end{pmatrix}. \qquad \square$$

在"看看指数"这一章中对于以下问题，我们看到了一个相当复杂的解决方案. 这个容易得多，但很难找到.

例9.5 证明对于任何整数 $a_1, a_2, \ldots, a_n$，数字

$$\prod_{1 \le i < j \le n} \frac{a_j - a_i}{j - i}$$

是一个整数.

(Armond Spencer, AMM E 2637)

解答. 通过这个介绍，接下来的方法就很清楚了. 表达式 $\displaystyle\prod_{1 \le i < j \le n} (a_j - a_i)$ 意味着什么？这是与 $a_1, a_2, \ldots, a_n$ 有关的范德蒙行列式(9.1). 但是这里有个障碍. 我们可能要对表达式 $\displaystyle\prod_{1 \le i < j \le n} (j - i)$ 使用相同的公式. 这是一个死胡同. 但很容易证明 $\displaystyle\prod_{1 \le i < j \le n} (j - i)$ 等于 $(n-1)!(n-2)!\ldots 1!$. 我们可以写出

$$\prod_{1 \le i < j \le n} \frac{a_j - a_i}{j - i} = \frac{1}{1! \cdot 2! \ldots (n-1)!} \begin{vmatrix} 1 & 1 & 1 & \ldots & 1 \\ a_1 & a_2 & a_3 & \ldots & a_n \\ \vdots & \vdots & \vdots & & \vdots \\ a_1^{n-1} & a_2^{n-1} & a_3^{n-1} & \ldots & a_n^{n-1} \end{vmatrix}.$$

通常最后一步是最重要的. 上面的公式可以重写为

$$\prod_{1 \le i < j \le n} \frac{a_j - a_i}{j - i} = \begin{vmatrix} 1 & 1 & 1 & \ldots & 1 \\ \dfrac{a_1}{1!} & \dfrac{a_2}{1!} & \dfrac{a_3}{1!} & \ldots & \dfrac{a_n}{1!} \\ \vdots & \vdots & \vdots & & \vdots \\ \dfrac{a_1^{n-1}}{(n-1)!} & \dfrac{a_2^{n-1}}{(n-1)!} & \dfrac{a_3^{n-1}}{(n-1)!} & \ldots & \dfrac{a_n^{n-1}}{(n-1)!} \end{vmatrix}.$$

现在我们认出它的形式

$$\prod_{1 \le i < j \le n} \frac{a_j - a_i}{j - i} = \begin{vmatrix} 1 & 1 & \cdots & 1 \\ \binom{a_1}{1} & \binom{a_2}{1} & \cdots & \binom{a_n}{1} \\ \binom{a_1}{2} & \binom{a_2}{2} & \cdots & \binom{a_n}{2} \\ \vdots & \vdots & & \vdots \\ \binom{a_1}{n-1} & \binom{a_2}{n-1} & \cdots & \binom{a_n}{n-1} \end{vmatrix},$$

这可以很容易通过行减法证明. 因为每个数字 $\binom{a_i}{j}$ 都是整数, 所以行列式本身是一个整数, 得出结论.

在这一点上, 你可能会失望, 因为我们没有遵守诺言: 直到现在还没有出现代数数字的踪迹! 然而我们认为, 一个简单的问题和线性代数在数论中的应用的小介绍是绝对必要的. 现在我们可以回到本章的真正目的, 一个关于代数数字的小研究. 但是它们是什么? 让我们从一些定义开始: 我们说若复数 x 是一个有理系数多项式的零点, 则它是代数的. 具有有理系数且以 x 为零点的最低次幂多项式被称为 x 的最小多项式, 其他的复零点称为 x 的共轭. 使用辗转相除法不难证明任何以 x 为零点的有理系数多项式是 x 的最小多项式的倍数, 而且显然代数数的最小多项式在 $\mathbb{Q}[X]$ 中是不可约的. 若复数 x 是一个整系数一元多项式的零点, 则我们称它是一个代数整数. 你可以用高斯引理证明, 当且仅当代数数的最小多项式具有整数系数时, 代数数才是代数整数. 为了避免混淆, 我们将在本章中称通常的整数为 "有理" 整数. 你应该知道关于代数整数有两个非常重要的结果.

定理9.4 两个代数数的和或积是代数的. 两个代数整数的和或积是一个代数整数.

证明. 这个结果非常重要, 因为它表明代数整数形成一个环. 用 AI 表示这个环. 所有已知的证据都不是很容易的, 我们首先要介绍的是对称多项式的基本定理. 首先考虑两个代数数 x 和 y 并设 $x_1, x_2, \ldots, x_n$ 和 $y_1, y_2, \ldots, y_m$ 分别是 x 和 y 的共轭. 接下来看多项式

$$f(x) = \prod_{i=1}^{n} \prod_{j=1}^{m} (X - x_i - y_j).$$

我们声称它有有理系数(显然 $x + y$ 是 f 的一个零点.)这源于应用两次的对称多项式的基本定理. 设 $R = \mathbb{Z}[y_1, y_2, \ldots, y_m]$ 是定理9.2叙述

中的环. 因为f 是$x_1, x_2, \ldots, x_n$中的对称多项式, 因此f的系数具有形式$B(\sigma_1, \sigma_2, \ldots, \sigma_n, y_1, y_2, \ldots, y_m)$, 其中$\sigma_i$是$x_1, x_2, \ldots, x_n$中的对称和, 且$B$ 是一个实系数(若x, y 是代数整数, 则分别是整数) 多项式. 但是f 的系数在$y_1, y_2, \ldots, y_m$中也是对称的, 所以在定理9.2中取$R = \mathbb{Z}[\sigma_1, \sigma_2, \ldots, \sigma_n]$, 推出$A$ 是一个在$x_1, x_2, \ldots, x_n$ 和$y_1, y_2, \ldots, y_m$中对称和中的有理（或整数）系数多项式. 于是若x, y是代数的, f有有理系数且若x, y 是代数整数, f 有整系数. □

还有一个只使用最基本线性代数的解法! 事实上, 我们称一个复数z 为一个代数整数当且仅当存在$\mathbb{C}$的一个包含z的有限生成的交换子环. 若z 是一个代数整数, 辗转相除法立即表明$\mathbb{Z}[z]$是$\mathbb{C}$ 的一个有限生成交换子环. 现在假设R是$\mathbb{C}$ 的一个有限生成子环且包含z. 取$v_1, v_2, \ldots, v_n$ 生成R并观察到数字$zv_1, zv_2, \ldots, zv_n$ 属于R, 于是它们是$v_1, v_2, \ldots, v_n$的具有整系数的线性组合. 设对于整数a_{ij},

$$zv_i = a_{i1}v_1 + a_{i2}v_2 + \ldots + a_{in}v_n$$

且$\boldsymbol{A}$是a_{ij}的矩阵. 上述方程组可以写成$(z\boldsymbol{I}_n - \boldsymbol{A})\boldsymbol{v} = 0$, 其中$\boldsymbol{v}$是坐标为$v_1, v_2, \ldots, v_n$的矢量. 因为$\boldsymbol{v}$ 不是零元, 最后一个式子表明$\det(z\boldsymbol{I}_n - \boldsymbol{A}) = 0$, 于是$z$ 是$\boldsymbol{A}$的特征多项式的一个根(它是一元的, 系数是整数), 因为$\boldsymbol{A}$也是如此. 这就证明了这个命题. 现在考虑两个代数整数x, y. 通过前面的描述和y 是$\mathbb{Z}[x]$上的一个代数整数这样的事实, 推出

$$\mathbb{Z}[x, y] = (\mathbb{Z}[x])[y] = \mathbb{Z}[x]v_1 + \ldots + \mathbb{Z}[x]v_m$$

且因为x 是一个代数整数, 因此存在$u_1, \ldots, u_p$ 使得

$$\mathbb{Z}[x] = \mathbb{Z}u_1 + \ldots + \mathbb{Z}u_p.$$

所以

$$\mathbb{Z}[x, y] \subseteq \sum_{1 \leq k \leq p,\, 1 \leq l \leq m} \mathbb{Z}u_k v_l.$$

因为$\mathbb{Z}[x+y]$ 和$\mathbb{Z}[xy]$ 是$\mathbb{Z}[x, y]$的子集, 再次应用特征化可以证明$x+y$ 和xy 是代数整数. 但是请注意（这是非常重要的）代数整数集合不是一个域(下面的定理将说明这一点), 而代数数是一个域: 若对于非零整系数多项式P有$P(x) = 0$, 则$Q\left(\dfrac{1}{x}\right) = 0$, 其中

$$Q(X) = X^{\deg(P)} \cdot P\left(\frac{1}{X}\right).$$

下一个结果也是非常重要的, 我们将在下面的示例中看到它的一些应用.

定理9.5 代数整数的有理数仅是有理整数.

证明. 这个结果的证明要容易得多. 事实上, 假设 $x = \dfrac{p}{q}$ 是一个有理数(满足$\gcd(p,q) = 1$), 它是一元整系数多项式

$$f(X) = X^n + a_{n-1}X^{n-1} + \ldots + a_1X + a_0$$

的一个零点. 那么

$$p^n + a_{n-1}p^{n-1}q + \ldots + a_1pq^{n-1} + a_0q^n = 0.$$

所以q 整除p^n , 且由于$\gcd(q, p^n) = 1$, 必有 $q = \pm 1$, 说明x 是一个有理整数. 显然, 任何有理整数x 是代数整数. $\qquad\square$

这里有一道1998年AMM 非常好但很难的题目,是这些结果的结论. 我们倾向于给出两个解法, 一个使用前面的结果, 另一个使用线性代数. 2004年在罗马尼亚的一次小组选拔测试中, 有人提出了这个问题的一个变形, 结果发现这是一个令人惊讶的难题.

例9.6 考虑数列$(x_n)_{n \geq 0}$, 其中$x_0 = 4, x_1 = x_2 = 0, x_3 = 3$且$x_{n+4} = x_{n+1} + x_n$. 证明对于任何质数$p$, 数字$x_p$ 是p的倍数.

(AMM)

解答1. 当然, 我们首先考虑递归关系的特征多项式: $X^4 - X - 1$.显然它没有二重零点.利用线性递归序列理论, 得出了序列的一般项的形式为$Ar_1^n + Br_2^n + Cr_3^n + Dr_4^n$, 其中$A, B, C, D$是常数. 这里的$r_i$是特征多项式的互异零点. 因为这个多项式没有实零点, 假设$Ar_1^n + Br_2^n + Cr_3^n + Dr_4^n$ 在r_1, r_2, r_3, r_4中对称, 于是$A = B = C = D$. 因为$x_0 = 4$,可以取$A = B = C = D = 1$. 现在看看我们是否可以证明对于所有n, $x_n = r_1^n + r_2^n + r_3^n + r_4^n$. 应用韦达(Vieta)公式, 我们可以检验n小于4时成立. 但是由于$r_i^{n+4} = r_i^{n+1} + r_i^n$, 可以归纳证明对任意$n$均成立. 因此我们需要证明对任意质数$p$, p整除$r_1^p + r_2^p + r_3^p + r_4^p$. 这源于更一般的结果(也是费马小定理的一个推广).

定理9.6 设f 是一个一元整系数多项式且$r_1, r_2, \ldots, r_n$ 为其零点(不一定是互异的), 则

$$A = (r_1 + r_2 + \ldots + r_n)^p - (r_1^p + r_2^p + \ldots + r_n^p)$$

是一个有理整数, 且能被任意质数p 整除.

证明. 定理9.2表明A 是一个有理整数，因为它是$r_1, r_2, \ldots, r_n$中的对称多项式,一个系数在f系数中的整系数多项式. 难点是证明它是p的倍数. 首先，让我们通过归纳法证明若$a_1, a_2, \ldots, a_n$是代数整数，则

$$\frac{1}{p} \cdot ((a_1 + a_2 + \ldots + a_n)^p - (a_1^p + a_2^p + \ldots + a_n^p))$$

也是代数整数.

当$n = 2$时,由二项式

$$\frac{1}{p} \cdot ((a+b)^p - a^p - b^p) = \sum_{i=1}^{p-1} \frac{1}{p} \cdot \binom{p}{i} \cdot a^{p-i} b^i$$

可证. 事实上, $\frac{1}{p} \cdot \binom{p}{i}$ 是一个整数, 我们得到一个代数整数乘积的和, 它是代数整数. 现在，若结论对于$n-1$成立, 考虑代数整数$a_1, a_2, \ldots, a_n$. 根据归纳假设

$$(a_1 + a_2 + \ldots + a_{n-1})^p - (a_1^p + a_2^p + \ldots + a_{n-1}^p) \in p \cdot AI.$$

$n = 2$ 的情况表明

$$(a_1 + a_2 + \ldots + a_n)^p - (a_1 + a_2 + \ldots + a_{n-1})^p - a_n^p \in p \cdot AI.$$

所以

$$(a_1 + a_2 + \ldots + a_n)^p - (a_1^p + a_2^p + \ldots + a_n^p) \in p \cdot AI$$

（作为上述表达式的总和），这正是我们完成归纳步骤所需要的. 现在很容易结束证明:我们知道

$$\frac{1}{p} \cdot ((a_1 + a_2 + \ldots + a_n)^p - (a_1^p + a_2^p + \ldots + a_n^p))$$

是一个有理数，也是一个代数整数. 根据定理9.4,它一定是有理整数. □

解答2. 考虑矩阵

$$\boldsymbol{A} = \begin{pmatrix} 0 & 0 & 0 & 1 \\ 1 & 0 & 0 & 1 \\ 0 & 1 & 0 & 0 \\ 0 & 0 & 1 & 0 \end{pmatrix}$$

且设$Tr(\boldsymbol{X})$为矩阵$\boldsymbol{X}$的主对角线上各项的和. 我们首先证明$x_n = Tr(\boldsymbol{A}^n)$ (这里$\boldsymbol{A}^0 = \boldsymbol{I}_4$). 这是解答中容易的一部分. 事实上, 对于$n = 1, 2, 3$ 这不难证明. 现在, 假设对于$i = 1, 2, \ldots, n-1$成立且证明对于n也成立. 这是因为

$$x_n = x_{n-4} + x_{n-3} = Tr(\boldsymbol{A}^{n-4}) + Tr(\boldsymbol{A}^{n-3}) = Tr(\boldsymbol{A}^{n-4}(\boldsymbol{A} + \boldsymbol{I}_4)) = Tr(\boldsymbol{A}^n).$$

我们在这里用到了关系式 $\boldsymbol{A}^4 = \boldsymbol{A} + \boldsymbol{I}_4$, 通过简单的计算可以很容易地验证. 因此证明完毕.

现 在 来 证 明 一 个 很 重 要 的 结 果 , 即 对 于 任 何 积 分 矩 阵 和 质数p有$Tr(\boldsymbol{A}^p) \equiv Tr(\boldsymbol{A}) \pmod{p}$. 这个证明一点也不简单. 一个可能的高级解决方案是从考虑通过减少矩阵$\boldsymbol{A}$模p的项得到的矩阵$\overline{\boldsymbol{A}}$开始, 然后在$\boldsymbol{A}$的特征多项式零点为$\lambda_1, \lambda_2, \ldots, \lambda_n$的域上工作. 这个域显然有特征根$p$ (包含Z_p)并且有(应用二项式且所有系数 $\begin{pmatrix} p \\ k \end{pmatrix}, 1 \le k \le p-1$都是$p$的倍数)

$$Tr(\boldsymbol{A}^p) = \sum_{i=1}^{n} \lambda_i^p = \left(\sum_{i=1}^{n} \lambda_i\right)^p = (Tr\,\boldsymbol{A})^p,$$

应用费马小定理结论立即得证. 但有一个漂亮的基本解决方案. 让我们考虑两个积分矩阵$\boldsymbol{A}, \boldsymbol{B}$, 且

$$(\boldsymbol{A} + \boldsymbol{B})^p = \sum_{\boldsymbol{A}_1, \ldots, \boldsymbol{A}_p \in \{\boldsymbol{A}, \boldsymbol{B}\}} \boldsymbol{A}_1 \boldsymbol{A}_2 \ldots \boldsymbol{A}_p.$$

观察到对任意$\boldsymbol{A}, \boldsymbol{B}$有$Tr(\boldsymbol{A}\boldsymbol{B}) = Tr(\boldsymbol{B}\boldsymbol{A})$, 通过归纳, 对任意$\boldsymbol{X}_1, \boldsymbol{X}_2, \ldots, \boldsymbol{X}_n$和任意循环置换$\sigma$,

$$Tr(\boldsymbol{X}_1 \boldsymbol{X}_2 \ldots \boldsymbol{X}_n) = Tr(\boldsymbol{X}_{\sigma(1)} \boldsymbol{X}_{\sigma(2)} \ldots \boldsymbol{X}_{\sigma(n)}).$$

注意到, 在和 $\sum\limits_{\boldsymbol{A}_1, \ldots, \boldsymbol{A}_p \in \{\boldsymbol{A}, \boldsymbol{B}\}} \boldsymbol{A}_1 \boldsymbol{A}_2 \ldots \boldsymbol{A}_p$中我们可以建立 $\dfrac{2^p - 2}{p}$ 个p-循环的群且还有两项$\boldsymbol{A}^p$和$\boldsymbol{B}^p$. 于是

$$\sum_{\boldsymbol{A}_1, \ldots, \boldsymbol{A}_p \in \{\boldsymbol{A}, \boldsymbol{B}\}} Tr(\boldsymbol{A}_1 \boldsymbol{A}_2 \ldots \boldsymbol{A}_p) \equiv Tr(\boldsymbol{A}^p) + Tr(\boldsymbol{B}^p)$$

模p (你已经注意到费马的小定理又一次派上用场了),因为$Tr(\boldsymbol{A}_1 \boldsymbol{A}_2 \ldots \boldsymbol{A}_p)$之和在任意环中都是$p$的倍数. 于是我们证明了

$$Tr(\boldsymbol{A} + \boldsymbol{B})^p \equiv Tr(\boldsymbol{A}^p) + Tr(\boldsymbol{B}^p) \pmod{p}$$

且通过直接归纳得出

$$Tr(\boldsymbol{A}_1 + \ldots + \boldsymbol{A}_k)^p \equiv Tr(\boldsymbol{A}_1^p) + \ldots + Tr(\boldsymbol{A}_k^p) \pmod{p}.$$

接下来考虑矩阵$\boldsymbol{E}_{ij}$, 在位置(i,j)为1, 其余为0 . 对于这些矩阵我们有$Tr(\boldsymbol{A}^p) \equiv Tr(\boldsymbol{A}) \pmod{p}$, 应用上面的结果可以写作(再次应用费马小定理):

$$Tr\,\boldsymbol{A}^p = Tr\left(\sum_{i,j} a_{ij} \boldsymbol{E}_{ij}\right)^p \equiv \sum_{i,j} Tr(a_{ij}^p \boldsymbol{E}_{ij}^p) \equiv \sum_{i,j} a_{ij} Tr\,\boldsymbol{E}_{ij} = Tr\,\boldsymbol{A} \pmod{p}.$$

结论得证, 且x_p是p的倍数.

我们接下来要讨论的例子产生了一个完整的数学理论，甚至是超越数的一个重要研究领域. 让我们先介绍一个定义:对于一个复多项式

$$f(X) = a_n X^n + a_{n-1}X^{n-1} + \ldots + a_1 X + a_0 = a_n(X - x_1)(X - x_2)\ldots(X - x_n)$$

定义f的马勒测度为

$$M(f) = |a_n| \cdot \max(1, |x_1|)\ldots\max(1, |x_n|).$$

你会立即发现对于所有f和g的多项式, $M(fg) = M(f) \cdot M(g)$. 通过复分析，我们可以证明以下恒等式:

$$M(f) = e^{\int_0^1 \ln|f(e^{2i\pi t})|dt}.$$

接下来的问题说明马勒测度为1的整系数一元多项式的所有零点都是单位根. 即所有共轭都位于复平面的单位圆盘上的代数整数，是单位根. 这个结果就是著名的克罗内克定理.

例9.7 设f 是一个整系数一元多项式，满足$f(0) \neq 0$ 且$M(f) = 1$. 则对于f的每个零点z 都存在一个n使得$z^n = 1$.

(Kronecker)

解答. 你现在要读的是那些你很难遇到的数学珍宝之一，所以请享受下面的证明. 设

$$f(X) = (X - x_1)(X - x_2)\ldots(X - x_n)$$

是f 在$\mathbb{C}[X]$中的因式分解式. 现在考虑多项式

$$f_k(X) = (X - x_1^k)(X - x_2^k)\ldots(X - x_n^k).$$

这些多项式的系数是在$x_1, x_2, \ldots, x_n$中的对称多项式,且因为$x_1, x_2, \ldots, x_n$的所有对称基本和为整数，所有f_k 具有整系数(这里应用定理9.2). 真正令人惊叹的是f_k的系数有一个统一的界. 事实上,因为所有x_i 的绝对值不超过1, $x_1^k, x_2^k, \ldots, x_n^k$中的所有对称基本和的绝对值至多为$\binom{n}{[\frac{n}{2}]}$. 因此,所有$f_k$ 的系数是介于$-\binom{n}{[\frac{n}{2}]}$ 和 $\binom{n}{[\frac{n}{2}]}$之间的整数. 这表明在$f_1, f_2, f_3, \ldots$之中存在两个相同的多项式. 设$i > j$ 使得$f_i = f_j$. 因此有一个$1, 2, \ldots, n$的排列σ ，使得$x_1^i = x_{\sigma(1)}^j, \ldots, x_n^i = x_{\sigma(n)}^j$. 一个简单的归纳表明对于所

有$r \geq 1$, $x_1^{i^r} = x_{\sigma^r(1)}^j$. 因为$\sigma^{n!}(1) = 1$, 推出$x_1^{i^{n!}-j} = 1$, 于是$x_1$是一个单位根. 显然我们可以同样证明$x_2, x_3, \ldots, x_n$是单位根. 在这个例子之后, 一个自然的问题出现了: 单位圆上是否有代数整数不是单位根? 如下面的示例所示, 答案是肯定的. 实际上, 下面例题的(a)部分在AMM上发表之前就已经广为人知了. 我们请读者看一下这本书的最后一章, 以证明这一更普遍的结果. 伯恩赛德证明了一个更普遍的结果, 留在习题部分, 是他的著名定理中的一个引理, 该引理指出, 对于质数p, q和正整数a, b, 任意基数为$p^a q^b$的群是可解的.

例9.8 (a) 若a是一个实部为整数的单位根, 则$a^4 = 1$.

(b)存在绝对值为1的代数整数且不是单位根.

(H. S. Shapiro, AMM 4656)

解答. 证明(a)是非常巧妙的. 设

$$b = \text{Re}(a) = \frac{a + a^{-1}}{2}$$

是a的实部, 并考虑a的共轭, $a_1, a_2, \ldots, a_k$.

我们声明b的共轭是$\text{Re}(a_1), \text{Re}(a_2), \ldots, \text{Re}(a_k)$中互异的数. 事实上, 多项式$\prod_{j=1}^{k} \left(X - \frac{a_j + a_j^{-1}}{2} \right)$以$b$为零点且其系数是$a_j$中的对称多项式(因为对于合适的$N$, $a_j^N = 1$), 且由对称多项式定理它是有理数. 于是所有b的共轭在这个多项式的零点中. 另一方面, 若$a^4 \neq 1$, 则对于所有j, $a_j^4 \neq 1$且$0 < |\text{Re}(a_j)| < 1$, 这就意味着所有b的共轭之积的绝对值小于1. 设h是b在$\mathbb{Q}$上的最小多项式. 因为b是一个代数整数, h有整系数, 于是$h(0)$是一个整数. 但是$|h(0)|$还是b的所有共轭之积的绝对值, 小于1. 因此$h(0) = 0$, 且因为h在$\mathbb{Q}[X]$中不可约, 推出$h(X) = X$, 于是$b = 0$, 若$a^4 \neq 1$, 这是不可能的. 证明(b)没那么困难. 对一些整数u我们取a为多项式$(X + 1)^4 - uX^2$的一个零点. 我们需要$|a| = 1$且$\text{Re}(a)$是一个代数整数. 如果我们也能确保$a^4 \neq 1$, 那么由(a)可以证明. 你可以通过取$u = 8$来验证满足所有条件, 于是$\sqrt{2} - 1 + i\sqrt{2\sqrt{2} - 2}$是一个单位圆上的代数整数且不是单位根.

需要对前面的示例进行更多的评论. 首先, 不难从这个结果推断出唯一马勒测度为1的整系数一元多项式是X和一些循环多项式的乘积. 莱默的一个著名的猜想是说存在一个常数$c > 1$使得若一个整系数多项式的马勒测度大于1, 则它的马勒测度实际上大于c. 到目前为止, 具有最小马勒测度的多项式是

$$X^{10} + X^9 - X^7 - X^6 - X^5 - X^4 - X^3 + X + 1,$$

它的马勒测度约是1.176. 对于多项式系数方面的马勒测度的一些上界, 我们请读者参阅第20章(重新审视鸽笼原理)的例16.

证明正整数的平方根之和不是有理数并不难, 只要平方根的数目小于3. 否则更复杂. 实际上我们可以证明一个非常漂亮的结果, 若$a_1, \ldots, a_n$ 是正整数且使得$\sqrt{a_1} + \ldots + \sqrt{a_n}$ 是一个有理数,则所有a_i 是完全平方数. 下面的问题要求要少得多, 但仍然不简单. 在上述结果的框架内, 我们将看到这是多么简单.

例9.9 证明

$$\sqrt{1001^2 + 1} + \sqrt{1002^2 + 1} + \ldots + \sqrt{2000^2 + 1}$$

是无理数.

(Chinese TST 2005)

解答. 首先假设其为有理数. 因为它是代数整数的和, 它因此也是一个代数整数. 根据定理9.4, 得出

$$\sqrt{1001^2 + 1} + \sqrt{1002^2 + 1} + \ldots + \sqrt{2000^2 + 1}$$

是一个有理整数. 因此

$$\sqrt{1001^2 + 1} + \sqrt{1002^2 + 1} + \ldots + \sqrt{2000^2 + 1} - (1001 + 1002 + \ldots + 2000)$$

是一个有理整数. 但是这不能成立, 因为

$$\sqrt{1001^2 + 1} + \sqrt{1002^2 + 1} + \ldots + \sqrt{2000^2 + 1} - (1001 + 1002 + \ldots + 2000)$$

$$= \frac{1}{1001 + \sqrt{1001^2 + 1}} + \frac{1}{1002 + \sqrt{1002^2 + 1}} + \ldots + \frac{1}{2000 + \sqrt{2000^2 + 1}}$$

大于0 且小于1.

下面的例子非常漂亮, 而且可以轻松地验证结果.

例9.10 设复数x, y使得对于4 个连续正整数n, $\dfrac{x^n - y^n}{x - y}$ 是一个整数. 证明对于任意正整数n它是一个整数.

(Clark Kimberling, AMM E 2998)

解答. 设给定表达式记为a_n, $S = x + y$, $P = xy$. 观察到对所有n有

$$a_{n+2} - Sa_{n+1} + Pa_n = 0$$

且不难证明 $a_{n+1}a_{n-1} - a_n^2 = -P^{n-1}$. 于是若 $a_{n-1}, a, a_{n+1}, a_{n+2}$ 是整数, 则 P^{n-1} 和 P^n 都是整数. 因此 P 是一个有理代数整数 (因为 $P = \dfrac{P^n}{P^{n-1}}$), 故 P 是整数. 另一方面, 通过归纳立即可证, 对于一些 $n-1$ 次的整系数一元多项式 f_n, $a_n = f_n(S)$. 表明 S 是一元整系数多项式 $f_n(X) - a_n$ 的一个零点, 于是 S 是一个代数整数. 因为

$$S = \frac{a_{n+2} + Pa_n}{a_{n+1}},$$

S 也是有理数. 于是 S 是个整数, 且在这种情况下显然由递推关系序列的所有项都是整数.

下面是一个漂亮又困难的问题, 我们聚焦代数整数的性质.

例9.11 设 $a_1, a_2, \ldots, a_k$ 是正实数, 使得对于所有 $n \geq 2$,

$$\sqrt[n]{a_1} + \sqrt[n]{a_2} + \ldots + \sqrt[n]{a_k}$$

是有理数. 证明 $a_1 = a_2 = \ldots = a_k = 1$.

解答. 首先, 我们将证明 $a_1, a_2, \ldots, a_k$ 是代数数且 $a_1 \cdot a_2 \cdot \ldots \cdot a_k = 1$. 取一个整数 $N > k$, 令

$$x_1 = \sqrt[N!]{a_1}, \ x_2 = \sqrt[N!]{a_2}, \ldots, x_k = \sqrt[N!]{a_k}.$$

显然对于所有 $1 \leq j \leq N$, $x_1^j + x_2^j + \ldots + x_k^j$ 是有理数. 应用牛顿公式, 可以很容易地推导出 $x_1, x_2, \ldots, x_k$ 的所有对称基本和都是有理数. 因此 $x_1, x_2, \ldots, x_k$ 是代数数, 且 $a_1 = x_1^{N!}$, $a_2 = x_2^{N!}, \ldots, a_k = x_k^{N!}$ 也是代数数. 通过上述论证, 我们得知对于所有 $N > k$,

$$x_1 \cdot x_2 \ldots x_k = \sqrt[N!]{a_1 \cdot a_2 \cdot \ldots \cdot a_k}$$

是有理数. 这意味着 $a_1 \cdot a_2 \cdot \ldots \cdot a_k = 1$. 现在设 $f(x) = b_r X^r + b_{r-1} X^{r-1} + \ldots + b_0$ 是一个消失在 $a_1, a_2, \ldots, a_k$ 的整系数多项式. 显然, $b_r a_1, \ldots, b_r a_k$ 是代数整数. 那么

$$b_r \left(\sqrt[n]{a_1} + \sqrt[n]{a_2} + \ldots + \sqrt[n]{a_k} \right) = \sqrt[n]{b_r^{n-1}} \cdot \left(\sqrt[n]{b_r a_1} + \sqrt[n]{b_r a_2} + \ldots + \sqrt[n]{b_r a_k} \right)$$

也是一个代数整数. 因为它也是一个有理数, 于是它是个有理整数. 因此, $\left(b_r \left(\sqrt[n]{a_1} + \sqrt[n]{a_2} + \ldots + \sqrt[n]{a_k} \right) \right)_{n \geq 1}$ 是一个正整数序列. 因为它收敛于 kb_r, 因此等于 kb_r (从 a 级). 于是存在一个 n 使得

$$\sqrt[n]{a_1} + \sqrt[n]{a_2} + \ldots + \sqrt[n]{a_k} = k.$$

因为 $a_1 \cdot a_2 \cdot \ldots \cdot a_k = 1$, 由均值不等式推出 $a_1 = a_2 = \ldots = a + k = 1$, 问题得证.

9.2 习题

1. 设 a, b, c 是互质的非零整数. 证明对任意满足 $au + bv + cw = 0$ 的互质整数 u, v, w ,存在整数 m, n, p 使得

$$a = nw - pv, \quad b = pu - mw, \quad c = mv - nu.$$

(Octavian Stănăşilă, Romanian TST 1989)

2. 证明对任意整数 $a_1, a_2, \ldots, a_n$

$$\frac{\operatorname{lcm}(a_1, a_2, \ldots, a_n)}{a_1 a_2 \ldots a_n} \prod_{1 \le i < j \le n} (a_j - a_i)$$

是一个能被 $1!2! \ldots (n-2)!$ 整除的整数. 此外不能用任何 $1!2! \ldots (n-2)!$ 的倍数替代 $1!2! \ldots (n-2)!$.

3. 设 A, B, C 是格点,使得三角形 ABC 的角是 π 的有理数倍. 证明三角形 ABC 是直角等腰三角形.

4. 设 α 是一个有理数,且 $0 < \alpha < 1$,

$$\cos(3\pi\alpha) + 2\cos(2\pi\alpha) = 0.$$

证明 $\alpha = \dfrac{2}{3}$.

(IMO Shortlist 1991)

5. (a) 设 P, R 是有理系数多项式, $P \neq 0$.
   证明存在一个非零多项式 $Q \in \mathbb{Q}[X]$ 使得 $P(X) \mid Q(R(X))$.

   (b) 设 P, R 是整系数多项式并假设 P 是一元的. 证明存在一个一元多项式 $Q \in \mathbb{Z}[X]$ 使得 $P(X) \mid Q(R(X))$.

(Iran 2006)

6. 设 k 和 n 是正整数, $P(X)$ 是 n 次多项式,系数属于集合 $\{-1, 0, 1\}$. 假设 $(X-1)^k \mid P(X)$ 并存在质数 q 使得

$$\frac{q}{\ln q} < \frac{k}{\ln(n+1)}.$$

证明 q 阶单位复根是 P 的根.

(IMC 2001)

7. 证明对于正整数n ，数字$\sqrt{n+1} - \sqrt{n}$ 不能被写成$2\cos\left(\dfrac{2k\pi}{m}\right)$，其中$k, m$是整数.

(Chinese Olympiad)

8. (a) 设复数$a_1, a_2, \ldots, a_m$, $b_1, b_2, \ldots, b_n$ 满足

$$f_1(X) = \prod_{i=1}^{m}(X - a_i), \ f_2(X) = \prod_{i=1}^{n}(X - b_i) \in \mathbb{Z}[X]$$

且存在$g_1, g_2 \in \mathbb{Z}[X]$ 使得$f_1 g_1 + f_2 g_2 = 1$. 证明

$$\left|\prod_{i=1}^{m}\prod_{j=1}^{n}(a_i - b_j)\right| = 1.$$

(b) 若a_i, b_i 是整数，且

$$\left|\prod_{i=1}^{m}\prod_{j=1}^{n}(a_i - b_j)\right| = 1,$$

证明存在多项式$g_1, g_2 \in \mathbb{Z}[X]$ 使得$f_1 g_1 + f_2 g_2 = 1$.

(Ibero-American Olympiad)

9. 设p是一个质数，$a_1, a_2, \ldots, a_{p+1}$ 是实数，无论我们消除其中哪一项，余下的数字至少可以被分成两个非空的两两不相交的子集，且每个子集的算术平均值相同. 证明$a_1 = a_2 = \ldots = a_{p+1}$.

(Marius Rădulescu, Romanian TST 1994)

10. 设a, b 是两个正有理数，且对于一些$n \geq 2$，数字$\sqrt[n]{a} + \sqrt[n]{b}$是有理数. 证明$\sqrt[n]{a}$ 也是有理数.

(Marius Cavachi, Gazeta Matematică)

11. 设m, n 互质，实数$x > 1$ 使得$x^m + \dfrac{1}{x^m}$ 和$x^n + \dfrac{1}{x^n}$ 是整数. 证明$x + \dfrac{1}{x}$ 也是一个整数.

(Darij Grinberg, Peter Scholze)

12. 设a, b, c 是整数. 定义序列$(x_n)_{n\geq 0}$，其中$x_0 = 4$, $x_1 = 0$, $x_2 = 2c$, $x_3 = 3b$ 且$x_{n+3} = ax_{n-1} + bx_n + cx_{n+1}$. 证明对于任意质数$p$ 和任意正整数m, 数字x_{p^m} 可以被p整除.

(Călin Popescu, Romanian TST 2004)

13. 设角度 $\theta \in (0, \pi/2)$ 使得 $\cos\theta$ 是无理数. 假设 $\cos k\theta$ 和 $\cos(k+1)\theta$ 对正整数 k 是有理数. 证明 $\theta = \pi/6$.

(USA TST 2007)

14. 求出最小正整数 n 使得 $\cos\dfrac{\pi}{n}$ 不能被写成 $p + \sqrt{q} + \sqrt[3]{r}$，其中 $p, q, r \in \mathbb{Q}$.

(O. Mushkarov, N. Nikolov, Bulgaria)

15. 设 $s_1, s_2, \ldots$ 和 $t_1, t_2, \ldots$ 是两个无限非常数有理数序列，且使得对于所有 $i, j \geq 1$，$(s_i - s_j)(t_i - t_j)$ 是整数. 证明存在一个有理数 r 使得对于所有 i, j，$(s_i - s_j)r$ 和 $\dfrac{t_i - t_j}{r}$ 是整数.

(USAMO 2009)

16. 设 p 是一个质数，$n_1, n_2, \ldots, n_k$ 是整数. 定义

$$S = \left| \sum_{j=1}^{k} \cos\frac{2\pi n_j}{p} \right|.$$

证明 $S = 0$ 或 $S \geq k\left(\dfrac{1}{2k}\right)^{\frac{p-1}{2}}$.

(Holden Lee)

17. 设 k 是一个正整数，$a_1, \ldots, a_k$ 和 $b_1, \ldots, b_k$ 是两个有理数序列，且具有性质：对于任意无理数 $x_1, x_2, \ldots, x_k > 1$ 存在正整数 $n_1, n_2, \ldots, n_k$ 和 $m_1, m_2, \ldots, m_k$ 使得

$$a_1\lfloor x_1^{n_1} \rfloor + a_2\lfloor x_2^{n_2} \rfloor + \ldots + a_k\lfloor x_k^{n_k} \rfloor = b_1\lfloor x_1^{m_1} \rfloor + b_2\lfloor x_2^{m_2} \rfloor + \ldots + b_k\lfloor x_k^{m_k} \rfloor.$$

证明对于所有 i 有 $a_i = b_i$.

(Gabriel Dospinescu, Mathlinks Contest)

18. 证明若 $p_1, p_2, \ldots, p_n$ 是不同的质数，且对于有理数 $a_1, a_2, \ldots, a_n$ 有

$$a_1\sqrt{p_1} + a_2\sqrt{p_2} + \ldots + a_n\sqrt{p_n} = 0$$

则对于所有 i 有 $a_i = 0$.

(Besicovitch's theorem)

19. 定义序列 $(a_n)_n$，其中 $a_0 = 2$ 且 $a_{n+1} = 2a_n^2 - 1$. 证明若 $p > 2$ 整除 a_n，则 2^{n+3} 整除 $p^2 - 1$.

(IMO Shortlist 2003)

20. 设质数p, q 和正整数r 使得$q \mid p-1$, q 不能整除r ，且$p > r^{q-1}$. 设整数$a_1, a_2, \ldots, a_r$ 使得$a_1^{\frac{p-1}{q}} + a_2^{\frac{p-1}{q}} + \ldots + a_r^{\frac{p-1}{q}}$ 是p的倍数. 证明a_i中至少有一个是p的倍数.

(AMM)

21. 设$a_1, a_2, \ldots, a_n$ 是正有理数，$k_1, k_2, \ldots, k_n$ 是大于1的整数. 若$a_1^{1/k_1} + a_2^{1/k_2} + \ldots + a_n^{1/k_n}$ 是一个有理数, 则前一个和的任一项也是有理数.

22. 设复数$a_1, a_2, \ldots, a_n$ 使得对于所有正整数m, $a_1^m + a_2^m + \ldots + a_n^m$是一个整数. 证明
$$(X - a_1)(X - a_2)\ldots(X - a_n) \in \mathbb{Z}[X].$$

(Chinese IMO training program)

23. (a) 假设$a_1, a_2, \ldots, a_k$ 是有理数，$\zeta_1, \zeta_2, \ldots, \zeta_k$ 是使得$a_1\zeta_1 + a_2\zeta_2 + \ldots + a_k\zeta_k = 0$成立的单位根. 再假设对于$\{1, 2, \ldots, k\}$任意合适的子集$I$, 有$\sum_{i \in I} a_i\zeta_i \neq 0$. 证明对于所有$i, j$, $\zeta_i^m = \zeta_j^m$, 其中m 是小于或等于k的质数之积.

(b) 设z 是一个复数. 证明至多有$2^{4k^2} \cdot k^k$个k元数组单位根$(\zeta_1, \zeta_2, \ldots, \zeta_k)$ 具有下述性质: 存在有理数$a_1, a_2, \ldots, a_k$ 使得对$\{1, 2, \ldots, k\}$的任意适合的子集I,
$$z = \sum_{i=1}^k a_i\zeta_i, \; z \neq \sum_{i \in I} a_i\zeta_i.$$

.

(Mann's theorem)

24. 若存在整数r 和$x_1, x_2, \ldots, x_r$ 使得对于所有n,
$$a_{n+r} = x_1 a_{n+r-1} + x_2 a_{n+r-2} + \ldots + x_r a_n$$

称一个整数序列$(a_n)_n$ 是线性递归的. 证明若$(a_n)_n$ 是线性递归的，且对于所有n, n 整除a_n, 那么$\dfrac{a_n}{n}$ 也是线性递归的.

(Polya)

第 10 章 多项式的算术性质

10.1 理论和实例

你可能会说，这又是一个老把戏的话题. 然而我们把时间花在一个问题上，仅仅是因为我们忽略了明显的线索或它的基本方面. 这就是为什么我们认为谈论这些"老把戏"并不是缺乏想象,而是必要的. 这一节我们结合了多项式一些经典的算术性质. 这仅是这个领域的简单介绍,但是一些基础的东西应该成为习惯, 其中有一些问题我们将进一步讨论. 和往常一样,我们在这一章的末尾给出了些例子, 希望优秀的读者能够理解这些极困难的问题.

若 $f \in \mathbb{Z}[X]$ 和 a, b 是整数, 则 $a - b$ 整除 $f(a) - f(b)$. 这是我们一直使用的结果. 这里有两个应用.

例10.1 设 f, g 是整系数互质多项式. 定义序列 $a_n = \gcd(f(n), g(n))$. 证明这个序列是周期的.

(AMM)

解答. 正如我们在之前的问题中看到的, 存在整系数多项式 F, G 和正整数 A 使得 $fF + gG = A$. 于是对于所有 n, a_n 是 A 的除数. 实际上,我们将证明 A 是序列 $(a_n)_{n \geq 1}$ 的一个周期. 让我们证明 $a_n \mid a_{n+A}$. 我们知道

$$f(n + A) = f(n) \pmod{A},$$

因为 a_n 整除 A 和 $f(n)$, 它也能整除 $f(n + A)$. 同样, a_n 整除 $g(n + A)$, 于是 $a_n \mid a_{n+A}$. 但是同样的关系表明 a_{n+A} 整除 a_n , 于是 $a_n = a_{n+A}$.

例10.2 设 $p \in \mathbb{Z}[x]$ 且 $\deg p > 1$,

$$A = \{p(n) \mid n \in \mathbb{Z}\}.$$

证明存在一个无穷多数列,对于整数 x 其项都不能用来表示为 $f(x)$.

解答. 我们将用反证法来论证: 假设对于所有 $d > 2$ 和所有 n, 至少有一个数值 $f(x)$ 被 d 除时余数为 n, x 为整数. 这意味着对于所有 n 和 d, 数字 $p(n), p(n + 1), \ldots, p(n + d - 1)$ 模 d 取所有余数. 实际上, 因为 $n, n + 1, \ldots, n + d - 1$ 是一个模 d 的完整系统, 因此对于任意 x, $p(x)$ 模 d 同

余，为$p(n), p(n+1), \ldots, p(n+d-1)$之一. 特别地, 任何模$d$的余数显示为数字$p(n), p(n+1), \ldots, p(n+d-1)$之一,模$d$ 的余数因为$\deg(p) > 1$,存在n 使得$d = p(n+1) - p(n) > 2$. 这种情况下, $p(n) = p(n+1) \pmod{d}$ ，于是数字$p(n), p(n+1), \ldots, p(n+d-1)$模$d$ 有至多$d-1$ 个不同的余数, 矛盾.

由于舒尔的原因，我们继续一个重要的结果，这一结果出现在许多比赛的变化之中.在第17章"在分析与数论的边缘"中，我们将用一个很好的分析论证来证明一个更一般的结果，在此我们更愿意给出一个纯粹的算术证明.

例10.3 设$f \in \mathbb{Z}[X]$ 是一个非常数多项式，那么能够整除$f(1), f(2), \ldots,$ $f(n), \ldots$中至少一项的质数组成的集合是无限集.

(Schur)

解答. 首先，假设$f(0) = 1$ ，考虑数字$f(n!)$. 对于足够大的n, 它们是非零整数. 此外, $f(n!) \equiv 1 \pmod{n!}$，于是若选择每个数字$f(n!)$的一个质因数, 结论得证(因为特别是任何这样的质因数都大于n). 现在，若$f(0) = 0$, 一切都很清楚, 这种情况下对于所有n, n整除$f(n)$. 假设$f(0) \neq 0$ 且考虑多项式

$$g(x) = \frac{f(xf(0))}{f(0)}.$$

显然$g \in \mathbb{Z}[X]$ 且$g(0) = 1$. 现在应用解答的第一部分，问题就解决了.

正如我们已经说过的，这一结果产生了重要的结论，下面是一个很好的应用.

例10.4 假设$f, g \in \mathbb{Z}[X]$ 是一元非常数不可约多项式，使得对于所有足够大的n, $f(n)$ 和$g(n)$ 有相同的质因数集合. 那么$f = g$.

解答. 事实上，根据高斯引理，这两个多项式在$\mathbb{Q}[X]$上是不可约的. 此外，如果它们不相等，那么上述的注释和它们具有相同的导系数这一事实意味着这两个多项式在$\mathbb{Q}[X]$上是互质的. 应用贝佐特定理，存在非零整数N和$P, Q \in \mathbb{Z}[X]$ 使得$fP + gQ = N$. 这表明, 只要n足够大，所有$f(n)$的质因数都能整除N. 当然，这与舒尔的结果相矛盾.

若我们假设对于无限多的数字n有相同的性质，例10.2的结果仍然正确. 然而，该证明使用了一些高度非基本的厄多斯结果. 有兴趣的读者会在这个领域找到丰富的文献. 下面的例子讨论了舒尔定理的一个改进. 关键的附加因素是中国剩余定理.

例10.5 设$f \in \mathbb{Z}[X]$ 是一个非常数多项式且n, k 是正整数. 证明存在一

个正整数a使得$f(a), f(a+1), \ldots, f(a+n-1)$中每个数字有至少$k$个不同的质因数.

(Bulgarian Olympiad)

解答.让我们考虑一列不同的质数$(p_{ij})_{1 \leq i,j \leq k}$，满足对于正整数$x_{ij}$，$f(x_{ij}) \equiv 0 \pmod{p_{ij}}$. 这只是舒尔定理的一个直接结果. 现在利用中国剩余定理, 我们可以找到一个正整数a使得对于所有指数i和j，

$$a + i - 1 \equiv x_{ij} \pmod{p_{ij}}$$

应用开始提到的基本结果(即$f(a) - f(b)$总能被$a-b$整除), 因此数字$f(a), f(a+1), \ldots, f(a+n-1)$ 中的每个数有至少k个不同质因数.

我们继续看两个更难的例子, 它们的解法是基于舒尔定理及各种经典论点的结合.

例10.6 对于整数m, 令$p(m)$为m的最大正质因数. 根据惯例, 令$p(1) = p(-1) = 1$且$p(0) = \infty$. 求出所有整系数多项式f使得序列$(p(f(n^2)) - 2n)_{n \geq 0}$ 有上界.

(Titu Andreescu, Gabriel Dospinescu, USAMO 2006)

解答. 寻找可能的答案时, 我们应该从简单的例子着手. 这里, 二次多项式可能会给我们一些启发. 实际上, 观察到若u是奇整数则多项式

$$f(X) = 4X - u^2$$

是问题的一个解. 这表明若c是一个非零整数且$a_1, a_2, \ldots, a_k$ 是奇整数, 任意形式为

$$c(4X - a_1^2)(4X - a_2^2) \ldots (4X - a_k^2)$$

的多项式都是解. 事实上, $f(n^2)$的任意质因数p 也是c的一个因数(有限集合里)或$(2n - a_j)(2n + a_j)$的一个因数. 这种情况下

$$p - 2n \leq \max(a_1, a_2, \ldots, a_k)$$

于是f是问题的一个解.

现在我们处理更难的部分: 展示相反的一面. 取一个多项式f满足问题的条件, 并假设对于常数A

$$p(f(n^2)) - 2n \leq 2A$$

对于多项式$f(X^2)$应用舒尔定理, 推出存在不同质数的序列p_j 和非负整数k_j满足$p_j \mid f(k_j^2)$.

定义序列

$$r_j = \min(k_j \pmod{p_j}, p_j - k_j \pmod{p_j})$$

且观察到p_j 整除$f(r_j^2)$，并且$0 \leq r_j \leq \dfrac{p_j-1}{2}$.

因此$1 \leq p_j - 2r_j \leq A$. 所以序列$(p_j - 2r_j)_{j \geq 1}$ 一定取值a_1无限次. 设$p_j - 2r_j = a_1$，j 属于无限集合X.

那么，若$m = \deg(f)$，我们有

$$p_j \mid 4^m \cdot f\left(\left(\frac{p_j - a_1}{2}\right)^2\right)$$

$j \in X$. 且多项式

$$4^m \cdot f\left(\left(\frac{p_j - a_1}{2}\right)^2\right)$$

有整系数. 这说明对于无限多个j，p_j整除$4^m \cdot f\left(\dfrac{a_1^2}{4}\right)$. 因此$\dfrac{a_1^2}{4}$ 是f的一根. 因为$f(n^2)$ 没有消失，a_1 一定是个奇数. 这意味着存在一个整系数多项式g和一个有理数r 满足

$$f(X) = r(4X - a_1^2)g(X).$$

当然, g 和f具有相同的性质,并且应用前面的论证有限次可以推出f 一定形式为

$$c(4X - a_1^2)(4X - a_2^2)\ldots(4X - a_k^2)$$

其中c 是个有理数且$a_1, a_2, \ldots, a_k$是奇整数. 但是不要忘了f所有系数是整数! 因此c的分母是4^m 和$a_1^2 a_2^2 \ldots a_k^2$的因数, 因此是1. 这表明c 是个整数，问题解决.

下一个问题应用舒尔定理和一个经典结果, 一个特殊的亨赛尔(Hensel)引理的例子. 我们首先叙述并证明这个结果，然后集中讨论下面的问题. 让我们证明以下内容.

引理10.1 (亨赛尔引理). 设f是一个整系数多项式, p 是一个质数, n 是一个整数，满足p 整除$f(n)$但p 不能整除$f'(n)$. 那么序列存在一个整数$(n_k)_{k \geq 1}$ 使得$n_1 = n$, p^k 整除$n_{k+1} - n_k$ 且p^k 整除$f(n_k)$.

证明. 证明惊人地简单. 事实上, 假设我们找到了i 并搜索$n_{i+1} = n_i + b \cdot p^i$ 满足p^{i+1} 整除$f(n_{i+1})$. 因为$2i \geq i+1$, 利用二项式公式得到

$$f(n_i + b \cdot p^i) \equiv f(n_i) + bp^i f'(n_i) \pmod{p^{i+1}}.$$

设 $f(n_i) = c \cdot p^i$，c 为整数. 因为 $n_i \equiv n \pmod{p}$，我们有

$$f'(n_i) \equiv f'(n) \pmod{p}$$

于是 $f'(n_i)$ 是可逆的模 p. 令 m 是 $f'(n_i)$ 模 p 的倒数. 为了完成归纳步骤，选择 $b = -mc$ 就足够了. □

我们现在讨论一个伊朗IMO队伍用于准备的困难问题.

例10.7 求出所有整系数多项式 f 使其满足 $n \mid m$ 时 $f(n) \mid f(m)$.

(Mohsen Jamali, Iranian TST)

解答. (Adrian Zahariuc) 有了这种准备解答会很简短,但不是意味着问题简单(就像我们总说的). 首先观察到满足 $f(0) \neq 0$ 的非常数整系数多项式对任意 k，有无限多个质数 p 满足 $p^k \mid f(n)$，n 是整数. 事实上，通过处理 f 的一个不可约因子, 我们可以假设 f 是不可约的. 于是在有理系数多项式环中 f 和 f' 是互质的. 贝祖定理表明, 在这种情况下存在整数多项式 S, Q 和整数 $A \neq 0$ 使得 $Sf + Qf' = A$. 因此, 若对于 n, p 是使得 $p \mid f(n)$ 成立的足够大的质数(由舒尔定理存在无数多个这样的质数), p 不能整除 $f'(n)$, 并应用亨赛尔引理结束证明.

接下来观察到 $X \mid f(X)$. 事实上, 有 $f(n) \mid f(n + f(n))$, 于是对所有整数 n, $n \mid n + f(n)$, 显然 $f(0) = 0$. 于是写出 $f(X) = X^k g(X)$, 且 $g(0) \neq 0$. 假设 g 是非常数. 利用前面的结果, 存在质数 p 使得 $p > |g(0)|$ 且 $p^k \mid g(m)$，m 是整数. 显然, p 不能整除 $g(p)$, 于是根据中国剩余定理存在一个整数 n 使得

$$n \equiv m \pmod{p^k}, \quad n \equiv p \pmod{g(p)}.$$

于是 $p^k \mid g(n)$，$g(p) \mid g(n)$, 故 $f(p) \mid f(n)$. 这意味着 $p \mid n$, 这是不可能的, 因为 $p \mid g(0)$. 因此 g 是常数, 答案是: 所有多项式形式为 aX^n.

下面是亨赛尔引理的又一个应用. 这个例子很难, 因为找不到低阶的例子.

例10.8 是否存在一个整系数多项式 f，没有有理零点，但是有一个模为任意正整数的零点?

(Kömal)

解答. 答案是肯定的, 但是为什么存在的原因不明显. 一个切鲍塔列夫的非常难的定理表明对于低次多项式(小于5) 不存在. 可以证明存在5次多项式, 但是我们选择的例子是6次: 定义

$$f(X) = (X^2 + 3)(X^2 - 13)(X^2 + 39).$$

我们将证明对任意 n 存在 m 满足 $n \mid f(m)$. 首先注意到若 n 是一个质数的幂, 足以证明. 事实上, 若对于互质整数 n_1, n_2, 我们找到 m_1, m_2 满足 $n_1 \mid f(m_1)$ 且 $n_2 \mid f(m_2)$，那么通过取 m 满足

$$m = m_1 \pmod{n_1} \ , \ m = m_2 \pmod{n_2}$$

(利用中国剩余定理可以做到), 我们有 m 满足 $n_1 n_2 \mid f(m)$. 选择处理2的幂. 我们将用归纳法证明存在序列 x_n 使得 $2^n \mid x_n^2 + 39$. 对于 $n = 1$ 取 $x_1 = 1$, 对于 $n = 2$ 取 $x_2 = 1$, 同时 $x_3 = 1$. 现在设 $x_n^2 + 39 = 2^n \cdot k$, k 是整数且 $n \geq 3$. 那么

$$(2^{n-1}x + x_n)^2 + 39 = 2^n(xx_n + k) \pmod{2^{n+1}}.$$

若 k 是偶数, 我们定义 $x_{n+1} = x_n$.

否则, 定义 $x = 1$, $x_{n+1} = x_n + k$.

无论哪种情况, $2^{n+1} \mid x_{n+1}^2 + 39$. 现在处理3 和13的幂. 事实上, 这种情况应用亨赛尔引理到多项式 $X^2 - 13$ 和 $X^2 + 3$, 其中 $n = 1$, $n = 6$. 最后, 取质数 p 区别于2, 3, 13 且观察到等式

$$\left(\frac{-39}{p} \right) \cdot \left(\frac{13}{p} \right) \cdot \left(\frac{-3}{p} \right) = 1$$

(其中 $\left(\dfrac{x}{p} \right)$ 表示勒让德(Legendre) 符号) 说明数字 $\left(\dfrac{-39}{p} \right), \left(\dfrac{13}{p} \right)$ 和 $\left(\dfrac{-3}{p} \right)$ 之一等于1. 说明存在整数 m 使得 a 等于3, -13, 39有 $p \mid m^2 + a$. 现在应用亨赛尔引理到 $X^2 + a$, 足以获得一个序列 x_n 对所有 n 满足 $p^n \mid x_n^2 + a$. 这表明对任意质数 p 和任意正整数 n, f 有一个根模 p^n, 且根据解答开始时的注释, 这个多项式就是问题的一个解.

例10.9 求出所有整系数多项式 f 且具有下述性质: 对于任何互质正整数 a, b, 序列 $(f(an + b))_{n \geq 0}$ 包含无限数项, 其中任何两项互质.

(Gabriel Dospinescu)

解答. 显然常数多项式可以消去. 我们将证明唯一具有这种性质的多项式形式为 X^n 和 $-X^n$, n 为正整数. 因为改变 f 的正号不会改变其性质, 假设 f 的首项系数为正. 因此存在常数 M 使得 $f(n) > 2$, 其中 $n > M$. 现在开始, 我们只考虑 $n > M$. 性质证明对于这样的 n 有 $\gcd(f(n), n) \neq 1$. 假设有一个 $n > M$ 满足 $\gcd(f(n), n) = 1$. 序列 $(f(n + kf(n)))_{k \geq 0}$ 至少包含两个互质数. 设它们为 s 和 r. 因为

$$f(n) \mid kf(n) = kf(n) + n - n \mid f(kf(n) + n) - f(n),$$

对任意正整数 k 我们有 $f(n) \mid f(n + kf(n))$. 表明 s 和 r 都是 $f(n) > 2$ 的倍数, 这是不可能的. 我们已经指出 $\gcd(f(n), n) \neq 1$, $n > M$. 于是对任意质

数$p > M$ 有$p \mid f(p)$ 且$p \mid f(0)$. 因为任何非零整数都有有限个因数, 我们推出$f(0) = 0$. 因此存在整系数多项式q 满足$f(X) = Xq(X)$. 显然q 首项系数为正且与f性质相同. 重复上述论证, 我们推出若q 不是常数, 则$q(0) = 0$ 且$q(X) = Xh(X)$. 因为f 不是常数,上述论证不能重复无限次, 于是多项式g 和h 之一是常数. 因此, 存在正整数n, k满足$f(X) = kX^n$. 但是因为序列$(f(2n+3))_{n \geq 0}$ 包含至少两个互质整数, 我们必有$k = 1$. 我们得到f的形式为X^n. 因为f 是解当且仅当$-f$ 是解, 我们推出问题的任意解是形式为$\pm X^n$ 的多项式.

现在让我们证明形如X^n, $-X^n$的多项式是解. 对于X^n 甚至X足以证明; 但是根据Dirichlet定理. 有一个更基本的方法. 假设$x_1, x_2, \ldots, x_p$ 被选择使得$ax_i + b$是成对互质的. 我们可以证明加上x_{p+1}, $ax_1 + b, ax_2 + b, \ldots, ax_{p+1} + b$ 也是成对互质的. 显然, $ax_1 + b, ax_2 + b, \ldots, ax_p + b$ 与a互质, 所以我们可以应用中国剩余定理找到一个x_{p+1} 大于$x_1, x_2, \ldots, x_p$, 满足

$$x_{p+1} \equiv (1-b)a_i^{-1} \pmod{ax_i + b}, \ i \in \{1, 2, \ldots, p\},$$

其中a_i^{-1} 是$\mathbb{Z}_{ax_i+b}^*$ 中a的倒数.

那么$\gcd(ax_{p+1} + b, ax_i + b) = 1$, $i \in \{1, 2, \ldots, p\}$. 因此我们可以加上$x_{p+1}$.

例10.10 求出所有整系数多项式f 使得对于足够大的n有$f(n) \mid n^{n-1} - 1$.

(Gabriel Dospinescu)

解答. 显然, $f(X) = X - 1$ 是一个解, 让我们考虑任意解并写成$f(X) = (X-1)^r g(X)$, 其中$r \geq 0$, $g \in \mathbb{Z}[X]$且$g(1) \neq 0$. 于是存在M 使得$g(n) \mid n^{n-1} - 1$, $n > M$. 我们将证明g是常数. 反之我们不失一般性地假设g的首项系数为正. 于是有$k > M$, 对于$n > k$有$g(n) > 2$ 且$g(n) \mid n^{n-1} - 1$. 现在, 由于$n + g(n) - 1 \mid g(n + g(n)) - g(n)$,我们推出对于所有$n$, $g(n) \mid g(n + g(n))$. 特别地, 对于$n > k$ 我们有

$$g(n) \mid g(n + g(n)) \mid (n + g(n))^{n+g(n)-1} - 1$$

且$g(n) \mid n^{n-1} - 1$. 当然可以推出

$$g(n) \mid n^{n+g(n)-1} - 1 = (n^{n-1} - 1)n^{g(n)} + n^{g(n)} - 1,$$

即对于$n > k$, $g(n) \mid n^{g(n)} - 1$.

现在考虑一个质数$p > k$, 并看一下$g(p+1) > 2$的最小质因数q. 我们显然有

$$q \mid g(p+1) \mid (p+1)^{g(p+1)} - 1, \quad q \mid (p+1)^{q-1} - 1.$$

因为gcd($g(p+1), q-1$) = 1 (由极小值) 和

$$\gcd((p+1)^{g(p+1)}-1, (p+1)^{q-1}-1) = (p+1)^{\gcd(g(p+1),q-1)}-1 = p,$$

有$p = q$. 这表明$p \mid g(p+1)$, 于是(再次应用基本结果) $p \mid g(1)$. 因为这对于任何质数$p > k$都成立, 我们必有$g(1) = 0$. 这个矛盾表明g确实是常数. 设$g(X) = c$. 于是$c \mid 2^{n(2^n-1)}-1$, $n > M$.

已知gcd($2^a-1, 2^b-1$) = $2^{\gcd(a,b)}-1$, 为了证明$|c| = 1$, 只需证明$k < m < n$使得gcd($m(2^m-1), n(2^n-1)$) = 1. 这很容易得到. 事实上, 取一个质数m大于M, k且选一个质数n大于$m(2^m-1)$. 简单论证得出gcd($m(2^m-1), n(2^n-1)$) = 1 且$|c| = 1$.

最后，让我们证明$r \le 2$. 假设相反，我们推出对于所有足够大的n,

$$(n-1)^3 \mid n^{n-1}-1 \Leftrightarrow (n-1)^2 \mid n^{n-2}+n^{n-3}+\ldots+n+1$$

并由于

$$n^{n-2}+n^{n-3}+\ldots+n+1 = (n-1)[n^{n-3}+2n^{n-4}+\ldots+(n-3)n+(n-2)+1],$$

我们得出对于所有足够大的n,

$$n-1 \mid n^{n-3}+2n^{n-4}+\ldots+(n-3)n+(n-2)+1$$

这显然是不可能的, 因为

$$n^{n-3}+2n^{n-4}+\ldots+(n-3)n+(n-2)+1 \equiv 1+2+\ldots+(n-2)+1$$
$$\equiv \frac{(n-1)(n-2)}{2}+1 \pmod{n-1}.$$

因此$r \le 2$. 关系式

$$n^{n-1}-1 = (n-1)^2[n^{n-3}+2n^{n-4}+\ldots+(n-3)n+(n-2)+1]$$

表明对于所有$n > 1$, $(n-1)^2 \mid n^{n-1}-1$，并且所有解是多项式$\pm(X-1)^r$, 其中$r \in \{0, 1, 2\}$.

读了下面的问题之后,你可能认为这个问题非常简单. 事实上它相当难. 有许多失败的方法, 在解决这个问题上的时间可能更长.

例10.11 设$f \in \mathbb{Z}[X]$ 是一个非常数多项式, $k \ge 2$ 是一个整数使得对于所有正整数n, $\sqrt[k]{f(n)} \in \mathbb{Z}$. 那么存在一个多项式$g \in \mathbb{Z}[X]$ 满足$f = g^k$.

解答. 假设相反的情况, 因式分解

$$f = p_1^{k_1}\ldots p_s^{k_s}g^k$$

其中$1 \le k_i \le k$, p_i 是$\mathbb{Q}[X]$中不同的不可约多项式.

假设$s \ge 1$ (等于否定结论). 因为p_1在$\mathbb{Q}[X]$中是不可约的, 它与$p_1' p_2 \ldots p_s$是互质的, 于是(应用贝佐特定理和整数乘法)存在整系数多项式Q, R 和一个正整数c 满足

$$Q(x)p_1(x) + R(x)p_1'(x)p_2(x)\ldots p_s(x) = c.$$

现在利用例10.1的结果, 我们可以取一个质数$q > |c|$ 和数字n 使得$q \mid p_1(n) \ne 0$. 显然有$q \mid p_1(n + q)$ (因为$p_1(n + q) \equiv p_1(n) \pmod{q}$). 选择$q > |c|$ 确保q 不能整除$p_2(n) \ldots p_s(n)$, 于是$v_q(f(n)) = v_q(p_1(n)) + k v_q(g(n))$. 但是假设意指$k \mid v_q(f(n))$, 所以$v_q(p_1(n)) \ge 2$. 同理可得$v_q(p_1(n + q)) \ge 2$. 然而应用二项式公式

$$p_1(n + q) \equiv p_1(n) + q p_1'(n) \pmod{q^2}.$$

因此我们必有$q \mid p_1(n)$, 这与$q > |c|$ 和

$$Q(x)p_1(x) + R(x)p_1'(x)p_2(x)\ldots p_s(x) = c$$

矛盾. 矛盾表明$s \ge 1$ 不符, 结论得证.

下一个问题是在2005年USA TST 上提出的, 并且完美结合了算术考虑和复数计算. 在这个问题中我们利用了多项式的许多算术性质, 尽管问题本身并不那么难(当然, 如果我们找到一个好的办法...).

例10.12 多项式$f \in \mathbb{Z}[X]$若对于任意正整数$k > 1$,序列$f(1), f(2), f(3), \ldots$ 包括与k互质的数字, 则它被称为特殊的.证明对任意$n > 1$, 至少有71% 的系数属于集合$\{1, 2, \ldots, n!\}$的n次一元多项式是特殊的.

(Titu Andreescu, Gabriel Dospinescu, USA TST 2005)

解答. 当然, 在计算这些多项式之前, 最好为它们找到一个更简单的特征描述.

设$p_1, p_2, \ldots, p_r$ 是所有不超过n的质数, 考虑集合

$$A_i = \{f \in M \mid p_i \mid f(m), \ \forall \ m \in \mathbb{N}^*\}$$

其中M是系数属于集合$\{1, 2, \ldots, n!\}$ 的n阶一元多项式的集合. 我们将证明特殊多项式集合T 恰是$M \setminus \bigcup_{i=1}^{r} A_i$. 显然, $T \subset M \setminus \bigcup_{i \le r} A_i$. 然而, 反过来说并不容易. 让我们假设$f \in \mathbb{Z}[X]$ 属于$M \setminus \bigcup_{i=1}^{r} A_i$ 且令p是比n大的质数. 因为f 是一元的,拉格朗日定理确保我们找到m 满足p 不是$f(m)$的因数. 因此对于任意质

数 q, $f(1), f(2), f(3), \ldots$ 中至少一个数字不是 q 的倍数. 设 $k > 1$ 且 $q_1, q_2, \ldots, q_s$ 是它的质因数. 则我们可以找到 $u_1, \ldots, u_s$ 使得 q_i 不能整除 $f(u_i)$. 应用中国剩余定理, 有正整数 x 使得 $x \equiv u_i \pmod{q_i}$. 所以, $f(x) \equiv f(u_i) \pmod{q_i}$ 且 q_i 不能整除 $f(x)$, 于是 $\gcd(f(x), k) = 1$. 现在证明了这两个集合的相等性.

使用原始估计, 我们得到

$$|T| = |M| - \left| \bigcup_{i=1}^{r} A_i \right| \ge |M| - \sum_{i=1}^{r} |A_i|.$$

现在计算 $|A_i|$. 实际上,

$$|A_i| = \frac{(n!)^n}{p_i^{p_i}}.$$

设 f 是 A_i 上的一元多项式,

$$f(X) = X^n + a_{n-1}X^{n-1} + \ldots + a_1 X + a_0.$$

那么, 对任意 $m > 1$,

$$0 \equiv f(m) \equiv a_0 + (a_1 + a_p + a_{2p-1} + a_{3p-2} + \ldots)m + (a_2 + a_{p+1} + a_{2p} + \ldots)m^2$$
$$+ \ldots + (a_{p-1} + a_{2p-2} + a_{3p-3} + \ldots)m^{p-1} \pmod{p},$$

为了简单起见, 我们令 $p = p_i$. 再次应用拉格朗日定理, 得到

$$p \mid a_0, \ p \mid a_1 + a_p + a_{2p-1} + \ldots, \ldots, \ p \mid a_{p-1} + a_{2p-2} + \ldots$$

我们稍后会用到这个, 但仍需要一个小的观察. 让我们数一数 s 元数组 $(x_1, x_2, \ldots, x_s) \in \{1, 2, \ldots, n!\}^s$ 使得

$$x_1 + x_2 + \ldots + x_s \equiv u \pmod{p},$$

其中 u 是固定的. 令

$$\varepsilon = \cos \frac{2\pi}{p} + i \sin \frac{2\pi}{p}$$

观察到

$$0 = (\varepsilon + \varepsilon^2 + \ldots + \varepsilon^{n!})^s$$

$$= \sum_{k=0}^{p-1} \varepsilon^k \mid \{(x_1, x_2, \ldots, x_s) \in \{1, 2, \ldots, n!\}^s \mid x_1 + \ldots + x_s \equiv k \pmod{p}\}\mid.$$

关于多项式

$$1 + X + X^2 + \ldots + X^{p-1}$$

不可约性的一个简单论证说明上面总和中出现的所有数字都相等, 且它们的和是$(n!)^s$, 于是每个数字等于$\dfrac{(n!)^s}{p}$.

我们现在准备结束证明.

假设在数字$a_1, a_p, a_{2p-1}, \ldots$ 中恰好存在v_1个数字,依此类推, 最后在$a_{p-1}, a_{2p-2}, \ldots$之中有$v_{p-1}$个数字. 应用上面的观察, 得出

$$|A_i| = \frac{n!}{p} \cdot \frac{(n!)^{v_1}}{p} \cdots \frac{(n!)^{v_{p-1}}}{p} = \frac{(n!)^n}{p^p}.$$

因此

$$|T| \geq (n!)^n - \sum_p \frac{(n!)^n}{p^p}.$$

但是

$$\frac{1}{5^5} + \frac{1}{7^7} + \ldots < \frac{1}{5^5}\left(1 + \frac{1}{5} + \frac{1}{5^2} + \ldots\right) < \frac{1}{1000}$$

所以特殊多项式的比例至少是

$$100\left(1 - \frac{1}{4} - \frac{1}{27} - \frac{1}{1000}\right) = 75 - \frac{100}{27} - \frac{1}{10} > 71.$$

关于这个问题再多观察几次. 作者发现了(在TST问题提交后)这个问题是Jan Turk的文章多项式的固定除数的主题, 发表在1986年《美国数学月刊》第四期. 文章采用了完全不同的想法和技巧, 得到了更为复杂和精确的估计. 例如, 作者证明了具有整数系数的随机多项式的特殊概率是$\prod_p\left(1 - \dfrac{1}{p^p}\right)$, 近似等于0.722. 这表明, 尽管我们的估计是非常基本的, 但它们离现实并不远. 我们邀请读者阅读这篇引人入胜的文章.

例10.13 假设整系数多项式f 没有二重零点, 则对于任意正整数r 存在一个n 使得$f(n)$ 的质数分解中至少有r 个不同的质因数, 且它们的指数都是1.

(Iranian Olympiad)

解答. 对于$r = n$ 时问题不明显. 所以我们不直接讨论一般情况, 而是先关注$r = 1$. 假设相反,即对所有n, $f(n)$ 的质因数指数至少为2. 因为f 没有二重零点,在$\mathbb{C}[X]$ 中$\gcd(f, f') = 1$ 且在$\mathbb{Q}[X]$ 中(因为除法和欧几里德算法). 利用$\mathbb{Q}[X]$中的贝佐特定理,我们可以找到整系数多项式P, Q 满足

$$P(n)f(n) + Q(n)f'(n) = c$$

其中c是正整数. 由第一个例子的结果, 我们可以取$f(n)$的一个质因数$q > c$. 我们的假设确保$q^2 \mid f(n)$, 并且$q \mid f(n+q)$, $q^2 \mid f(n+q)$. 应用牛顿二项式公式, 即可推出

$$f(n+q) \equiv f(n) + qf'(n) \pmod{q^2}.$$

我们结果发现$q \mid f'(n)$ 且$q \mid c$, 因为我们选择了$q > c$, 这是不可能的. 于是$r = 1$ 的情况得证. 现在让我们试着用归纳法来证明这个性质, 并假设对于r是真的. 当然, 对于正整数c 使得$P(n)f(n) + Q(n)f'(n) = c$成立的P, Q的存在性不依赖于r, 所以我们保留上面的符号. 根据归纳假设, 存在n 使得至少有r 个$f(n)$的质因数指数为1.设这些质因数为$p_1, p_2, \ldots, p_r$. 但是显然$n + kp_1^2 p_2^2 \ldots p_r^2$ 具有相同的性质: 所有质因数$p_1, p_2, \ldots, p_r$ 在$f(n+kp_1^2 p_2^2 \ldots p_r^2)$的分解式中指数为1. 因为它们中至多有有限个是$f$的零点,我们可以在开始就假设$n$不是$f$的零点. 现在考虑多项式

$$g(X) = f(n + (p_1 \ldots p_r)^2 X),$$

它显然不是常数. 再次应用例10.1中的结果, 我们找到一个质数$q > \max\{|c|, p_1, \ldots, p_r, |p(n)|\}$和数字$u$ 满足$q \mid g(u)$.

若$v_q(g(u)) = 1$, 我们就胜利了, 因为一个小验证就可以表明$q, p_1, \ldots, p_r$是不同的质数, 它们在$f(n + (p_1 \ldots p_r)^2 u)$的分解式中指数都为1. 困难的是$v_q(g(u)) \geq 2$的情况. 此时, 我们将考虑数字

$$N = n + u(p_1 \ldots p_r)^2 + uq(p_1 \ldots p_r)^2.$$

让我们证明在$f(N)$的分解式中,所有质数$q, p_1, \ldots, p_r$的指数为1. 对任意p_i,这是真的, 因为$f(N) \equiv f(n) \pmod{(p_1 \ldots p_r)^2}$. 再次使用二项式公式,我们得到

$$f(N) \equiv f(n + (p_1 \ldots p_r)^2 u) + uq(p_1 \ldots p_r)^2 f'(N) \pmod{q^2}.$$

现在, 若$v_q(f(n)) \geq 2$, 则因为

$$v_q(f(n + (p_1 \ldots p_r)^2 u)) = v_q(g(u)) \geq 2,$$

我们有$q \mid u(p_1 \ldots p_r)^2 f'(N)$. 重提选择

$$q > \max\{|c|, p_1, \ldots, p_r, |p(n)|\}$$

于是必有$q \mid u$ (若$q \mid f'(N) \Rightarrow q \mid (f(N), f'(N)) \mid c \Rightarrow q \leq |c|$, 矛盾). 但是由于$q \mid g(u)$, 我们有$q \mid g(0) = f(n)$. 幸运的是, 我们已经确保$n$不是多项式的零点, 且$q > \max\{|c|, p_1, \ldots, p_r, |p(n)|\}$, 所以最后一个整除不能成立. 这就完成了归纳步骤, 问题得以解决.

你喜欢在"看看指数"这一章中的厄多斯角么？我们用一系列与多项式质因数有关的困难问题来重复这一经验. 当我们说困难的时候，我们说无论怎样都是可以解决的，因为我们应该知道，关于多项式的质因数的定量估计的大多数问题仍然没有解决，而且可能会持续很长时间. 让我们回忆一下迄今为止取得的一些意想不到的结果，当然没有证明. 设 $P(n)$ 是 n 的最大质因数. 对于任意至少 2 次的多项式 f，$P(f(n))$ 趋于 ∞ 这是个非常难的结果(甚至 $\deg(f) = 2$ 时需要应用图耶－西格尔(Thue-Siegel)定理). 一个厄多斯的极难的定理表明对某个绝对常数 $c > 0$，$f(1)f(2)\ldots f(n)$ 的最大质因数大于 $n \cdot e^{(\ln n)^c}$. 所有这些结果都要求对代数和解析数论有非常深入的研究. 另一个是质数生成多项式的著名开放问题: 任何没有固定因式的多项式 f 都会产生质数无数次. 这些问题都远远超出了我们已知的结果. 但是当然，我们将用基本解法（或多或少）来讨论一些结果.

第一个问题研究了舒尔定理应用于多项式族. Vesselin Dimitrov 向我们提供了以下解决方案. 在研究问题的第二部分时，很容易看到结果的美，当我们用初等方法证明一个结果时，通常用伽罗瓦理论. 尽管我们还没有找到研究这个问题的第一篇文章，但是我们找到了一篇 T. Nagell 的文章，所有我们称之为 Nagell 定理.

例10.14 (a) 设 $f_1, f_2, \ldots, f_n$ 为整系数非常数多项式. 证明存在无数个质数 p 使得 $f_1, f_2, \ldots, f_n$ 在 $\mathbb{Z}/p\mathbb{Z}$ 中有一个零点(即, 存在整数 $k_1, k_2, \ldots, k_n$ 使得 $p \mid f_i(k_i)$，对于所有 i).

(b) 证明对于任意整系数非常数多项式 f 和任意正整数 k 存在无数个形如 $1 + qk$ 的质数能整除 $f(1), f(2), f(3), \ldots$ 中至少一项.

(Nagell's theorem)

解答. 对于 $n = 1$, (a) 正是舒尔定理. 事实上,我们的想法是通过证明存在多项式 $g_1, g_2, \ldots, g_n$ 使得 $f_i(g_i(X)$ 具有共同的非平凡因子，把研究缩小到这个特例. 然而这不是立竿见影的. 让我们看看要求是什么: 当然，若存在一个共同的非平凡因子，必有一个复根 z，所以首先我们应该看看能否找到有理系数的 g_i 和一些 z，使得 $f_i(g_i(X))$ 有共同的根 z. 这种情况下, $g_i(z)$ 应该是 f_i 的所有零点，所以开始自然分别固定 $f_1, f_2, \ldots, f_n$ 的一些根 $x_1, x_2, \ldots, x_n$，并试着找一些 z 和 g_i，使得 $g_i(z) = x_i$. 现在，代数数论中一个非常有用的定理（但它的证明是完全基本的）帮助我们: 实际上，有理数域的任何有限扩展都是由一个元素生成的. 即，若 $a_1, a_2, \ldots, a_k$ 是代数数(有理数域上的)，则存在一个代数数 α 使得

$$\mathbb{Q}(a_1, a_2, \ldots, a_k) = \mathbb{Q}(\alpha).$$

我们将把这个定理的证明留给读者作为一个漂亮的练习（如果你不能单独解决它，任何代数数论的入门书都会给出这个结果的证明）. 现在, x_i 显然是代

数数, 因为它们是f_i的根. 于是存在一些代数数z，有

$$\mathbb{Q}(x_1, x_2, \ldots, x_n) = \mathbb{Q}(z).$$

通过将z乘一个适当的整数, 我们可以假设z是一个代数整数. 这意味着每个x_i可以写作$g_i(z)$, 多项式g_i具有有理系数. 当然, 存在整数N使得$h_i = Ng_i$有整系数, 且存在大的d使得

$$F_i(X) = N^d f_i \left(\frac{h_i(X)}{N} \right)$$

也有整系数. 现在，所有F_i都被P整除, z的最小多项式属于$\mathbb{Q}[X]$. 因为z是一个代数整数, P是一个一元整系数多项式,因此是基元. 根据高斯引理, 在$\mathbb{Z}[X]$中F_i被P整除. 最后, 我们把舒尔定理应用到这个定理上. 存在无限多个质数$p > N$使得F在$\mathbb{Z}/p\mathbb{Z}$中有一个零点n_p. 固定这个质数p并注意$x = n_p$. 令

$$f_i(X) = A_s X^s + A_{s-1} X^{s-1} + \ldots + A_0.$$

我们知道p整除

$$A_s N^{d-s} h_i(x)^s + A_{s-1} N^{d-s+1} h_i(x)^{s-1} + \ldots + A_0 N^d.$$

当然, p与N互质, 所以p将整除

$$A_s h_i(x)^s + A_{s-1} N h_i(x)^{s-1} + \ldots + A_0 N^s.$$

因此, 若N'是N在$\mathbb{Z}/p\mathbb{Z}$中的倒数, $N' h_i(x)$是f_i模p的一个零点. 因为i是任意的, 所以所有f_i在$\mathbb{Z}/p\mathbb{Z}$中对于任意这样的质数p均有零点. 结论如下.

(b) 实际上是(a)的直接结果. 想法是对于$n > 1$, 任意n次循环多项式$\phi_n(a)$的质因数, 全等于1 模p或整除n. 这个结果的证明并不难. 事实上, 考虑p这个质因数. 那么$p \mid a^n - 1$, 于是, 若d是模p的阶数, 我们有$d \mid n$且$d \mid p - 1$. 显然, 若$d = n$,我们就做完了, 所以假设$d < n$. 那么因为

$$p \mid a^d - 1 = \prod_{k \mid d} \phi_k(a),$$

存在d的一个除数k使得$p \mid \phi_k(a)$. 然而, $X^n - 1$是所有阶整除n的循环多项式的积, 所以它是$\phi_k(X) \cdot \phi_n(X)$的倍数. 因此, $X^n - 1$在$\mathbb{Z}/p\mathbb{Z}$中a是一个二重根. 这是不可能的, 除非$p \mid n$, 因为这种情况下a是nX^{n-1}的一个根, 于是$p \mid n$(因为p不是a的因子). 这就证明了这个命题. 现在,把(a)应用到多项式$\phi_k(X)$和$f(X)$, 我们知道有无限个质数p使得这两个多项式在p个元素的域上有根. 但是在(b) 开头的观察表明这些素数中只有有限多个不等于1的模k. 于是, 其余无限个形式为$1 + kq$，证明完毕.

下一个例子涉及非常经典的在多项式值中无平方因子数问题. 一般的, 定义k-自由数为不能被任意质数的k次幂整除的非零整数. 可以证明(这个想法和我们要讨论的问题完全一样) 若f是一个d 阶本原多项式且f 不是d次幂线性多项式, 那么正整数n的正比例使得$f(n)$ 是d- 自由的. 厄多斯证明了一个更难的结果: 在f的一些自然条件下, 有无限多个n 使得$f(n)$是d-自由的. 无需多言, 如果证明非常重要, 我们将讨论一个与特殊形式的无平方因子数密切相关的问题.

接下来的结果比Laurentiu Panaitopol 证明的要强得多, 他指出, 有无数个连续的三元组都是无平方因子数. 解法改编自Ravi Boppana 的一个漂亮的论述. 讨论这个问题之前我们先给出一个定义:若存在一个常数$c > 0$ 使得对于所有足够大的x 有至少cx个A的元素小于x, 我们称正整数集合A 有正密度.

例10.15 证明使得

$$\frac{1}{2}n(n+1)(n+2)(n^2+1)$$

是无平方因子数的正整数n的集合有正密度.

(Vesselin Dimitrov)

解答. 让我们搜索一下形如$n = 180k + 1$ 的数字, k为正整数. 通过这个选择, $\frac{1}{2}n(n+1)(n+2)(n^2+1)$ 不能被4 或9 或25整除. 于是我们可以忽略质因数2, 3 和5. 设p 是大于5的质数. 恰有一个$k \pmod{p^2}$ 使得$n = 180k + 1$被p^2整除, 恰有一个$k \pmod{p^2}$ 使得$n + 1$ 被p^2整除,且恰有一个$k \pmod{p^2}$使得$n + 2$ 被p^2整除. 并且, 至多有两个$k \pmod{p^2}$ 使得$n^2 + 1$ 被p^2整除. 事实上, 若$p^2 \mid a^2 + 1$ 且$p^2 \mid b^2 + 1$,则$p^2 \mid (a - b)(a + b)$. 即$p^2 \mid a - b$ 或$p^2 \mid a + b$ (否则, p 整除$a - b$ 和$a + b$, 于是它也整除a, 这显然是不可能的). 至多总共有5个$k \pmod{p^2}$ 使得$n, n + 1, n + 2,$ 或$n^2 + 1$之一被p^2整除. 设N是一个足够大的整数. 通过之前的观察, 介于1 和N之间至多有$5\left\lceil \dfrac{N}{p^2} \right\rceil$ 个k值使得$n,$ $n + 1,$ $n + 2,$ 或$n^2 + 1$ 被p^2整除. 若$p > 180N + 1$, 则p对于$n, n + 1, n + 2,$ 或$n^2 + 1$ 被p^2 整除来说太大了. 介于1 和N 之间使得$n, n + 1, n + 2,$ 或$n^2 + 1$ 之一不是无平方因子的k 的个数至多是$\displaystyle\sum_{p=7}^{180N+1} 5\left\lceil \frac{N}{p^2} \right\rceil$.

我们可以通过

$$\sum_{p=7}^{180N+1} \left(5 + \frac{5N}{p^2}\right) \le 5\pi(180N + 1) + 5N\sum_{p \ge 7} \frac{1}{p^2}$$

求后一个和的界, 且因为

$$\sum_{p \geq 7} \frac{1}{p^2} \leq \sum_{m \geq 3} \frac{1}{(2m+1)(2m-1)} \leq \frac{1}{2}\left(\frac{1}{5} - \frac{1}{7} + \frac{1}{7} - \frac{1}{9} + \dots\right) = \frac{1}{10},$$

我们推测"坏" k 至多是 $\frac{N}{2} + o(N)$. 这里我们应用了经典的事实 $\pi(x) = o(x)$, 其中 $\pi(x) = \sum_{p \leq x} 1$ 是质数的计数函数(关于此结果的证明, 请参阅在分析和数论的边界这一章).

因此, 使得所有数字 n, $n+1$, $n+2$, n^2+1 (其中 $n = 180k+1$) 无平方因子的 $1 \leq k \leq N$ 的个数至少为 $\frac{N}{2} + o(N)$. 因为对于任意这样的 k, $\frac{1}{2}n(n+1)(n+2)(n^2+1)$ 无平方因子(n, $n+1$, $n+2$, n^2+1 之中两个数字的唯一公共质因数是 2, 3, 5 .且我们看到 n 的选择确保 4, 9, 25 不是 $\frac{1}{2}n(n+1)(n+2)(n^2+1)$ 的因数). 这样, 使得 $\frac{1}{2}n(n+1)(n+2)(n^2+1)$ 无平方因子的 $n < 181N$ 的个数至少是 $\frac{N}{2} + o(N)$, 这意味着使得 $\frac{1}{2}n(n+1)(n+2)(n^2+1)$ 无平方因子的 n 的集合有正密度.

10.2 习题

1. 设 $f_1, f_2, \dots, f_k$ 是整系数非常数多项式. 证明对于无数个 n , 所有数字 $f_1(n), f_2(n), \dots, f_k(n)$ 是复合的.

2. 设 $f \in \mathbb{Z}[X]$ 且 $n > 3$. 证明不存在整数 $x_1, x_2, \dots, x_n$ 使得 $f(x_i) = x_{i-1}$, $i = 1, 2, \dots, n$, 指数取模 n.

3. 设 $f \in \mathbb{Z}[X]$ 是 $n \geq 2$ 次多项式. 证明多项式 $f(f(X)) - X$ 至多有 n 个整数零点.

(Gh. Eckstein, Romanian TST)

4. 求所有 $n > 1$ 的整数, 使得存在一个多项式 $f \in \mathbb{Z}[X]$ 具有性质: 对任意整数 k 有 $f(k) = 0 \pmod{n}$ 或 $f(k) = 1 \pmod{n}$ 且这两个方程都有解.

5. 对于所有正整数 n, 求出所有整系数多项式 f 使得 $f(n) \mid 2^n - 1$.

(Polish Olympiad)

6. 设 p 是一个质数，且 $f \in \mathbb{Z}[X]$ 是一个多项式使得数字

$$f(0), f(1), \ldots, f(p^2 - 1)$$

被 p^2 除时有不同的余数. 证明数字

$$f(0), f(1), \ldots, f(p^3 - 1)$$

被 p^3 除有不同的余数.

(Putnam 2008)

7. 是否存在一个非常数多项式 $f \in \mathbb{Z}[X]$ 和一个整数 $a > 1$ 使得数字 $f(a), f(a^2), f(a^3), \ldots$ 成对互质?

(St Petersburg 1998)

8. 设 $f \in \mathbb{Z}[X]$ 是一个非常数多项式. 证明序列 $f(3^n) \pmod{n}$ 无界.

9. 求出所有整系数多项式 f 使其具有下述性质: 存在 k 使得对于所有质数 p, $f(p)$ 至多有 k 个质因数.

10. 求出所有多项式 $f \in \mathbb{Z}[X]$ 使其满足对任意互质整数 m, n, 数字 $f(m)$, $f(n)$ 也是互质的.

(Iran TST)

11. 设 f 是一个整系数多项式，且

$$a_0 = 0 \ , \ a_n = f(a_{n-1}) \ , \ n \geq 1.$$

证明 $(a_n)_{n \geq 0}$ 是一个梅森序列, 即对所有正整数 m 和 n

$$\gcd(a_m, a_n) = a_{\gcd(m,n)}$$

.

(Romanian TST)

12. 求出所有整数 k 使得若整系数多项式 f 满足 $0 \leq f(0), f(1), \ldots, f(k+1) \leq k$，那么

$$f(0) = f(1) = \ldots = f(k) = f(k+1).$$

(IMO 1997 Shortlist)

13. (a) 设 f 是一个是系数多项式. 证明下列两个断言的等价性:

i. 对任意整数 n 有 $f(n) \in \mathbb{Z}$;

ii. 存在整数n 和$a_0, a_1, \ldots, a_n$ 使得

$$f(X) = a_0 + a_1 X + a_2 \cdot \frac{X(X-1)}{2} + \ldots + a_n \cdot \frac{X(X-1)\ldots(X-n+1)}{n!}.$$

(b) 设n 是一个正整数.使得对任意整数k 有$n \mid f(k)$ 的一元整系数多项式f最低次幂是几?

14. 设f 是实系数多项式, 且$f(n) \in \mathbb{Z}$, $n \in \mathbb{Z}$. 证明对于任意整数$m!n$, 数字

$$\operatorname{lcm}[1, 2, \ldots, \deg(f)] \cdot \frac{f(m) - f(n)}{m - n}$$

是一个整数.

(MOSP 2001)

15. 设f 是d次多项式, 且对于所有$0 \leq m, n \leq d$满足

$$f(\mathbb{Z}) \subset \mathbb{Z} \text{ 且} \frac{f(n) - f(m)}{m - n} \in \mathbb{Z}$$

证明对于所有整数$m \neq n$有$\dfrac{f(n) - f(m)}{m - n} \in \mathbb{Z}$.

(Holden Lee)

16. 设P 是一个整系数多项式, 满足$P(0) = 0$ 且

$$\gcd(P(0), P(1), P(2), \ldots) = 1.$$

证明有无数个n 使得

$$\gcd(P(n) - P(0), P(n+1) - P(1), P(n+2) - P(2), \ldots) = n.$$

(USA TST 2010)

17. 设d, r 是正整数且$d \geq 2$. 证明对于任何次数低于r的非常数多项式$f \in \mathbb{R}[X]$, 数字$f(0), f(1), \ldots, f(d^r - 1)$ 可以被分成d 个组, 且每个组之和相同.

(J.O. Shallit, AMM E 3032)

18. 令$(a_n)_{n \geq 1}$是一个单调递增正整数序列, 且对一些多项式$f \in \mathbb{Z}[X]$及所有n, 有$a_n \leq f(n)$. 并假设对所有不同的正整数m, n, 有$m - n \mid a_m - a_n$. 证明存在一个多项式$g \in \mathbb{Q}[X]$ 使得对于所有n, $a_n = f(n)$.

(USAMO 1995)

19. (a) 证明对每个正整数n有一个多项式$f \in \mathbb{Z}[X]$, 使得$f(1) < f(2) < \ldots < f(n)$ 是质数.

(b)同上, 但是是2的幂, 不是质数.

(c)设$a > 1$ 是个整数, n是个正整数. 证明存在一个整系数n次多项式f, 满足$f(0), f(1), \ldots, f(n)$ 是成对的不同的正整数, 都有形式$2a^k + 3$, k是整数.

(Chinese TST 2004)

20. 设质数$p > 5$, 且a, b, c 是整数, 满足p 不能整除$a - b$, $b - c$, $c - a$任意之一. 设i, j, k 是非负整数, 且$i + j + k$ 能被$p - 1$整除, 且对任意整数x, 数字

$$(x - a)(x - b)(x - c)[(x - a)^i (x - b)^j (x - c)^k - 1]$$

能被p整除. 证明每个i, j, k 都能被$p - 1$整除.

(Kiran Kedlaya and Peter Shor, USA TST 2009)

21. 考虑所有序列

$$(f(1) \ (\mathrm{mod}\ n), f(3) \ (\mathrm{mod}\ n), \ldots, f(1023) \ (\mathrm{mod}\ n)),$$

其中$n = 1024$且f是任意整系数多项式.

证明这些序列中数字$1, 3, 5, \ldots, 1023$的排列至多是2^{35}.

(USA TST 2007)

22. 证明对于所有n 存在一个不超过n次的整系数多项式f, 满足对于所有整数x, 2^n 整除$f(x)$ 且对于所有奇数整数x, 2^n 整除$f(x) - 1$.

(P. Hajnal, Kömal)

23. 设n 是正偶整数. 求最小正整数k 使得有整系数多项式f, g 满足

$$f(X)(X + 1)^n + g(X)(X^n + 1) = k.$$

(IMO Shortlist 1996)

24. 设多项式$f \in \mathbb{Z}[X]$至少为2次, 且首项系数为正. 证明有无数个n 使得$f(n!)$ 是复合的.

(IMO Shortlist 2005)

25. 设n 是一个不能被一个质数的立方整除的正整数.考虑所有序列$(x_1, x_2, \ldots, x_n)$, $x_i \in \mathbb{Z}/n\mathbb{Z}$. 我们能够找到多少整系数多项式$f$使得对所有$i$有$f(i) \ (\mathrm{mod}\ n) = x_i$?

(USA TST 2008)

26. 证明存在数字$c > 0$ 且满足: 对任意质数p, 至多存在$cp^{2/3}$ 个正整数n 使得p 整除$n! + 1$.

(Chinese TST 2009)

27. 对于任意质数p求出所有多项式$f \in \mathbb{Z}[X]$ 使得$f(p) \mid 2^p - 2$.

(Gabriel Dospinescu, Peter Scholze)

28. 设多项式$f \in \mathbb{Z}[X]$ 且a 是整数. 考虑序列$a_0 = a$, $a_{n+1} = f(a_n)$. 若$a_n \to \infty$ 且$\{a_n\}$的质因数集合是有限的, 证明对于某个A, d, $f(X) = AX^d$.

(Tuymaada Olympiad 2003)

第 11 章 拉格朗日插值公式

11.1 理论和实例

几乎每个人都知道中国剩余定理，它是数论中的一个重要工具. 但是每个人都知道多项式的类似形式吗? 这样说，这个问题似乎不可能回答. 那么，让我们把它变得更容易，并重新表述它:给出一些成对的不同实数$x_0, x_1, x_2, \ldots, x_n$，还有一些任意的实数$a_0, a_1, a_2, \ldots, a_n$，可以找到实系数多项式$f$ 使得$f(x_i) = a_i$，其中$i \in \{0, 1, \ldots, n\}$，这是真的吗? 答案是肯定的，这个问题的一个可能的解决方案是基于拉格朗日插值公式. 这种多项式的一个例子是

$$f(x) = \sum_{i=0}^{n} a_i \prod_{\substack{0 \leq j \leq n \\ j \neq i}} \frac{x - x_j}{x_i - x_j}. \tag{11.1}$$

(在本章接下来的内容中，将编写一个类似于上面的乘积，为了简单，就像$\prod_{j \neq i} \dfrac{x - x_j}{x_i - x_j}$).

事实上，立即看到$f(x_i) = a_i$，$i \in \{0, 1, \ldots, n\}$. 而且，上面的表达式表明这个多项式的次数小于或等于n. 这是唯一具有这个补充性质的多项式吗? 是的，证明一点也不困难. 假设我们有另一个次数小于或等于n的多项式g 且满足$g(x_i) = a_i$，$i \in \{0, 1, \ldots, n\}$. 则多项式$g - f$次数也小于或等于$n$，并且有零点$x_0, x_1, \ldots, x_n$. 因此，它必须为零，并且证明了唯一性.

拉格朗日插值定理有什么用? 我们将在下面的问题中看到，如果我们知道某些给定点的值，它将帮助我们立即找到某个点上多项式的值. 读者可能已经注意到，直接根据公式（11.1),可以证明若我们知道在$1 + \deg f$ 点的值,我们就可以在不求解复杂线性方程组的情况下，求出任何其他点的值. 此外，我们将看到它有助于为某些特殊多项式建立一些不等式和界限，甚至有助于我们找到和证明一些漂亮的恒等式. 现在，让我们通过一些很好的问题开始这段旅程，在这些问题中可以使用这个想法. 正如前面所说的，我们将首先看到如何快速计算某些多项式在某一点上的值. 这是奥林匹克竞赛中最受欢迎的问题之一，如下面的例子所示.

例11.1 设$F_1 = F_2 = 1$，$F_{n+2} = F_n + F_{n+1}$ 且f是一个990 次多项式，满足$f(k) = F_k$，$k \in \{992, \ldots, 1982\}$. 证明$f(1983) = F_{1983} - 1$.

(Titu Andreescu, IMO 1983 Shortlist)

解答. 由题，我们有 $f(k+992) = F_{k+992}$ ，$k = 0, 1, \ldots, 990$，并且我们需要证明 $f(992 + 991) = F_{1983} - 1$. 我们不需要花费太多精力在 $k + 992$ 上，因为我们可以用多项式 $g(x) = f(x+992)$，它也是 990 次. 现在，问题变成了：若 $g(k) = F_{k+992}$，，$k = 0, 1, \ldots, 990$, 则 $g(991) = F_{1983} - 1$. 但是我们知道怎样计算 $g(991)$. 事实上, 再看插值公式, 我们发现

$$g(991) = \sum_{k=0}^{990} g(k) \binom{991}{k}(-1)^k = \sum_{k=0}^{990} \binom{991}{k} F_{k+992}(-1)^k$$

说明我们需要证明等式

$$\sum_{k=0}^{990} \binom{991}{k} F_{k+992}(-1)^k = F_{1983} - 1.$$

我们已知

$$F_n = \frac{a^n - b^n}{\sqrt{5}},$$

其中 $a = \dfrac{\sqrt{5}+1}{2}$ 且 $b = \dfrac{1-\sqrt{5}}{2}$. 记住这一点，我们当然可以尝试直接的方法

$$\sum_{k=0}^{990} \binom{991}{k} F_{k+992}(-1)^k$$

$$= \frac{1}{\sqrt{5}}\left[\sum_{k=0}^{990} \binom{991}{k} a^{k+992}(-1)^k - \sum_{k=0}^{990} \binom{991}{k} b^{k+992}(-1)^k \right].$$

但利用二项式定理，上述和就消失了

$$\sum_{k=0}^{990} \binom{991}{k} a^{k+992}(-1)^k = a^{992} \sum_{k=0}^{990} \binom{991}{k}(-a)^k = a^{992}[(1-a)^{991} + a^{991}].$$

因为 $a^2 = a + 1$, 我们有

$$a^{992}[(1-a)^{991} + a^{991}] = a(a - a^2)^{991} + a^{1983} = -a + a^{1983}.$$

因为在所有论述中我们仅用了 $a^2 = a + 1$ 且 b 也满足这个关系式,我们发现

$$\sum_{k=0}^{990} \binom{991}{k} F_{k+992}(-1)^k = \frac{1}{\sqrt{5}}(a^{1983} - b^{1983} - a + b)$$

$$= \frac{a^{1983} - b^{1983}}{\sqrt{5}} - \frac{a-b}{\sqrt{5}}$$

$$= F_{1983} - 1.$$

这就是为什么在前面的公式下并利用一些巧妙的计算, 我们可以解决这个问题并找到斐波那契数的一个非常好的性质.

接下来的例子是1997年IMO 提出的一个非常好的问题. 在这里, 应用拉格朗日插值公式的步骤隐藏在一些同余式中. 这是一个很好的奥林匹克竞赛问题的典型例子: 无论参赛者在这一领域了解多少, 解决这一问题都可能有很大困难.

例11.2 设 f 是一个整系数多项式, p 是一个质数且对于所有正整数 k, $f(0) = 0$, $f(1) = 1$ 和 $f(k)$ 等于0 或1 模 p. 证明 f 是至少 $p - 1$ 次的.

(IMO 1997 Shortlist)

解答. 这样的问题应该通过矛盾来间接解决. 于是, 假设 $\deg f \le p - 2$. 然后应用差值公式, 我们得出

$$f(x) = \sum_{k=0}^{p-1} f(k) \prod_{j \ne k} \frac{x - j}{k - j}.$$

现在, 因为 $\deg f \le p - 2$, 等式右边 x^{p-1} 的系数一定是零. 因此, 我们有

$$\sum_{k=0}^{p-1} \frac{(-1)^{p-k-1}}{k!(p-1-k)!} f(k) = 0.$$

还有一步. 事实上, 把上面的关系式写为

$$\sum_{k=0}^{p-1} (-1)^k \binom{p-1}{k} f(k) = 0$$

然后用这个等式模 p. 因为

$$k! \binom{p-1}{k} = (p-k)(p-k+1) \ldots (p-1) \equiv (-1)^k k! \pmod{p}$$

我们发现

$$\binom{p-1}{k} \equiv (-1)^k \pmod{p}$$

于是

$$\sum_{k=0}^{p-1} (-1)^k \binom{p-1}{k} f(k) \equiv \sum_{k=0}^{p-1} f(k) \pmod{p}.$$

因此,

$$\sum_{k=0}^{p-1} f(k) \equiv 0 \pmod{p},$$

这是不可能的,因为对于所有k, $f(k) \equiv 0, 1 \pmod{p}$, 并且并不是所有数字$f(k)$ 模p有相同的余数(例如, $f(0)$ 和$f(1)$). 这一矛盾表明我们的假设是错误的, 结论是正确的.

现在是时候看看一些困难的等式如何是拉格朗日插值公式简单的结果, 虽然在这些问题中多项式不是一眼就看出来的.

例11.3 设$a_1, a_2, \ldots, a_n$ 是成对的不同正整数. 证明对任意正整数k,

数字$\displaystyle\sum_{i=1}^{n} \frac{a_i^k}{\prod_{j \neq i}(a_i - a_j)}$ 是一个整数.

(United Kingdom)

解答. 通过观察表达式, 我们意识到多项式$f(x) = x^k$的拉格朗日差值公式. 但是当这个多项式的次数大于或等于n时有一些问题.

这个利用f 模

$$g(x) = (x - a_1)(x - a_2) \ldots (x - a_n)$$

的余数可以解决. 于是,继续写出$f(x) = g(x)h(x) + r(x)$, 其中r 是一个至多$n - 1$次多项式. 得出

$$r(x) = \sum_{i=1}^{n} r(a_i) \prod_{j \neq i} \frac{x - a_j}{a_i - a_j}.$$

现在, 我们需要三个观察结果. 第一个是$r(a_i) = a_i^k$, 第二个是多项式r 有整系数, 第三个是

$$\sum_{i=1}^{n} \frac{a_i^k}{\prod_{j \neq i}(a_i - a_j)}$$

恰是x^{n-1} 在多项式

$$\sum_{i=1}^{r} r(a_i) \prod_{j \neq i} \frac{x - a_j}{a_i - a_j}$$

中的系数. 结合这些观察, 我们发现

$$\sum_{i=1}^{n} \frac{a_i^k}{\prod_{j \neq i}(a_i - a_j)}$$

是x^{n-1}在r中的系数,它是整数. 这样,我们不仅解决了问题，我们还找到了一种快速计算形如

$$\sum_{i=1}^{n} \frac{a_i^k}{\prod\limits_{j \neq i}(a_i - a_j)}$$

的求和方法.

以下两个问题涉及一些复合的和. 如果第一个比较容易用组合论论证来证明（这是读者找到这个论证的一个很好的练习），对于第二个问题，组合法就更难了. 但我们将看到这两个都是插值公式的直接结果.

例11.4 设$f(x) = \sum\limits_{k=0}^{n} a_k x^{n-k}$. 证明对于任意非零实数$h$和任意实数$A$有

$$\sum_{k=0}^{n}(-1)^{n-k}\binom{n}{k}f(A+kh) = a_0 \cdot n! \cdot h^n.$$

解答. 因为这个多项式至多n次,我们可以应用插值公式

$$f(x) = \sum_{k=0}^{n} f(A+kh) \prod_{j \neq k} \frac{x - A - jh}{(k-j)h}.$$

现在，让我们确定等式中两个多项式的首项系数. 我们发现

$$a_0 = \sum_{k=0}^{n} f(A+kh)\frac{1}{\prod\limits_{j \neq k}[(k-j)h]} = \frac{1}{n!h^n}\sum_{k=0}^{n}(-1)^{n-k}\binom{n}{k}f(A+kh),$$

这个我们已经证明了，简单而优雅! 注意，上面的问题隐含着众所周知的组合恒等式

$$\sum_{k=0}^{n}(-1)^{k}\binom{n}{k}k^p = 0, \ p \in \{0, 1, 2, \ldots, n-1\}$$

且

$$\sum_{k=0}^{n}(-1)^{n-k}\binom{n}{k}k^n = n!.$$

(等式对于$h = 0$也成立!)

我们说过要讨论一个较难的问题. 读者看完解答可能会说: 这很普通! 是的, 这对于熟知拉格朗日插值公式并且会考虑应用它解答的人来说很普通. 不过, 并不是都这么容易.

例11.5 证明等式

$$\sum_{k=0}^{n} (-1)^{n-k} \binom{n}{k} k^{n+1} = \frac{n(n+1)!}{2}.$$

解答. 我们取多项式 $f(x) = x^n$. (为什么不取多项式 $f(x) = x^{n+1}$? 只因为对于至多 n 次多项式, 写出的公式中出现 $(-1)^{n-k} \binom{n}{k}$.) 我们写插值公式

$$x^n = \sum_{k=0}^{n} k^n \cdot \frac{x(x-1)\ldots(x-k-1)(x-k+1)\ldots(x-n)}{(n-k)!k!}(-1)^{n-k}.$$

现在, 我们定义两项中 x^{n-1} 的系数. 我们发现

$$0 = \sum_{k=0}^{n} (-1)^{n-k} \binom{n}{k} k^n (1 + 2 + \ldots + n - k).$$

现在问题解决了, 因为我们发现

$$\sum_{k=0}^{n} (-1)^{n-k} \binom{n}{k} k^{n+1} = \frac{n(n+1)}{2} \sum_{k=0}^{n} (-1)^{n-k} \binom{n}{k} k^n$$

并且从前一个问题已知

$$\sum_{k=0}^{n} (-1)^{n-k} \binom{n}{k} k^n = n!$$

如果拉格朗日插值公式只适用于建立恒等式和要计算多项式的值, 这将不是

什么伟大的发现. 当然不是这样的——它在分析中起着基本的作用. 但是, 我们不打算进入这个领域, 我们更愿意集中精力这个公式的另一个基本方面, 看看它如何帮助我们建立一些显著的不等式, 其中一些会非常困难.

我们从一个非常困难的不等式开始, 最初由 H.S. Shapiro 在《美国数学月刊》中提出, 插值公式被隐藏得很好. 但是分母有时会给出有价值的提示.

例11.6 证明对任意实数 $x_1, x_2, \ldots, x_n \in [-1, 1]$ 下列不等式成立

$$\sum_{i=1}^{n} \frac{1}{\prod_{j \neq i} |x_j - x_i|} \geq 2^{n-2}.$$

(H.S. Shapiro, Iranian Olympiad)

解答. 式子 $\prod_{j \neq i} |x_j - x_i|$ 是这个问题的唯一提示. 但是即使我们知道如此, 该怎么选择多项式? 答案很简单: 我们可以任意选择, 只有到最后我们才会决定一个是最佳的. 所以, 接下来我们取

$$f(x) = \sum_{k=0}^{n-1} a_k x^k$$

任意 $n-1$ 次多项式, 则有

$$f(x) = \sum_{k=1}^{n} f(x_k) \prod_{j \neq k} \frac{x - x_j}{x_k - x_j}.$$

结合三角不等式, 得到

$$|f(x)| \leq \sum_{k=1}^{n} |f(x_k)| \prod_{j \neq k} \left| \frac{x - x_j}{x_k - x_j} \right|.$$

只有现在才有了漂亮的想法, 这实际上是主要的一步. 通过上面不等式我们发现

$$\left| \frac{f(x)}{x^{n-1}} \right| \leq \sum_{k=1}^{n} \frac{|f(x_k)|}{\prod_{j \neq k} |x_k - x_j|} \left| \prod_{j \neq k} \left(1 - \frac{x_j}{x} \right) \right|$$

且因为对所有非零实数 x 都成立, 我们可以当 $x \to \infty$ 时取极限, 结果很漂亮

$$|a_{n-1}| \leq \sum_{k=1}^{n} \frac{|f(x_k)|}{\prod_{j \neq k} |x_k - x_j|}.$$

现在是时候取多项式. 我们需要一个多项式 f 满足 $|f(x)| \leq 1$, $x \in [-1, 1]$ 且首项系数是 2^{n-2}. 这次我们的数学文化将决定, 即切比雪夫多项

式是最好的, 因为它们是在$[-1,1]$上具有最小偏差的多项式(读者只需等几秒，就可以看到用拉格朗日插值定理证明这一非凡结果的漂亮证明). 所以, 我们取多项式$f(\cos x) = \cos(n-1)x$. 很容易看出这样的多项式存在,次数为$n-1$, 首项系数为2^{n-2}, 于是这个选择解决了我们的问题.

注意到不等式

$$|a_{n-1}| \leq \sum_{k=1}^{n} \frac{|f(x_k)|}{\prod_{j \neq k} |x_k - x_j|}$$

可以通过定义等式

$$f(x) = \sum_{k=1}^{n} f(x_k) \prod_{j \neq k} \frac{x - x_j}{x_k - x_j}$$

的首项系数并应用三角不等式证明.

下面的例子是思维的完美组合. 因为许多方法都失败了, 所以问题不简单. 然而, 在上述框架下, 结合拉格朗日插值公式的经验, 这并不难.

例11.7 设$f \in \mathbb{R}[X]$ 为首项系数为1的n次多项式，且整数$x_0 < x_1 < x_2 < \cdots < x_n$. 证明存在$k \in \{0, 1, \ldots, n\}$ 满足

$$|f(x_k)| \geq \frac{n!}{2^n}.$$

(Crux Matematicorum)

解答. 很自然(但是，如果以前没有讨论过这么多相关的问题，这会是自然而然的吗?), 我们先定义

$$f(x) = \sum_{k=0}^{n} f(x_k) \prod_{j \neq k} \frac{x - x_j}{x_k - x_j}.$$

现在，重复前面问题中的论证，并根据首项系数是1，我们发现

$$\sum_{k=0}^{n} \frac{|f(x_k)|}{\prod_{j \neq k} |x_k - x_j|} \geq 1.$$

正因为我们是在讨论整数，于是可以找到$\prod_{j \neq k} |x_k - x_j|$的一个下界.这很简单，因为

$$\prod_{j \neq k} |x_k - x_j| = |(x_k - x_0)(x_k - x_1) \ldots (x_k - x_{k-1})(x_{k+1} - x_k) \ldots (x_n - x_k)|$$

$$\geq k(k-1)(k-2) \ldots 2 \cdot 1 \cdot 1 \cdot 2 \ldots (n-k) = k!(n-k)!$$

应用这些不等式，我们推出了

$$\sum_{k=0}^{n} \frac{|f(x_k)|}{k!(n-k)!} \geq 1.$$

现在，因为

$$\sum_{k=0}^{n} \frac{1}{k!(n-k)!} = \frac{1}{n!} \sum_{k=0}^{n} \binom{n}{k} = \frac{2^n}{n!}$$

得出

$$|f(x_k)| \geq \frac{n!}{2^n}$$

$0 \leq k \leq n.$

下面的例子是 F.J.Dyson（1962）的一个猜想的答案. 基于拉格朗日插值公式得到的一个恒等式，这里给出的优雅证明是由 I.J.Good（1970）提出的.

例11.8 设 $a_1, a_2, \ldots, a_n$ 是非负整数，$f(a_1, a_2, \ldots, a_n)$ 是"多项式"

$$\prod_{\substack{1 \leq i,j \leq n \\ i \neq j}} \left(1 - \frac{x_i}{x_j}\right)^{a_i}$$

的常数项.

证明

$$f(a_1, a_2, \ldots, a_n) = \frac{(a_1 + a_2 + \ldots + a_n)!}{a_1! a_2! \ldots a_n!}.$$

解答. 定义

$$f(a_1, a_2, \ldots, a_n) = \frac{(a_1 + a_2 + \ldots + a_n)!}{a_1! a_2! \ldots a_n!}.$$

我们将通过对 $a_1 + a_2 + \ldots + a_n$ 归纳来证明

$$f(a_1, a_2, \ldots, a_n) = g(a_1, a_2, \ldots, a_n).$$

若 $a_1 = a_2 = \ldots = a_n = 0$，命题显然正确. 现在，观察到若所有 a_i 是正数，

$$g(a_1, a_2, \ldots, a_n) = g(a_1 - 1, a_2, \ldots, a_n) + \ldots + g(a_1, a_2, \ldots, a_n - 1)$$

且若 $a_k = 0$，则

$$g(a_1, a_2, \ldots, a_{k-1}, 0, a_{k+1}, \ldots, a_n) = g(a_1, a_2, \ldots, a_{k-1}, a_{k+1}, \ldots, a_n)$$

因此足以证明 f 具有相同的关系式.

若 $a_k = 0$, 显然

$$f(a_1, a_2, \ldots, a_{k-1}, 0, a_{k+1}, \ldots, a_n) = f(a_1, a_2, \ldots, a_{k-1}, a_{k+1}, \ldots, a_n),$$

所以假设所有 a_i 都是正数. 为了证明

$$f(a_1, a_2, \ldots, a_n) = f(a_1 - 1, a_2, \ldots, a_n) + \ldots + f(a_1, a_2, \ldots, a_n - 1)$$

只需证明

$$\prod_{\substack{1 \le i,j \le n \\ i \ne j}} \left(1 - \frac{x_i}{x_j}\right)^{a_i} = \sum_{i=1}^{n} \prod_{j \ne i} \left(1 - \frac{x_i}{x_j}\right)^{a_i} \cdot \prod_{j \ne i} \left(1 - \frac{x_i}{x_j}\right)^{-1},$$

可以归结为

$$1 = \sum_{i=1}^{n} \prod_{j \ne i} \left(1 - \frac{x_i}{x_j}\right)^{-1}.$$

但这仅是多项式 $f(X) = 1$ 在节点 $x_1, x_2, \ldots, x_n$ 和 $x = 0$ 处拉格朗日插值公式的取值.

在开始更详细地研究切比雪夫多项式及其性质之前, 我们将再讨论一个问题. 这是罗马尼亚数学奥林匹克竞赛中给出的, 是拉格朗日插值公式的一个很好的应用. 用一点积分理论和傅里叶级数就可以说明它平凡的性质.

例11.9 证明对于任意首项系数为1的 n 次多项式 f, 存在一点 z 满足

$$|z| = 1 \quad \text{且} \quad |f(z)| \ge 1.$$

(Marius Cavachi, Romanian Olympiad)

解答. 当然想法总是一样的, 但这次有必要找恰当的点写出插值公式. 正如我们之前所做的, 一开始会茫然, 但最后我们会努力找到这些点. 在那之前我们称它们 $x_0, x_1, x_2, \ldots, x_n$ 且记

$$\sum_{k=0}^{n} \frac{|f(x_k)|}{\prod_{j \ne k} |x_k - x_j|} \ge 1.$$

这个不等式在例11.6已经证明了. 现在, 考虑多项式

$$g(x) = \prod_{i=0}^{n} (x - x_i).$$

则

$$|g'(x_i)| = \left| \prod_{j \neq i} (x_i - x_j) \right|.$$

现在，如果可能的话，我们希望 $|x_i| = 1$ 且 $\sum_{k=0}^{n} \frac{1}{|g'(x_k)|} \leq 1$.

在这种情况下，由

$$\sum_{k=0}^{n} \frac{|f(x_k)|}{\prod_{j \neq k} |x_k - x_j|} \geq 1$$

则 $|f(x_k)|$ 中至少有一个数字大于或等于1，问题解决. 因此,我们应该找到一个 $n+1$ 次一元多项式 g ，其所有的根模1 且满足

$$\sum_{k=0}^{n} \frac{1}{|g'(x_k)|} \leq 1.$$

这很简单:只需考虑 $g(x) = x^{n+1} - 1$. 结论成立.

我们解释一点：我们说这个问题是用一点积分理论工具来解决的. 事实上, 若记

$$f(x) = \sum_{k=0}^{n} a_k x^k$$

则通过简单的计算验证

$$a_k = \frac{1}{2\pi} \int_0^{2\pi} f(e^{it}) e^{-ikt} dt$$

并从这里得出结论，因为我们有

$$2\pi = \left| \int_0^{2\pi} f(e^{it}) e^{-int} dt \right| \leq \int_0^{2\pi} |f(e^{it})| dt \leq 2\pi \max_{|z|=1} |f(z)|.$$

当然在十年级的时候就知道这一点(因为问题是给十年级学生提出的) 并不寻常...

在下一个计算性更强的问题之前（当然，这并不意味着没那么有趣），让我们回忆一下切比雪夫第一类多项式的一些性质. 它们定义为

$$T_n(x) = \cos(n \arccos(x))$$

或同样的

$$T_n(\cos x) = \cos(nx)$$

应用关系式

$$T_{n+1}(x) = 2xT_n(x) - T_{n-1}(x)$$

可以通过归纳验证出, 给定了一个n次多项式,首项系数为2^{n-1}且所有系数为整数. 在这些多项式的数百个有趣和有用的性质中, 让我们陈述一些, 其中的证明对于感兴趣的读者来说是非常有用的练习.

定理11.1 多项式T_n 具有下述性质:

- T_n的一个显示公式是

$$T_n(x) = \frac{\left(x + \sqrt{x^2-1}\right)^n + \left(x - \sqrt{x^2-1}\right)^n}{2}.$$

- 多项式T_n和T_m 交换, 即对所有m, n 和所有x, $T_n(T_m(x)) = T_m(T_n(x))$.

- 这些多项式的生成函数是

$$\sum_{n \geq 1} T_n(x)z^n = \frac{z(x-z)}{1 - 2zx + z^2}$$

其中$|z| < 1$ 且$|x| < 1$.

- 它们在区间$[-1, 1]$ 上形成正交系统，权重为

$$v(x) = \frac{1}{\sqrt{1-x^2}};$$

即对于不同正整数$i \neq j$ 有关系式

$$\int_{-1}^{1} \frac{T_i(x)T_j(x)}{\sqrt{1-x^2}} dx = 0.$$

以下问题将基于一个非常好的特征，我们要证明关于多项式范数的一些经典结果，找出在$[-1, 1]$上有最小偏差的多项式，也用来建立一些新的不等式. 为了做到这一切，我们需要两个技术性很强的引理，它们不难建立，但非常有用.

引理11.1 若设$t_k = \cos \frac{k\pi}{n}$, $0 \leq k \leq n$, 则

$$f(x) = \prod_{k=0}^{n} (x - t_k) = \frac{\sqrt{x^2-1}}{2^n} \left[\left(x + \sqrt{x^2-1}\right)^n - \left(x - \sqrt{x^2-1}\right)^n \right].$$

证明. 证明很简单. 事实上, 若我们考虑

$$g(x) = \frac{\sqrt{x^2-1}}{2^n} \left[\left(x + \sqrt{x^2-1}\right)^n - \left(x - \sqrt{x^2-1}\right)^n \right],$$

利用二项式公式, 我们可以立即确定它是一个多项式. 而且, 显而易见 $\lim\limits_{x\to\infty} \frac{g(x)}{x^{n+1}} = 1$, 我们推断出它是一个 $n+1$ 次一元多项式. 应用de Moivre 公式, 容易验证 $g(t_k) = 0$, $0 \le k \le n$. 所有这些都证明了第一个引理. □

第二个引理要计算得多一点.

引理11.2 下列关系式成立:

(i) $\prod\limits_{j \ne k}(t_k - t_j) = \dfrac{(-1)^k n}{2^{n-1}}$, $1 \le k \le n-1$;

(ii) $\prod\limits_{j=1}^{n}(t_0 - t_j) = \dfrac{n}{2^{n-2}}$;

(iii) $\prod\limits_{j=0}^{n-1}(t_n - t_j) = \dfrac{(-1)^n n}{2^{n-2}}$.

证明. 简单的计算得出

$$f'(x) = \frac{n}{2^n} \left[\left(x + \sqrt{x^2-1}\right)^n + \left(x - \sqrt{x^2-1}\right)^n \right]$$
$$+ \frac{x}{2^n\sqrt{x^2-1}} \left[\left(x + \sqrt{x^2-1}\right)^n - \left(x - \sqrt{x^2-1}\right)^n \right].$$

应用这个公式和de Moivre 公式很容易推出(i).

为了证明(ii) 和(iii) , 利用上面的公式计算 $\lim\limits_{x\to 1} f'(x)$ 和 $\lim\limits_{x\to -1} f'(x)$, 这个留给读者自己做. □

当然, 你希望所有这些计算都有一个明确的目的, 你说得对, 因为这些引理会让我们证明一些非常好的结果. 第一个是切比雪夫关于多项式在区间 $[-1, 1]$ 上的最小偏差的经典定理.

例11.10 (切比雪夫定理) 设 $f \in \mathbb{R}[X]$ 是一个一元 n 次多项式, 则

$$\max_{x\in[-1,1]} |f(x)| \ge \frac{1}{2^{n-1}}$$

并且这个界限不能改进.

解答. 再次由例11.7观察得到

$$\sum_{k=0}^{n} f(t_k) \prod_{j \neq k} \frac{1}{t_k - t_j} = 1.$$

于是，我们有

$$1 \leq \max_{0 \leq k \leq n} |f(t_k)| \sum_{k=0}^{n} \left| \prod_{j \neq k} (t_k - t_j) \right|^{-1}.$$

现在，应用引理11.2得出

$$\sum_{k=0}^{n} \left| \prod_{j \neq k} (t_k - t_j) \right|^{-1} = 2^{n-1}.$$

这表明 $\max\limits_{x \in [-1,1]} |f(x)| \geq \dfrac{1}{2^{n-1}}$ 结论得证. 为了证明这个界限是最优的，可以利用多项式 T_n. 那么多项式 $\dfrac{1}{2^{n-1}} T_n$ 是一元 n 次多项式，且

$$\max_{x \in [-1,1]} \left| \frac{1}{2^{n-1}} T_n(x) \right| = \frac{1}{2^{n-1}}. \tag{11.2}$$

有许多其他的证据证明这个结果，其中很多更加容易，但是我们之所以选择这个，是因为它显示了拉格朗日插值理论的威力. 更不用说这两个引理的使用让我们能够证明例11.7中所示的不等式实际上是最好的.

几年前，Walther Janous在Crux中公开了以下的问题. 的确这是一个非常困难的问题，但这里使用已经取得的结果，有一个非常简单的解决方案.

例11.11 假设实数 $a_0, a_1, \ldots, a_n$ 满足对所有 $x \in [-1, 1]$ ，有

$$|a_0 + a_1 x + \ldots + a_n x^n| \leq 1.$$

那么对所有 $x \in [-1, 1]$ ，有

$$|a_n + a_{n-1} x + \ldots + a_0 x^n| \leq 2^{n-1}.$$

(Walther Janous, Crux Matematicorum)

解答. 实际上我们将要证明一个更强的结果，即：

引理11.3 对于 $f \in \mathbb{R}[X]$，记

$$\|f\| = \max_{x \in [-1,1]} |f(x)|.$$

则对于任意 n 次多项式 $f \in \mathbb{R}[X]$ 下述不等式成立

$$|f(x)| \le |T_n(x)| \cdot \|f\|，\quad 其中 |x| \ge 1.$$

证明. 利用拉格朗日插值公式和三角形不等式推出，对所有 $u \in [-1,1]$, $u \ne 0$，我们有

$$\left| f\left(\frac{1}{u}\right) \right| \le \frac{1}{|u|^n} \|f\| \sum_{k=0}^{n} \prod_{j \ne k} \frac{1 - t_j u}{|t_k - t_j|}.$$

聪明的想法是再次使用拉格朗日插值公式，这次对于多项式 T_n. 于是有（同样对于 $u \in [-1,1]$, $u \ne 0$）

$$\left| T_n\left(\frac{1}{u}\right) \right| = \frac{1}{|u|^n} \left| \sum_{k=0}^{n} (-1)^k \prod_{j \ne k} \frac{1 - ut_j}{t_k - t_j} \right| = \frac{1}{|u|^n} \sum_{k=0}^{n} \prod_{j \ne k} \frac{1 - ut_j}{|t_k - t_j|}$$

（后一个相等由引理11.1得出）. 结合这两个结果，有

$$\left| f\left(\frac{1}{u}\right) \right| \le \left| T_n\left(\frac{1}{u}\right) \right| \|f\|，\quad u \in [-1,1],\ u \ne 0$$

且结论得证. □

回到问题并考虑多项式

$$f(x) = \sum_{k=0}^{n} a_k x^k,$$

假设 $\|f\| \le 1$，且由引理，有

$$|f(x)| \le |T_n(x)|，\quad |x| \ge 1.$$

对于所有 $x \in [1,1]$, $x \ne 0$，有

$$|a_n + a_{n-1}x + \ldots + a_0 x^n| = \left| x^n f\left(\frac{1}{x}\right) \right| \le \left| x^n T_n\left(\frac{1}{x}\right) \right|.$$

足以证明

$$\left| x^n T_n \left(\frac{1}{x} \right) \right| \le 2^{n-1},$$

或写作

$$\left(1 + \sqrt{1 - x^2} \right)^n + \left(1 - \sqrt{1 - x^2} \right)^n \le 2^n.$$

但是这个不等式非常好证明: 设 $a = \sqrt{1 - x^2} \in [0, 1]$ 且观察到 $h(a) = (1-a)^n + (1+a)^n$ 是区间 $[0,1]$ 上的凸函数, 于是它的上界在 0 或 1 处取得, 且此处证明了不等式. 所以有

$$|a_n + a_{n-1}x + \ldots + a_0 x^n| \le 2^{n-1}$$

问题得证.

既然我们在这里, 为什么不继续一些黎兹(M. Riesz), 伯恩斯坦(S.Bernstein) 和马尔科夫(A.Markov)的经典但非常重要的结果? 我们在一个例子中统一了这些结果, 因为它们有相同的想法, 而且它们是相互遵循的. 我们必须提到(a)是黎兹的一个结果, 而(b)是伯恩斯坦得到的, 最后(c)是马尔科夫的一个重要理论,更著名的伯恩斯坦的复定理(你会喜欢谁的证明: 这在训练问题之中).

例11.12 (a) 设 P 是一个至多 $n - 1$ 次的实系数多项式, 对于 $x \in [-1, 1]$ 满足 $\sqrt{1 - x^2}|P(x)| \le 1$. 证明对于所有 $x \in [-1, 1]$, $|P(x)| \le n$.

(b) 设

$$f(x) = \sum_{k=0}^{n} (a_k \cos(kx) + b_k \sin(kx))$$

是一个实系数的 n 次三角多项式. 假设对于所有实数 x, $|f(x)| \le 1$. 证明对于所有实数 x, $|f'(x)| \le n$.

(c) 证明若 P 是 n 次且具有实系数且对所有 $x \in [-1, 1]$, 有 $|P(x)| \le 1$, 则对所有 $x \in [-1, 1]$, 有 $|P'(x)| \le n^2$.

解答. (a) 让我们用点 $x_1, x_2, \ldots, x_n$ 写出多项式 P 的拉格朗日插值公式, 其中

$$x_j = \cos \left(\frac{(2j-1)\pi}{2n} \right)$$

是 n 次切比雪夫多项式 T_n 的零点. 我们得到重要的等式

$$P(x) = \frac{1}{n} \cdot \sum_{i=1}^{n} (-1)^{i-1} \cdot \sqrt{1 - x_i^2} \cdot P_i(x) \cdot \frac{T_n(x)}{x - x_i}.$$

取$x \in [-1, 1]$. 观察到若$x \in [x_n, x_1] = [-x_1, x_1]$，则由假设

$$|P(x)| \leq \frac{1}{\sqrt{1-x^2}} \leq \frac{1}{\sqrt{1-x_1^2}} \leq n,$$

最后的不等式等价于

$$\sin\left(\frac{\pi}{2n}\right) \geq \frac{1}{n},$$

利用凸性论证其显然成立. 于是，假设$x \geq x_1$, $x \leq -x_1$ 的情况同理. 这里应用三角不等式于之前的等式，得出

$$|P(x)| \leq \frac{1}{n} \cdot \sum_{i=1}^{n} \frac{T_n(x)}{x - x_i}.$$

但是，最后的和恰是$\frac{1}{n} T_n'(x)$. 因为$T_n(\cos u) = \cos(nu)$, 我们有

$$T_n'(\cos u) = n \cdot \frac{\sin(nu)}{\sin u}.$$

然而通过简单的归纳得出，对于所有u 和所有正整数n，有$|\sin(nu)| \leq n \leq |\sin u|$. 这意味着对所有$x \in [-1, 1]$, $|T_n'(x)| \leq n^2$. 结合不等式

$$|P(x)| \leq \frac{1}{n} \cdot T_n'(x)$$

我们推出对所有$x \geq x_1$，$|P(x)| \leq n$. 第一部分证明结束.

(b) 首先我们看一看，当所有a_i 都是零点会发生什么,即

$$f(x) = b_1 \sin x + b_2 \sin(2x) + \ldots + b_n \sin(nx).$$

观察一下，就像你可以证明多项式T_n 的存在性一样(即通过归纳法)，你可以证明一个$n-1$次多项式R_n 的存在性，且满足

$$R_n(\cos x) = \frac{\sin(nx)}{\sin x}.$$

所以存在一个至多$n-1$次实系数多项式P, 满足

$$\frac{f(x)}{\sin x} = P(\cos x).$$

观察到这个多项式满足条件(a), 因为对所有实数x,

$$|\sin x \cdot P(\cos x)| \leq 1 ,$$

所以我们可以应用(a) 推出对所有 $x \in [-1,1]$ $|P(x)| \le n$, 即

$$|f(x)| \le n \cdot |\sin x|,$$

用 x 去除并令 $x \to 0$ 推出 $|f'(0)| \le n$. 现在让我们回到一般问题并固定 x_0. 定义

$$g(x) = \frac{f(x+x_0) - f(x-x_0)}{2}.$$

应用标准三角公式, 推出 $g(x)$ 形式为

$$c_1 \sin x + c_2 \sin(2x) + \ldots + c_n \sin(nx)$$

c_j 是实数. 三角不等式确保对所有实数 x, $|g(x)| \le 1$.

这样, 由我们刚刚得到的结果, 必有 $|g'(0)| \le n$. 因为 $g'(0) = f'(x_0)$ 且 x_0 是任意的, (b) 得证.

(c) 这次我们考虑 $f(x) = P(\cos x)$. 根据三角函数最基本的乘积公式我们可以直接归纳出 $(\cos x)^j$ 是一个至多 n 次的三角多项式. 由(b) 我们必有对于所有 x, $|f'(x)| \le n$. 这意味着对所有 x

$$|\sin x \cdot P'(\cos x)| \le n$$

表明多项式 $\frac{1}{n}P'$ 满足条件(a). 于是它的值在 $[-1,1]$ 上不超过 n ,也意味着 P' 在 $[-1,1]$ 上不超过 n^2 , 定理得证.

我们用一个非常困难的问题结束这个话题, 这个问题是对1994年日本数学奥林匹克竞赛中一个较老问题的改进. 这个问题有一个很好的故事: 最初是在一个古老的俄罗斯奥林匹克竞赛上提出的, 它要求证明对任意实数 $a_1, a_2, \ldots, a_n$,

$$\max_{x \in [0,2]} \prod_{i=1}^{n} |x - a_i| \le 108^n \max_{x \in [0,1]} \prod_{i=1}^{n} |x - a_i|$$

日本问题仅要求证明一个可以替换108的数字的存在性. 在拉格朗日插值定理中对点的强制选择得出这个常数的界大约是12. 近期 Alexandru Lupaş 推出这个界是 $1 + 2\sqrt{6}$. 接下来, 我们给出最优界.

例11.13 对于任意实数 $a_1, a_2, \ldots, a_n$, 下列不等式满足:

$$\max_{x \in [0,2]} \prod_{i=1}^{n} |x - a_i| \le \frac{\left(3 + 2\sqrt{2}\right)^n + \left(3 - 2\sqrt{2}\right)^n}{2} \max_{x \in [0,1]} \prod_{i=1}^{n} |x - a_i|.$$

(Gabriel Dospinescu)

解答. 对于多项式 f，记

$$\|f\|_{[a,b]} = \max_{x \in [a,b]} |f(x)|$$

简单起见，令

$$c_n = \frac{\left(3 + 2\sqrt{2}\right)^n + \left(3 - 2\sqrt{2}\right)^n}{2}.$$

于是我们只需证明 $\|f\|_{[0,2]} \le c_n \|f\|_{[0,1]}$ 其中

$$f(x) = \prod_{i=1}^{n} (x - a_i).$$

我们将要证明对任意多项式 f 这个不等式成立，可以假设 $\|f\|_{[0,1]} = 1$. 我们将要证明对所有 $x \in [1, 2]$，有 $|f(x)| \le c_n$. 固定 $x \in [1, 2]$ 并考虑数字 $x_k = \dfrac{1 + t_k}{2}$，其中 t_k 同在引理 11.1 中一样. 应用拉格朗日插值公式，我们推出

$$|f(x)| \le \sum_{k=0}^{n} \left| \prod_{j \ne k} \frac{x - x_j}{x_k - x_j} \right| = \sum_{k=0}^{n} \prod_{j \ne k} \frac{x - x_j}{|x_k - x_j|}$$

$$\le \sum_{k=0}^{n} \prod_{j \ne k} \frac{2 - x_j}{|x_k - x_j|} = \sum_{k=0}^{n} \prod_{j \ne k} \frac{3 - t_j}{|t_k - t_j|}.$$

应用引理 11.2，我们可以记

$$\sum_{k=0}^{n} \prod_{j \ne k} \frac{3 - t_j}{|t_k - t_j|} = \frac{2^{n-1}}{n} \sum_{k=1}^{n-1} \prod_{j \ne k} (3 - t_j) + \frac{2^{n-2}}{n} \left[\prod_{j=0}^{n-1} (3 - t_j) + \prod_{j=1}^{n} (3 - t_j) \right].$$

基于引理 11.2 证明的导数表达式，我们得到

$$\sum_{k=1}^{n-1} \prod_{j \ne k} (3 - t_j) + \prod_{j=0}^{n-1} (3 - t_j) + \prod_{j=1}^{n} (3 - t_j)$$

$$= \frac{n}{2^n} \left[\left(3 + 2\sqrt{2}\right)^n + \left(3 - 2\sqrt{2}\right)^n \right] + \frac{3}{2^{n+1}\sqrt{2}} \left[\left(3 + 2\sqrt{2}\right)^n - \left(3 - 2\sqrt{2}\right)^n \right].$$

我们现在要做的就是计算

$$\prod_{j=0}^{n-1} (3 - t_j) + \prod_{j=1}^{n} (3 - t_j) = 6 \prod_{j=1}^{n-1} (3 - t_j).$$

但是，根据引理11.1，我们立即推出

$$\prod_{j=1}^{n-1} (3 - t_j) = \frac{1}{2^{n+1}\sqrt{2}} \left[\left(3 + 2\sqrt{2}\right)^n - \left(3 - 2\sqrt{2}\right)^n \right].$$

把所有的观察结果放在一起做一个小的计算，交给读者，我们很容易推断出 $|f(x)| \leq c_n$. 这就证明了 $\|f\|_{[0,2]} \leq c_n \|f\|_{[0,1]}$，问题解决.

11.2 习题

1. n 次多项式 p 满足对所有 $0 \leq k \leq n$，$p(k) = 2^k$. 求出该多项式在 $n+1$ 点的值.

(Murray Klamkin)

2. n 次多项式 f 满足对所有 $0 \leq k \leq n$

$$f(k) = \frac{1}{\dbinom{n+1}{k}}$$

求 $f(n+1)$.

(Titu Andreescu, IMO Shortlist 1981)

3. 证明对任意实数 a 有

$$\sum_{k=0}^{n} (-1)^k \binom{n}{k} (a-k)^n = n!.$$

(Tepper's identity)

4. 证明

$$\sum_{k=0}^{n} \frac{x_k^{n+1}}{\prod_{j \neq k} (x_k - x_j)} = \sum_{k=0}^{n} x_k$$

并计算

$$\sum_{k=0}^{n} \frac{x_k^{n+2}}{\prod_{j \neq k} (x_k - x_j)}.$$

5. 设 a, b, c 是实数，且 $f(x) = ax^2 + bx + c$ 满足 $\max\{|f(\pm 1)|, |f(0)|\} \leq 1$. 证明若 $|x| \leq 1$ ，则

$$|f(x)| \leq \frac{5}{4} \quad , \qquad \left| x^2 f\left(\frac{1}{x}\right) \right| \leq 2.$$

(Spain 1996)

6. 求出表达式 $a^2 + b^2 + c^2$ 的最大值，若 $|ax^2 + bx + c| \leq 1$ ，$x \in [-1, 1]$.

(Laurenţiu Panaitopol)

7. 定义 $F(a, b, c) = \max\limits_{x \in [0,3]} |x^3 - ax^2 - bx - c|$. 在 $\mathbb{R}^3$ 上其最小值是多少？

(Chinese TST 2001)

8. 设 $a, b, c, d \in \mathbb{R}$ 满足 $|ax^3 + bx^2 + cx + d| \leq 1$ ，$x \in [-1, 1]$. $|c|$ 的最大值是什么？对于哪些多项式能取得最大值？

(Gabriel Dospinescu)

9. 设 $f \in \mathbb{R}[X]$ 是一个 n 次多项式，且满足 $|f(x)| \leq 1$ ，$x \in [0, 1]$. 证明

$$\left| f\left(-\frac{1}{n}\right) \right| \leq 2^{n+1} - 1.$$

(Kömal)

10. 设实数 $a \geq 3$，p 是一个 n 次实多项式. 证明

$$\max_{i=0,1,\ldots,n+1} |a^i - p(i)| \geq 1.$$

(India 1998)

11. 设 $a, b, c, d \in \mathbb{R}$ 满足 $|ax^3 + bx^2 + cx + d| \leq 1$ ，$x \in [-1, 1]$. 证明

$$|a| + |b| + |c| + |d| \leq 7.$$

(IMO Shortlist 1996)

12. 设 $A = \left\{ p \in \mathbb{R}[X] \mid \deg p \leq 3, \ |p(\pm 1)| \leq 1, \ \left| p\left(\pm \frac{1}{2}\right) \right| \leq 1 \right\}$.

求 $\sup\limits_{p \in A} \max\limits_{|x| \leq 1} |p''(x)|$.

(IMC 1998)

13. 证明

$$\sum_{k=1}^{n} \frac{(-1)^{k-1}}{k} \binom{n}{k} (n-k)^n = n^n \sum_{k=2}^{n} \frac{1}{k}.$$

(Peter Ungar, AMM E 3052)

14. 设$n \geq 3$，多项式$f, g \in \mathbb{R}[X]$ 使得点

$$(f(1), g(1)), (f(2), g(2)), \dots, (f(n), g(n))$$

是一个正n变形的逆时针方向的顶点. 证明

$$\max(\deg f, \deg g) \geq n - 1.$$

(Putnam 2008)

15. 设f 是一个n 次复多项式，且$|f(x)| \leq 1$ ，$x \in [-1, 1]$. 证明对于所有k和所有实数x 满足$|x| \geq 1$, $|f^{(k)}(x)| \leq |T_n^{(k)}(x)|$. 证明切比雪夫定理是这个结果的一个推论.

(W.W. Rogosinski)

16. 设f和g 是关于同一个变量的实系数多项式，a是关于两个变量的多项式，且对于所有x, y，

$$f(x) - f(y) = a(x, y)(g(x) - g(y))$$

证明存在一个多项式h 使得$f(x) = h(g(x))$.

(Russia 2004)

17. (a) 证明对于任意至多n 次多项式f ，下列等式成立:

$$xf'(x) = \frac{n}{2}f(x) + \frac{1}{n}\sum_{k=1}^{n} f(xz_k)\frac{2z_k}{(1-z_k)^2},$$

其中z_k 是多项式$X^n + 1$的根.

(b)推导伯恩斯坦不等式: $\|f'\| \leq n\|f\|$，其中$\|f\| = \max_{|x| \leq 1} |f(x)|$.

(P.J. O'Hara, AMM)

18. 设f 是一个至多n次复多项式且$z_0, z_1, \dots, z_d$ 是多项式$X^{d+1} - 1$的零点，其中$d > n$. 定义

$$\|f\| = \max_{|z|=1} |f(z)|.$$

(a)证明若在$z_0, z_1, \ldots, z_d$ 之中存在$n+1$ 对不同零点$x_0, x_1, \ldots, x_n$满足$|f(x_i)| \leq \dfrac{1}{2^d}$, 则$\|f\| < 1$.

(b)推导$\|f\| \cdot \|g\| \leq 4^{\deg(f)+\deg(g)} \cdot \|fg\|$.

(Gelfond)

第 12 章 组合数学中的高等代数

12.1 理论和实例

或许是时候看看非初等数学在组合数学中的贡献了. 很难想象, 在一场简单的比赛（例如足球）或一场日常的握手之后, 会有如此复杂的机制. 但这有时会发生, 很快就会证明. 在讨论的开始, 读者不需要任何特殊的知识, 只需要想象和矩阵最基本的性质, 但是, 一旦我们继续, 事情可能会改变. 不管怎样, 最重要的事实不是知识, 而是思想, 正如我们将看到的, 要发现隐藏在完全基本问题背后的非基本事实并不总是容易的. 既然我们已经阐明了本章的意义, 我们就可以开始了.

我们要讨论的第一个问题不是经典的, 而是相对简单地说明了如何很好地应用线性代数来解决初等问题.

例12.1 设 $n \geq 3$, 且 A_n, B_n 分别是集合 $\{1, 2, \ldots, n\}$ 的所有偶数和奇数排列的集合. 证明

$$\sum_{\sigma \in A_n} \sum_{i=1}^{n} |i - \sigma(i)| = \sum_{\sigma \in B_n} \sum_{i=1}^{n} |i - \sigma(i)|.$$

(Nicolae Popescu, Gazeta Matematică)

解答. 把

$$\sum_{\sigma \in A_n} \sum_{i=1}^{n} |i - \sigma(i)| = \sum_{\sigma \in B_n} \sum_{i=1}^{n} |i - \sigma(i)|$$

写作

$$\sum_{\sigma \in S_n} \varepsilon(\sigma) \sum_{i=1}^{n} |i - \sigma(i)|,$$

其中

$$\varepsilon(\sigma) = \begin{cases} +1, & \sigma \in A_n \\ -1, & \sigma \in B_n \end{cases}$$

注意公式

$$\det \boldsymbol{A} = \sum_{\sigma \in S_n} \varepsilon(\sigma) a_{1\sigma(1)} a_{2\sigma(2)} \cdots a_{n\sigma(n)}.$$

这里取$S_n = A_n \cup B_n$. 但是我们的和里没有乘积! 这就是为什么我们取一个任意的正数x, 并考虑矩阵

$$\boldsymbol{A} = (x^{|i-j|})_{1 \le i,j \le n}.$$

我们有

$$\det \boldsymbol{A} = \sum_{\sigma \in S_n} (-1)^{\varepsilon(\alpha)} x^{|1-\sigma(1)|} \dots x^{|n-\sigma(n)|}$$

$$= \sum_{\sigma \in A_n} x^{\sum\limits_{i=1}^{n} |i-\sigma(i)|} - \sum_{\sigma \in B_n} x^{\sum\limits_{i=1}^{n} |i-\sigma(i)|}.$$

由此

$$\begin{vmatrix} 1 & x & x^2 & \dots & x^{n-2} & x^{n-1} \\ x & 1 & x & \dots & x^{n-3} & x^{n-2} \\ x^2 & x & 1 & \dots & x^{n-4} & x^{n-3} \\ \vdots & \vdots & \vdots & & \vdots & \vdots \\ x^{n-1} & x^{n-2} & \dots & \dots & x & 1 \end{vmatrix} = \sum_{\substack{\sigma \in S_n \\ \sigma\ 为偶数}} x^{\sum\limits_{i=1}^{n} |i-\sigma(i)|} - \sum_{\substack{\sigma \in S_n \\ \sigma\ 为奇数}} x^{\sum\limits_{i=1}^{n} |i-\sigma(i)|}.$$

$$(12.1)$$

不管怎样, 我们还没有得到期望的差. 最自然的方法是微分最后一个关系式, 它只不过是一个多项式恒等式, 然后取$x = 1$. 在这之前, 我们先观察多项式

$$\begin{vmatrix} 1 & x & x^2 & \dots & x^{n-2} & x^{n-1} \\ x & 1 & x & \dots & x^{n-3} & x^{n-2} \\ x^2 & x & 1 & \dots & x^{n-4} & x^{n-3} \\ \vdots & \vdots & \vdots & & \vdots & \vdots \\ x^{n-1} & x^{n-2} & \dots & \dots & x & 1 \end{vmatrix}$$

被$(x-1)^2$整除. 这可以通过从第二行和第三行中减去第一行, 并从这些行中的每一行中取公因式$x-1$得到. 因此, 这个多项式的导数是一个可被$x-1$整除的多项式, 这表明对(12.1) 求导后取$x = 1$, 左边为零, 右边变为

$$\sum_{\sigma \in A_n} \sum_{i=1}^{n} |i - \sigma(i)| - \sum_{\sigma \in B_n} \sum_{i=1}^{n} |i - \sigma(i)|.$$

证明完毕.

接下来是这个想法的另一个很好的应用. 你可能知道有多少排列没有不动点. 问题是他们中有多少是偶数. 使用行列式可以直接回答这个问题.

例12.2 求出集合$\{1,2,\ldots,n\}$的没有不动点的偶排列数.

解答. 设C_n 和D_n 分别是集合$\{1,2,\ldots,n\}$的偶排列和奇排列的集合, 且没有任何不动点. 你可能还记得如何求和$|C_n|+|D_n|$: 使用容斥原理, 不难确定它等于

$$n!\left(1-\frac{1}{1!}+\frac{1}{2!}-\ldots+\frac{(-1)^n}{n!}\right).$$

因此若我们计算出差$|C_n|-|D_n|$, 就可以解决问题. 记

$$|C_n|-|D_n|=\sum_{\substack{\sigma\in A_n\\\sigma(i)\neq i}}1-\sum_{\substack{\sigma\in B_n\\\sigma(i)\neq i}}1$$

使用例12.1中的A_n,B_n, 注意这简化为计算矩阵$\boldsymbol{T}=(t_{ij})_{1\leq i,j\leq n}$的行列式, 其中

$$t_{ij}=\begin{cases}1, & i\neq j\\0, & i=j\end{cases}$$

即,

$$|C_n|-|D_n|=\begin{vmatrix}0 & 1 & 1 & \ldots & 1\\1 & 0 & 1 & \ldots & 1\\\vdots & \vdots & \vdots & & \vdots\\1 & 1 & 1 & \ldots & 0\end{vmatrix}.$$

但是计算这个行列式并不难. 事实上, 我们把所有列都加到第一列上, 再提取公因式$n-1$, 然后第一列减去每一列. 结果是$|C_n|-|D_n|=(-1)^{n-1}(n-1)$, 结论为

$$|C_n|=\frac{1}{2}\left[n!\left(1-\frac{1}{2!}+\frac{1}{3!}-\ldots+\frac{(-1)^{n-2}}{(n-2)!}\right)+(-1)^{n-1}(n-1)\right].$$

在下面的问题中, 我们将重点讨论一个非常重要的组合工具, 即关联矩阵. 假设我们有一个集合$X=\{x_1,x_2,\ldots,x_n\}$ 和X的子集族$X_1,X_2,\ldots,X_k$. 现在, 定义矩阵

$$\boldsymbol{A}=(a_{ij})_{\substack{1\leq i\leq n\\1\leq j\leq k}}$$

其中

$$a_{ij}=\begin{cases}1, & x_i\in X_j\\0, & x_i\notin X_j\end{cases}$$

这是族$X_1,X_2,\ldots,X_k$ 和集合X的关联矩阵. 在很多情况下, 计算乘积$\boldsymbol{A}^T\cdot\boldsymbol{A}$ 有助于转换某些问题的条件和结论. 从这一点上, 我们启动这个系统, 开始解决这个问题.

首先让我们讨论一个经典问题. 是在1979 USAMO ,1985年城镇锦标赛和1995年保加利亚春季数学竞赛提出的. 这说明了这个问题的古典特征和美.

例12.3 设A_1，$A_2, \ldots,$ A_{n+1} 是集合$\{1, 2, \ldots, n\}$的不同子集,且每个只有三个元素. 证明其中有两个子集恰好具有一个公共元素.

解答. 我们反证，假设$|A_i \cap A_j| \in \{0, 2\}$，$i \neq j$. 现在，设$\boldsymbol{T} = (t_{ij})_{\substack{1 \leq i \leq n \\ 1 \leq j \leq n+1}}$ 是族$A_1, A_2, \ldots, A_{n+1}$的关联矩阵，计算乘积

$$
{}^t\boldsymbol{T} \cdot \boldsymbol{T} = \begin{pmatrix} \sum\limits_{k=1}^n t_{k,1}^2 & \sum\limits_{k=1}^n t_{k,1} t_{k,2} & \ldots & \sum\limits_{k=1}^n t_{k,1} t_{k,n+1} \\ \vdots & \vdots & & \vdots \\ \sum\limits_{k=1}^n t_{k,n+1} t_{k,1} & \sum\limits_{k=1}^n t_{k,n+1} t_{k,2} & \ldots & \sum\limits_{k=1}^n t_{k,n+1}^2 \end{pmatrix}.
$$

但是

$$
\sum_{k=1}^n t_{ki}^2 = |A_i| = 3 \quad , \quad \sum_{k=1}^n t_{ki} t_{kj} = |A_i \cap A_j| \in \{0, 2\}.
$$

于是，考虑在域$\mathbb{Z}/2\mathbb{Z}$上, 我们有

$$
\overline{{}^t\boldsymbol{T} \cdot \boldsymbol{T}} = \begin{pmatrix} \hat{1} & \hat{0} & \ldots & \hat{0} & \hat{0} \\ \vdots & \vdots & & \vdots & \vdots \\ \hat{0} & \hat{0} & \ldots & \hat{0} & \hat{1} \end{pmatrix},
$$

其中$\overline{\boldsymbol{X}}$ 是以$\boldsymbol{T}$的剩余类元素为其元素的矩阵. 因为$\det \overline{\boldsymbol{X}} = \overline{\det \boldsymbol{X}}$, 之前的关系式表明$\det {}^t\boldsymbol{T} \cdot \boldsymbol{T}$ 是奇数,因此非零. 这意味着${}^t\boldsymbol{T}\boldsymbol{T}$ 是一个$n+1$阶可逆阵,于是$\mathrm{rank}\,({}^t\boldsymbol{T} \cdot \boldsymbol{T}) = n+1$, 这与不等式$\mathrm{rank}\,({}^t\boldsymbol{T} \cdot \boldsymbol{T}) \leq \mathrm{rank}\,(\boldsymbol{T}) \leq n$相矛盾. 这表明我们的假设错误, 确实存在指数$i \neq j$ 使得$|A_i \cap A_j| = 1$.

下面的问题很难用初等方法来解决，但是用线性代数来解决是很简单的.

例12.4 设n 是偶数，$A_1, A_2, \ldots, A_n$是集合$\{1, 2, \ldots, n\}$的不同子集，且都含有偶数个元素. 证明在这些子集中有两个具有偶数个公共元素.

解答. 事实上，若$\boldsymbol{T}$ 是族$A_1, A_2, \ldots, A_n$的关联矩阵，与上一个问题一样，我们得到以下关系式

$$
{}^t\boldsymbol{T} \cdot \boldsymbol{T} = \begin{pmatrix} |A_1| & |A_1 \cap A_2| & \ldots & |A_1 \cap A_n| \\ \vdots & \vdots & & \vdots \\ |A_n \cap A_1| & |A_n \cap A_2| & \ldots & |A_n| \end{pmatrix} \tag{12.2}
$$

现在，假设所有数字$|A_i \cap A_j|$是奇数，且在域$\mathbb{Z}/2\mathbb{Z}$ 上解释上述关系. 我们发现

$$\overline{^t\boldsymbol{T} \cdot \boldsymbol{T}} \begin{pmatrix} \widehat{0} & \widehat{1} & \ldots & \widehat{1} & \widehat{1} \\ \vdots & \vdots & & \vdots & \vdots \\ \widehat{1} & \widehat{1} & \ldots & \widehat{1} & \widehat{0} \end{pmatrix},$$

再次意味着$\det {}^t\boldsymbol{T} \cdot \boldsymbol{T}$ 是奇数. 事实上, 若我们在$\mathbb{Z}/2\mathbb{Z}$ 上操作, 我们得到

$$\begin{vmatrix} \widehat{0} & \widehat{1} & \ldots & \widehat{1} & \widehat{1} \\ \vdots & \vdots & & \vdots & \vdots \\ \widehat{1} & \widehat{1} & \ldots & \widehat{1} & \widehat{0} \end{vmatrix} = \widehat{1}.$$

所使用的技巧与前一个示例中的技巧完全相同. 注意我们现在假设n 是偶数. 现在, 因为$\det {}^t\boldsymbol{T} \cdot \boldsymbol{T} = \det^2 \boldsymbol{T}$, 我们得到$\det \boldsymbol{T}$ 也是个奇数. 因此我们应该证明$\det \boldsymbol{T}$ 是个偶数, 问题就会得证. 注意到$\boldsymbol{T}$的第i 列元素之和为$|A_i|$, 因此是偶数. 于是, 如果我们把所有的行都加在第一行, 第一行只得到偶数. 因为行列式的值在这个运算下不会改变, 因此$\det \boldsymbol{T}$ 的值为偶数. 但是一个数不能同时是奇数和偶数, 所以我们的假设是错误的.问题得证.

在像$\mathbb{Z}/2\mathbb{Z}$这样简单的域上，我们可以找到非常有趣的解答. 例如我们将讨论下述问题,2004年用于罗马尼亚IMO小组的筹备工作.

例12.5 一块$n \times n$ 的正方形表格被涂成白色和黑色. 假设存在一组非空的行A 使得表格的任意列都有属于A的偶数个白色方块. 证明存在一组非空的列B 使得表格的任意行都包含B的偶数个白色方块.

(Gabriel Dospinescu)

解答. 这只是一个众所周知的事实，即矩阵$\boldsymbol{T}$在一个域中是可逆的，如果且仅当它的转置在该域中也是可逆的. 但这不容易看出. 在每个白色方块中，我们写下数字1，在每个黑色方块中，我们写下0. 因此我们得到一个二元矩阵$\boldsymbol{T} = (t_{ij})_{1 \leq i,j \leq n}$. 从现在起，我们在$\mathbb{Z}/2\mathbb{Z}$ 上讨论. 假设A 包含行$a_1, a_2, \ldots, a_k$. 推出$\sum\limits_{i=1}^{k} t_{a_{i,j}} = 0$ ，$j = 1, 2, \ldots, n$. 现在，取

$$x_i = \begin{cases} 1, & i \in A \\ 0, & i \notin A \end{cases}$$

推出方程组

$$\begin{cases} t_{11}z_1 + t_{21}z_2 + \ldots + t_{n1}z_n = 0 \\ t_{12}z_1 + t_{22}z_2 + \ldots + t_{n2}z_n = 0 \\ \ldots \\ t_{1n}z_1 + t_{2n}z_2 + \ldots + t_{nn}z_n = 0 \end{cases}$$

有非平凡解 $(x_1, x_2, \ldots, x_n)$. 于是, $\det \boldsymbol{T} = 0$, 因此 $\det {}^t\boldsymbol{T} = 0$. 但这意味着方程组

$$\begin{cases} t_{11}y_1 + t_{21}y_2 + \ldots + t_{n1}y_n = 0 \\ t_{12}y_1 + t_{22}y_2 + \ldots + t_{n2}y_n = 0 \\ \ldots \\ t_{1n}y_1 + t_{2n}y_2 + \ldots + t_{nn}y_n = 0 \end{cases}$$

在 $\mathbb{Z}/2\mathbb{Z}$ 上有非平凡解. 现在, 我们取 $B = \{i \mid y_i \neq 0\}$, 显然有 $B \neq \varnothing$ 且 $\sum\limits_{x \in B} u_{ix} = 0$, $i = 1, 2, \ldots, n$. 但这意味着表中的任何一行都包含偶数个同样属于 B 的白色方块, 问题就迎刃而解了.

接下来非常困难的问题就像蛋糕上的樱桃, 仅知道计算 ${}^t\boldsymbol{A} \cdot \boldsymbol{A}$ 的技巧是不够的. 这确实是主要步骤之一, 但在我们计算 ${}^t\boldsymbol{A} \cdot \boldsymbol{A}$ 之后还有很多事情要做. 如果对于第一个问题, 我们只使用了直观的或众所周知的矩阵和域的性质, 这一次我们需要一个更复杂的兵工厂: 特征多项式的性质和矩阵的特征值. 当你感到最自信的时候, 正是这种问题让你沮丧. 请注意, 这个问题也可以用更实际的方式重新表述: 对于 m, n, 是否存在一个有 n 个顶点的有向图, 其每对顶点被 m 条长度为2的路径连接?

例12.6 设 $S = \{1, 2, \ldots, n\}$, A 是 S 中元素对的族, 且具有性质: 对任意 $i, j \in S$, 存在 m 个指标 $k \in S$ 使得 $(i, k), (k, j) \in A$. 求出所有 m 和 n 的值使之成立.

(Gabriel Carrol)

解答. 不难看出这个问题背后隐藏着什么. 事实上, 若取 $T = (t_{ij})_{1 \leq i, j \leq n}$, 其中

$$t_{ij} = \begin{cases} 1, & (i, j) \in A \\ 0, & \text{否则} \end{cases}$$

族 A 的存在性归结为

$$\boldsymbol{T}^2 = \begin{pmatrix} m & m & \ldots & m \\ m & m & \ldots & m \\ \vdots & \vdots & & \vdots \\ m & m & \ldots & m \end{pmatrix}.$$

所以我们必须找到所有 m 和 n 的值使得存在一个二元矩阵 $\boldsymbol{T}$ 满足

$$\boldsymbol{T}^2 = \begin{pmatrix} m & m & \ldots & m \\ m & m & \ldots & m \\ \vdots & \vdots & & \vdots \\ m & m & \ldots & m \end{pmatrix}.$$

考虑

$$\boldsymbol{B} = \begin{pmatrix} m & m & \dots & m \\ m & m & \dots & m \\ \vdots & \vdots & & \vdots \\ m & m & \dots & m \end{pmatrix}$$

找到 $\boldsymbol{B}$ 的特征值. 这不难, 因为若 x 是一个特征值, 则

$$\begin{vmatrix} m-x & m & \dots & m \\ m & m-x & \dots & m \\ \vdots & \vdots & & \vdots \\ m & m & \dots & m-x \end{vmatrix} = 0.$$

若我们把所有列都加到第一列并提取公因式 $mn - x$, 得到等价形式

$$(mn - x) \begin{vmatrix} 1 & m & \dots & m \\ 1 & m-x & \dots & m \\ \vdots & \vdots & & \vdots \\ 1 & m & \dots & m-x \end{vmatrix} = 0.$$

在最后这个行列式中, 我们从每一列中减去第一列乘以 m 得到方程 $x^{n-1}(mn - x) = 0$, 表明 $\boldsymbol{B}$ 的特征值为 $\underbrace{0, 0, \dots, 0}_{n-1 \ \text{个}}, mn$. 但这些是 T 的特征值的平方. 因此 T 有特征值 $\underbrace{0, 0, \dots, 0}_{n-1 \ \text{个}}, \sqrt{mn}$, 因为特征值的和非负(等于主对角线上矩阵元素的和). 由于 $Tr(\boldsymbol{T}) \in \mathbb{Z}$, 则 mn 必是一个完全平方. 又由于 $Tr(\boldsymbol{T}) \leq n$, 必有 $m \leq n$.

现在, 让我们来证明相反的观点. 假设 $m \leq n$ 和 mn 是完全平方, 且记 $m = du^2$, $n = dv^2$. 取矩阵

$$\boldsymbol{I} = (\underbrace{1 \dots 1}_{dv \ \uparrow}), \quad \boldsymbol{O} = (\underbrace{0 \dots 0}_{dv \ \uparrow}).$$

现在, 让我们定义循环矩阵

$$\boldsymbol{S} = \begin{pmatrix} \underbrace{\boldsymbol{I} \dots \boldsymbol{I}}_{u} \underbrace{\boldsymbol{O} \dots \boldsymbol{O}}_{v-u} \\ \boldsymbol{O} \underbrace{\boldsymbol{I} \dots \boldsymbol{I}}_{u} \underbrace{\boldsymbol{O} \dots \boldsymbol{O}}_{v-u-1} \\ \dots \\ \underbrace{\boldsymbol{I} \dots \boldsymbol{I}}_{u-1} \underbrace{\boldsymbol{O} \dots \boldsymbol{O}}_{v-u} \boldsymbol{I} \end{pmatrix} \in M_{v,n}(\{0, 1\}).$$

最后，取

$$A = \begin{pmatrix} S \\ S \\ \vdots \\ S \end{pmatrix} \in M_n(\{0, 1\}).$$

不难发现

$$A^2 = \begin{pmatrix} m & m & \ldots & m \\ m & m & \ldots & m \\ \vdots & \vdots & & \vdots \\ m & m & \ldots & m \end{pmatrix},$$

证毕.

我们在这里提出的最后一个想法（当然，这些方法并不都是应用于组合数学的高等数学）是利用向量空间. 同样，我们不会坚持向量空间理论中的复杂概念，只坚持基本事实和定理. 也许有用的事实是若 V 是一个 n 维线性空间(即, V 的基底的基数是 n), 则任意 $n + 1$ 或更多的向量是线性相关的. 作为一个直接的应用，我们将讨论以下问题，这是很难用初等数学方法解决的. 首先尝试在没有向量的情况下求解它，你会发现它有多困难. 下面的例子也是经典的，但很少有人知道它背后的诀窍.

例12.7　设 n 是正整数，$A_1, \ldots, A_{n+1}$ 是集合 $\{1, 2, \ldots, n\}$ 的非空子集. 证明存在非空且不相交的指标集 $I = \{i_1, i_2, \ldots, i_p\}$ 和 $J = \{j_1, j_2, \ldots, j_q\}$ 使得

$$A_{i_1} \cup A_{i_2} \cup \ldots \cup A_{i_p} = A_{j_1} \cup A_{j_2} \cup \ldots \cup A_{j_q}.$$

(Chinese Olympiad)

解答. 让我们给每个子集 A_k 分配一个向量 $\boldsymbol{v}_k \in \mathbb{R}^n$, 其中

$$\boldsymbol{v}_k = (x_1^k, x_2^k, \ldots, x_k^n) \quad , \quad x_k^l = \begin{cases} 0, & l \in A_k \\ 1, & l \notin A_k \end{cases}$$

因为 $\dim \mathbb{R}^n = n$, 所以我们刚构造的向量必是线性相关的. 于是，我们找到不全为零的 $a_1, a_2, \ldots, a_{n+1} \in \mathbb{R}$, 使得

$$a_1 v_1 + a_2 v_2 + \ldots + a_{n+1} v_{n+1} = 0.$$

现在取

$$I = \{i \in \{1, 2, \ldots, n+1\} \mid a_i > 0\}, \ J = \{j \in \{1, 2, \ldots, n+1\} \mid a_j < 0\}.$$

显然I 和J 非空且不相交. 让我们证明

$$\bigcup_{i\in I}A_i = \bigcup_{j\in J}A_j$$

就可以结束证明. 取$h\in\bigcup_{i\in I}A_i$ 且假设$h\notin\bigcup_{j\in J}A_j$. 则向量$v_j$ ，$j\in J$的第h个分量有零点，所以第h个分量$a_1v_1 + a_2v_2 + \ldots + a_{n+1}v_{n+1}$ 为

$$\sum_{\substack{x\in A_i \\ i\in I}}a_i > 0,$$

这是不可能的，因为$a_1v_1 + a_2v_2 + \ldots + a_{n+1}v_{n+1} = 0$. 这表明

$$\bigcup_{i\in I}A_i \subset \bigcup_{j\in J}A_j.$$

相反的包含完全可以用相同的方法证明,所以我们得出

$$\bigcup_{i\in I}A_i = \bigcup_{j\in J}A_j.$$

这可能是一个更加困难的结果.

例12.8 设S 是$[0,1]$ 的包含0 和1的有限子集，且每对元素之间的距离至少出现两次，除了距离1. 证明S 只包含有理数.

(E.G. Strauss, Iran 1998)

解答. 设$(e_1, e_2, \ldots, e_n)$ 是由S 张成的线性空间在有理数域上的一组基; 该基可以选择为$e_n = 1$. 现在，这组基里的每个S的元素x_i写作

$$x_i = a_{i1}e_1 + a_{i2}e_2 + \ldots + a_{in}e_n.$$

我们可以在这些向量集上定义一个序关系, 如果存在两个向量不同的位置，x_i 在它们不同的第一个位置具有较大的坐标，则称$x_i > x_j$. 这个（词典式的）顺序是总的, 所以我们可以选择最大和最小元素分别是x_i 和x_j . 我们已知对某个k, l, 有$x_i - x_j = x_k - x_l$. 于是分别应用最大x_i 和最小x_j ，推出

$$x_i = (0, 0, \ldots, 0, 1), \quad x_j = (0, 0, \ldots, 0).$$

因为其他向量x_r 小于x_i 但大于x_j，我们推出所有向量的前$n-1$个坐标为0，等价于S 的所有元素是有理的.

我们以另一个2004年罗马尼亚TST 提出的问题结束这次讨论，它的想法也与向量空间有关.

例12.9 30个男孩和20个女孩正在参加选拔赛的训练. 他们观察到，在女孩中，任何两个男孩有偶数个共同的熟人，正好有九个男孩认识奇数个女孩. 证明有16个男孩组成的小组，这样参加培训的任何女孩都能被该小组的偶数个男孩所认识.

(Gabriel Dospinescu)

解答. 让我们考虑矩阵 $\boldsymbol{A} = (a_{ij})$，其中

$$a_{ij} = \begin{cases} 1, & \text{若} B_i \text{ 认识} F_j \\ 0, & \text{否则} \end{cases}$$

考虑 $B_1, B_2, \ldots, B_{30}$ 是男孩，$F_1, F_2, \ldots, F_{20}$ 是女孩. 现在考虑矩阵 $\boldsymbol{T} = \boldsymbol{A} \cdot \boldsymbol{A}^t$. 观察到矩阵 $\boldsymbol{T}$ 的所有元素,除了主对角线上, 其余都是偶数(因为 $t_{ij} = \sum_{k=1}^{20} a_{ik}a_{jk}$ 是男孩 B_i, B_j 中女孩的熟人数量). $\boldsymbol{T}$ 主对角线上的每一个元素都是对应的男孩所认识的女孩数量. 于是若我们在 $(\mathbb{Z}/2\mathbb{Z}, +, \cdot)$ 上考虑矩阵 $\boldsymbol{T}$，它将是对角矩阵，在它的主对角线上正好有9个非零元素. 从现在开始，我们只在 $\mathbb{Z}/2\mathbb{Z}$ 上讨论. 我们已经看到 $\text{rank}(\boldsymbol{T}) = 9$. 利用西尔维斯特的不等式，我们有

$$9 = \text{rank}(\boldsymbol{T}) \geq \text{rank}(\boldsymbol{A}) + \text{rank}(\boldsymbol{A}^t) - 20 = 2 \cdot \text{rank}(\boldsymbol{A}^t) - 20$$

因此 $r = \text{rank}(\boldsymbol{A}^t) \leq 14$.

现在让我们在 $(\mathbb{Z}/2\mathbb{Z}, +, \cdot)$ 上考虑线性方程组

$$\begin{cases} a_{11}x_1 + a_{21}x_2 + \ldots + a_{30,1}x_{30} = 0 \\ a_{12}x_1 + a_{22}x_2 + \ldots + a_{30,2}x_{30} = 0 \\ \ldots \\ a_{1,20}x_1 + a_{2,20}x_2 + \ldots + a_{30,20}x_{30} = 0 \end{cases}$$

这个方程组的解集合是一个维数为 $30 - r \geq 16$ 的线性空间. 这就是为什么我们可以选择方程组的一个解 $(x_1, x_2, \ldots, x_{30})$，至少有16 个分量等于 $\hat{1}$. 最后，考虑集合

$$M = \{i \in \{1, 2, \ldots, 30\} \mid x_i = \hat{1}\}.$$

我们已经证明了 $|M| \geq 16$ 且对于所有 $i = 1, 2, \ldots, 20$，$\sum_{j \in M} a_{ji} = 0$. 但是观察到 $\sum_{j \in M} a_{ji}$ 仅是认识 F_i 的男孩 B_k，$k \in M$ 的数字. 于是，若我们选择这群男孩 B_k，$k \in M$，则每个女孩被这个群里的偶数个男孩认识,问题解决.

西尔维斯特的一个著名结果（由盖莱和许多其他数学家证明）指出，如果A是平面上的一个有限点集，满足任何一条线都不包含A，那么存在一条线穿过A的两点．下面的例子对这个结果进行了改进，证明几乎是不可思议的．

例12.10 证明不在一条直线上的n个不同点，至少确定n条不同直线．

(Paul Erdös)

解答． 用$1, 2, \ldots, n$给点编号．设X是通过n个点中两点的不同直线的集合，A_i是集合X中过点i的直线集．则这些集合中任意两个A_i, A_j恰有一个公共元素．我们需要证明它们的并，X至少有一个元素．假设相反，也就是说仅有$p < n$个这样的X的元素(且设$l_1, \ldots, l_p$为这些直线)．那么因为任意含有p个方程且多于p个未知量的线性方程组都有非平凡解，表明我们可以用不全为0的数字$x_1, x_2, \ldots, x_n$，标记X的直线上点的总和为0的点．那么对于所有j，$\displaystyle\sum_{i \in l_j} x_i = 0$．因此

$$0 = \sum_{j=1}^{p} \left(\sum_{i \in l_j} x_i \right)^2.$$

然而，观察到最后的和中每个x_i^2都出现了至少两次(因为并不是所有点都在同一条直线上)，而每个乘积$2x_i x_j$，$i \neq j$仅出现一次(这就是我们应用集合$A_1, A_2, \ldots, A_n$之中任意两个恰有一个公共点的地方)．因此我们得到

$$x_1^2 + x_2^2 + \ldots + x_n^2 + (x_1 + x_2 + \ldots + x_n)^2 \leq 0,$$

这就要求所有x_i为零，这与选择$x_1, x_2, \ldots, x_n$矛盾．

在前一个问题的铺垫下，下一个例子不应该很难解决．然而，值得说的是，这个问题至今还没有组合证明：这就是著名的格雷厄姆-波拉克定理．问题的解答来自于泰伯格的优秀著作《书中的证据》．

例12.11 n个顶点上不存在完全图的划分，其二部完全子图少于$n-1$(即使得每个边都只属于一个子图)．

(R. Graham, O. Pollak)

解答． 用$1, 2, \ldots, n$表示n个顶点上的完全图的顶点，假设$B_1, B_2, \ldots, B_m$是这个图的划分，且有完全二部子图．每个子图B_k是由两个顶点集合L_k和R_k定义的．在完全图K_n的每个顶点上设置一个实数x_i．假设

$$\sum_{1 \leq i < j \leq n} x_i x_j = \sum_{k=1}^{m} \left[\left(\sum_{i \in L_k} x_i \right) \left(\sum_{j \in R_k} x_j \right) \right].$$

想法是(像前一个问题中) 若 $m < n-1$，则我们可以选择实数 $x_1, x_2, \ldots, x_n$ 使得它们不全为零, 对于所有 k，

$$x_1 + x_2 + \ldots + x_n = 0 \quad , \quad \sum_{i \in L_k} x_i = 0$$

实际上, 这个线性方程组有一个非平凡的解, 因为未知量的个数超过了方程的个数. 应用上面的等式和

$$\sum_{i=1}^{n} x_i^2 = \left(\sum_{i=1}^{n} x_i\right)^2 - 2 \sum_{1 \leq i < j \leq n} x_i x_j,$$

我们推断出 $x_1^2 + x_2^2 + \ldots + x_n^2 = 0$, 这与 $x_1, x_2, \ldots, x_n$ 的选择矛盾.

我们用一个非常棘手的问题结束这一章, 这个问题后来成为经典:我们在AMM, 数学杂志, 以及伊朗、俄罗斯和德国的奥林匹克竞赛中看到它的踪迹和变体.

例12.12 设 G 是一个简单的图，其所有顶点都被涂成白色. 合法操作包括选择一个顶点并将该顶点及其所有相邻顶点（与其相连的顶点）的颜色更改为相反的颜色（白色更改为黑色，黑色更改为白色）. 证明在有限次合法操作中，图的所有顶点都可以变黑.

解答. 按照惯例我们将假定任何顶点都与自身相连, 所以此图的邻接矩阵 $\boldsymbol{A}$(定义为, 若 i 和 j 不相连, $a_{ij} = 0$ ；否则为1)对称且主对角线上仅为1. 其思想是证明图的顶点集合 S 的存在性, 使得 G 的任何顶点都连接到 S 的奇数个顶点上. 在这种情况下, 我们只需要对 S 的顶点执行合法的操作, 以更改图中所有顶点的颜色. 如果我们找到一个整系数向量 $\boldsymbol{v} = (v_1, v_2, \ldots, v_n)$ 使得 $\boldsymbol{Av}$ 所有坐标为奇数: 选择 S 为这些 i 的集合, 且使得 v_i 是奇数. 于是, 问题化简为证明对任意对角线为 $(1, 1, \ldots, 1)$ 的二元对称矩阵 $\boldsymbol{A}$, 存在一个向量 $\boldsymbol{v}$ 使得 $\boldsymbol{Av}$ 所有坐标为奇数. 在域 $F = \mathbb{Z}/2\mathbb{Z}$ 中平移, 归结为证明对任意对称矩阵 $\boldsymbol{A} \in M_n(F)$, 存在一个向量 $\boldsymbol{v} \in F^n$ 满足 $\boldsymbol{Av} = (1, 1, \ldots, 1)$. 经过一个经典的论证, 足以证明正交向量空间 $\text{Im}(\boldsymbol{A})$ 是 $(1, 1, \ldots, 1)$ 的正交向量空间的子集. 但是若 x 正交于 $\text{Im}(\boldsymbol{A})$, 则必有

$$\sum_{i=1}^{n} x_i \sum_{j=1}^{n} a_{ij} y_j = 0$$

$y_1, \ldots, y_n \in F$, 这意味着对于所有 j, 有 $\sum_{i=1}^{n} a_{ij} x_i = 0$. 于是

$$\sum_{j=1}^{n} x_j \sum_{i=1}^{n} a_{ij} x_i = 0,$$

或写作

$$\sum_{1\le i<j\le n}(a_{ij}+a_{ji})x_ix_j+\sum_{i=1}^{n}a_{ii}x_i^2=0.$$

矩阵是对称的, 所以第一个和是0. 同时有 $x_i^2=x_i$, $a_{ii}=1$, 所以推出 $x_1+x_2+\ldots+x_n=0$, 这意味着 $\boldsymbol{x}$ 正交于 $\boldsymbol{v}$. 证毕.

12.2 习题

1. 考虑 $2n+1$ 个具有下述性质的实数, 无论去掉哪一个, 其余数字分成两组各 n 个数字, 且两组和相同. 那么所有数字必相等.

2. 一本手册按100个属性对植物进行分类（每个植物都有一个给定的属性或没有属性）. 如果两种植物在至少51个属性上存在差异, 则它们是不同的. 证明手册不能给出51种不同的植物.

   (Tournament of the Towns 1993)

3. 设 $A_1,A_2,\ldots,A_m$ 是集合 A 的具有 $n\ge 2$ 个元素的不同子集. 假设这些子集中的任何两个子集只有一个共同元素. 证明 $m\le n$.

   (Fisher's inequality)

4. 一个规则的 2^n 多边形的边被涂成红色和蓝色. 步骤包括对每一个与相邻边的红色颜色相同的边重新着色, 以及对彼此的蓝色边重新着色. 证明经过 2^{n-1} 步之后所有边变成红色并且在更少的步之后不需保持.

   (Iranian Olympiad 1998)

5. 平面上是否有22个圆和22个点的并集（即它们的圆周的并集）, 使得任何一个圆至少包含7个点, 而任何一个点至少属于7个圆?

   (Gabriel Dospinescu, Moldova TST 2004)

6. 在 m 乘 n 的表格中, 实数是这样写的：对于任意两行和任意两列, 位于由它们形成的矩形的相反顶点中的数字之和等于位于其他两个相反顶点中的数字之和. 一些数字被删除, 但其余的数字允许我们使用上述属性查找已删除的数字. 证明表格上至少还有 $n+m-1$ 个数字.

   (Russian Olympiad 1971)

7. n 个队在一场锦标赛中竞争, 每个队只与其他队比赛一次. 每场比赛胜者得2分, 平局得1分, 负者得0分. 众所周知对于队伍的任意子集 S , 你可以找到一个队(可能在 S 中) 和 S 中的队比分总数为奇数. 证明 n 是偶数.

(D. Karpov, Russian Olympiad 1972)

8. 一个简单的图有这样一个属性：给定任何非空顶点集合H，图中有一个顶点X使得连接X和H中的点的边的数目是奇数. 证明这个图有偶数个顶点.

(Kömal)

9. 设$A_1, A_2, \ldots, A_n$是$A = \{1, 2, \ldots, n\}$的子集，且对于A的任意非空子集T,存在一个$i \in A$使得$|A_i \cap T|$ 是奇数. 假设B_1, B_2 是A 的子集且对于所有i,

$$|A_i \cap B_1| = |A_i \cap B_2| = 1$$

证明$B_1 = B_2$.

(Gabriel Dospinescu, Mathematical Reflections)

10. 灯泡$L_1, L_2, \ldots, L_n$由开关$S_1, S_2, \ldots, S_n$控制. 开关S_i 会控制灯泡L_i 的开/关，也可能控制其他灯泡. 假设若S_i 改变了灯泡L_j的状态则S_j 改变了灯泡L_i的状态. 一开始所有灯泡都是关的. 有没有可能把开关开到所有灯泡都亮着？

(Uri Peled, AMM 10197)

11. 设G 是一个图. 证明其顶点集可以分为两组（可能是空的），这样每一组都会产生一个子图，其中所有顶点都具有偶数度.

(Gallai Cycle-Cocycle partition theorem)

12. 在某次数学会议上，每对数学家不是朋友就是陌生人. 吃饭时，每个参与者都在两个大餐厅中的一个吃饭. 每一个数学家都坚持在一个有他或她的朋友的房间里吃饭. 证明这些数学家被分成两组在两个房间的方法数是2的幂.

(USAMO 2008)

13. 设$n \geq 2$. 求最大的p 使得对所有$k \in \{1, 2, \ldots, p\}$ 有

$$\sum_{\sigma \in A_n} \left(\sum_{i=1}^{n} i\sigma(i) \right)^k = \sum_{\sigma \in B_n} \left(\sum_{i=1}^{n} i\sigma(i) \right)^k,$$

其中A_n, B_n分别是集合$\{1, 2, \ldots, n\}$的偶排列和奇排列集合.

(Gabriel Dospinescu)

14. 设函数 s 定义为

$$s(a_1, a_2, \ldots, a_r) = (|a_1 - a_2|, |a_2 - a_3|, \ldots, |a_r - a_1|).$$

证明下列两条等价:

(a) 对于非负整数 $a_1, a_2, \ldots, a_r$ 存在 n 使得 s 在 $(a_1, a_2, \ldots, a_r)$ 处的第 n 次迭代值为 $(0, 0, \ldots, 0)$;

(b) r 是 2 的幂.

(Ducci's problem)

15. 一个 $m \times n$ 矩阵被 0 和 1 填充，且任意两行在至少 $n/2$ 个位置上不同. 证明 $m \le 2n$.

(Iranian Olympiad)

16. 设 n 是正整数. 求出具有下述性质的最大的 k: 存在 k 个 2^n 元整数数组, 所有等于 0 或 1, 且使得对任意两个不同的数组 u, v, $d(u, v) \ge 2^{n-1}$. 这里

$$d(u, v) = \sum_{i=1}^{2^n} |u_i - v_i|$$

其中 u_i, v_j 是 u, v 的分量.

(Chinese TST 2005)

17. 在由 n 个问题组成的比赛中, 陪审团通过给每个问题分配一个正整数点来定义其难度（不同的问题可以分配给相同数量的点）. 正确回答问题的参与者将获得该问题的分数, 其他参与者将获得 0 分. 在参与者提交答案后, 陪审团意识到, 如果对参与者进行任何排序（不允许联系）, 就可以确定问题的难度水平, 使排序与参与者的总分数的排名一致. 以 n 为单位确定可能发生这种情况的参与者的最大数量.

(Russian Olympiad 2001)

18. 对于 $\{1, 2, \ldots, n\}$ 的一个排列 σ, 若 σ 是偶数, 设 $\varepsilon(\sigma) = 1$ 否则为 -1. 设 $f(\sigma)$ 是 σ 的不动点的个数. 证明

$$\sum_{\sigma} \frac{\varepsilon(\sigma)}{1 + f(\sigma)} = (-1)^{n+1} \cdot \frac{n}{n+1},$$

其中和式是对 $\{1, 2, \ldots, n\}$ 的所有排列 σ 求和.

(Putnam 2005)

19. $\{1, 2, \ldots, n\}$ 的一个排列 σ 被称为 k-有限，若对于所有 $1 \leq i \leq n$, $|\sigma(i) - i| \leq k$. 证明 $\{1, 2, \ldots, n\}$ 的 k-有限排列数是奇数，当且仅当 $n = 0, 1$ (mod $2k + 1$).

(Putnam 2008)

20. 设 $G_1, G_2, \ldots, G_k$ 是完全图 K_{2n} 的具有 $2n$ 个顶点的完全二部子图. 设 K_{2n} 的每条边都被包含在奇数个子图 $G_1, G_2, \ldots, G_k$ 里. 证明 $k \geq n$.

21. 设 $A_1, A_2, \ldots, A_m$ 和 $B_1, B_2, \ldots, B_p$ 是 $\{1, 2, \ldots, n\}$ 的子集，且对于所有 i 和 j, $A_i \cap B_j$ 是奇数. 那么 $mp \leq 2^{n-1}$.

(Benny Sudakov)

22. 在一张 $n \times m$ 的纸上，画出一个将纸分为单位正方形的网格. 长度为 n 的两边用胶带绑在一起形成一个圆柱体. 证明在每一个正方形中可以写一个实数，而不是全部为零，这样每个数字就是相邻正方形中数字的和，当且仅当存在整数 k, l 使得 $n + 1$ 不能整除 k 且

$$\cos \frac{2l\pi}{m} + \cos \frac{k\pi}{n+1} = \frac{1}{2}.$$

(Ciprian Manolescu, Romanian TST 1998)

23. 设 $m > n + 1$, $A_1, A_2, \ldots, A_m$ 是 $\{1, 2, \ldots, n\}$ 的子集. 则有不相交集 I, J 使得

$$\bigcup_{i \in I} A_i = \bigcup_{j \in J} A_j, \quad \bigcap_{i \in I} A_i = \bigcap_{j \in J} A_j.$$

(Lindstrom's theorem)

24. 在一个社会里，相识是相互的，甚至更多，任何两个人都有一个共同的朋友，则存在一个人认识所有其他人.

(Erdös-Renyi-Sos, Friendship theorem)

25. 设 $x_1, x_2, \ldots, x_n$ 是实数，假设在有理数上由 $x_i - x_j$ 建立的线性空间为 m 维. 则仅由 $x_i - x_j$ 建立的线性空间也是 m 维，且 $x_i - x_j \neq x_k - x_l$, $(i, j) \neq (k, l)$.

(Straus's theorem)

26. 在有 $n^2 + 1$ 个顶点的图 G 中，每个顶点的度都是 n. 而且每个循环的长度都至少是 5. 证明 $n \in \{1, 2, 3, 7, 57\}$.

(Hoffman-Singleton theorem)

27. 设集合 $A_1, A_2, \ldots, A_m$ 和集合 $B_1, B_2, \ldots, B_m$ 满足

(a) $|A_1| = |A_2| = \ldots = |A_m| = a$ 且 $|B_1| = |B_2| = \ldots = |B_m| = b$.

(b) $A_i \cap B_j$ 非空当且仅当 $i \neq j$.

证明 $m \leq \dbinom{a+b}{b}$.

(Bollobas's theorem)

28. 设 F 是 $\{1, 2, \ldots, n\}$ 的子集族，且具有下述性质：不存在含有 k 个元素的 $Y \subset \{1, 2, \ldots, n\}$ 使得 $\{Y \cap A \mid A \in F\}$ 是所有 Y 的子集的集合. 证明

$$|F| \leq \binom{n}{0} + \binom{n}{1} + \ldots + \binom{n}{k-1}.$$

(Sauer-Shelah lemma)

29. 设 m, n 是正整数, S 是由 1×1 的正方形构成的图形, 且具有性质: 当 $m \times n$ 的表格中 1×1 的方格被和为正数的实数填充时, 图形可以放在桌子上(可能经过 $\pi/2$ 倍数旋转后, 但是方格仍在表格里) 使得被图形覆盖的方格中数字之和为正. 证明可以放置这些图形中的一个数字在桌面上, 使得表格中的每个 1×1 方格被图形中的同一个数字覆盖.

(Russia 1998)

30. 设 k 是一个正实数. 证明单位正方形可以被有限个 $1 \times k$ 矩形平铺当且仅当 k 是代数的, 它的所有代数共轭都有正实部.

(Laczkovich-Szekeres' theorem)

31. 一个 $a \times b$ 被分成边长为 $x_1, x_2, \ldots, x_n$ 的正方形. 证明 $\dfrac{a}{x_i}$ 和 $\dfrac{b}{x_i}$ 是有理数.

(Dehn's theorem)

32. 给定一个矩形 R, 一个有限集合 $S \subset \mathbb{R}_+$ 和一个正整数 $n \in \mathbb{N}$, R 被分成有限个边长之比属于 S 的矩形.

(Vesselin Dimitrov)

第 13 章 几何和数论

13.1 理论和实例

这可能看起来很奇怪，但几何学在数论中确实有用，有时它可以用一些非常简单的论点帮助证明困难的结果. 接下来，我们将展示几何学在数论中的一些应用，几乎所有的应用都围绕著名的闵可夫斯基(Minkowski)定理展开.这一定理将为中心对称度量凸体包含非平凡格点提供了一个非常有效的准则. 这个点的存在对二次型数论和有理数逼近数论都有重要的影响. 像往常一样，我们只介绍这一极其发达的数学领域. 你一定会很乐意查阅一些关于这一迷人研究领域的参考书.

首先让我们定义凸体(或凸集, 下面我们称其为$\mathbb{R}^n$中的凸集). 若$\mathbb{R}^n$的子集A是凸的，则称其为凸体，即一旦它包含两点x, y，则A包含段$\{tx+(1-t)y \mid 0 \le t \le 1\}$.

如果A是关于原点对称则称其为中心对称，即若$x \in A$，则$-x \in A$. 我们认为凸体有体积是理所当然的（实际上，这比看起来更微妙）. 我们从证明著名的闵可夫斯基定理开始.

定理13.1 (闵可夫斯基) 假设A是$\mathbb{R}^n$ 中的一个有界中心对称凸体，体积严格大于2^n. 那么在A中存在一个区别于原点的格点.

证明. 证明是出奇的简单. 事实上,首先把$\mathbb{R}^n$ 分割成边长为2 的立方体,以所有坐标均为整数的点为中心. 很明显，任何两个这样的立方体内部都是不相交的，它们覆盖了所有的空间. 这就是为什么我们可以说A的体积等于A与每个立方体相交的体积之和(因为A 是有界的,显然和有限). 当然，我们可以通过一个坐标都是偶数的矢量的平移，把任何一个立方体带入围绕原点的立方体中. 由于平移保留了体积,我们将在中心立方体(以原点为中心的立方体)中聚集体，且所有这些立体体积之和大于2^n. 因此有两个体相交于点X. 现在，看看这两个物体所在的立方体，看看这些立方体中的点，在这些转换下的图像就是点X. 我们在凸体中找到两个不同点x, y 满足$x - y \in 2\mathbb{Z}^n$. 但是因为A 是中心对称凸体，因此$\dfrac{x-y}{2}$是一个属于A的区别于原点的格点. 定理得证. □

这是直接从这个定理得出的一个令人惊讶的结果.

例13.1 假设在空间中除原点外的每个晶格点上绘制一个半径为$r > 0$的球(所有球通用). 那么任何穿过原点的线都会截住某个球.

解答. 让我们假设相反的情况，考虑一个圆柱体，它的轴是一条直线，以一个半径为$\frac{r}{2}$的圆为底. 我们选择它足够长，以确保它的体积大于8. 这显然是一个有界的中心对称凸体，并且应用闵可夫斯基定理我们推导出这个圆柱（或边界或相应的球面）中存在一个非零格点. 这意味着这条直线将截到以这个点为中心的球.

事实上，之前证明的定理有一个更一般的公式.

定理13.2 (闵可夫斯基) 设A是$\mathbb{R}^n$中的一个凸体，且$\boldsymbol{v}_1, \boldsymbol{v}_2, \ldots, \boldsymbol{v}_n$ 是$\mathbb{R}^n$中的线性无关向量. 考虑基本的平行六面体

$$P = \left\{ \sum_{i=1}^n x_i \boldsymbol{v}_i \mid 0 \le x_i \le 1 \right\}$$

且$Vol(P)$ 为其体积. 若A体积大于$2^n \cdot Vol(P)$, 则A 至少包含区别于原点的一个格点$L = \mathbb{Z}\boldsymbol{v}_1 + \ldots + \mathbb{Z}\boldsymbol{v}_n$.

证明. 根据这些条件，似乎很难证明，实际上它遵循第一个定理. 事实上考虑线性变换f 将v_i 映成$e_i = (0, 0, \ldots, 1, 0, \ldots, 0)$, 显然$P$ 被映成$\mathbb{R}^n$中"普通的"立方体(即, 所有分量都在0和1之间的向量集), 且f 把L 映成$\mathbb{Z}^n$. 因为变换是线性的,它会把A 映入有一个体积为$\frac{Vol(A)}{Vol(P)} > 2^n$的有界中心对称凸体. 把第一个定理应用到这个有界的中心对称凸体上，并观察格点的原像(在$\mathbb{Z}^n$ 中),即可得到$A \cap L$中的非零点. 第二个定理得证. □

在"质数与平方"一章中，任意形如$4k+1$ 的质数是两个平方数的和. 让我们用不同的方法证明它,这次应用闵可夫斯基定理.

例13.2 任意形如$4k+1$ 的质数是两个平方数的和.

解答. 我们已经证明了任意形如$4k+1$质数, 称之为p, 我们可以找到一个整数a 使得$p \mid a^2 + 1$. 考虑$\boldsymbol{v}_1 = (p, 0)$ 和$\boldsymbol{v}_2 = (a, 1)$. 显然它们线性无关，并且在格$L = \mathbb{Z}\boldsymbol{v}_1 + \mathbb{Z}\boldsymbol{v}_2$上任一点$(x, y)$ 有$p \mid x^2 + y^2$. 实际上存在$m, n \in \mathbb{Z}$ 满足$x = mp + na, y = n$, 于是

$$x^2 + y^2 \equiv n^2(a^2 + 1) \equiv 0 \pmod{p}.$$

此外，基本平行四边形的面积为$\|\boldsymbol{v}_1 \wedge \boldsymbol{v}_2\| = p$. 接下来，考虑作为凸体（当上下文明确时，我们将不再添加有界的中心对称凸体，只添加凸体），底圆

以原点为中心，半径为$\sqrt{2p}$. 显然，它的面积严格地大于基本平行四边形面积的四倍. 因此在这个底圆上存在一个区别于原点的点(x, y)，并且也属于格$L = \mathbb{Z}\boldsymbol{v}_1 + \mathbb{Z}\boldsymbol{v}_2$. 对于这个点有$p \mid x^2 + y^2$ 且$x^2 + y^2 < 2p$，则$p = x^2 + y^2$.

　　证明某些丢番图方程没有解是一个经典问题，但是当我们被要求证明某个方程有解时，我们能做什么呢？通常，闵可夫斯基定理和数字几何学给出了这个问题答案. 下面看一个例子.

例13.3 考虑正整数a, b, c满足$ac = b^2 + b + 1$. 证明方程$ax^2 - (2b+1)xy + cy^2 = 1$有整数解.

(Polish Olympiad)

解答. 这里有一个非常简洁的方法：在$\mathbb{R}^2$ 中考虑点集满足

$$ax^2 - (2b+1)xy + cy^2 < 2.$$

简单的计算表明它是一个椭圆盘，面积为$\dfrac{4\pi}{\sqrt{3}} > 4$. 一个椭圆盘显然是凸体，而且，更重要的是，它肯定是关于原点对称的. 因此，根据闵可夫斯基定理，在这个区域有一个不同于原点的点. 因为$ac = b^2 + b + 1$, 对于不都等于0的x, y 我们有不等式

$$ax^2 - (2b+1)xy + cy^2 > 0.$$

因此对于$(x, y) \in \mathbb{Z}^2 \setminus \{(0, 0)\}$, 有

$$ax^2 - (2b+1)xy + cy^2 = 1$$

即证明了该方程解的存在性.

　　下面的问题（如上面的问题）有一个相当困难的初等解. 使用数字几何的解决方案更为自然，但如何进行根本不明显. 然而解决前一个问题所获得的经验应该会给你警示.

例13.4 假设n是一个正整数，如果方程

$$x^2 + xy + y^2 = n$$

有有理数解，那么这个方程也有整数解.

(Kömal)

解答. 当然问题可以归结为：若存在整数a, b, c 满足$a^2 + ab + b^2 = c^2 n$,

则$x^2 + xy + y^2 = n$有整数解. 我们将假设a 和b 是非零的(否则结论很简单), 再者, 经典论证允许我们假设a 和b 是互质的(这意味着a和b也与n 互质). 我们再次尝试找到一个数对$(x, y) \in \mathbb{Z}^2 \setminus \{(0, 0)\}$ 满足$x^2 + xy + y^2 < 2n$ 且n 整除$x^2 + xy + y^2$. 在这种情况下我们得到$x^2 + xy + y^2 = n$ 结论如下.

首先让我们看一下由$x^2 + xy + y^2 < 2n$定义的区域. 简单的计算表明它是一个椭圆盘, 面积为$\dfrac{4\pi}{\sqrt{3}}n$. 接下来考虑由点(x, y) 组成的晶格, 其中n 整除$ax - by$. 基本平行四边形面积最大为n. 根据闵可夫斯基定理, 我们发现$(x, y) \in \mathbb{Z}^2 \setminus \{(0, 0)\}$ 满足$x^2 + xy + y^2 < 2n$ 且n 整除$ax - by$. 我们声称得到了方程的整数解. 观察

$$ab(x^2 + xy + y^2) = c^2 xyn + (ax - by)(bx - ay)$$

于是n 也整除$x^2 + xy + y^2$ (因为n 与a 和b互质) 结论如下.

在继续一些更难的问题之前, 我们回忆一下对于任意实对称矩阵A满足

$$\sum_{1 \leq i,j \leq n} a_{ij} x_i x_j > 0$$

对所有$x = (x_1, x_2, \ldots, x_n) \in \mathbb{R}^n \setminus \{0\}$ 点集满足

$$\sum_{1 \leq i,j \leq n} a_{ij} x_i x_j \leq 1$$

其体积等于$\dfrac{Vol(B_n)}{\sqrt{\det A}}$, 其中

$$Vol(B_n) = \frac{\pi^{\frac{n}{2}}}{\Gamma\left(1 + \dfrac{n}{2}\right)},$$

其中B_n 是n 维欧式球(且$\Gamma(x) = \displaystyle\int_0^\infty e^{-t} t^{x-1} dt$ 是欧拉伽马函数). 对于$\Gamma\left(1 + \dfrac{n}{2}\right)$有明确的公式, 因为$\Gamma(n) = (n-1)!$ 对于正整数n (这是偶数n 的情况) 且对于奇数n,

$$\Gamma\left(1 + \frac{n}{2}\right) = \frac{\sqrt{\pi} \cdot n!}{2^{\frac{3n+1}{2}} \cdot ((n-1)/2)!}$$

这个结果的证明不是初等的, 我们邀请你在任何一本像样的多元积分书中多读一些. 特别是, 您应该注意, 这些结果可以应用于以前的问题, 以便于计算不同的区域和体积量. 考虑到这些事实, 让我们来解决一些重要的问题.

如果讨论平方，为什么不用四个平方给出拉格朗日定理的经典证明呢？

例13.5 任何正整数是四个完全平方数的和.

(Lagrange)

解答. 这要复杂得多，但想法总是一样的. 最主要的困难是找到合适的格点和中心对称凸体. 首先让我们证明关于质数的结果. 设p 是一个奇质数(对于质数2 结果显然)并考虑集合

$$A = \{a^2 \mid a \in \mathbb{Z}/p\mathbb{Z}\}, \quad B = \{-b^2 - 1 \mid b \in \mathbb{Z}/p\mathbb{Z}\}.$$

因为有$\dfrac{p+1}{2}$ 个不同的方形属于$\mathbb{Z}/p\mathbb{Z}$ (正如我们在前几章看到的), 这两个集合不能分离. 特别地, 有整数x和y 满足$0 \leq x, y \leq p-1$ 且$p \mid x^2 + y^2 + 1$. 这个观察能使我们找到一个好的晶格. 现在考虑向量

$$\boldsymbol{v}_1 = (p, 0, 0, 0), \quad \boldsymbol{v}_2 = (0, p, 0, 0), \quad \boldsymbol{v}_3 = (x, y, 1, 0), \quad \boldsymbol{v}_4 = (y, -x, 0, 1)$$

和由这些向量生成的晶格L. 简单的计算（使用上述公式）可以证明基本平行六面体的体积是p^2. 此外, 我们可以很容易地验证每一点$(t, u, v, w) \in L$ 有$p \mid t^2 + u^2 + v^2 + w^2$. 更重要的是, 我们还可以证明（通过使用前面提到的非基本结果）凸体

$$C = \{(t, u, v, w) \in \mathbb{R}^4 \mid t^2 + u^2 + v^2 + w^2 < 2p\}$$

的体积等于$2\pi^2 p^2 > 16 Vol(P)$. 因此$C \cap L$非空. 选择一个点$(t, u, v, w) \in C \cap L$, 显然有$t^2 + u^2 + v^2 + w^2 = p$. 这就完成了质数的证明.

当然, 如果两个四平方和的积总是四个平方和的话, 一切都会好起来的. 幸运的是, 这是事实, 但证据并不明显. 它形成了不可思议的特征

$$(a^2 + b^2 + c^2 + d^2)(x^2 + y^2 + z^2 + t^2) = (ax + by + cz + dt)^2$$

$$+(ay - bx + ct - dz)^2 + (az - bt + dy - cx)^2 + (at + bz - cy - dx)^2.$$

这是很好的, 但人们怎么能回答这个永恒的问题: 我到底该如何看待这样一个特征呢？好吧, 这一次有一个很好的理由: 我们不必考虑八个变量, 而只考虑四个变量. 考虑数字

$$z_1 = a + bi, \, z_2 = c + di, \, z_3 = x + yi, \, z_4 = z + ti$$

并引入矩阵

$$\boldsymbol{M} = \begin{pmatrix} z_1 & z_2 \\ -\overline{z}_2 & \overline{z}_1 \end{pmatrix}, \quad \boldsymbol{N} = \begin{pmatrix} z_3 & z_4 \\ -\overline{z}_4 & \overline{z}_3 \end{pmatrix}.$$

我们有

$$\det(\boldsymbol{M}) = |z_1|^2 + |z_2|^2 = a^2 + b^2 + c^2 + d^2$$

类似的

$$\det(\boldsymbol{N}) = x^2 + y^2 + z^2 + t^2.$$

很自然地将$(a^2 + b^2 + c^2 + d^2)(x^2 + y^2 + z^2 + t^2)$ 表示为$\det(\boldsymbol{MN})$.
但是! 我们有

$$\boldsymbol{MN} = \left(\begin{array}{cc} z_1 z_3 - z_2 \overline{z}_4 & z_1 z_4 + z_2 \overline{z}_3 \\ -z_1 z_4 - z_2 \overline{z}_3 & z_1 z_3 - z_2 \overline{z}_4 \end{array} \right)$$

于是$\det(\boldsymbol{MN})$ 又是四个平方的和. 说明了这个特征.

让我们把注意力更多地放在实数的近似上. 我们有一些关于闵可夫斯基定理的漂亮的结果, 值得在这个小小的数字几何学介绍之后介绍. 在研究代数数域时, 下面这一点非常重要.

例13.6 设$\boldsymbol{A} = (a_{ij})$ 是一个$n \times n$ 实数项可逆阵,正实数$c_1, c_2, \ldots, c_n$ 满足$c_1 c_2 \ldots c_n > |\det \boldsymbol{A}|$. 那么存在不全为零的整数$x_1, x_2, \ldots, x_n$, 使得对于所有$i = 1, \ldots, n$有

$$\left| \sum_{j=1}^{n} a_{ij} x_j \right| < c_i$$

.

(Minkowski's linear forms theorem)

解答. 我们需要证明存在一个属于区域$\{Y \in \mathbb{R}^n \mid |(\boldsymbol{A}Y)_i| < c_i, \ i = 1, \ldots, n\}$的非零整数向量$\boldsymbol{X}$ (这里$(\boldsymbol{A}Y)_i$ 表示$\boldsymbol{A}Y$ 的第i个坐标). 但是$\{Y \in \mathbb{R}^n \mid |(\boldsymbol{A}Y)_i| < c_i, \ i = 1, \ldots, n\}$ 是平行六面体

$$\{Z \in \mathbb{R}^n \mid -c_i < Z_i < c_i, \ i = 1, \ldots, n\}$$

通过$\boldsymbol{A}^{-1}$得到的图像(其体积为$2^n c_1 \ldots c_n$). 因此

$$\{Y \in \mathbb{R}^n \mid |(\boldsymbol{A}Y)_i| < c_i, \ i = 1, \ldots, n\}$$

是一个中心对称的凸体, 体积为$\dfrac{1}{|\det \boldsymbol{A}|} 2^n c_1 \ldots c_n > 2^n$. 根据闵可夫斯基定理, 这个体将包含一个满足问题条件的非零格点.

实际上, 最后一个结果的加强非常有用: 如果我们仅假设$c_1 c_2 \ldots c_n \geq |\det \boldsymbol{A}|$, 则可以选择不全为零的整数$x_1, x_2, \ldots, x_n$, 满足

$$\left| \sum_{j=1}^{n} a_{1j} x_j \right| \leq c_1 \ , \quad \left| \sum_{j=1}^{n} a_{ij} x_j \right| < c_i \ , \ i \geq 2.$$

一旦证明了例13.6，这个证明一点也不难. 事实上，注意若$\varepsilon > 0$，则由前面的结果存在不全为零的整数$x_1(\varepsilon), x_2(\varepsilon), \ldots, x_n(\varepsilon)$, 满足

$$\left| \sum_{j=1}^{n} a_{ij} x_j(\varepsilon) \right| < c_i \ , \quad i = 2, 3, \ldots, n$$

和

$$\left| \sum_{j=1}^{n} a_{1j} x_j(\varepsilon) \right| < c_1(1 + \varepsilon)$$

因为矩阵$\boldsymbol{A}$ 是可逆的, 所以仅存在有限个$(x_1(\varepsilon), x_2(\varepsilon), \ldots, x_n(\varepsilon))$, 对于固定的$\varepsilon$具有这些性质. 实际上条件说向量$\boldsymbol{A}\boldsymbol{x}(\varepsilon)$是有界的, 其中$\boldsymbol{x}(\varepsilon)$ 是分量为$x_i(\varepsilon)$的向量. 因此向量$\boldsymbol{x}(\varepsilon)$在$\mathbb{R}^n$也有界. 这表明可以构造一个收敛于0的序列$\varepsilon_k$ 满足$x_j = x_j(\varepsilon_k)$, 且对于所有j不依赖于k. 我们需要做的是在上面的不等式中令$k \to \infty$.

现在，这个定理意味着迪利克雷近似定理(在密度和正则分布这一章中讨论过: 对所有实数$a_1, a_2, \ldots, a_n$ 和所有正整数M 存在整数$m_1, m_2, \ldots, m_n, p$ 满足对所有i, $|p| \le M^n$ 和$|m_i - p a_i| < \dfrac{1}{M}$). 事实上我们需要做的就是将上面的结果应用于$(n+1) \times (n+1)$ 矩阵

$$\begin{pmatrix} 1 & 0 & 0 & \ldots & 0 & -a_1 \\ 0 & 1 & 0 & \ldots & 0 & -a_2 \\ 0 & 0 & 1 & \ldots & 0 & -a_3 \\ \vdots & \vdots & \vdots & & \vdots & \vdots \\ 0 & 0 & 0 & \ldots & 1 & -a_n \\ 0 & 0 & 0 & \ldots & 0 & 1 \end{pmatrix}$$

这是前一个例子的很好的结果. 我们最后一个丢番图近似的例子可以利用闵可夫斯基定理得到，并说明齐次线性形式的积定理.

例13.7 设$\boldsymbol{A} = (a_{ij})$ 是一个$n \times n$实数项可逆阵$(n \ge 2)$. 说明存在整数$x_1, x_2, \ldots, x_n$, 不全为0, 有

$$\sum_{k=1}^{n} |a_{i1}x_1 + a_{i2}x_2 + \ldots + a_{in}x_n| \le \sqrt[n]{n! \cdot |\det \boldsymbol{A}|}.$$

解答. 让我们从计算图形$O(x, n)$ 的体积开始，它包括所有点$(x_1, x_2, \ldots, x_n)$

且 $|x_1| + |x_2| + \ldots + |x_n| \le x$. 对于 $n = 1$ 体积显然为 $2x$. 现在，应用富比尼(Fubini)定理写出

$$Vol(O(x,n)) = \int_{|x_1|+\ldots+|x_n|\le x} dx_1 dx_2 \ldots dx_n$$

$$= \int_{|x_n|\le x} \int_{|x_1|+\ldots+|x_{n-1}|\le x-|x_n|} dx_1 \ldots dx_{n-1}$$

$$= \int_{|x_n|\le x} Vol(O(x-|x_n|, n-1)) dx_n = Vol(O(1, n-1)) \int_{|x_n|\le x} (x-|x_n|)^{n-1} dx_n$$

$$= Vol(O(1, n-1)) \cdot \frac{2x^n}{n}.$$

一个直接的归纳表明

$$Vol(O(x,n)) = \frac{(2x)^n}{n!}.$$

现在，问题要求证明存在非零整数向量 $\boldsymbol{X}$ 使得 $\boldsymbol{AX}$ 位于图 $O\left(\sqrt[n]{n! \cdot |\det \boldsymbol{A}|}, n\right)$ 中. 否则我们需要证明由 $\boldsymbol{A}^{-1}$ 确定的线性应用所得到的这个图的图像包含一个非零格点. 但是这个中心对称凸体的体积是 2^n (用 $\sqrt[n]{n! \cdot |\det \boldsymbol{A}|}$ 代换 x). 不幸的是，我们不能直接应用闵可夫斯基定理，因为这个量不严格超过 2^n. 然而，我们可以模仿前面练习的解之后使用的论点，以获得所期望的结果: 对于所有 $\varepsilon > 0$ 我们知道八面体 $O\left(\sqrt[n]{n! \cdot |\det \boldsymbol{A}|} + \varepsilon, n\right)$ 包含 $\boldsymbol{AX}_\varepsilon$ (其中 $\boldsymbol{X}_\varepsilon$ 是一个非零整数向量). 其中一个证明了 $\boldsymbol{X}_\varepsilon$ 是一致有界的, 然后选取一个常数向量族并取极限. 我们把细节留给读者.

1997年IMO 的亮点, 非常漂亮的,13.6也有一个使用数字几何的显著解决方案. 事实上, 我们将证明比竞赛中要求的结果要多得多，这表明, 对较大的 n 值,IMO 问题要求的边界之一非常弱.

例13.8 对每个正整数 n, 设 $f(n)$ 为用 n 表示两个非负整系数幂之和的方法数. 仅在求和顺序上不同的表示被认为是相同的. 例如, $f(4) = 4$. 证明存在两个常数 a, b ，满足对于所有足够大的 n 有

$$2^{\frac{n^2}{2} - n\log_2(n) - an} < f(2^n) < 2^{\frac{n^2}{2} - n\log_2(n) - bn}$$

.

(Adapted after IMO 1997)

解答. 显然 $f(2^n)$ 是方程

$$a_0 + 2a_1 + \ldots + 2^n a_n = 2^n$$

非负整数解的个数，等于不等式

$$2a_1 + 4a_2 + \ldots + 2^n a_n \leq 2^n$$

在非负整数中解的个数. 对于任意区别于$(0, 0, \ldots, 0, 2n)$ 的解有$a_n = 0$，我们将考虑超立方体

$$H(a_1, a_2, \ldots, a_{n-1}) = [a_1, a_1 + 1) \times [a_2, a_2 + 1) \times \ldots \times [a_{n-1}, a_{n-1} + 1).$$

显然这些超立方体对于不同的解$(a_1, a_2, \ldots, a_{n-1})$是成对不相交的. 所以不等式的解的数量就是这些超立方体的总体积. 现在，观察到任意这样的超立方体都被包含在点集$(x_1, x_2, \ldots, x_{n-1})$里，其中$x_i \geq 0$ 且

$$\sum_{i=1}^{n-1} 2^i(x_i - 1) < 2^n.$$

此外，这些立体的并覆盖了这些点$(x_1, x_2, \ldots, x_{n-1})$ 组成的区域，其中$x_i \geq 0$ 且

$$\sum_{i=1}^{n-1} 2^i x_i \leq 2^n.$$

实际上，在这个区域取一个点$(x_1, x_2, \ldots, x_{n-1})$，那么$([x_1], [x_2], \ldots, [x_{n-1}], 0)$ 是不等式的解，且点属于相应的超立方体.

现在，让我们更全面地考虑一下由不等式$x_i \geq 0$和$a_1 x_1 + a_2 x_2 + \ldots + a_n x_n \leq A$定义的这个区域$R(a_1, a_2, \ldots, a_n, A)$. 它的体积是

$$Vol(R(a_1, \ldots, a_n, A)) = \int_{x_i \geq 0, a_1 x_1 + \ldots + a_n x_n \leq A} dx_1 dx_2 \ldots dx_n$$

$$= \int_{0 \leq x_n \leq \frac{A}{a_n}} \int_{x_1, \ldots, x_{n-1} \geq 0, a_1 x_1 + \ldots + a_{n-1} x_{n-1} \leq A - a_n x_n} dx_1 \ldots dx_{n-1}$$

$$= \int_0^{\frac{A}{a_n}} Vol(R(a_1, \ldots, a_{n-1}, A - a_n x_n)) dx_n$$

$$= Vol(R(a_1, \ldots, a_{n-1}, 1)) \int_0^{\frac{A}{a_n}} (A - a_n x_n)^{n-1} dx_n$$

$$= \frac{A^n}{n a_n} \cdot Vol(R(a_1, \ldots, a_{n-1}, 1)).$$

由归纳得出关系式

$$Vol(R(a_1, a_2, \ldots, a_n)) = \frac{A^n}{n! \cdot a_1 a_2 \ldots a_n}.$$

因此，因为超立方体的体积之和介于 $R(2, 4, \ldots, 2^{n-1}, 2^n)$ 和

$$R(2, 4, \ldots, 2^{n-1}, 2 + 2^2 + \ldots + 2^{n-1} + 2^n) = R(2, 4, \ldots, 2^{n-1}, 2^{n+1} - 2),$$

包括解 $(0, 0, \ldots, 0, 2^n)$，我们推出解的个数满足不等式

$$1 + \frac{2^{\frac{n^2-2}{2}}}{(n-1)!} \le f(2^n) \le 1 + \frac{(2^{n+1} - 2)^{n-1}}{2^{\frac{n^2-n}{2}} \cdot (n-1)!}.$$

现在，注意

$$\frac{2^{\frac{n^2-n}{2}}}{(n-1)!} = 2^{\frac{n^2}{2} + O(n) - \log_2((n-1)!)}$$

且根据斯特林公式

$$\log_2((n-1)!) = \frac{1}{\ln 2}((n-1)\ln(n-1) + O(n)) = n \log_2(n) + O(n)$$

同理，

$$\frac{(2^{n+1} - 2)^{n-1}}{2^{\frac{n^2-n}{2}} \cdot (n-1)!} = \frac{n^2}{2} - n \log_2(n) + O(n).$$

这两个常数的存在现在是显而易见的.

在这一章的结尾，我们将讨论一些有关丢番图方程解的表示的困难问题. 应用闵可夫斯基定理，我们将说明若 $n \le 4$ 且 $\boldsymbol{A}$ 对称正矩阵(即对所有向量 $\boldsymbol{x} \in \mathbb{R}^n$ 有 ${}^t x \boldsymbol{A} x \ge 0$) 属于 $SL_n(\mathbb{Z})$ (行列式为1的整数 $n \times n$ 矩阵集合)，则存在一个整系数矩阵 $\boldsymbol{B}$ 满足 $\boldsymbol{A} = \boldsymbol{B} \cdot \boldsymbol{B}^t$ (结果适用于 $n \le 7$, 当 $n = 8$ 时不成立). 这将在一些丢番图方程的研究中有一些很好的应用. 让我们从一些符号和简单的观察开始. $\mathbb{Z}^n$ 的一个基底是 $\mathbb{Z}^n$ 中的向量族 $\boldsymbol{B} = (\boldsymbol{v}_1, \boldsymbol{v}_2, \ldots, \boldsymbol{v}_p)$，满足任意向量 $\boldsymbol{x} \in \mathbb{Z}^n$ 能被唯一地表示为 $k_1 \boldsymbol{v}_1 + k_2 \boldsymbol{v}_2 + \ldots + k_p \boldsymbol{v}_p$，其中 $k_1, k_2, \ldots, k_p$ 是整数. 例如，显然 $\mathbb{R}^n$ 的标准基 $(\boldsymbol{e}_1, \boldsymbol{e}_2, \ldots, \boldsymbol{e}_n)$ 是 $\mathbb{Z}^n$ 的一个基底，其中向量 $\boldsymbol{e}_i$ 在位置 i 为1，否则为0. 但是还存在许多 $\mathbb{Z}^n$ 的其他基底. 实际上，在代数数论简介这一章中我们证明了任何坐标互质的整数向量都可以以 $\mathbb{Z}^n$ 为基底. 我们易证明任意两个基底

$$\boldsymbol{B}_1 = (\boldsymbol{v}_1, \boldsymbol{v}_2, \ldots, \boldsymbol{v}_p) \text{ 和 } \boldsymbol{B}_2 = (\boldsymbol{w}_1, \boldsymbol{w}_2, \ldots, \boldsymbol{w}_q)$$

具有相同个数的元素. 的确，我们记

$$\boldsymbol{v}_i = a_{i1} \boldsymbol{w}_1 + a_{i2} \boldsymbol{w}_2 + \ldots + a_{iq} \boldsymbol{w}_q$$

和

$$\boldsymbol{w}_i = b_{i1} \boldsymbol{v}_1 + b_{i2} \boldsymbol{v}_2 + \ldots + b_{ip} \boldsymbol{v}_p$$

其中a_{ij}, b_{ij}为整数. 那么若$\boldsymbol{A}$ 和$\boldsymbol{B}$ 是a_{ij} 和b_{ij} 的矩阵, 我们有$\boldsymbol{AB} = \boldsymbol{I}_p$ (将$\boldsymbol{v}_i = a_{i1}\boldsymbol{w}_1 + a_{i2}\boldsymbol{w}_2 + \ldots + a_{iq}\boldsymbol{w}_q$ 中的$\boldsymbol{w}_i$ 替换为$b_{i1}\boldsymbol{v}_1 + b_{i2}\boldsymbol{v}_2 + \ldots + b_{ip}\boldsymbol{v}_p$, 再应用$\boldsymbol{v}_i$的线性无关性). 因此$p = \text{rank}(\boldsymbol{AB}) \leq \text{rank}(\boldsymbol{A}) \leq q$, 根据对称性有$q \leq p$, 所以$q = p$. (现在我们看出, 基于上述正则基的存在, 任意$\mathbb{Z}^n$的基底包括n 个元素.) 现在, 对于整系数$n \times n$矩阵$\boldsymbol{A}$, 我们可以定义一个双线性形式

$$g_{\boldsymbol{A}}(x,y) = \sum_{1 \leq i \leq j \leq n} a_{ij}x_i y_j = x^t \boldsymbol{A} y,$$

其中

$$\boldsymbol{x} = x_1\boldsymbol{e}_1 + x_2\boldsymbol{e}_2 + \ldots + x_n\boldsymbol{e}_n \quad 且 \quad \boldsymbol{y} = y_1\boldsymbol{e}_1 + y_2\boldsymbol{e}_2 + \ldots + y_n\boldsymbol{e}_n.$$

设$f_{\boldsymbol{A}}$ 是这个双线性形式的相关二次形式, 即

$$f_{\boldsymbol{A}}(x) = g_{\boldsymbol{A}}(x,x).$$

现在, 取$\mathbb{Z}^n$的一个基底$\boldsymbol{B} = (\boldsymbol{v}_1, \boldsymbol{v}_2, \ldots, \boldsymbol{v}_n)$ 并假设

$$\boldsymbol{v}_i = v_{1i}\boldsymbol{e}_1 + v_{2i}\boldsymbol{e}_2 + \ldots + v_{ni}\boldsymbol{e}_n.$$

根据前面的讨论(表明两个基底具有相同的基数) 我们知道$\boldsymbol{V} = (v_{ij})$是可逆的. 对于一个整数向量, 其坐标在正则基中为x_i 且在$\boldsymbol{B}$中为x_i', 我们有$\boldsymbol{x} = \boldsymbol{V}\boldsymbol{x}'$, 并经过间断的计算表明$g_{\boldsymbol{A}}(x,y) = x'^t(\boldsymbol{V}^t\boldsymbol{A}\boldsymbol{V})y'$. 另一方面, 直接计算表明$g_{\boldsymbol{A}}(x,y) = x'^t\boldsymbol{G}y'$, 其中$\boldsymbol{G} = (g_{\boldsymbol{A}}(v_i, v_j))$, 这说明$\boldsymbol{G} = \boldsymbol{V}^t\boldsymbol{A}\boldsymbol{V}$.

例13.9 若$\boldsymbol{A} \in SL_n(\mathbb{Z})$, $n \leq 4$, 是一个对称的正矩阵, 则存在整数项矩阵$\boldsymbol{B}$满足$\boldsymbol{A} = \boldsymbol{B}^t\boldsymbol{B}$.

解答. 我们将保留这个例子中的符号, 先从一个非常有限的结果开始, 但是会立即看出, 这是解决这个问题的关键思想.

引理13.1 存在一个向量$\boldsymbol{v}_1 \in \mathbb{Z}^n$ 满足$f_{\boldsymbol{A}}(\boldsymbol{v}_1) = 1$.

证明. 证明是闵可夫斯基基定理的一个直接推论. 实际上我们已将看到由$f_{\boldsymbol{A}}(x) < 2$定义的椭球体的体积等于$\dfrac{(\sqrt{2\pi})^n}{\Gamma\left(1 + \dfrac{n}{2}\right)}$. 对于$n \leq 4$, 应用

$$\Gamma(n) = (n-1)! \quad 及 \quad \Gamma\left(n + \frac{1}{2}\right) = \frac{1 \cdot 3 \cdot \ldots \cdot (2n-1)}{2^n} \cdot \sqrt{\pi},$$

很容易验证

$$\left(\frac{\pi}{2}\right)^n > \left(\Gamma\left(1 + \frac{n}{2}\right)\right)^2.$$

这表明椭球体的体积大于2^n，因此它包含一个非平凡格点，我们称之为v_1. 因为$f_A(v_1) > 0$ (A 是可逆的且是正的)，$f_A(v_1) \in \mathbb{Z}$, 显然v_1 是一个很好的选择. □

现在，我们将这个向量v_1 扩展到一个基底$B = (v_1, v_2, \ldots, v_n)$ 以便构造G 的第一行和第一列.

引理13.2 设v_1 是引理13.1中的向量. 那么存在整数向量$v_2, v_3, \ldots, v_n$ 满足$B = (v_1, v_2, \ldots, v_n)$ 是$\mathbb{Z}^n$ 的基底，且$g_A(v_1, v_i) = 0$, $i \geq 2$.

证明. 证明过程非常漂亮. 考虑

$$H = \{x \in \mathbb{Z}^n \mid g_A(v_1, x) = 0\}.$$

显然，H 是$\mathbb{Z}^n$的一个子模，因此对线性无关整数向量$v_2, v_3, \ldots, v_r$，它具有形式$\mathbb{Z}v_2 + \ldots + \mathbb{Z}v_r$.

我们说$B = (v_1, v_2, \ldots, v_r)$ 是$\mathbb{Z}^n$的一个基底. 实际上, 取$x \in \mathbb{Z}^n$.

我们需要研究等式$x = k_1 v_1 + v$, 其中$v \in H$. 我们只需$g_A(v_1, x - k_1 v_1) = 0$, 与$k_1 f_A(v_1) = g_A(v_1, x)$ 相同, 因此$k_1 = g_A(v_1, x)$. 因此k_1 存在且唯一. 这意味着(因为$v_2, \ldots, v_r$ 线性无关) 存在唯一一组整数$k_1, k_2, \ldots, k_r$ 满足$x = k_1 v_1 + k_2 v_2 + \ldots + k_r v_r$. 因此$B$ 是$\mathbb{Z}^n$的基底, 所以$r = n$.

这就完成了引理13.2的证明. □

现在，我们可以进行归纳证明. 我们将用归纳法证明对于$n \geq 1$时断言成立. 当然,$n = 1$的情况很简单, 所以假设$n - 1$时成立. 应用引理13.1和引理13.2, 我们知道对于系数为整数的矩阵S 有

$$A = S^t \cdot \begin{pmatrix} 1 & 0 \\ 0 & A' \end{pmatrix} \cdot S,$$

其中显然A' 是$SL_{n-1}(\mathbb{Z})$中的对称正矩阵. 应用归纳假设, 我们可以写$A' = B'^t B'$，B'是整数项矩阵. 所以$A = B^t B$，其中

$$B = \begin{pmatrix} 1 & 0 \\ 0 & B' \end{pmatrix} \cdot S.$$

现在让我们来讨论这个结果的两个漂亮的应用. 第一个是相当经典的, 它是由费马得到的结果之一. 然而这一提议在IMO, 以及2001年伊朗奥林匹克竞赛上都曾出现过.

例13.10 设 x, y, z 是正整数且 $xy = z^2 + 1$. 证明存在整数 a, b, c, d 满足

$$x = a^2 + b^2, \ y = c^2 + d^2, \ z = ac + bd.$$

解答. 让我们考虑矩阵

$$\boldsymbol{A} = \begin{pmatrix} x & z \\ z & y \end{pmatrix}.$$

那么 $\boldsymbol{A} \in SL_2(\mathbb{Z})$ ，因为 $xy = z^2 + 1$. 又, $tr(\boldsymbol{A}) = x + y > 2$, 于是 $\boldsymbol{A}$ 有正的特征值, 所以 $\boldsymbol{A}$ 是对称且正的. (这可以直接确定, 因为

$$xu^2 + 2zuv + yv^2 = \frac{(xu + zv)^2 + v^2}{x} > 0$$

对于所有不同时为0的 u, v .) 根据之前的结果, $\boldsymbol{A}$ 可以被写作 $\boldsymbol{B} \cdot \boldsymbol{B}^t$, 其中

$$\boldsymbol{B} = \begin{pmatrix} a & b \\ c & d \end{pmatrix}.$$

通过识别等式 $\boldsymbol{A} = \boldsymbol{B} \cdot \boldsymbol{B}^t$ 中的项, 我们推导出需要的表达式. 注意最后一个例子暗示了著名的费马定理: 每个形如 $4k + 1$ 的质数是两个平方数的和. 实际上, 我们看到每个质数 p 总存在一个 n 使得 $p \mid n^2 + 1$. 然而, 上一个定理表明形如 $n^2 + 1$ 的数字的任意因数都是两个平方数的和.

接下来, 让我们看一个非常困难的丢番图方程, 从上面证明的重要结果来看, 它的解得用几行来表示.

例13.11 求出所有整数 a, b, c, x, y, z 使得

$$ax^2 + by^2 + cz^2 = abc + 2xyz - 1, \quad ab + bc + ca \geq x^2 + y^2 + z^2,$$

且 $a, b, c > 0$.

(Gabriel Dospinescu, Mathematical Reflections)

解答. 让我们考虑矩阵

$$\boldsymbol{M} = \begin{pmatrix} a & z & y \\ z & b & x \\ y & x & c \end{pmatrix}.$$

显然, $\boldsymbol{M}$ 是对称的. 条件

$$ax^2 + by^2 + cz^2 = abc + 2xyz - 1$$

推出 $M \in SL_3(\mathbb{Z})$. 现在, 证明 A 是正的. 因为 M 对称且可逆, 足以证明它的特征值是正的. 设这些特征值为 u, v, w. 那么 u, v, w 是实数(因为 M 是对称的), $uvw = 1$ 且

$$u + v + w = Tr(M) = a + b + c > 0.$$

另一方面, 不难看到

$$uv + vw + wu = ab - z^2 + bc - x^2 + ac - y^2 \geq 0,$$

主二阶余子式的和. 因此 u, v, w 是多项式 $X^3 - UX^2 + VX - 1$ 的零点, U, V 非负. 显然, 这样的多项式仅有非负零点, 所以 $u, v, w \geq 0$. 因为 $\det(M) = 1$, M 满足之前定理的所有条件, 所以 M 具有形式 $^t NN$, 其中 N 是整数矩阵. 若我们记

$$N = \begin{pmatrix} a_1 & a_2 & a_3 \\ b_1 & b_2 & b_3 \\ c_1 & c_2 & c_3 \end{pmatrix},$$

推出

$$a = \|A\|^2, \quad b = \|B\|^2, \quad c = \|C\|^2, \quad z = \langle A, B \rangle, \quad y = \langle A, C \rangle$$

且 $x = \langle B, C \rangle$, 整数向量 A, B, C (这里 $\| \cdot \|$ and $\langle \cdot \rangle$ 分别是欧式范数和内积) 构成了 $\mathbb{Z}^3$ 的基(它们是矩阵 N 的行). 所有这些三元组实际上都是解. 事实上, 若 A, B, C 构成 $\mathbb{Z}^3$ 的一组基, 那么行为 A, B, C 的矩阵 N 属于 $GL_3(\mathbb{Z})$, 即它的行列式为 -1 或 1, 因此

$$\det(^t NN) = (\det(N))^2 = 1.$$

所以 $\det(A) = 1$ 且

$$ax^2 + by^2 + cz^2 = abc + 2xyz - 1.$$

又

$$x^2 + y^2 + z^2 \leq ab + bc + ca$$

是柯西-施瓦兹不等式的一个结果, 因为

$$x^2 = \langle B, C \rangle^2 \leq \|B\|^2 \cdot \|C\|^2.$$

因此, 这些是丢番图方程的解.

最后, 让我们证明一个美丽的定理, 尽管它与闵可夫斯基定理无关, 但它与几何数有很强的联系. 你会注意到, 如果你知道三平方定理, 这个问题是

微不足道的. 但是如果不知道,你会怎么做? 如果没有这样一个高级的结果, 这个问题就不容易解决, 但正如我们将看到的, 一个好的几何参数是一个非常基本的解决方案的关键.

例13.12 证明任何可以写成三个有理数的平方和的整数, 也可以写成三个整数的平方和.

(Davenport-Cassels)

解答. 我们假设矛盾, 性质不存在. 我们将使用一个结合了极值原理的几何参数. 设 S 是 $\mathbb{R}^3$ 中半径为 $\sqrt{n}$ 的球面, 并假设 $a \in S$ 坐标都是有理数. 存在一个整数向量 $v \in \mathbb{Z}^3$ 和整数 $d > 1$ 满足 $a = \dfrac{v}{d}$. 选择数对 (a, v) 使得 d 最小. 则存在一个向量 $b \in \mathbb{Z}^3$ 使得 $\|a - b\| < 1$, 其中 $\|x\|$ 是向量 x 的欧几里得范数. 确实, 写出 $a = (x, y, z)$ 并考虑 $b = (X, Y, Z)$ 就足够了, 其中 X, Y, Z 是整数, 且满足

$$|X - x| \le \frac{1}{2}, \quad |Y - y| \le \frac{1}{2}, \quad |Z - z| \le \frac{1}{2}.$$

现在, 因为假定 a 至少有一个非整数坐标, $a \neq b$. 考虑直线 ab. 它将切球面 S 于点 a 和另一点 c. 让我们精确地确定这一点. 记 $c = b + \lambda \cdot (a - b)$ 并代入条件 $\|c\|^2 = n$ 得到一个 λ 的二次方程, 显然有解 $\lambda = 1$. 应用维特公式得到另一个解

$$\lambda = \frac{\|b\|^2 - n}{\|a - b\|^2}.$$

另一方面,

$$\|a - b\|^2 = n + \|b\|^2 - \frac{2}{d}\langle b, v \rangle$$

和 $0 < \|a - b\| < 1$ 说明 $\|a - b\|^2 = \dfrac{A}{d}$, 其中正整数 A 小于 d. 所以

$$\lambda = \frac{d}{A}(\|b\|^2 - n)$$

且

$$c = b + \frac{\|b\|^2 - n}{A}(v - bd) = \frac{w}{A}$$

对于整数向量 w, 这表明 (c, w) 与 (a, v) 的极小性矛盾, 结果得证.

13.2 习题

1. 假设a 和b 是有理数且方程

$$ax^2 + by^2 = 1$$

至少有一个有理数解. 那么它有无穷多的有理解.

(Kurschak Competition)

2. 在$\mathbb{R}^3$ 中是否存在一个球面，其上恰好有一点坐标都是有理数？

(Tournament of the Towns)

3. 两个整数序列$a_1, a_2, a_3, \ldots$ 和$b_1, b_2, b_3, \ldots$ 满足方程

$$(a_n - a_{n-1})(a_n - a_{n-2}) + (b_n - b_{n-1})(b_n - b_{n-2}) = 0$$

其中整数n 大于2. 证明存在一个正整数k 满足$a_k = a_{k+2008}$.

(USA TST 2008)

4. 在平面上考虑一个面积大于n的多边形.证明它包含$n+1$ 个点$A_i(x_i, y_i)$ 使得$x_i - x_j, y_i - y_j \in \mathbb{Z}$ ，$1 \le i, j \le n+1$.

(Chinese TST 1988)

5. 假设a, b, c 是正整数，且$ac = b^2 + 1$. 证明方程$ax^2 + 2bxy + cy^2 = 1$在整数中可解.

(Kömal)

6. 设$\boldsymbol{A} = (a_{ij})$ 是一个有理数项的对称矩阵，满足

$$\sum_{1 \le i,j \le n} a_{ij} x_i x_j > 0$$

其中$x = (x_1, \ldots, x_n) \in \mathbb{R}^n \setminus \{0\}$.

证明存在整数$x_1, \ldots, x_n$ (不全为零) 使得

$$\sum_{1 \le i,j \le n} a_{ij} x_i x_j < n \sqrt[n]{\det \boldsymbol{A}}.$$

(Minkowski)

7. 证明若 $\boldsymbol{A} = (a_{ij})$ 是一个 $n \times n$ 实数项可逆阵, 则存在不全为零的整数 $x_1, x_2, \ldots, x_n$, 使得

$$\prod_{i=1}^{n} \left| \sum_{j=1}^{n} a_{ij} x_j \right| \leq \frac{n!}{n^n} \cdot | \det \boldsymbol{A} |.$$

(Product theorem for Homogeneous Linear Forms)

8. 设 $f(X) = (X - x_1)(X - x_2) \ldots (X - x_n)$ 是有理数域上一个不可约多项式, 系数为整数且有实零点. 证明

$$\prod_{1 \leq i < j \leq n} |x_i - x_j| \geq \frac{n^n}{n!}.$$

(Siegel)

9. 证明不存在一个 $n \times n$ 正方形可以覆盖超过 $(n+1)^2$ 个整数格点的位置.

(D.J. Newman, AMM E 1954)

10. 设正整数 a, b, c, d 满足存在 2004 个数对 (x, y) 使得 $ax + by, cx + dy \in \mathbb{Z}$, 其中 $x, y \in [0, 1]$. 若 $\gcd(a, c) = 6$, 求 $\gcd(b, d)$.

(Nikolai Nikolov, Oleg Mushkarov, Bulgaria 2005)

11. 至少有四个顶点的多边形 P 的内部有 $k > 0$ 个晶格点. 证明

$$|P \cap \mathbb{Z}^2| \leq 3k + 6.$$

(Scott's theorem)

12. 对于每个正整数 n, 设 $f(n)$ 为用一些无序的硬币生成 $n!$ 美分的方法数, 每枚硬币价值 $k!$ 美分, $1 \leq k \leq n$. 证明对于某个常数 C, 独立于 n,

$$n^{n^2/2 - Cn} e^{-n^2/4} \leq f(n) \leq n^{n^2/2 + Cn} e^{-n^2/4}.$$

(Gabriel Dospinescu, Titu Andreescu, Putnam 2007)

13. 考虑图 G, 其顶点是 $\mathbb{R}^n$ 中有理坐标的点, 如果对应点之间的距离为 1, 则联结两个顶点. 证明图 G 是连通的当且仅当 $n \geq 5$.

(Iran 1998)

14. 证明对于正整数n，下列断言等价:

(a)n 是三个整数的平方和;

(b)在球面上所有坐标都是有理的，以原点为中心，半径为$\sqrt{n}$ 的点集在这个球面上是稠密的.

15. 考虑一个半径为R的圆盘. 除了原点以外在这个圆盘的每个格点上,栽一株半径为r的圆树. 假设r对于下列性质是最优的: 如果从原点看，至少可以看到位于光盘外部的一个点. 证明

$$\frac{1}{\sqrt{R^2+1}} \leq r < \frac{1}{R}.$$

(George Polya, AMM)

16. 假设代数整数$x_1, x_2, \ldots, x_n$对于每个$1 \leq i \leq n$ 至少存在一个x_i的共轭且不属于$x_1, x_2, \ldots, x_n$. 证明n元数组$(f(x_1), f(x_2), \ldots, f(x_n))$ 的集合在$\mathbb{R}^n$中是稠密的，其中$f \in \mathbb{Z}[X]$.

17. 设$n \geq 2$ 是一个整数. 在正方形$[0, n] \times [0, n]$中的一个凸多边形面积大于n. 证明多边形内部或边缘上至少存在一个格点.

18. 绘制一个2004×2004 点数组. 根据以下性质查找最大的正整数n: 以数组的点为顶点可以画一个凸n角形.

(Ricky Liu, USA TST 2004)

19. 证明在$\mathbb{R}^n$ 中存在$n+2$ 个点，使得其中任意两个点之间距离为奇数当且仅当$16 \mid n+2$.

(Graham, Rothschild, Straus theorem)

20. 一个r维多面体(即有限多点的凸包) $P \subset \mathbb{R}^n$ 在格点上有顶点. 证明存在一个r次多项式f 使得对于所有正整数m 有$f(m) = |\mathbb{Z}^n \cap mP|$.

(Ehrhart's theorem)

21. 设n, k 为正整数. 证明存在一个常数$B(k, n)$ 使得对任意n维多边形P，其顶点在格点上，且内部有k 个格点，我们有$Vol(P) \leq B(k, n)$.

(Hensley's theorem)

22. 设k, n 为正整数. 证明其顶点在格点上，内部格点正好是K 个，这样的n维多面体仅有有限个等价类.

(Lagarias-Ziegler's theorem)

第 14 章　越小越好

14.1 理论和实例

通常，一组简单的想法可以使非常困难的问题看起来很容易. 在我们的数字世界之旅中，我们已经看到或将看到一些这样的例子: 求解丢番图方程的同余式，形式为$4k+3$的质数的性质，甚至是关于复数、分析或高等代数的事实，都被巧妙地应用了.

在本单元中，我们将讨论数论中的一个基本概念——元素的阶. 我们谈论简单的想法和"一个基本的概念"似乎是矛盾的. 好吧，我们要讨论的是简单和复杂之间的桥梁. 我们说这是一个简单想法，可以从定义中很容易地猜出来: 给定一个整数$n > 1$和一个整数a使得$\gcd(a,n) = 1$, 使得$n \mid a^d - 1$成立的最小正整数d叫作a 模n的阶. 这个定义是正确的，因为根据欧拉定理我们有$n \mid a^{\varphi(n)} - 1$, 所有这样的$d$是存在的. 这个概念的复杂性将在下面的例子中加以说明.

我们将用$o_n(a)$表示a 模n的阶. $o_n(a)$的一个简单的性质有很重要的意义: 若正整数k 使得$n \mid a^k - 1$ 且$d = o_n(a)$, 则$d \mid k$. 实际上, 因为在$n \mid a^k - 1$和$n \mid a^d - 1$, 有$n \mid a^{\gcd(k,d)} - 1$. 但是根据d的定义我们有$d \leq \gcd(k,d)$, 这不能成立, 除非$d \mid k$. 但是这样一个简单的想法有什么用吗? 答案是肯定的, 解决问题的方案将证明这一点. 但在这之前, 我们注意到这个简单观察的第一个应用: $o_n(a) \mid \varphi(n)$. 这是上述性质和欧拉定理的一个结果.

这是一个古老而又有趣的问题, 在这个介绍之后可能看起来很微不足道. 它出现在圣彼得堡数学奥林匹克竞赛和数学公报中.

例14.1 证明对所有正整数a和n，$n \mid \varphi(a^n - 1)$.

解答. $o_{a^n-1}(a)$是什么? 这似乎是个愚蠢的问题, 因为显然有$o_{a^n-1}(a) = n$ (因为若$a^k - 1$ 是$a^n - 1$的倍数,则$a^k - 1 \geq a^n - 1$, 故$k \geq n$, 我们假设$a > 1$, 否则结论是显然的, 于是阶至少是n 且它显然可以整除n). 通过引言中, 我们恰好得到$n \mid \varphi(a^n - 1)$.

这是元素阶的另一个漂亮应用. 接下来我们要讨论的是迪利克雷定理的第一个例子，一个经典性质.

例14.2 证明第n个费马数$2^{2^n}+1$的任意质因子等于1 模2^{n+1}. 然后证明对任意固定的n，存在无限个形如$2^n k+1$的质数.

解答. 让我们考虑一个质数p 使得$p \mid 2^{2^n}+1$. 然后用p 去除

$$(2^{2^n}+1)(2^{2^n}-1) = 2^{2^{n+1}}-1$$

因此$o_p(2) \mid 2^{n+1}$. 这确保存在一个正整数$k \le n+1$ 使得$o_p(2) = 2^k$. 我们将证明$k = n+1$. 实际上, 若不是这样, 那么$o_p(2) \mid 2^n$, 所以$p \mid 2^{o_p(2)}-1 \mid 2^{2^n}-1$. 但是这是不可能的, 由于$p \mid 2^{2^n}+1$ 且p 是奇数. 因此我们发现$o_p(2) = 2^{n+1}$, 我们需要证明$o_p(2) \mid p-1$来结束问题的第一部分. 第二部分是第一部分的直接结果. 事实上, 这足以证明存在一组无限个成对相对互质的费马数$(2^{2^{n_k}}+1)_{n_k > n}$. 然后我们可以对每个这样的数取一个质因数并应用第一部分, 得到每个这样的质数具有形式$2^n k+1$. 但是不仅很容易找到这样一个成对的互质序列, 而且事实上, 任何两个不同的费马数都是互质的. 事实上, 假设

$$d \mid \gcd(2^{2^n}+1, 2^{2^{n+k}}+1).$$

那么$d \mid 2^{2^{n+1}}-1$, 且$d \mid 2^{2^{n+k}}-1$. 结合$d \mid 2^{2^{n+k}}+1$, 得出矛盾. 因此两部分得证.

我们继续讨论另一个著名且困难的数列迪利克雷定理的特例. 下面的问题虽然经典但不简单, 它出现在2003年韩国TST .

例14.3 对于质数p, 设$f_p(x) = x^{p-1}+x^{p-2}+\ldots+x+1$.
(a)若$p \mid m$, 证明$f_p(m)$ 的任意质因数与$m(m-1)$互质.
(b) 证明存在无限多个正整数n, 使得$pn+1$ 是质数.

解答. (a) 取$f_p(m)$的一个质因数q. 因为$q \mid 1+m+\ldots+m^{p-1}$,显然$\gcd(q, m) = 1$. 再者, 若$\gcd(q, m-1) \ne 1$, 则$q \mid m-1$, 且$q \mid 1+m+\ldots+m^{p-1}$,故$q \mid p$. 但是$p \mid m$ 且$q \mid m$,这显然不可能.

(b)证明起来更难. 就像前面的问题, 我们想利用(a)探索$f_p(m)$ 的性质. 于是, 我们取一个质数$q \mid f_p(m)$, 其中m 是某个能被p整除的正整数. 那么我们有$q \mid m^p-1$. 但这意味着$o_q(m) \mid p$, 且$o_q(m) \in \{1, p\}$. 若$o_q(m) = p$, 则$q \equiv 1 \pmod p$. 否则,$q \mid m-1$, 又因为$q \mid f_p(m)$, 我们推出$q \mid p$. 因此$q = p$. 但是, 通过证明(a), 我们看出这是不可能的, 所以唯一的选择是$p \mid q-1$. 现在我们需要找一个序列$(m_k)_{k \ge 1}$, 各项是p的倍数且使得$f_p(m_k)$成对互质. 这不像第一个例子中那样简单. 不管怎样, 只要反复试验, 就不难找到这样的序列. 还有很多其他的方法, 但是我们喜欢下面的方法: 取$m_1 = p$, $m_k = pf_p(m_1)f_p(m_2)\ldots f_p(m_{k-1})$.

让我们证明$f_p(m_k)$与$f_p(m_1)$，$f_p(m_2)$，$\ldots$，$f_p(m_{k-1})$互质. 这很简单，因为$f_p(m_1)f_p(m_2)\ldots f_p(m_{k-1}) \mid f_p(m_k) - f_p(0) = f_p(m_k) - 1$.

让我们用迪利克雷定理的这个特例来证明下面的对比结果.

例14.4 设整数$k \geq 2$. 证明存在无数多个合数n 具有性质：$n \mid a^{n-k} - 1$，其中整数a与n互质.

(A. Makowski)

解答. 对于适合的质数p我们选择形如$n = kp$ 的数字. 我们需要$p \mid a^{n-k} - 1$，所以$p - 1 \mid n - k$就足够了,这显然是正确的. 接下来，我们需要$k \mid a^{n-k} - 1$，(根据欧拉定理) 若$n - k$ 能被$\varphi(k)$ 整除，这也是成立的. 于是，足以证明$\varphi(k) \mid p - 1$且保证$p > k$ 以至$\gcd(p, k) = 1$. 但是从前面的问题来看，有无穷多的质数$p \equiv 1 \pmod{\varphi(k)}$ 且那些大于k 的数字提供了无数个满足题意的数字n.

下面的问题已经成为一个经典问题，数学竞赛中也出现了它的变体. 这似乎是一个最受欢迎的奥林匹克竞赛问题，因为它只使用基本事实，而且方法也非常漂亮.

例14.5 求满足$2^{2005} \mid 17^n - 1$的最小的n.

解答. 这个问题实际上要求$o_{2^{2005}}(17)$. 我们已知

$$o_{2^{2005}}(17) \mid \varphi(2^{2005}) = 2^{2004},$$

于是$o_{2^{2005}}(17) = 2^k$，$k \in \{1, 2, \ldots, 2004\}$. 元素的阶起了作用. 现在，是时候使用指数了. 我们有$2^{2005} \mid 17^{2^k} - 1$. 应用因式分解

$$17^{2^k} - 1 = (17 - 1)(17 + 1)(17^2 + 1)\ldots(17^{2^{k-1}} + 1),$$

我们在这个积的每一个因子中求出2的指数. 这并不困难，因为对于所有$i \geq 0$,数字$17^{2^i} + 1$是2的倍数, 但不是4的倍数. 因此$v_2(17^{2^k} - 1) = 4 + k$，并且通过解方程$k + 4 = 2005$可以得到阶数. 于是$o_{2^{2005}}(17) = 2^{2001}$.

另一个简单但不直接的元素顺序应用是下面的可除性问题. 这里，我们还需要质数的一些性质.

例14.6 求出所有满足$p^2 + 1 \mid 2003^q + 1$ 和$q^2 + 1 \mid 2003^p + 1$的质数p和q .

(Gabriel Dospinescu)

解答. 不失一般性,我们可以假设$p \leq q$. 首先我们讨论$p = 2$的平凡情形. 在这种情况下, $5 \mid 2003^q + 1$ 并容易推出q 是偶数,因此$q = 2$,这是问题的一个解. 现在, 假设$p > 2$ 并设r 是$p^2 + 1$的一个质因数. 因为$r \mid 2003^{2q} - 1$, 所以$o_r(2003) \mid 2q$. 假设$\gcd(q, o_r(2003)) = 1$. 那么$o_r(2003) \mid 2$ 且

$$r \mid 2003^2 - 1 = 2^3 \cdot 3 \cdot 7 \cdot 11 \cdot 13 \cdot 167.$$

这似乎是个死胡同, 因为有太多可能的r值. 另一个简单的观察缩小了可能的情况数量: 因为$r \mid p^2 + 1$, r 一定具有形式$4k + 1$ 且其值等于2,现在我们没有太多的可能性: $r \in \{2, 13\}$. $r = 13$ 也是不可能的, 因为$2003^q + 1 \equiv 2$ (mod 13) 且$r \mid 2003^q + 1$. 于是我们发现对于任意$p^2 + 1$的质因数r, 有$r = 2$ 或$q \mid o_r(2003)$, 这反过来意味着$q \mid r - 1$. 因为$p^2 + 1$是偶数但不能被4整除, 因为它的任何奇质因数都等于1模, 必有$p^2 + 1 \equiv 2$ (mod q). 这意味着$q \mid (p - 1)(p + 1)$. 结合假设$p \leq q$ 得到$q \mid p + 1$, 实际上$q = p + 1$. 得出$p = 2$,与假设$p > 2$矛盾. 因此唯一解是$p = q = 2$.

接下来的2003年美国TST 问题更难.

例14.7 求所有有序三元数组(p, q, r) 满足

$$p \mid q^r + 1, \quad q \mid r^p + 1, \quad r \mid p^q + 1.$$

(Reid Barton, USA TST 2003)

解答. 显然p, q, r 是不同的. 实际上, 若$p = q$,那么$p \mid q^r + 1$ 是不可能的. 我们将证明不能有$p, q, r > 2$. 假设这种情况成立. 第一个条件$p \mid q^r + 1$ 意味着$p \mid q^{2r} - 1$, 于是$o_p(q) \mid 2r$. 若$o_p(q)$ 是奇数, 则$p \mid q^r - 1$, 结合$p \mid q^r + 1$ 得出$p = 2$, 这是不可能的. 于是, $o_p(q)$ 是2 或$2r$. 我们能有$o_p(q) = 2r$吗? 不能, 因为这意味着$2r \mid p - 1$, 所以$0 \equiv p^q + 1$ (mod r) $\equiv 2$ (mod r), 即$r = 2$, 错误. 因此, 唯一可能是$o_p(q) = 2$, 所以$p \mid q^2 - 1$. 我们不可能有$p \mid q - 1$, 因为$p \mid q^r + 1$且$p \neq 2$. 于是, $p \mid q + 1$, 实际上$2p \mid q + 1$. 同样方法, 我们发现$2q \mid r + 1$ 且$2r \mid p + 1$. 仅看p, q, r中最大的数,这显然是不可能的. 所以, 我们的假设错误, 三个质数之一必等于2. 不失一般性地假设$p = 2$. 那么q 是奇数, $q \mid r^2 + 1$ 且$r \mid 2^q + 1$. 类似地, $o_r(2) \mid 2q$. 若$q \mid o_r(2)$, 则$q \mid r - 1$, 所以$q \mid r^2 + 1 - (r^2 - 1) = 2$, 与已经确定的结果$q$是奇数矛盾. 于是, $o_r(2) \mid 2$ 且$r \mid 3$. 事实上, 这意味着$r = 3$ 且$q = 5$, 产生数组$(2, 5, 3)$. 立即验证这个三元数组满足问题的所有条件. 此外, 所有的解都由这三元数组的循环排列给出.

你能找到数字$2^{2^5} + 1$的最小质因数吗? 能, 做大量的工作你可能找到. 但是对于数字$12^{2^{15}} + 1$呢? 它至少有30000 位数, 你可能在找到最小质因数前无聊死了. 但是这里有一个简短而漂亮的解答, 甚至不需要做简单的除法.

例14.8 求出数字 $12^{2^{15}} + 1$ 的最小质因数.

解答. 设 p 是所求质数. 因为 p 整除

$$(12^{2^{15}} + 1)(12^{2^{15}} - 1) = 12^{2^{16}} - 1,$$

我们发现 $o_p(12) \mid 2^{16}$. 和第一个例子的解答一样, 我们发现 $o_p(12) = 2^{16}$, 于是 $2^{16} \mid p-1$, 所以 $p \geq 1 + 2^{16}$. 但是众所周知 $2^{16} + 1$ 是质数(如果你不相信可以检验). 所以我们可以试着看看这个数是否可以整除 $12^{2^{15}} + 1$. 设 $q = 2^{16} + 1$, 则

$$12^{2^{15}} + 1 = 2^{q-1} \cdot 3^{\frac{q-1}{2}} + 1 \equiv 3^{\frac{q-1}{2}} + 1 \pmod{q}.$$

$\left(\dfrac{3}{q}\right) = -1$ 是否成立还有待观察. 但是我们已经在"互易平方"这一章验证了这个结果是正确的, 所以 $3^{\frac{q-1}{2}} + 1 \equiv 0 \pmod{q}$ 和 $2^{16} + 1$ 是数字 $12^{2^{15}} + 1$ 的最小质因数.

好吧, 你一定已经厌倦了这种老套的想法了, $2^{2^n} + 1$ 的任意质因数等于 1 模 2^{n+1}. 你可以精力集中在以下有趣的问题上.

例14.9 证明对于任意 $n > 2$, $2^{2^n} + 1$ 的最大质因数大于或等于 $n \cdot 2^{n+2} + 1$.

(Chinese TST 2005)

解答. 你不会想象到这个问题有多么简单. 实际上, 记

$$2^{2^n} + 1 = p_q^{k_1} p_2^{k_2} \dots p_r^{k_r}$$

其中质数 $p_1 < \dots < p_r$. 我们能找到正的奇整数 q_i 满足 $p_i = 1 + 2^{n+1} q_i$.

现在化简 $2^{2^n} + 1 = p_1^{k_1} p_2^{k_2} \dots p_r^{k_r}$ 模 2^{2n+2}, 得出

$$1 \equiv 1 + 2^{n+1} \sum_{i=1}^{r} k_i q_i \pmod{2^{2n+2}}$$

于是 $\displaystyle\sum_{i=1}^{r} k_i q_i \geq 2^{n+1}$, 则 $q_r \displaystyle\sum_{i=1}^{r} k_i \geq 2^{n+1}$. 由于

$$2^{2^n} + 1 > (1 + 2^{n+1})^{k_1+k_2+\dots+k_r} > 2^{(n+1)(k_1+k_2+\dots+k_r)}$$

所以 $k_1 + k_2 + \dots + k_r \leq \dfrac{2^n}{n+1}$, 则 $q_r \geq 2(n+1)$ 是解.

例14.10. 我们不知道是否存在无穷多个形式为 $2^{2^n}+1$ 的质数. 但是, $2^{2^n}+1$ 的除数的倒数之和收敛于0.

(Paul Erdös, AMM 4590)

解答. 注意 n 的所有除数的倒数之和为 $\dfrac{\sigma(n)}{n}$, 其中 $\sigma(n)$ 是 n 的所有除数之和. 足以证明 $\dfrac{\sigma(2^{2^n}+1)}{2^{2^n}+1}$ 收敛于1. 设 $p_1^{k_1}\dots p_r^{k_r}$ 是 $2^{2^n}+1$ 的质因数分解式, 并观察到

$$1 < \frac{\sigma(2^{2^n}+1)}{2^{2^n}+1} < \frac{1}{\prod\limits_{i=1}^{r}\left(1-\dfrac{1}{p_i}\right)} < \frac{1}{\left(1-\dfrac{1}{2^n}\right)^r}.$$

因为

$$2^{2^n}+1 > 2^{n(k_1+\dots+k_r)} \ge 2^{rn}, \quad r = O\left(\frac{2^n}{n}\right)$$

所以 $\dfrac{1}{\left(1-\dfrac{1}{2^n}\right)^r}$ 当 $n \to \infty$ 时收敛于1. 根据上面的不等式, $\dfrac{\sigma(2^{2^n}+1)}{2^{2^n}+1}$ 收敛于1, 结论得证.

我们已将看到 a 模 n 的阶是 $\varphi(n)$ 的除数. 因此自然出现一个问题: 给定一个正整数 n, 能否找到一个整数 a 使得它模 n 的阶数恰是 $\varphi(n)$? 我们称这个数 a 为模 n 的原始根. 这个问题的答案是否定的, 但在某些情况下原始根是存在的. 我们将证明模 p^n 的原始根存在, 此时质数 $p > 2$ 且 n 是一个正整数. 证据很长很复杂, 但把它分成小块会让人更容易理解. 那么, 让我们从高斯引理开始.

引理14.1 对任意整数 $n > 1$, $\sum\limits_{d|n}\varphi(d) = n$.

证明. 许多证据中有一个是这样的: 想象一下, 你试图用最低的条件来减少分数 $\dfrac{1}{n}, \dfrac{2}{n}, \dots, \dfrac{n}{n}$. 新分数的分母都是 n 的除数, 显然对任何 n 的除数 d 我们得到分母为 d 的分数 $\varphi(d)$. 通过用两种不同的方法计算我们可以得到分数总和. □

现在取质数 $p > 2$ 并观察到 $\mathbb{Z}/p\mathbb{Z}$ 的任意元素都有一个整除 $p-1$ 的阶. 考虑 $p-1$ 的一个除数 d, 并定义 $f(d)$ 为 $\mathbb{Z}/p\mathbb{Z}$ 中 d 阶元素的个数. 假设 x 是一个 d 阶元素. 那么 $1, x, \dots, x^{d-1}$ 为方程 $u^d = 1$ 的不同解, 这个方程在域 $\mathbb{Z}/p\mathbb{Z}$ 中至多有 d 个解. 所以 $1, x, \dots, x^{d-1}$ 是这个方程的所有解, 且任意 d 阶元素均在其中. 显

然, x^i 是d阶当且仅当$\gcd(i,d) = 1$. 于是至多$\varphi(d)$ 个元素是d阶, 这意味着对于所有d有$f(d) \le \varphi(d)$. 但是由于任意非零元素的阶都能整除$p - 1$, 我们推出

$$\sum_{d|p-1} f(d) = p - 1 = \sum_{d|p-1} \varphi(d)$$

(我们在上一个等式中使用了上面的引理). 这个恒等式结合先前的不等式表明对所有$d \mid p-1$, 有$f(d) = \varphi(d)$. 因此, 我们证明了以下定理.

定理14.1 在$\mathbb{Z}/p\mathbb{Z}$中, 对于任意$p - 1$的除数d, 恰好存在$\varphi(d)$ 个d 阶元素.

上述定理暗示了模任意质数p 的原始根的存在性($p = 2$ 的情况是显然的). 若g 是一个原始根模p, 那么p 个元素$0, 1, g, g^2, \ldots, g^{p-q}$是不同的, 所以它们表示$\mathbb{Z}/p\mathbb{Z}$ 的一个排列. 现在我们固定一个质数$p > 2$和一个正整数k并标明原始根模p^k的存在性. 首先, 观察到对任意$j \ge 2$ 和任意整数x 我们有

$$(1+xp)^{p^{j-2}} \equiv 1 + xp^{j-1} \pmod{p^j}.$$

通过对j 和二项式归纳可以立即确定这个性质. 根据这一预备结果, 我们将证明以下内容.

定理14.2 若p 是一个奇质数,则对于任意正整数k 存在一个原始根模p^k.

证明. 事实上, 取g 一个原始根模p. 显然, $g + p$ 也是一个原始根模p. 再次使用二项式公式,显然可以证明元素g 和$g + p$ 之一不是$X^{p-1} - 1$ $\pmod{p^2}$的根. 这表明存在y一个原始根模p 使得$y^{p-1} \not\equiv 1 \pmod{p^2}$. 设$y^{p-1} = 1 + xp$. 利用之前的观察可以写出

$$y^{p^{k-2}(p-1)} \equiv (1+xp)^{p^{k-2}} \equiv 1 + xp^{k-1} \pmod{p^k}$$

所以p^k 不能整除$y^{p^{k-2}(p-1)} - 1$. 于是y 模p^k 的阶数是$p - 1$的一个倍数(因为y是一个原始根模p) 且能整除$p^{k-1}(p-1)$ 但是不能整除$p^{k-2}(p-1)$. 所以, y 是一个原始根模p^k. $\qquad\square$

为了完成这个(长的) 理论部分, 我们提供关于原始根模p^k一个非常有效的准则.

定理14.3 每个原始根模p 和p^2 都是一个原始根模p的任意次幂.

证明.　首先证明若g 是一个原始根模p 和p^2，那么它也是一个原始根模p^3. 设k 是g 模p^3的阶数. 那么k 是$p^2(p-1)$的一个约数. 因为p^2 整除$g^k - 1$, k 必是$p(p-1)$ 的一个倍数. 仍需证明k 不是$p(p-1)$. 假设相反, 设$g^{p-1} = 1 + rp$, 那么$p^3 \mid (1+rp)^p - 1$. 再次使用二项式公式, 我们推出p 整除r, 所以p^2 整除$g^{p-1} - 1$, 这与g 是一个原始根模p^2矛盾. 现在, 我们应用归纳法. 假设$n \geq 4$ 且g 是一个原始根模p^{n-1}. 设k 是g模p^n的阶数. 因为p^{n-1} 整除$g^k - 1$, k 一定是$p^{n-2}(p-1)$的一个倍数. 再者, k 是$p^{n-1}(p-1) = \varphi(p^n)$ 的一个约数. 于是,我们要做的就是证明k 不是$p^{n-2}(p-1)$. 否则,根据欧拉定理我们写出$g^{p^{n-3}(p-1)} = 1 + rp^{n-2}$，根据二项式公式说明$r$是$p$ 的一个倍数, 且p^{n-1} 整除$g^{p^{n-3}(p-1)} - 1$, 这与g 有$p^{n-2}(p-1)$阶模p^{n-1}矛盾. 定理得证.　□

需要注意的是，前面的结果使得我们可以找到所有具有原始根的正整数. 首先, 观察到这样的数n 不能写作$n = n_1 n_2$，其中$\gcd(n_1, n_2) = 1$ 且$n_1, n_2 > 2$. 事实上, 若$\gcd(g, n) = 1$, 则

$$g^{\frac{\varphi(n)}{2}} \equiv (g^{\varphi(n_1)})^{\frac{\varphi(n_2)}{2}} \equiv 1 \pmod{n_1}$$

同理

$$g^{\frac{\varphi(n)}{2}} \equiv 1 \pmod{n_2}.$$

于是n 除$g^{\frac{\varphi(n)}{2}} - 1$ 和g 不能有$\varphi(n)$阶. 此外, 对于任意奇整数g 和任意$k \geq 3$, $g^{2^{k-2}} \equiv 1 \pmod{2^k}$ (由归纳法得到) 表明不存在原始根模2^k, $k \geq 3$. 这表明对于奇质数p 唯一候选是$2, 4, p^k$ 和$2p^k$, 并且这些数有原始根. 对于2 和4 是显然的, 而对于奇质数的幂上面已经证明了. 对于$2p^k$ 观察到$\varphi(2p^k) = \varphi(p^k)$, 所以$g$, $g + p^k$中的奇质数(其中g 是一个原始根模p^k) 是一个原始根模$2p^k$.

现在我们来解决一些问题. 但是，在试图解决以下问题之前，请确保您正确地记住了费马小定理.

例14.11 求出满足$n \mid a^{n+1} - a$的所有正整数n，其中$a \in \mathbb{Z}$.

解答.　考虑整数$n > 1$ 并且它是非平方数.事实上, 若p 是n的一个质因数, 则选择$a = p$. 接下来, 对于成对的不同质数$p_1, p_2, \ldots, p_k$, 记$n = p_1 p_2 \ldots p_k$. 固定某个$1 \leq i \leq k$ 并选择a为一个原始根模p_i. 那么显然条件$n \mid a^{n+1} - a$意味着n 是$p_i - 1$的一个倍数. 现在, 非常容易确定所有这样的数n. 假设$p_1 < p_2 < \ldots < p_k$, 观察到$p_1 = 2$ (因为$p_1 - 1$ 整除n), 那么$p_2 - 1 \mid 2$ (同理), 因此$p_2 = 3$. 依此类推得到$p_3 = 7$, $p_4 = 43$. 之后情况就变了, 因为我们会发现$p_5 - 1$ 整除1806 这是不可能的, 因为1806 使得$d+1$是质数的约数d仅有$1, 2, 6, 42$, 它们不是质数. 所以$k \leq 4$ 且这些数字是$1, 2, 6, 42, 1806$.

现在我们考虑一个漂亮的但是很难的问题. 我们将看到, 使用原始根的先前结果, 我们可以得到一个快速而优雅的解决方案.

例14.12 求出满足$n^2 \mid 2^n + 1$的所有正整数n.

(Laurenţiu Panaitopol, IMO 1990)

解答. 显然所有解都是奇数, 且1 和3 是解, 所以假设$n \geq 5$. 因为2 是一个原始根模3 和模9 (可以验证), 从上述结果可知对所有k, 2 是一个原始根模3^k. 特别地, 若$3^k \mid 2^n + 1$, 则$3^k \mid 2^{2n} - 1$. 且因为2 模3^k 的阶是$2 \cdot 3^{k-1}$, 我们推出$3^{k-1} \mid n$. 这表明对于所有n, $v_3(2^n + 1) \leq v_3(n) + 1$. 特别地, 对于问题的任意解$n$ 有$2v_3(n) = v_3(n^2) \leq v_3(2^n + 1) \leq 1 + v_3(n)$, 于是$v_3(n) \leq 1$. 我们证明一下, 若$n > 1$, 有$v_3(n) = 1$. 设$p$ 是n的最小质因数. 那么$p \mid 2^{2n} - 1$, 于是$o_p(2) \mid 2n$ 且$o_p(2) \mid p - 1$. 由p 的定义我们有$\gcd(2n, p - 1) = 2$, 于是$p \mid 3$, 因此$p = 3$且$3 \mid n$. 这表明$n = 3a$, 其中$\gcd(3, a) = 1$. 现在我们将证明$a = 1$ (因此, 大于1 的唯一解是$n = 3$). 假设相反, 设q 是其最小质因数, 那么$q \mid 2^n + 1$ 且$q \mid 2^{6a} - 1$. 如上我们推出$o_q(2)$ 是$6a$ 和$q - 1$的约数, 并因为$\gcd(a, q - 1) = 1$, 有$o_q(2) \mid 6$, 于是$q \mid 63$. 因为$\gcd(a, 3) = 1$, 唯一可能是$q = 7$. 但是$7 \mid 2^n + 1 = 8^a + 1$, 这显然不可能. 这表明$a = 1$ 且$n = 3$, 与$n \geq 5$矛盾. 因此1 和3 是问题的唯一解.

最后一个例子来自著名的Miklos Schweitzer 比赛, 它使用了以前的理论成果以及大量的创造力.

例14.13 设$p \equiv 3 \pmod 4$ 是一个质数. 证明

$$\prod_{1 \leq x < y \leq \frac{p-1}{2}} (x^2 + y^2) \equiv (-1)^{\left\lfloor \frac{p+1}{8} \right\rfloor} \pmod p.$$

(J. Suranyi, Miklos Schweitzer Competition)

解答. 设$p = 4k + 3$ 且取g 是原始根模p , $x = g^2$. 那么余模的p 的平方恰是$1, x, x^2, \ldots, x^{2k}$, 所以我们要计算的乘积是$\displaystyle\prod_{0 \leq i < j \leq 2k} (x^i + x^j) \pmod p$. 因此, 若$P$ 是我们想要的乘积, 则

$$P \cdot \prod_{0 \leq i < j \leq 2k} (x^i - x^j) \equiv \prod_{0 \leq i < j \leq 2k} (x^{2i} - x^{2j}) \pmod p.$$

注意到这两个乘积实际上都是范德蒙行列式, 且因为$x^{2k+1} = 1$, 第二个行列式的生成元恰好是$1, x^2, \ldots, x^{2k}, x, x^3, \ldots, x^{2k-1}$. 因此通过$k + (k - 1) + \ldots + 2 + 1$次换行, 第一式得到第二式, 所以

$$P \equiv (-1)^{\frac{k(k+1)}{2}} \pmod p.$$

简单的验算表明 $\dfrac{k(k+1)}{2} - \left\lfloor \dfrac{p+1}{8} \right\rfloor$ 是偶数，结论得证.

14.2 习题

1. 求出满足 $n \mid m^{2 \cdot 3^n} + m^{3^n} + 1$ 的所有正整数 m, n .

(Bulgaria 1997)

2. 设质数 q 满足 q^2 可以至少整除一个梅森数 $2^p - 1$ ，其中 p 是质数. 证明 $q > 3 \cdot 10^9$. 你可以想当然地取满足 $q^2 \mid 2^{q-1} - 1$ ，且小于 $3 \cdot 10^9$ 的质数 q 为 1093 和 3511.

3. 证明对任意正整数 n 存在整数值函数 f 满足

$$2^n \mid 19^{f(n)} - 97$$

(Vietnamese TST 1997)

4. 证明对于任意质数 $p > 3$ 有 $\dbinom{2p}{p} \equiv 2 \pmod{p^3}$.

5. 设奇数 $m > 1$. 求出满足 $2^{1989} \mid m^n - 1$ 的最小 n .

(IMO 1989 Shortlist)

6. 设 m, n 是两个正整数. 证明数字 $1^n, 2^n, \ldots, m^n$ 模 m 的余数两两不同当且仅当 m 无平方因数且 n 与 $\varphi(m)$ 互质.

7. 证明方程

$$\frac{x^7 - 1}{x - 1} = y^5 - 1$$

没有整数解.

(IMO 2006 Shortlist)

8. 设 a 是大于 1 的整数. 证明函数

$$f : \{2, 3, 5, 7, 11, \ldots\} \to \mathbb{N}, \quad f(p) = \frac{p-1}{o_p(a)}$$

无界. 这里 $o_p(a)$ 是 a 模 p 的阶数.

(Jon Froemke, Jerrold W. Grossman, AMM E 3216)

9. 设 $f(n)$ 是 $2^n-2, 3^n-3, 4^n-4, \ldots$ 的最大公因数, 确定 $f(n)$ 并证明 $f(2n) = 2$.

(AMM)

10. 设 f 是一个整系数多项式, 满足对某个质数 p 和任意整数 i 有 $f(i) \equiv 0 \pmod{p}$ 或 $f(i) \equiv 1 \pmod{p}$. 若 $f(0) = 0$ 且 $f(1) = 1$, 证明 $\deg(f) \geq p - 1$.

(IMO 1997 Shortlist)

11. 对所有整数 a, 卡迈克尔数 n 满足 $n \mid a^n - a$. 求出所有 $3pq$ 这样形式的卡迈克尔数, 其中 p, q 是质数. 利用卡迈克尔复合数的存在性, 证明存在无数个伪质数 (合数 n 满足 $n \mid 2^n - 2$).

12. 求出所有满足 $pq \mid 5^p + 5^q$ 的质数 p, q.

(China 2009)

13. 对于给定的质数 p 和正整数 m, 求出原始根模 p 的 m 次幂的和.

14. 求正整数 n 使得 n 和 $2^n + 1$ 有相同的质因数.

(Gabriel Dospinescu)

15. 设 p 是质数且 m, n 是大于 1 的整数, 满足 $n \mid m^{p(n-1)} - 1$. 证明 $\gcd(m^{n-1} - 1, n) > 1$.

(MOSP 2001)

16. 证明存在无限多个不同质数组成的数对 (p, q) 使得 p 整除 $2^{q-1} - 1$ 且 q 整除 $2^{p-1} - 1$.

(Romania TST 2009)

17. 设 n 是一个正整数, A_n 是所有 a 的集合, 它满足 $n \mid (a^n + 1)$, $1 \leq a \leq n$ 且 $a \in \mathbb{Z}$.

(a) 求所有 n 使得 $A_n \neq \emptyset$.

(b) 求所有 n 使得 $|A_n|$ 为非零偶数.

(c) 是否存在 n 使得 $|A_n| = 130$?

(Italian TST 2006)

18. 定义序列 $\{x_n\}$ 为 $x_1 = 2$, $x_2 = 12$ 且 $x_{n+2} = 6x_{n+1} - x_n$. 设 p 是一个奇质数, $q > 3$ 是 x_p 的一个质因数. 证明 $q \geq 2p - 1$.

(Chinese TST 2008)

19. 设A 是一个有限质数集合，a 是一个大于1的整数. 证明仅存在有限个正整数n 使得$a^n - 1$ 的所有质因数属于集合A.

(Iranian Olympiad)

20. 求所有正整数n 使得n 整除$2^n + 3^n + \ldots + (n-1)^n$.

(IMAR Contest 2004)

21. 设正整数$n \geq 3$. 计算$2^n - 2, 3^n - 3, \ldots, n^n - n$的最大公因数.

(Dorin Andrica, Mihai Piticari, Romania TST 2008)

22. 求出所有具有下述性质的正整数n：存在唯一a 使得$0 \leq a < n!$ 且$n! \mid a^n + 1$.

(IMO Shortlist 2007)

23. 设整数x, y 满足$2 \leq x, y \leq 100$. 证明$x^{2^n} + y^{2^n}$对于某个正整数n不是质数.

(Russia 2009)

24. 是否存在一个正整数n使得每个非零数位在每个数字$n, 2n, \ldots, 2000n$中出现相同的次数?

(Kömal)

25. 证明对任意质数p 存在一个不能整除数字$n^p - p$的质数q，其中$n \geq 1$.

(IMO 2003)

26. 设a 是一个大于1的整数. 证明对于无数个n，$a^n - 1$的最大质因数大于$n \log_a n$.

(Gabriel Dospinescu)

27. 设$\varepsilon > 0$. 证明存在一个常数c 使得对于所有奇质数p，存在一个原始根模p 小于$cp^{\frac{1}{2}+\varepsilon}$.

(Vinogradov)

28. 设整数a 和b 大于1. 证明存在一个质数p 使得a 模p的阶数是b,否则$b = 2$且$a + 1$ 是一个2 的幂或$a = 2$，$b = 6$.

(Zsigmondy's theorem)

第 15 章 密度与正则分布

15.1 理论和实例

回想一下序列$(\{a_n\})_{n\geq 1}$在$[0,1]$ 上是密集的, 若a 是一个无理数,这是克罗内克的一个经典定理. 这个好结果的各种应用已经出现在不同的比赛中, 也可能会成为许多奥林匹克竞赛问题的目标. 然而, 也有一些例子表明这个结果是无效的. 一个简单的例子是这样的:应用克罗内克定理,可以证明对任意不是10的幂的正整数a, 存在一个正整数n 使得a^n 首项是2008. 一个很自然的问题——在1 和n 之间有多少比例的数字具有这个性质(这里的n是大值)——很难回答, 我们需要一些更强大的工具. 这就是我们现在讨论一些经典近似定理的原因, 特别是非常有效的维尔准则及其结果. 这些结果的证明是非平凡的, 需要进行一些繁重的分析. 然而, 这里讨论的结果几乎是基本的. 当然, 如果不先讨论克罗内克定理, 就不能开始讨论近似定理. 我们跳过证明, 不仅因为它是众所周知的, 而且因为我们将证明关于序列$(\{a_n\})_{n\geq 1}$ 的一个更强大的结果. 相反, 我们将讨论两个漂亮的问题, 这个定理的推论.

例15.1 证明序列$(\lfloor n\sqrt{2003}\rfloor)_{n\geq 1}$ 包含任意长、任意大比例的几何级数.

(Radu Gologan, Romanian TST 2003)

解答. 设p 是任意正整数.我们将证明存在任意长的比例为p的几何序列. 给定$n \geq 3$, 我们将找到一个正整数m 使得$\lfloor p^k m\sqrt{2003}\rfloor = p^k\lfloor m\sqrt{2003}\rfloor$, $1 \leq k \leq n$. 如果证明了这样一个数的存在, 那么结论可以立即得到. 观察到$\lfloor p^k m\sqrt{2003}\rfloor = p^k\lfloor m\sqrt{2003}\rfloor$ 等价于$\lfloor p^k\{m\sqrt{2003}\}\rfloor = 0$, 或$\{m\sqrt{2003}\} < \dfrac{1}{p^n}$.由克罗内克定理可以证明具有最后性质的正整数$m$ 存在.

接下来是一个非常难的问题, 但也是克罗内克定理的一个简单的推论.

例15.2 考虑一个正整数k和一个实数a 使得$\log a$ 是无理数. 对每个$n \geq 1$, 设x_n 是由$\lfloor a^n\rfloor$的前k位数构成的. 证明序列$(x_n)_{n\geq 1}$ 最终不是周期性的.

(Gabriel Dospinescu, Mathlinks Contest)

解答. 首先, 由m的前k位数字组成的数字是$\lfloor 10^{k-1+\{\log m\}}\rfloor$. 证明这个

断言并不难. 事实上, 记 $m = \overline{a_1 a_2 \ldots a_p}$, 其中 $p \geq k$. 则

$$m = \overline{a_1 \ldots a_k} \cdot 10^{p-k} + \overline{a_{k+1} \ldots a_p},$$

因此

$$\overline{a_1 \ldots a_k} \cdot 10^{p-k} \leq m < (\overline{a_1 \ldots a_k} + 1) \cdot 10^{p-k}.$$

于是有

$$\overline{a_1 \ldots a_k} = \left\lfloor \frac{m}{10^{p-k}} \right\rfloor$$

且 $p = 1 + \lfloor \log m \rfloor$, 得证.

现在考虑这个说法是错误的:于是存在某个 T 使得对任意充分大的 n 有 $x_{n+T} = x_n$. 另一个观察如下: 存在一个正整数 r 使得 $x_{rT} > 10^{k-1}$. 事实上, 假设相反, 我们发现对于所有 $r > 0$ 有 $x_{rT} = 10^{k-1}$. 应用前一个观察, 可以得出对于所有 r

$$k - 1 + \{\log\lfloor a^{rT} \rfloor\} < \log(1 + 10^{k-1})$$

于是

$$\log\left(1 + \frac{1}{10^{k-1}}\right) > \log\lfloor a^{rT} \rfloor - \lfloor \log\lfloor a^{rT} \rfloor \rfloor > \log(a^{rT} - 1) - \lfloor \log a^{rT} \rfloor$$

$$= \{rT \log a\} - \log \frac{a^{rT}}{a^{rT} - 1}.$$

现在只要考虑这样一个正整数序列 (r_n) 就够了, 它满足

$$1 - \frac{1}{n} < \{r_n T \log a\}$$

(它的存在性是克罗内克定理的一个直接结果) 我们推出对于所有 n,

$$\log\left(1 + \frac{1}{10^{k-1}}\right) + \frac{1}{n} + \log \frac{a^{r_n T}}{a^{r_n T} - 1} > 1$$

最后一个等价显然是不可能的.

最后假设存在这样一个 r. 对于 $n > r$ 我们有 $x_{nT} = x_{rT}$, 于是

$$\{\log\lfloor a^{nT} \rfloor\} \geq \log\left(1 + \frac{1}{10^{k-1}}\right).$$

这表明

$$\log\left(1 + \frac{1}{10^{k-1}}\right) \leq \log\lfloor a^{nT} \rfloor - \lfloor \log\lfloor a^{nT} \rfloor \rfloor \leq nT \log a - \lfloor \log a^{nT} \rfloor$$

$$= \{nT \log a\}, \quad n > r.$$

在后一个不等式中, 我们应用$\lfloor\log\lfloor x\rfloor\rfloor = \lfloor\log x\rfloor$, 这不难建立: 事实上, 若$\lfloor\log x\rfloor = k$, 则$10^k \leq x < 10^{k+1}$, 因此$10^k \leq \lfloor x\rfloor < 10^{k+1}$, 即$\lfloor\log\lfloor x\rfloor\rfloor = k$. 最后注意到$\log\left(1 + \dfrac{1}{10^{k-1}}\right) \leq \{nT\log a\}$ 与克罗内克定理矛盾. 证明完毕.

接下来我们继续讨论两个关于克罗内克定理的微妙结果.

例15.3 对于实数对(a, b) , 设$F(a, b)$ 表示一般项$c_n = \lfloor an + b\rfloor$的序列. 求出所有数对$(a, b)$ 使得$F(x, y) = F(a, b)$, 推出$(x, y) = (a, b)$.

(Roy Streit, AMM E 2726)

解答. 让我们看一下当$F(x, y) = F(a, b)$时会发生什么. 我们必有对所有正整数n, $\lfloor an + b\rfloor = \lfloor xn + y\rfloor$. 等式除以$n$ 并取极限,我们推出$a = x$. 现在,若a 是有理数, 则$an + b$ 的小数部分序列仅取有限个值, 所以若r 取值足够小(但是正的) 我们将得到$F(a, b + r) = F(a, b)$,所以没有数对(a, b) 能够是问题的解. 另一方面, 我们认为任意无理数a 都是对于任意实数b的一个解. 事实上, 取$x_1 < x_2$ 和正整数n 使得对于某个整数m, $na + x_1 < m < na + x_2$. 根据克罗内克定理立即得到n的存在性. 但是最后一个不等式表明$F(a, x_1) \neq F(a, x_2)$, 于是a 是一个解. 因此答案是: 所有数对(a, b), 其中a是无理数.

最后, 关于实数无理性的一个等价条件.

例15.4 设r是$(0, 1)$内的一个实数, $S(r)$为正整数n的集合, 它使得区间$(nr, nr + r)$ 仅包括一个整数. 证明r 是无理数当且仅当对所有整数M, $S(r)$中存在一个完整的剩余模M的系统.

(Klark Kimberling)

解答. 解答的一部分非常简单: 若r 是无理数, 设M 为其分母. 那么显然若n 是M的倍数, 则在指定区间没有整数k . 现在假设r 是无理数, 并取整数m, M 使得$0 \leq m < M$. 根据克罗内克定理,$\dfrac{1}{r}$的整数倍形成模M的稠密集. 因此存在整数k 使得$\dfrac{k}{r}$ 的像属于$(m, m + 1)$,即对于某个整数s, 我们有

$$sM + m < \frac{k}{r} < sM + m + 1.$$

那么显然若取$n = sM + m$, 则$n \equiv m \pmod{M}$ 且$nr < k < nr + r$. 解答完毕.

在讨论本章开头所述的定量结果之前, 我们必须先讨论一个令人惊讶的结果, 这个结果在处理实数及其性质时非常有用, 有时它将帮助我们将一个

包含实数的复杂问题简化为整数，我们将在一个示例中看到. 首先我们来叙述并证明这个结论.

例15.5 设$x_1, x_2, \ldots, x_k$是实数，且$\varepsilon > 0$. 存在一个正整数n和整数$p_1, p_2, \ldots, p_k$使得对于所有i, $|nx_i - p_i| < \varepsilon$.

(Dirichlet)

解答. 我们需要证明，如果我们有一个有限的实数集，我们可以将它的所有元素乘以一个合适的整数，使得新集合的元素可以尽可能接近整数.

让我们选择一个整数$N > \dfrac{1}{\varepsilon}$并将区间$[0,1)$划分为$N$个区间，

$$[0,1) = \bigcup_{s=1}^{N} J_s, \quad J_s = \left[\frac{s-1}{N}, \frac{s}{N}\right).$$

现在，选择$n = N^k + 1$,并指定集合$\{1, 2, \ldots, n\}$中的每个q赋值k个正整数$\alpha_1, \alpha_2, \ldots, \alpha_k$，其中$\alpha_i = s$当且仅当$\{qx_i\} \in J_s$. 我们最多得到与这些数字对应的$N^k$个序列，所以根据鸽笼原理我们可以找到$1 \le u < v \le n$，使得相同的序列指定给$u$和$v$. 这意味着对于所有$1 \le i \le k$有

$$|\{ux_i\} - \{vx_i\}| < \frac{1}{N} \le \varepsilon \tag{15.1}$$

这足以挑出$n = v - u, p_i = \lfloor vx_i \rfloor - \lfloor ux_i \rfloor$.

下面是我们如何使用这个结果来解决更适合使用整数的问题。但别自欺欺人，这样的问题并不多. 接下来我们要讨论的问题在奥林匹克竞赛中频繁出现：它是1949年在莫斯科奥林匹克竞赛上提出的，随后出现在1973年的W.L. Putnam竞赛中，后来又出现在蒙古IMO候选名单上.

例15.6 设实数$x_1, x_2, \ldots, x_{2n+1}$具有下述性质：对任意$1 \le i \le 2n+1$，通过使用所有$x_j$, $j \ne i$,可以构造两组n个数字，使得每组数字之和相同，证明所有数字必须相同.

解答. 对于整数情况，解答很常见并不难：值得注意的是在这种情况下所有的数字x_i都具有相同的奇偶性,使用无限递推来解决这个问题(要么它们都是偶数，在这种情况下，我们将每个数除以2，得到一个具有较小数量和相同性质的新集合，否则，我们从每个数中减去1，然后除以2). 现在，假设它们是实数，这绝对是一个更微妙的情况. 首先，如果它们都是有理数，那么用它们的公分母乘以第一种情况就足够了. 假设至少有一个数字是无理数. 考虑$\varepsilon > 0$，一个正整数m，一些整数$p_1, p_2, \ldots, p_{2n+1}$使得

对于所有i，$|mx_i - p_i| < \varepsilon$．我们断言若$\varepsilon > 0$ 足够小,则$p_1, p_2, \ldots, p_{2n+1}$ 和$x_1, x_2, \ldots, x_{2n+1}$具有相同性质. 事实上,取某个$i$ 并把给定条件写作

$$\sum_{j \neq i} a_{ij} m x_j = 0$$

或者

$$\sum_{j \neq i} a_{ij}(mx_j - p_j) = -\sum_{j \neq i} a_{ij} p_j$$

(其中$a_{ij} \in \{-1, 1\}$). 那么

$$\left| \sum_{j \neq i} a_{ij} p_j \right| = \left| \sum_{j \neq i} a_{ij}(mx_j - p_j) \right| \leq 2n\varepsilon.$$

于是若选择$\varepsilon < \dfrac{1}{2m}$, 则$\displaystyle\sum_{j \neq i} a_{ij} p_j = 0$ ，所以$p_1, p_2, \ldots, p_{2n+1}$ 具有相同性质. 因为它们都是整数, $p_1, p_2, \ldots, p_{2n+1}$必相等(再次因为第一个例子). 因此我们证明了对任意$N > 2m$ 存在整数n_N, p_N 使得

$$|n_N x_i - p_N| \leq \frac{1}{N}.$$

因为$x_1, x_2, \ldots, x_{2n+1}$中至少有一个是无理数, 不难证明序列$(n_N)_{N>2m}$是无界的. 但是

$$\frac{2}{N} > |n_N| \max_{i,j} |x_i - x_j|,$$

因此$\displaystyle\max_{i,j} |x_i - x_j| = 0$, 得证.

如果你认为最后一个问题太经典了, 这是另一个, 有点鲜为人知, 但特点一样.

例15.7 设实数$a_1, a_2, \ldots, a_{2007}$具有下述性质: 无论我们在其中选择怎样的13 个数字, 在这2007 个数字中存在8 个与所选定的13个数字有相同的算术平均值. 证明它们都是相等的.

解答. (再次)注意问题对于整数非常简单.事实上, 这个假设意味着任何13个数字的和都是13的倍数. 设a_i, a_j 属于这2007 个数字, 且设$x_1, x_2, \ldots, x_{12}$ 为某个a_k, 其中$k \neq i$ 且$k \neq j$. 那么$a_i + x_1 + x_2 + \ldots + x_{12}$ 和$a_j + x_1 + x_2 + \ldots + x_{12}$是13的倍数, 于是$a_i \equiv a_j \pmod{13}$. 因此所有数字给出相同的余数$r$ 模13. 从所有a_i中减去r, 除以13 得到一个新的2007个整数

的集合, 绝对值更小, 并且仍然满足问题陈述中给出的性质. 重复这个过程, 我们将最终得到一个0的集合, 这意味着初始数都是相等的.

现在, 让我们来谈谈所有数字都是实数的情况. 这个想法和前面的例子一样: 我们将使用迪利克雷定理, 用一个公分母的有理数来近似所有的数. 确切的,取每个数字$\varepsilon > 0$ 和n 和一些整数p_i (其中$n > 0$) 使得对于所有i, 有$|na_i - p_i| < \varepsilon$. 取一些指数$i_1, i_2, \ldots, i_{13}$. 我们知道对于某些指数$j_1, j_2, \ldots, j_8$ 有

$$\frac{na_{i_1} + na_{i_2} + \ldots + na_{i_{13}}}{13} = \frac{na_{j_1} + na_{j_2} + \ldots + na_{j_8}}{8}.$$

若$x_i = na_i - p_i$, 有

$$\left| \frac{p_{i_1} + p_{i_2} + \ldots + p_{i_{13}}}{13} - \frac{p_{j_1} + p_{j_2} + \ldots + p_{j_8}}{8} \right| < 2\varepsilon,$$

因为$|x_i| < \varepsilon$. 现在观察到若

$$\left| \frac{p_{i_1} + p_{i_2} + \ldots + p_{i_{13}}}{13} - \frac{p_{j_1} + p_{j_2} + \ldots + p_{j_8}}{8} \right|$$

是非零的, 它至少等于$\dfrac{1}{8 \cdot 13}$. 于是, 若取$\varepsilon < \dfrac{1}{16 \cdot 13}$, 我们知道对应的$p_i$ 和a_i具有相同的性质. 根据第一种情况, 必有$p_1 = p_2 = \ldots = p_{2007}$. 因此对于所有$i, j$ 和所有$\varepsilon < \dfrac{1}{16 \cdot 13}$, $2\varepsilon > n|a_i - a_j|$. 显然$a_1 = a_2 = \ldots = a_{2007}$, 证明结束.

现在, 让我们来看看关于不同实数自然倍数的小数部分集合的更多定量结果. 以下源自外尔(Weyl)的准则值得讨论.

定理15.1 (外尔定理) 设$(a_n)_{n \geq 1}$是区间$[0,1]$上的实数序列. 那么下列叙述等价:

(a) 对于任意实数$0 \leq a \leq b \leq 1$,

$$\lim_{n \to \infty} \frac{|\{i \mid 1 \leq i \leq n, \ a_i \in [a, b]\}|}{n} = b - a.$$

(b) 对于任意连续函数$f : [0,1] \to \mathbb{R}$,

$$\lim_{n \to \infty} \frac{1}{n} \sum_{k=1}^{n} f(a_k) = \int_0^1 f(x) dx.$$

(c) 对于任意正整数$r \geq 1$,

$$\lim_{n \to \infty} \frac{1}{n} \sum_{k=1}^{n} e^{2i\pi r a_k} = 0.$$

在这种情况下，我们会说序列是均匀分布的.

证明. 我们仅提供证明的简述, 但是包含所有必要的步骤. 首先我们观察到(a)恰好说明(b)对于[0,1]的任意子区域的特征函数是成立的. 通过线性, 这对于任何分段常数函数都是正确的. 现在, 有一个众所周知且易于验证的连续函数性质:它们可以用分段常数函数一致逼近. 即, 给定 $\varepsilon > 0$, 我们可以找到一个分段常数函数 g 使得对于所有 $x \in [0,1]$, $|g(x) - f(x)| < \varepsilon$. 但是如果我们写

$$\left| \frac{1}{n} \sum_{k=1}^{n} f(a_k) - \int_0^1 f(x)dx \right| \leq \frac{1}{n} \sum_{k=1}^{n} |f(a_k) - g(a_k)| + \int_0^1 |f(x) - g(x)|dx$$

$$+ \left| \frac{1}{n} \sum_{k=1}^{n} g(a_k) - \int_0^1 g(x)dx \right|$$

且对于函数 g 应用(b)的结果,我们容易推出对任意连续函数(b) 是真的. 立即得到(b) 推出(c) . 更巧妙的是(b) 推出(a). 让我们考虑子区间 $I = [a,b]$, 其中 $0 < a < b < 1$. 接下来, 考虑两个连续函数序列 f_k, g_k 使得 f_k 在 $[0,a]$ 和 $[b,1]$ 上为0, 在 $\left[a + \dfrac{1}{k}, b - \dfrac{1}{k} \right]$ 上为1 (否则仿射), 同时 g_k 具有 "相同" 性质, 但是大于或等于 λ_I ($I = [a,b]$ 的特征函数). 因此

$$\frac{1}{n} \sum_{j=1}^{n} f_k(a_j) \leq \frac{|\{i \mid 1 \leq i \leq n, \ a_i \in [a,b]\}|}{n} \leq \frac{1}{n} \sum_{j=1}^{n} g_k(a_j).$$

但是从假设来看,

$$\frac{1}{n} \sum_{j=1}^{n} f_k(a_j) \to \int_0^1 f_k(x)dx = b - a - \frac{1}{k}$$

且

$$\frac{1}{n} \sum_{j=1}^{n} g_k(a_j) \to \int_0^1 g_k(x)dx = b - a + \frac{1}{k}.$$

现在, 我们取 $\varepsilon > 0$ 和足够大的 k . 上述不等式表明, 实际上对于所有足够大的正整数 n

$$\left| \frac{|\{i \mid 1 \leq i \leq n, \ a_i \in [a,b]\}|}{n} - b + a \right| \leq 2\varepsilon$$

你已经看到如何证明 $a = 0$ 或 $b = 1$ 的情况. 最后, 让我们证明(c) 推出(b). 当然, 线性参数允许我们假设(b) 对于任何三角多项式是真的. 因为任意满

足$f(0) = f(1)$的连续函数$f : [0,1] \to \mathbb{R}$ 可用三角多项式一致逼近(这是魏尔斯特拉斯的一个非凡的结论),我们推出(b) 对于连续函数f 满足$f(0) = f(1)$时是真的. 现在给定一个连续函数$f : [0,1] \to \mathbb{R}$, 立即得出对于任意$\varepsilon > 0$ 我们可以找到两个连续函数g, h, 在0 和1 有相同的值, 且满足

$$|f(x) - g(x)| \le h(x)$$

和

$$\int_0^1 h(x)dx \le \varepsilon.$$

应用证明(b) 推出(a)时做相同的推导, 易看出(b) 对于任意连续函数是真的. □

在提出下一个问题之前, 我们需要另一个定义:我们称序列$(a_n)_{n \ge 1}$是均匀分布的mod 1 .若a_n 的小数部分序列是均匀分布的. 我们请读者为下面的问题找到一个基本的证明, 以便理解外尔准则的威力. 所以, 这里有一个经典的例子.

例15.8 设a 是一个无理数, 则序列$(na)_{n \ge 1}$ 无限均匀分布模1.

解答. 那么, 经过这么多的工作, 你应该得到一个奖励: 这是外尔标准的一个简单结果. 的确, 证明(c) 是正确的就足够了, 这就归结为证明

$$\lim_{n \to \infty} \frac{1}{n} \sum_{k=1}^{n} e^{2i\pi pka} = 0 \tag{15.2}$$

其中整数$p \ge 1$. 但这只是一个几何级数!!! 单行计算表明(15.2) 成立, 于是得到期望的结果.

也许是时候解决开始提到的问题了: 如何计算数字n 的密度2^n 以2006开始(例如)? 好吧, 又是一个奖励: 这将是同样容易的(当然, 在看一些更深入的结果之前, 你需要休息一下).

例15.9 正整数n的集合的密度是多少, 其中2^n 从2006开始?

解答. 2^n 从2006开始, 当且仅当存在一个$p \ge 1$ 和一些数位$a_1, a_2, \ldots, a_p \in \{0, 1, \ldots, 9\}$ 使得$2^n = \overline{2006a_1a_2\ldots a_p}$, 这显然等价于存在$p \ge 1$ 使得

$$2007 \cdot 10^p > 2^n \ge 2006 \cdot 10^p.$$

这可以被重写为

$$\log 2007 + p > n \log 2 \ge \log 2006 + p,$$

这意味着 $\lfloor n\log 2\rfloor = p + 3$. 因此

$$\log\frac{2007}{1000} > \{n\log 2\} > \log\frac{2006}{1000}$$

且我们所求集合的密度就是正整数 n 满足

$$\log\frac{2007}{1000} > \{n\log 2\} > \log\frac{2006}{1000}$$

的集合的密度.

根据例15.8,最后集合的密度为 $\log\dfrac{2007}{2006}$,这就是问题的答案.

事实上,若 a 是无理数,则 $(na)_{n\geq 1}$ 是模1的均匀分布. 事实上,更多是真的,但这也很难证明. 下面两个例子是重要的定理. 第一个出自范·德·科普特(Van der Corput),展示了代数运算和韦尔准则的巧妙结合并如何产生困难而重要的结果.

例15.10 设实数序列 (x_n) 使得序列 $(x_{n+p} - x_n)_{n\geq 1}$ 对所有 $p \geq 1$ 均匀分布,那么 (x_n) 也是均匀分布.

(Van der Corput)

解答. 这不是奥林匹克竞赛问题!!! 但是数学不仅是奥林匹克竞赛问题,人们应该不时地(事实上,从某一时刻开始)去发现这些伟大成果背后的原因. 这就是我们基于一个范·德·科普特的引理来证明这个定理的原因,这是研究指数和的基础.

引理15.1 (范·德·科普特). 对于任意复数 $z_1, z_2, \ldots, z_n$ 和任意 $h\in\{1, 2, \ldots, n\}$,下列不等式是正确的(按照惯例 $z_i = 0$ 对任意不属于 $\{1, 2, \ldots, n\}$)的整数 i:

$$h^2\left|\sum_{i=1}^{n} z_i\right|^2 \leq (n+h-1)\left[2\sum_{r=1}^{h-1}(h-r)\mathrm{Re}\left(\sum_{i=1}^{n-r} z_i\cdot\overline{z_{i+r}}\right) + h\sum_{i=1}^{n}|z_i|^2\right].$$

证明. 简单观察

$$h\sum_{i=1}^{n} z_i = \sum_{i=1}^{n+h-1}\sum_{j=0}^{h-1} z_{i-j}$$

从而写出(通过柯西-施瓦兹不等式):

$$h^2\left|\sum_{i=1}^{n} z_i\right|^2 \leq (n+h-1)\sum_{i=1}^{n+h-1}\left|\sum_{j=0}^{h-1} z_{i-j}\right|^2.$$

接下来呢? 我们展开 $\displaystyle\sum_{i=1}^{n+h-1}\left|\sum_{j=0}^{h-1}z_{i-j}\right|^2$ 得到

$$2\sum_{r=1}^{h-1}(h-r)\mathrm{Re}\left(\sum_{i=1}^{n-r}z_i\cdot\overline{z_{i+r}}\right)+h\sum_{i=1}^{n}|z_i|^2.$$

我们现在用这个引理和韦尔准则证明范·德·科普特的定理.

当然, 这个想法为了证明

$$\lim_{n\to\infty}\frac{1}{n}\sum_{k=1}^{n}e^{2i\pi px_k}=0$$

$p\geq 1$. 固定这样一个p并取一个正实数h 和$\varepsilon\in(0,1)$ (h 可以依赖于ε).
令$z_j=e^{2i\pi px_j}$, 我们有

$$\left|\frac{1}{n}\sum_{j=1}^{n}z_j\right|^2\leq\frac{1}{n^2}\cdot\frac{n+h-1}{h^2}\left[hn+2\sum_{i=1}^{h-1}(h-i)\mathrm{Re}\left(\sum_{j=1}^{n-i}z_j\cdot\overline{z_{i+j}}\right)\right].$$

现在, 观察

$$\mathrm{Re}\left(\sum_{j=1}^{n-i}z_j\cdot\overline{z_{i+j}}\right)=\mathrm{Re}\left(\sum_{j=1}^{n-i}e^{2i\pi p(x_j-x_{i+j})}\right)\leq\left|\sum_{j=1}^{n-i}e^{2i\pi p(x_j-x_{i+j})}\right|.$$

应用韦尔准则于序列$(x_{n+i}-x_n)_{n\geq 1}$, $i=1,2,\ldots,h-1$, 我们推出对于
所有足够大的n , 有

$$\left|\sum_{j=1}^{n-i}e^{2i\pi p(x_j-x_{i+j})}\right|\leq\varepsilon n.$$

因此

$$\left|\frac{1}{n}\sum_{j=1}^{n}z_j\right|^2\leq\frac{1}{n^2}\cdot\frac{n+h-1}{h^2}\left[hn+2\varepsilon n\sum_{i=1}^{h-1}(h-i)\right]$$

$$<\frac{n+h-1}{nh}(1+\varepsilon)<\frac{2(1+\varepsilon)}{h}<\varepsilon^2$$

其中n 足够大. 现在, 选择$h>\dfrac{2(1+\varepsilon)}{\varepsilon^2}$, 推出对于足够大的$n$ 有

$$\left|\frac{1}{n}\sum_{j=1}^{n}z_j\right|\leq\varepsilon.$$

从而满足了韦尔准则，于是$(x_n)_{n\geq 1}$ 是均匀分布的. □

这无疑是本章最困难的结果，但既然我们已经到了这里，何不再迈出一步呢？让我们来证明一个著名的韦尔定理的以下较弱的版本（但正如读者可能会同意的那样，绝对不平凡）. 它与序列$(f(n))_{n\geq 1}$的均匀分布有关，其中f 是一个实多项式，除常数项外至少有一个无理数系数. 我们在这里不会证明这一点，但请关注以下结果.

例15.11 若实系数多项式f 首项系数为无理数, 则序列$(f(n))_{n\geq 1}$ 是均匀分布的.

(Weyl)

解答. 你可能已经注意到这是范·德·科普特定理的一个直接结果(但是想象一下为了得出这个结论所做的大量工作!!!): 归纳法的证明是立竿见影的. 的确, 若f 是1次的, 则结论显然成立(参看例15.5). 现在, 若对至多k次多项式也成立, (根据范·德·科普特定理) 足以证明对于所有正整数p, 序列$(f(n+p) - f(n))_{n\geq 1}$是均匀分布的. 但是这正是对多项式$f(X + p) - f(X)$应用归纳假设(其首项系数显然是无理数). 完成归纳.

接下来问题的解答来自Marian Tetiva, 这是韦尔准则的一个结果.

例15.12 若α 是一个无理数且P 是一个整系数的非常数多项式, 则存在无数个整数对(m, n) 使得$P(m) = \lfloor n\alpha \rfloor$.

(H.A. ShahAli)

解答. 当然，我们可以假设$\alpha > 0$. 若$\alpha < 1$,我们需要注意的就是对于所有整数m 区间$\left(\dfrac{p(m)}{\alpha}, \dfrac{P(m) + 1}{\alpha}\right)$ 长度大于1, 于是必包含一个整数n_m. 显然$\lfloor n_m \cdot \alpha \rfloor = P(m)$, 于是有无数个解(对每个$m$至少有一个). 困难的部分是当$\alpha > 1$时. 考虑

$$\beta = \frac{\alpha}{\alpha - 1}.$$

根据众所周知的Beaty 的一个结果, 集合

$$A = \{\lfloor n\alpha \rfloor \mid n \geq 1\} \text{ 和 } B = \{\lfloor n\beta \rfloor \mid n \geq 1\}$$

给出一个正整数集合的划分. 第二个观察表明关于首项系数为正的多项式P 的叙述是正确的. 因此从某点m_0开始, $P(m)$ 是一个正整数,因此属于A或B. 假设方程$P(m) = \lfloor n\alpha \rfloor$ 有有限个解, 即对所有足够大的m, $P(m) \in B$. 因此对某个N 存在一个正整数序列$(n_m)_{m>N}$ 使得$P(m) = \lfloor n_m\beta \rfloor$. 这显然意味着对

所有足够大的m,

$$\left\lfloor \frac{P(m)}{\beta} \right\rfloor = n_m - 1,$$

即$\dfrac{P(m)}{\beta}$的小数部分属于$\left(1 - \dfrac{1}{\beta}, 1\right)$. 或者, $\dfrac{1}{\beta}P$明显满足韦尔准则的条件, 所以$\dfrac{P(m)}{\beta}$的小数部分序列在$[0,1]$上稠密, 这是不可能的, 因为所有而且有限项属于$\left(1 - \dfrac{1}{\beta}, 1\right)$. $\alpha > 1$的情况得证, 解答完毕.

15.2 习题

1. 设$z_1, z_2, \ldots, z_n$是任意复数. 证明对任意$\varepsilon > 0$存在无数多个正整数n 使得
$$\varepsilon + \sqrt[k]{|z_1^k + z_2^k + \ldots + z_n^k|} > \max\{|z_1|, |z_2|, \ldots, |z_n|\}.$$

2. (a) 证明对于任意实数x 和任意正整数N可以求出整数p 和q 使得$0 < q \le N$ 且$|qx - p| \le \dfrac{1}{N+1}$.

   (b) 假设a 是数字$n^2 + 1$的一个因数. 证明a 是两个整数的平方和.

3. 计算$\sup\limits_{n \ge 1} \left(\min\limits_{\substack{p,q \in \mathbb{N} \\ p+q=n}} |p - q\sqrt{3}| \right)$.

   (Putnam Competition)

4. 对任意无理数x, 序列$(\{10^n x\})_n$ 在$[0,1]$上是均匀分布的吗?

5. 证明应用序列$\lfloor n^2\sqrt{2006} \rfloor$的不同项可以构造任意长度的几何序列.

6. 序列$\sin(n^2) + \sin(n^3)$收敛吗?

   (Gabriel Dospinescu)

7. 一只跳蚤从原点起沿正方向跳动. 它只能跨越等于$\sqrt{2}$ 和$\sqrt{2005}$的距离. 证明存在一个n_0 使得跳蚤能够落入任意区间$[n, n+1]$, 其中$n \ge n_0$.

   (IMAR Contest 2005)

8. 设实数$x > 1$且$a_n = \lfloor x^n \rfloor$.

数字$S = 0, a_1 a_2 a_3 \ldots$ 能是有理数吗?反之扩展能用十进制数字$a_1, a_2, \ldots$
写出.

(Mo Song-Qing, AMM 6540)

9. 设$a \neq 0$ 是有理数, 而b 是无理数, 那么序列$nb\lfloor na \rfloor$ 是均匀分布$(\bmod 1)$. 若a 是无理数呢?

(L. Kuipers)

10. 证明数字$2^n + 3^n$ 的第一位数组成的序列不是周期的.

(Tuymaada Olympiad)

11. 设正实数a, b 使得对于所有n, $\{na\} + \{nb\} < 1$. 证明它们之中至少有一个是整数.

12. 设a, b, c 是正实数. 证明集合

$$A = \{\lfloor na \rfloor \mid n \geq 1\}, \quad B = \{\lfloor nb \rfloor \mid n \geq 1\}, \quad C = \{\lfloor nc \rfloor \mid n \geq 1\}$$

无法形成正整数集的分区.

(Putnam Competition)

13. 假设f 是实的连续周期函数, 使得序列$\left(\sum_{k=1}^{n} \frac{|f(k)|}{k} \right)_{n \geq 1}$ 有界. 证明对于
所有正整数k, $f(k) = 0$. 给一个充要条件保证存在一个常数$c > 0$ 使得
对所有n, $\sum_{k=1}^{n} \frac{|f(k)|}{k} > c \ln n$.

(Gabriel Dospinescu)

14. (a) 设f 是一个整系数多项式且a 是一个正无理数. 能否有

$$f(\mathbb{N}) \subset \{[na] \mid n \geq 1\}?$$

(b)任何一组正密度的正整数都包含一个无穷的算术序列, 这是真的吗?

15. 设$x_1, x_2, \ldots$是$[0, 1)$中数字构成的序列, 满足至少一个序列的极限点是
无理数. 对于$0 \leq a < b \leq 1$, 设$N_n(a, b)$是n 元数组$(a_1, a_2, \ldots, a_n) \in \{\pm 1\}^n$的个数, 满足$\{a_1 x_1 + a_2 x_2 + \ldots + a_n x_n\} \in [a, b)$. 证明$\frac{N_n(a, b)}{2^n}$
收敛于$b - a$.

(Andrew Odlyzko, AMM 6542)

16. 设 $n \in \mathbb{N}$，$0 \le a_1 \le a_2 \le \ldots \le a_n \le \pi$ 且非负实数 $b_1, b_2, \ldots, b_n$ 使得对任意正整数 k，

$$\left| \sum_{i=1}^{n} b_i \cos(ka_i) \right| < \frac{1}{k}$$

证明 $b_1 = b_2 = \ldots = b_n = 0$.

(Bulgarian TST)

17. 设 n 是一个正整数. 证明存在 $\varepsilon > 0$ 使得对任意正实数 $a_1, a_2, \ldots, a_n$ 存在 $t > 0$ 满足

$$\{ta_1\}, \{ta_2\}, \ldots, \{ta_n\} \in \left(\varepsilon, \frac{1}{2} \right).$$

(St. Petersburg 1998)

18. 设 x 是一个实数. 证明存在一个常数 $c > 0$ 具有下述性质: 对任意 $n \ge 1$ 存在一个自然数 $k \le n$ 满足

$$d(k^2 x, \mathbb{Z}) \le c \cdot \frac{\log n}{\sqrt[3]{n}},$$

其中 $d(a, \mathbb{Z}) = \min_{n \in \mathbb{Z}} |a - n|$.

19. 对于一个实数 x, 证明下列叙述等价:

(a) 对任意 $\varepsilon > 0$ 存在一个序列 $(a_n)_n$ 使得对所有 n，$|a_n - n| \le \varepsilon$ 并且使得 $(xa_n)_n$ 是均匀分布模 1.

(b) x 是超验的.

(Yves Meyer)

第 16 章 正整数的位数和

16.1 理论和实例

正整数位数和问题是数学竞赛中经常遇到的问题，其原因是求解难度大且缺乏标准的解决问题方法．这就是为什么在这类问题中综合使用最常用的技巧是有用的．我们选择了几个有代表性的问题来说明主要的结果和技巧是如何工作的，以及为什么它们如此重要．

我们只考虑基数为10的情况，并用$s(x)$表示正整数x的十进制位数和．下面的"公式"可以很容易被检验

$$s(n) = n - 9\sum_{k\geq 1}\left\lfloor\frac{n}{10^k}\right\rfloor \tag{16.1}$$

由式(16.1) 我们可以立即得到一些关于$s(n)$的众所周知的结果，例如$s(n) \equiv n \pmod 9$和$s(m+n) \leq s(m) + s(n)$．不幸的是，式(16.1) 是一个很笨拙的公式，很难应用．另一方面，关于数字和有几个或多或少的已知结果，这些结果可以提供简单的方法来解决更难的问题．

这些技巧中最简单的可能就是对数字及其数字结构的仔细分析．正如我们将在下面的示例中看到的，这可以非常好地应用．

例16.1 证明在任何79 个相邻数字中,至少有一个数字位数之和是13的倍数．

(Baltic Contest 1997)

解答. (Adrian Zahariuc) 注意到前40 个数字中，恰好有四个10的倍数．而且，很明显其中一个数字的倒数第二位至少是6．设x是这个数字．显然，$x, x+1, \ldots, x+39$ 在这些数字中，于是$s(x), s(x)+1, \ldots, s(x)+12$ 在我们的一些数字中以数字和的形式出现．其中一个是13的倍数，我们就完成了．

我们将继续解决两个更困难的问题，这两个问题仍然不需要任何特殊的结果或技巧．

例16.2 求出最大的N ，使得存在N 个连续正整数，满足第k个数的位数之和能被k整除，其中$k = 1, 2, \ldots, N$.

(Tournament of Towns 2000)

解答. (Adrian Zahariuc) 答案是21，这一点也不简单. 主要的想法是在$s(n+2)$, $s(n+12)$ 和$s(n+22)$ 之中存在两个连续整数，这是不可能的，因为它们都应该是偶数. 实际上,只有当a的倒数第二位数字是9时我们才会保留$a+10$，但这种情况在我们的例子中最多只能发生一次. 于是, 对于$N>21$, 无解. 对于$N=21$, 我们可以选择$N+1, N+2, \ldots, N+21$, 其中

$$N = 291 \cdot 10^{11!} - 12.$$

对于$i=1$ 不用证明. 对于$2 \le i \le 11$,

$$s(N+i) = 2+9+0+9(11!-1)+i-2 = i+9 \cdot 11!$$

而对于$12 \le i \le 21$,

$$s(N+i) = 2+9+1+(i-12) = i,$$

所有我们的数字具有想要的性质.

例16.3 有多少$n \le 10^{2005}$ 的正整数可以写成两个具有相同位数和的正整数的和?

(Adrian Zahariuc)

解答. 答案是: $10^{2005} - 9023$. 乍一看, 似乎不可能找到具有这样性质的确切的正整数. 事实上: 正整数不能写成两个具有相同数位之和的数字之和, 只有当且仅当除第一个数字外的所有数字都是9且其数字之和是奇数时.

设n 是这个数. 假设存在正整数a 和b 满足$n=a+b$ 且$s(a)=s(b)$. 主要的事实是我们加上$a+b=n$, 没有进位. 这一点很清楚.

因此$s(n) = s(a)+s(b) = 2s(a)$, 这是不可能的, 因为$s(n)$ 是奇数.

现在我们将证明, 任何不是上述数字之一的数字n 都可以写成两个具有相同位数和的正整数的和. 我们将从下面开始.

引理16.1 存在$a \le n$ 使得$s(a) \equiv s(n-a) \pmod 2$.

证明. 若$s(n)$ 是偶数, 取$a=0$. 若$s(n)$ 是奇数,那么n必须有一个数位不是第一个并且不等于9的数字, 否则它将有一个在解的开头提到的禁止形式. 设c 是这个位数且p是它的位置(从右到左). 选择$a = 10^{p-1}(c+1)$. 另外$a+(n-a)=n$ 恰好有一个进位, 于是

$$s(a)+s(n-a) = 9+s(n) \equiv 0 \pmod 2 \Rightarrow s(a) \equiv s(n-a) \pmod 2$$

得证. $\qquad\square$

回到最初的问题. 我们现在要做的就是从一个数字中一个接一个地取一个 "单位" 给另一个, 直到这两个数字有相同的数字和为止. 这一点会发生, 因为他们有相同的奇偶性. 所以, 让我们严格地做一下. 设

$$a = \overline{a_1 a_2 \ldots a_k}, \quad n - a = \overline{b_1 b_2 \ldots b_k}.$$

令 I 是使得 $a_i + b_i$ 为奇数的 $1 \leq i \leq k$ 的集合. 引理表明 I 的元素个数是偶数, 所以它可以被分成具有相同个数的两个集合, 令其为 I_1 和 I_2. 对于 $i = 1, 2, \ldots, k$, 定义

$$A_i = \begin{cases} \dfrac{a_i + b_i}{2} & , \quad i \notin I, \\ \dfrac{a_i + b_i + 1}{2} & , \quad i \in I_1, \\ \dfrac{a_i + b_i - 1}{2} & , \quad i \in I_2 \end{cases}$$

和

$$B_i = a_i + b_i - A_i.$$

显然数字

$$A = \overline{A_1 A_2 \ldots A_k}, \quad B = \overline{B_1 B_2 \ldots B_k}$$

具有性质 $s(A) = s(B)$ 且 $A + B = n$. 证毕.

我们已经知道 $s(n) \equiv n \pmod 9$.

这可能是函数 s 最著名的性质, 并且它有一系列显著的应用. 有时它与简单的不等式结合在一起, 比如

$$s(n) \leq 9(\lfloor \log n \rfloor + 1).$$

下面是一些直接的应用.

例16.4 求出所有 n , 且能够求出 a 和 b 满足

$$s(a) = s(b) = s(a + b) = n.$$

(Vasile Zidaru, Mircea Lascu)

解答. 我们有 $a \equiv b \equiv a + b \equiv n \pmod 9$, 所以 9 整除 n. 若 $n = 9k$, 可以取 $a = b = 10^k - 1$ 就做完了, 因为 $s(10^k - 1) = s(2 \cdot 10^k - 2) = 9k$.

例16.5 求一个完全平方的位数和的所有可能值.

(Iberoamerican Olympiad 1995)

解答. 这些数字之和与完全平方数有什么关系? 显然没什么关系, 但是完全平方数与对9取余有关. 事实上, 很容易证明完全平方数模9的仅有的可能值是0, 1, 4和7. 因此, 我们推断一个完全平方的位数之和必须等于0, 1, 4或7 (mod 9). 为了证明所有这些数字都是有效的, 我们将使用一个很小且非常常见的(但值得记住!)技巧: 使用只有9 − s构成的数字. 我们有以下恒等式

$$\underbrace{99\ldots99}_{n}{}^2 = \underbrace{99\ldots99}_{n-1}8\underbrace{00\ldots00}_{n-1}1 \Rightarrow s(\underbrace{99\ldots99}_{n}{}^2) = 9n$$

$$\underbrace{99\ldots99}_{n-1}1^2 = \underbrace{99\ldots99}_{n-2}82\underbrace{00\ldots00}_{n-2}81 \Rightarrow s(\underbrace{99\ldots99}_{n-1}1^2) = 9n+1$$

$$\underbrace{99\ldots99}_{n-1}2^2 = \underbrace{99\ldots99}_{n-2}84\underbrace{00\ldots00}_{n-2}64 \Rightarrow s(\underbrace{99\ldots99}_{n-1}2^2) = 9n+4$$

$$\underbrace{99\ldots99}_{n-1}4^2 = \underbrace{99\ldots99}_{n-2}88\underbrace{00\ldots00}_{n-2}36 \Rightarrow s(\underbrace{99\ldots99}_{n-1}4^2) = 9n+7$$

且由于$s(0) = 0$, $s(1) = 1$, $s(4) = 4$ 和$s(16) = 7$, 证毕.

例16.6 计算$s(s(s(4444^{4444})))$.

(IMO 1975)

解答. 应用几次不等式$s(n) \leq 9(\lfloor \log n \rfloor + 1)$ 有

$$s(4444^{4444}) \leq 9(\lfloor \log 4444^{4444} \rfloor + 1) < 9 \cdot 20000 = 180000,$$

$$s(s(4444^{4444})) \leq 9(\lfloor \log s(4444^{4444}) \rfloor + 1) \leq 9(\log 180000 + 1) \leq 63$$

所以$s(s(s(4444^{4444}))) \leq 14$ (事实上从1 到63的数字中, 最大位数和是14). 另一方面,

$$s(s(s(s(n)))) \equiv s(s(n)) \equiv s(n) \equiv n \pmod 9$$

且由于

$$4444^{4444} = 7^{4444} = 7 \cdot 7^{3 \cdot 1481} \equiv 7 \pmod 9,$$

唯一答案是7.

最后我们提出两个出现在俄国奥林匹克竞赛, 后来出现在Kvant的漂亮的问题.

例16.7 证明对任意N 存在一个$n \geq N$ 满足

$$s(3^n) \geq s(3^{n+1}).$$

解答. 用反证法，假设存在 $N \geq 2$，对所有 $n \geq N$ 满足

$$s(3^{n+1}) - s(3^n) > 0$$

但是，对于 $n \geq 2$，

$$s(3^{n+1}) - s(3^n) \equiv 0 \pmod 9,$$

于是

$$s(3^{n+1}) - s(3^n) \geq 9$$

其中 $n \geq N$. 则

$$\sum_{k=N+1}^{n} (s(3^{k+1}) - s(3^k)) \geq 9(n-N) \Rightarrow s(3^{n+1}) \geq 9(n-N)$$

其中 $n \geq N+1$. 但是 $s(3^{n+1}) \leq 9(\lfloor \log 3^{n+1} \rfloor + 1)$，于是

$$9n - 9N \leq 9 + 9(n+1)\log 3,$$

其中 $n \geq N+1$. 显然矛盾.

例16.8 求出所有正整数 k 使得对所有正整数 N 存在正常数 c_k 满足 $\dfrac{s(kN)}{s(N)} \geq c_k$. 对每个 k, 求出最佳 c_k.

(I.N. Bernstein)

解答. 不难看出任何具有形式 $2^r \cdot 5^q$ 的 k 都是问题的解. 事实上，在这种情况下，我们已经有（通过使用本章开头的性质）：

$$s(N) = s(10^{r+q}N) \leq s(2^q \cdot 5^r)s(kN) = \frac{1}{c_k}s(kN)$$

其中显然

$$x_k = \frac{1}{s(2^q \cdot 5^r)}$$

是最佳常数(我们有等式 $N = 2^q \cdot 5^r$).

现在假设 $k = 2^r \cdot 5^q \cdot Q$，其中 $Q > 1$ 与 10 互质.

设 $m = \varphi(Q)$ 且对某个整数 R 记 $10^m - 1 = QR$. 若

$$R_n = R(1 + 10^m + \ldots + 10^{m(n-1)})$$

则$10^{nm} - 1 = QR_n$, 于是

$$s(Q(R_n + 1)) = s(10^{mn} + Q - 1) = s(Q) \quad , \quad s(R_n + 1) \ge (n - 1)s(R)$$

(注意条件$Q > 1$, 和$R < 10^m - 1$一样, 对最后一个不等式是必要的, 因为它保证$R + 1$最多有m位数且当加上$R + 1$和$10^m \cdot R$时, 我们由$R + 1$的位数后得出R的位数. 如果我们对每一个加法都以同样的方式处理, 我们会看到$R_n + 1$会有至少$n - 1$个R的位数数字). 通过取足够大的n, 我们推断出对任意$\varepsilon > 0$存在$N = R_n + 1$满足

$$\frac{s(kN)}{s(N)} \le \frac{s(2^r \cdot 5^q)s(Q)}{(n - 1)s(R)} < \varepsilon.$$

这表明, 在解答的第一部分中找到的数字是问题的唯一解.

如果到目前为止我们已经研究了函数s的一些显著性质, 现在是提出一些问题和结果的时候了, 这些问题和结果我们还不太熟悉, 它们不但有趣, 还比较困难. 第一个结果如下.

引理16.2 若$1 \le x \le 10^n$, 则$s(x(10^n - 1)) = 9n$.

证明. 想法很简单: 我们所要做的就是记$x = \overline{a_1 a_2 \ldots a_j}$ 其中$a_j \ne 0$ (我们可以忽略掉x后面的0) 并注意到

$$x(10^n - 1) = \overline{a_1 a_2 \ldots a_{j-1}(a_j - 1)\underbrace{99\ldots99}_{n-j}(9 - a_1)\ldots(9 - a_{j-1})(10 - a_j)},$$

显然它的位数和是$9n$. □

前面的结果并不难, 但我们将看到, 在许多情况下, 它可能是关键. 第一个应用如下:

例16.9 估计$s(9 \cdot 99 \cdot 9999 \cdot \ldots \cdot \underbrace{99\ldots99}_{2^n})$.

(USAMO 1992)

解答. 如果我们知道了前面的结果, 这个问题就会迎刃而解. 我们有

$$9 \cdot 99 \cdot 9999 \cdot \ldots \cdot \underbrace{99\ldots99}_{2^{n-1}} < 10^{1+2+\ldots+2^{n-1}} < 10^{2^n} - 1$$

于是$s(\underbrace{99\ldots99}_{2^n} N) = 9 \cdot 2^n$.

　　然而，对于这个显然不重要的结果，有一些非常困难的应用，比如下面的问题.

例16.10 证明对每个n 存在一个具有n 个非零位数的正整数, 可以被它的位数之和整除.

(IMO 1998 Shortlist)

解答. 为了向读者保证这个问题不会出现在IMO 的候选名单上, 这样的数字被称作通用数字, 它们是数论的一个重要研究来源. 现在我们来解决问题. 我们将看到构造这样一个数是很困难的. 首先, 当我们取数字$\underbrace{11\dots11}_{3^k}$时, 我们解决$n = 3^k$的情况(由归纳法很容易证明$3^{k+2} \mid 10^{3^k} - 1$), 从我们应该搜索许多相等数字和最后结果的数字这个想法, 我们决定所需数字p 的形式应该是$\underbrace{aa\dots aa}_{s}b \cdot (10^t - 1)$, 其中$\underbrace{aa\dots aa}_{s}b \leq 10^t - 1$. 这个数字有$s + t + 1$ 位数, 且其位数和是$9t$. 因此我们要求$s + t = n - 1$且$9t \mid \underbrace{aa\dots aa}_{s}b \cdot (10^t - 1)$. 我们现在应用若$t$ 是3的幂, 则$9t \mid 10^t - 1$这个事实. 于是, 取$t = 3^k$, 其中k 满足$3^k < n < 3^{k+1}$. 如果我们也考虑到条件$\underbrace{aa\dots aa}_{s}b \leq 10^t - 1$, 很自然会挑选$p = \underbrace{11\dots11}_{n-3^k-1}2(10^{3^k} - 1)$, 其中$n \leq 2 \cdot 3^k$, 否则$p = \underbrace{22\dots22}_{2\cdot3^k}(10^{2\cdot3^k} - 1)$.

　　我们继续研究寻找合适的技巧来解决结果非常漂亮的位数和问题, 并且具有若干有趣而且困难的结果.

引理16.3 任何$\underbrace{99\dots99}_{k}$的倍数的位数和至少是$9k$.

证明. 我们将使用极值原理. 假设这个陈述是错误的, 取M 为满足$s(M) < 9k$, 其中$a = \underbrace{99\dots99}_{k}$的$a$的最小倍数. 显然, $M > 10^k$, 其中$M = \overline{a_p a_{p-1}\dots a_0}$, 其中$p \geq k$ 且$a_p \neq 0$. 取$N = M - 10^{p-k}a$, 是小于M的a的倍数. 我们将要证明$s(N) < 9k$. 观察到

$$N = M - 10^p + 10^{p-k} = (a_p-1)\cdot10^p + a_{p-1}\cdot10^{p-1}+\dots+(a_{p-k}+1)\cdot10^{p-k}+\dots+a_0,$$

于是我们可以记

$$s(N) \leq a_p - 1 + a_{p-1} + \dots + (a_{p-k} + 1) + \dots + a_0 = s(M) < 9k.$$

这样我们就违背了M的极小性, 证毕. □

我们将展示这一事实的三个应用，它可能看起来很简单，但如果没有它似乎是无法解决的. 但是在此之前,我们看一个相似的(但不太难) 问题, 由Radu Todor 为1993 IMO 提出: 若$b > 1$ 且a 是$b^n - 1$的一个倍数, 则以b为底表示时，a 至少有n 个非零位数. 解决方案使用了相同的思想，但细节并不明显，因此我们将给出一个完整的解答. 反证法,假设存在A,在底数b中至少有n个非零位数, 是$b^n - 1$ 的一个倍数, 且在所有这些数字中考虑在底数b中非零位数最小且在底数b中具有最小位数和的数字A. 假设a 恰好有s 个非零位数(都是以b 为底) 且设

$$A = a_1 b^{n_1} + a_2 b^{n_2} + \ldots + a_s b^{n_s}$$

其中$n_1 < n_2 < \ldots < n_s$. 我们断言$s = n$. 首先, 我们将证明$n_1, n_2, \ldots, n_s$中任意两个数字模n不同余. 于是$s \leq n$. 事实上, 若$n_i \equiv n_j \pmod n$, 令$0 \leq r \leq n - 1$ 为n_i 和n_j模n的公约数. 数字

$$B = A - a_i b^{n_i} - a_j b^{n_j} + (a_i + a_j) b^{n n_1 + r}$$

显然是$b^n - 1$的倍数. 若$a_i + a_j < b$，则B 有$s - 1$个非零位数,这与s的最小值性相矛盾. 于是$b \leq a_i + a_j < 2b$.

若$q = a_i + a_j - b$, 则

$$\begin{aligned} B \quad = \quad & b^{n n_1 + r + 1} + q b^{n n_1 + r} + a_1 b^{n_1} + \ldots + a_{i-1} b^{n_{i-1}} + \\ & a_{i+1}^{n_{i+1}} + \ldots + a_{j-1} b^{n_{j-1}} + a_{j+1} b^{n_{j+1}} + \ldots + a_s b^{n_s}. \end{aligned}$$

所以在基底b中B的位数和是

$$a_1 + a_2 + \ldots + a_s + 1 + q - (a_i + a_j) < a_1 + a_2 + \ldots + a_s.$$

矛盾表明$n_1, n_2, \ldots, n_s$被n除时得到不同余数$r_1, r_2, \ldots, r_s$. 最后，假设$s < n$并考虑数字

$$C = a_1 b^{r_1} + \ldots + a_s b^{r_s}.$$

显然, C 是$b^n - 1$的倍数. 但是$C < b^n - 1$! 这表明$s = n$，解答完毕.

例16.11 证明对每一个k, 有

$$\lim_{n \to \infty} \frac{s(n!)}{(\ln(\ln(n)))^k} = \infty.$$

解答. 因为一个简短的事实, $10^{\lfloor \log n \rfloor} - 1 \leq n \Rightarrow 10^{\lfloor \log n \rfloor} - 1 \mid n!$, 我们有$s(n!) \geq \lfloor \log n \rfloor$，由此得证.

例16.12 设 S 为正整数集合，其十进制表示法最多包含1988个1，其余为0. 证明存在一个正整数不能整除 S 中任意元素.

(Tournament of Towns 1988)

解答. 答案再次来自我们的结果. 我们可以选取数字 $10^{1989} - 1$，其倍数的位数和大于1988.

例16.13 证明对每个 $k > 0$，存在一个无穷等差级数，其公差与10互质，且其所有的项位数和大于 k.

(IMO 1999 Shortlist)

解答. 提醒您，这是1999年IMO候选名单上的最后一题,所以它是最难解决的问题之一. 官方的解答似乎证实了这一点. 但是根据上面的引理我们可以选择序列 $a_n = n(10^m - 1)$，其中 $m > k$，得证.

现在, 作为这两个结果效用的最后证明, 我们将提出一个来自USAMO的难题.

例16.14 设 n 是一个固定的正整数. 用 $f(n)$ 表示最小的 k，使得求出 n 个正整数的集合 X 具有下述性质

$$s\left(\sum_{x \in Y} x\right) = k$$

其中 Y 是 X 的所有非空子集. 证明

$$C_1 \log n < f(n) < C_2 \log n$$

C_1 和 C_2 是某个常数.

(Titu Andreescu, Gabriel Dospinescu, USAMO 2005)

解答. 我们将证明

$$\lfloor \log(n+1) \rfloor \le f(n) \le 9 \log \left\lceil \frac{n(n+1)}{2} + 1 \right\rceil,$$

这足以证明我们的结论. 设 l 是满足

$$10^l - 1 \ge \frac{n(n+1)}{2}$$

的最小整数.

考虑集合

$$X = \{j(10^l - 1) \mid 1 \le j \le n\}.$$

根据前面的不等式和我们的第一个引理，得出

$$s\left(\sum_{x \in Y} x\right) = 9l$$

其中Y 是X的所有非空子集，于是$f(n) \le 9l$，证明了上界.

现在，设m 是满足$n \ge 10^m - 1$的最大整数. 我们将用的下面著名的引理.

引理16.4 任意集合$M = \{a_1, a_2, \ldots, a_m\}$ 都有一个非空子集，其元素之和能被m整除.

证明. 考虑和式$a_1, a_1 + a_2, \ldots, a_1 + a_2 + \ldots + a_m$. 若它们之一是$m$的倍数，则得证. 否则，它们之中有两个模$m$同余，设为第$i$ 和j个. 那么，$m \mid a_{i+1} + a_{i+2} + \ldots + a_j$，我们已证. $\square$

由引理，任意n元集合X 都有一个子集Y，其元素之和能被$10^m - 1$ 整除. 由第二个引理，有

$$s\left(\sum_{x \in Y} x\right) \ge m \Rightarrow f(n) \ge m,$$

证明完毕.

最后一个解决的问题是我们认为非常困难的问题，它使用的技巧与我们之前提到的不同.

例16.15 设正整数a 和b对所有n 满足$s(an) = s(bn)$. 证明$\log \dfrac{a}{b}$是一个整数.

(Adrian Zahariuc, Gabriel Dospinescu)

解答. 我们先观察. 若$\gcd(\max\{a,b\}, 10) = 1$，则问题变得很简单. 实际上，假设$a = \max\{a, b\}$. 那么，根据欧拉定理，$a \mid 10^{\varphi(a)} - 1$，于是存在一个$n$ 满足$an = 10^{\varphi(a)} - 1$，且由于仅由多个9构成的数字位数之和大于所有前面的数字，推出$an = bn$，于是$a = b$. 现在我们来解决更困难的问题. 对任意$k \ge 1$ 存在一个n_k 使得$10^k \le an_k \le 10^k + a - 1$. 则推出$s(an_k)$ 有界，于是$s(bn_k)$有界. 另一方面，

$$10^k \cdot \frac{b}{a} \le bn_k \le 10^k \cdot \frac{b}{a} + b,$$

所以, 对于充分大的k, $\dfrac{b}{a}$ 的前p 个非零位数恰好和bn_k 前p 个位数一样. 在说明 $\dfrac{b}{a}$ 的前p 个位数和有界, 这只能发生在小数数目有限的情况下. 关于 $\dfrac{a}{b}$ 我们可以类似证明. 设$a = 2^x5^ym$ 且$b = 2^z5^tm'$, 其中$\gcd(m, 10) = \gcd(m', 10) = 1$. 则$m \mid m'$, $m' \mid m$, 于是$m = m'$. 现在我们可以把假设写作

$$s(2^z5^umn2^{c-x}5^{c-y}) = s(2^x5^ymn2^{c-x}5^{c-y}) = s(mn)$$

其中所有$c \geq \max\{x, y\}$. 现在, 若

$$p = \max\{z + c - x, u + c - y\} - \min\{z + c - x, u + c - y\},$$

则存在一个$k \in \{2, 5\}$ 满足对所有正整数n 有$s(mn) = s(mk^pn)$. 因此

$$s(mn) = s(k^pmn) = s(k^{2p}mn) = s(k^{3p}mn) = \ldots$$

设$t = a^p$, 于是$\log t \in \mathbb{R} - \mathbb{Q}$ 除非$p = 0$.

引理16.5 若$\log t \in \mathbb{R} - \mathbb{Q}$, 则对于任意位数的序列, 存在一个正整数$n$ 使得t^nm从该位数序列开始.

证明. 若我们证明$\{\{\log t^nm\} \mid n \in \mathbb{Z}^+\}$ 在$(0, 1)$内是稠密的, 即可得证.

但是$\log t^nm = n\log t + m$, 并根据克罗内克定理, $\{\{n\log t\} \mid n \in \mathbb{Z}_+\}$ 在$(0, 1)$内稠密, 得证. □

引理暗示了一个非常重要的结果, 即$s(t^nm)$ 对于$p \neq 0$是无界的, 矛盾. 因此$p = 0$ 且$z + c - x = u + c - y$, 于是$a = 10^{x-z}b$. 主要证明完毕. 这个问题可以扩展到任何底数. 一般情况的证明是相当相似的, 尽管有一些非常重要的区别.

上述方法只是解决此类问题的起点, 因为涉及数字和的问题的范围非常大, 当创造性地应用这些技巧时, 它们将作用非凡.

16.2 习题

1. 我们从一个不同于6的偶数开始（它等于除自身以外的所有除数之和）, 计算它的位数和. 然后, 我们计算新数字的位数之和, 依此类推. 证明我们最终会得到1.

2. 证明：对于任意正整数 n 存在无数多个不包含 0 的数字 m，使得 $s(m) = s(mn)$．

(Russian Olympiad 1970)

3. 证明：任意连续 39 个正整数中必有一个数字位数之和能被 11 整除．

(Russian Olympiad 1961)

4. 证明

$$\sum_{n \geq 1} \frac{s(n)}{n(n+1)} = \frac{10}{9} \ln 10.$$

(O. Shallit, AMM)

5. 是否存在正整数 n 使得

$$s(n) = 1000 \quad , \quad s(n^2) = 1000000?$$

(Russian Olympiad 1985)

6. 证明存在无数多个正整数 n 使得 n 与 10 互质且 $s(n) + s(n^2) = s(n^3)$．

(Gabriel Dospinescu)

7. 若 $s(n) = 100$ 且 $s(44n) = 800$，求 $s(3n)$．

(Rusia 1999)

8. 设 a 和 b 是正实数．证明序列 $s(\lfloor an + b \rfloor)$ 包含一个常数子序列．

(Laurenţiu Panaitopol, Romanian TST 2002)

9. 是否有任意长的等差数列，其项具有相同的位数和? 无限的等差数列呢?

10. 设 a 是一个正整数满足对任意充分大的 n 有 $s(a^n + n) = 1 + s(n)$．证明 a 是 10 的幂．

(Gabriel Dospinescu)

11. 是否存在多项式 $p \in \mathbb{Z}[X]$ 满足

$$\lim_{n \to \infty} s(p(n)) = \infty?$$

12. 设质数 a, b, c, d 满足 $2 < a \leq c$，$a \neq b$．假设对于充分大的 n，数字 $an + b$ 和 $cn + d$ 在 2 和 $a - 1$ 之间任意基数中有相同的位数和．证明 $a = c$ 且 $b = d$．

(Gabriel Dospinescu)

13. 设 S 是满足对于任意 $\alpha \in \mathbb{R} - \mathbb{Q}$, 存在正整数 n 使得 $\lfloor \alpha^n \rfloor \in S$ 的正整数集合. 证明 S 包含任意大位数和的数字.

(Gabriel Dospinescu)

14. 证明序列 $\dfrac{s(n)}{s(n^2)}$ 无界.

15. 证明存在一个常数 $c > 0$ 使得对于所有 n, $s(2^n) \geq c \ln n$.

(Schinzel)

16. 证明连续数字的任意长序列不包含任意通用数.

(Mathlinks Contest)

17. 设质数 a, b, c, d 满足 $5 < a \leq c$, $a \neq b$.
    若对所有足够大的 n 有 $s(an + b) = s(cn + d)$, 则 $a = c$ 且 $b = d$.

(Richard Stong)

18. 设 k 是正整数. 证明存在一个正整数 m 使得方程 $n + s(n) = m$ 恰有 k 个解.

(Mihai Manea, Romanian TST 2003)

19. 设 x_n 是一个严格单调递增的正整数序列, 满足 $v_2(x_n) - v_5(x_n)$ 有极限 ∞ 或 $-\infty$. 证明 $s(x_n)$ 趋于 1.

(Bruno Langlois)

20. 是否存在一个不包含 Niven 数的无限等差数列?

(Gabriel Dospinescu)

21. 证明对于 $n > 2$, 9^n 的位数和大于 9.

(Mark Sapir, AMM)

22. 是否存在一个 10000 项的递增等差数列, 其项的位数之和再次构成递增的等差数列?

(Tournament of the Towns)

23. 若不存在 k 满足 $k + s(k) = m$, 则称 m 为特殊数. 证明存在无数多个形如 $10^n + b$ 的特殊数当且仅当 $b - 1$ 是特殊数.

(Christopher D. Long)

24. 证明存在一个常数 C 使得对于所有 N, 小于 N 的 Niven 数的个数至多是 $C \dfrac{x}{(\ln x)^{2/3}}$.

第 17 章 在分析与数论的边缘

17.1 理论和实例

"数学奥林匹克竞赛问题不需要分析(或线性代数)的概念就可以解决"是在谈论各种数学竞赛中的问题时经常听到的一句话. 这是真的, 但是这些问题的本质在于分析, 这就是为什么这些问题总是比赛的亮点. 它们的基本解决方案非常复杂, 有时甚至极难设计, 而当使用分析时, 它们很快就会崩溃. 当然,只有当你看到隐藏在每一个这样的问题背后的正确序列（或函数）时, 才会"快"起来. 实际上, 在本章中, 我们的目标是展示收敛整数序列. 显然, 这些序列最终必须是保持不变的, 从这里开始, 问题变得容易得多. 难点在于找到那些序列. 有时这不是很有挑战性, 但大多数时候这是一项非常困难的任务. 我们先解决一些简单的问题, 然后再解决实际问题. 像往常一样, 我们从一个经典而漂亮的问题开始, 它有许多应用和扩展.

例17.1 设 $f, g \in \mathbb{Z}[X]$ 是两个非恒定多项式, 满足对无数多个 n 有 $f(n) \mid g(n)$. 证明在 $\mathbb{Q}[X]$ 中 f 整除 g.

解答. 事实上, 我们需要看一下在 $\mathbb{Q}[X]$ 中 g 被 f 除时的余数. 记 $g = f \cdot q + r$, 其中 q, r 是 $\mathbb{Q}[X]$ 中多项式, 且 $\deg r < \deg f$. 现在, 乘多项式 q 和 r 所有系数的公分母, 假设变成: 存在两个无限整数序列 $(a_n)_{n \geq 1}$, $(b_n)_{n \geq 1}$ 和一个正整数 N 满足 $b_n = N \dfrac{r(a_n)}{f(a_n)}$ (我们可能对 f 的零点有些疑问, 但是它们仅是有限个, 所以对于充分大的 n, a_n 不是 f 的零点). 因为 $\deg r < \deg f$, 因此 $\dfrac{r(a_n)}{f(a_n)} \to 0$, 于是 $(b_n)_{n \geq 1}$ 是一个收敛于 0 的整数序列. 这意味着这个序列最终会变成零序列. 很好, 从某点 n_0 开始, 这与序列 $r(a_n) = 0$ 一样, 实际上与 $r = 0$ 一样(不要忘记任何非零多项式只有有限多个零点). 解答完毕.

下一个问题是一个更一般和更经典的结果的特例: 若 f 是一个整系数多项式, k 是一个大于 1 的整数, 且对所有 n 有 $\sqrt[k]{f(n)} \in \mathbb{Q}$, 则存在着一个多项式 $g \in \mathbb{Q}[X]$ 满足 $f(x) = g^k(x)$. 我们在这里不讨论这个一般结果(读者将在"多项式的算术性质"这章中找到证明).

例17.2 设整数 a, b, c 且 $a \neq 0$ 满足对任意正整数 n, $an^2 + bn + c$ 是完全平方. 证明存在整数 x 和 y 使得 $a = x^2$, $b = 2xy$, $c = y^2$.

解答. 首先对于某个非负整数序列$(x_n)_{n\geq 1}$, 记$an^2 + bn + c = x_n^2$. 我们希望$x_n - n\sqrt{a}$收敛. 是的, 但它不是一个整数序列, 所以它的收敛性或多或少是无用的. 事实上, 我们需要另一个序列. 最简单的方法是处理$(x_{n+1} - x_n)_{n\geq 1}$, 因为这个序列收敛于$\sqrt{a}$ (你已经注意到了为什么发现$x_n - n\sqrt{a}$收敛并不是无用的; 我们用这点来建立$(x_{n+1} - x_n)_{n\geq 1}$) 的收敛性. 这次, 序列由整数组成, 所以它最终是常数. 因此我们可以找到一个正整数M使得对于所有$n \geq M$, $x_{n+1} = x_n + \sqrt{a}$. 所以a必是一个完全平方数, 即存在某个整数x, $a = x^2$. 简单的归纳表明$x_n = x_M + (n-M)x$ 其中$n \geq M$, 所以$(x_M - Mx + nx)^2 = x^2 n^2 + bn + c$, 其中$n \geq M$. 确定系数完成解答,因为我们可以取$y = x_M - Mx$.

即使是这个非常特殊的案例也很有趣. 实际上, 这里是前一个问题的一个很好的应用.

例17.3 证明可能存在三个2次整系数多项式P, Q, R, 满足对于所有整数x, y, 存在一个整数z 使得$P(x) + Q(y) = R(z)$.

(Tuymaada Olympiad)

解答. 使用上述结果, 问题就变得简单了. 事实上, 假设

$$P(X) = aX^2 + bX + c, \quad Q(X) = dX^2 + eX + f, \quad R(X) = mX^2 + nX + p$$

是所求多项式. 固定两个整数x, y, 那么方程

$$mz^2 + nz + p - P(x) - Q(y) = 0$$

有一个整数解, 于是判别式是一个完全平方. 即$m(4P(x) + 4Q(y) - 4p) + n^2$是一个完全平方且对所有整数$x, y$成立. 现在, 对于一个固定的$y$,二次多项式$4mP(X) + m(4Q(y) - 4p) + n^2$ 将所有整数转换为完全平方. 根据前面的问题, 它是一次多项式的平方. 特别地, 它的判别式为零. 因为y 是任意的, 因此Q 是常数, 因为$\deg(Q) = 2$, 这是不可能的.

另一个简单的例子是下面的问题, 在这个问题中, 找到正确收敛的整数序列一点也不困难. 但是必须注意细节!

例17.4 设正实数$a_1, a_2, \ldots, a_k$中至少有一个不是整数. 证明存在无数个正整数n使得n和$\lfloor a_1 n \rfloor + \lfloor a_2 n \rfloor + \ldots + \lfloor a_k n \rfloor$ 互质.

(Gabriel Dospinescu)

解答. 这个问题我们只能间接解决. 于是, 假设存在一个数字M 满足

对于所有$n \geq M$, n 和$\lfloor a_1 n \rfloor + \lfloor a_2 n \rfloor + \ldots + \lfloor a_k n \rfloor$ 不互质. 现在最有效的数字n 是什么? 是质数, 因为若n 是质数且不与$\lfloor a_1 n \rfloor + \lfloor a_2 n \rfloor + \ldots + \lfloor a_k n \rfloor$ 互质, 则它可以整除$\lfloor a_1 n \rfloor + \lfloor a_2 n \rfloor + \ldots + \lfloor a_k n \rfloor$. 这就建议我们考虑质数序列$(p_n)_{n \geq 1}$. 因为这个序列是无限的, 存在$N$ 使得$p_n \geq M$, 其中$n \geq N$. 根据我们的假设, 意味着对于所有$n \geq N$ 存在一个正整数x_n使得$\lfloor a_1 p_n \rfloor + \lfloor a_2 p_n \rfloor + \ldots + \lfloor a_k p_n \rfloor = x_n p_n$. 现在, 你已经猜到收敛序列是什么! 就是$(x_n)_{n \geq N}$. 这是显然的, 由于$\dfrac{\lfloor a_1 p_n \rfloor + \lfloor a_2 p_n \rfloor + \ldots + \lfloor a_k p_n \rfloor}{p_n}$ 收敛于$a_1 + a_2 + \ldots + a_k$. 因此我们可以找到P满足$x_n = a_1 + a_2 + \ldots + a_k$, $n \geq P$, 但是这与$\{a_1 p_n\} + \{a_2 p_n\} + \ldots + \{a_k p_n\} = 0$一样. 就是说$a_i p_n$ 对于所有$i = 1, 2, \ldots, k$和$n \geq P$ 是整数, 于是a_i对所有i是整数, 与假设矛盾.

一步一步地, 我们开始在"猜测"序列方面积累一些经验. 现在是时候解决一些更困难的问题了. 下一个可能在阅读了它的解决方案后觉得很简单. 事实上, 正是这种类型的问题, 其解决方案很短, 但很难找到.

例17.5 设整数a 和b满足对所有正整数n, $a \cdot 2^n + b$ 是完全平方. 证明$a = 0$.

(Polish TST)

解答. 假设$a \neq 0$. 那么$a > 0$, 否则对于足够大的n, 数字$a \cdot 2^n + b$ 是负的. 由假设, 存在一个正整数序列$(x_n)_{n \geq 1}$ 使得对于所有n, $x_n = \sqrt{a \cdot 2^n + b}$. 直接计算表明

$$\lim_{n \to \infty} (2x_n - x_{n+2}) = 0.$$

这意味着存在正整数N 满足对所有$n \geq P$ 有$2x_n = x_{n+2}$. 但是$2x_n = x_{n+2}$ 等价于$b = 0$. 那么a 和$2a$都是完全平方, 对于$a \neq 0$这是不可能的. 假设错误, 于是$a = 0$.

舒尔(Schur)证明了若f 是整系数非常数多项式, 那么整除$f(1), f(2), \ldots$中至少一项的质数集合是无限的. 以下问题是此结果的扩展.

例17.6 假设f是一个整系数多项式且(a_n)是一个严格单调递增的正整数序列, 对于任意的n, 满足

$$a_n \leq f(n)$$

那么可以整除(a_n) 中至少一项的质数集合是无限的.

解答. 想法非常漂亮: 对任意有限质数集合$p_1, \ldots, p_r$和任意$k > 0$, 我们有

$$\sum_{\alpha_1, \alpha_2, \ldots, \alpha_N \geq 0} \frac{1}{p_1^{k\alpha_1} \cdots p_N^{k\alpha_N}} < \infty.$$

事实上, 足以观察到实际上有

$$\sum_{\alpha_1,\alpha_2,\ldots,\alpha_N\geq 0}\frac{1}{p_1^{k\alpha_1}\cdots p_N^{k\alpha_N}}=\prod_{j=1}^{N}\sum_{i\geq 0}\frac{1}{p_j^{ki}}=\prod_{j=1}^{n}\frac{p_j^k}{p_j^k-1}.$$

另一方面, 通过取 $k=\dfrac{1}{2\deg(f)}$ 我们有

$$\sum_{n\geq 1}\frac{1}{(f(n))^k}=\infty.$$

于是,若问题的结论不是真的, 我们可以求出 $p_1,\ldots,p_r$ 使得序列的任意一项具有形式 $p_1^{k\alpha_1}\ldots p_N^{k\alpha_N}$, 因此

$$\sum_{n\geq 1}\frac{1}{a_n^k}\leq\sum_{\alpha_1,\alpha_2,\ldots,\alpha_N\geq 0}\frac{1}{p_1^{k\alpha_1}\cdots p_N^{k\alpha_N}}<\infty.$$

另一方面,

$$\sum_{n\geq 1}\frac{1}{a_n^k}\geq\sum_{n\geq 1}\frac{1}{(f(n))^k}=\infty,$$

矛盾.

在下面的问题中也使用了同样的思想.

例17.7 设 a 和 b 是大于1的整数. 证明存在一个 a 的倍数，当它被写成以 b 为底的时候包含位数 $0,1,\ldots,b-1$.

(Adapted after a Putnam Competition problem)

解答. 那么让我们做相反的假设. 当任意 a 的倍数被写成以 b 为底的时候，至少漏掉一个以上的位数. 因为 a 的所有倍数的倒数之和发散(由于 $1+\dfrac{1}{2}+\dfrac{1}{3}+\ldots=\infty$), 所以所有以 b 为底的漏掉一位的正整数倒数之和发散, 并得出矛盾. 但是当然,我们足以证明对于一个固定的(但是任意的)位数 j 结论是对的. 对任意 $n\geq 1$,至多有 $(b-1)^n$ 个数字以 b 为底有 n 个位数, 且都区别于 j. 因此, 因为它们每个都至少等于 b^{n-1}, 以 b 为底的漏掉位数 j 的数字倒数之和至多等于 $\displaystyle\sum_{n\geq 1}b\left(\frac{b-1}{b}\right)^n$, 它是收敛的. 结论得证.

接下来的例子概括了一个老的 Kvant 问题.

例17.8 求出所有实系数多项式f,满足若n是一个以10为底仅用1构成的正整数, 则$f(n)$ 具有相同性质.

(Titu Andreescu, Gabriel Dospinescu, Putnam 2007)

解答. 设f 是这样的多项式，且由假设观察到存在一个正整数序列$(a_n)_{n \geq 1}$满足

$$f\left(\frac{10^n - 1}{9}\right) = \frac{10^{a_n} - 1}{9}.$$

但是这个序列$(a_n)_{n \geq 1}$ 不会是绝对任意的: 实际上我们可以从渐近线研究中找到宝贵的信息.

事实上, 假设$deg(f) = d \geq 1$. 那么存在一个非零整数A 满足对充分大的值x有$f(x) \approx Ax^d$. 因此

$$f\left(\frac{10^n - 1}{9}\right) \approx \frac{A}{9^d} \cdot 10^{nd}.$$

于是

$$10^{a_n} \approx \frac{A}{9^{d-1}} \cdot 10^{nd}.$$

这表明序列$(a_n - nd)_{n \geq 1}$ 收敛于极限l ，且满足$A = 9^{d-1} \cdot 10^l$. 因为这个序列是由整数构成, 它最终等于常数序列l. 这样从某一点说

$$f\left(\frac{10^n - 1}{9}\right) = \frac{10^{nd+l} - 1}{9}.$$

若$x_n = \frac{10^n - 1}{9}$, 我们推出方程

$$f(x) = \frac{(9x + 1)^d \cdot 10^l - 1}{9}$$

有无数个解, 所以

$$f(X) = \frac{(9X + 1)^d \cdot 10^l - 1}{9}.$$

因此，这是这些多项式的一般项（这里不包括明显的常数解），清楚地表明所有这些多项式都满足问题的条件.

我们回到古典数学，讨论一个美丽的问题，这个问题出现在1982年的城镇锦标赛，1997年的俄罗斯队选拔赛，以及2003年的保加利亚奥林匹克竞赛上. 它的美丽解释了为什么这个问题在考试出题者中如此受欢迎.

例17.9 设整系数一元多项式f对任意正整数n,使得方程$f(x) = 2^n$至少

有一个正整数解. 证明$\deg(f) = 1$.

解答. 问题说明存在一个正整数序列$(x_n)_{n \geq 1}$,满足$f(x_n) = 2^n$.

假设$\deg(f) = k > 1$.那么对于足够大的值x, $f(x)$约等于x^k. 所以,为了找到正确的收敛序列,我们可以先"想大点": 我们有$x_n^k \cong 2^n$,即对于充分大的n, x_n 约等于$2^{\frac{n}{k}}$. 那么,一个好的可能收敛序列可以是$x_{n+k} - 2x_n$. 现在,困难的部分: 证明这个序列确实是收敛的. 首先,我们将证明$\frac{x_{n+k}}{x_n}$收敛于2. 这很简单,因为$f(x_{n+k}) = 2^k f(x_n)$,推出

$$\frac{f(x_{n+k})}{x_{n+k}^k} \left(\frac{x_{n+k}}{x_n} \right)^k = 2^k \cdot \frac{f(x_n)}{x_n^k}$$

且由于$\lim_{x \to \infty} \frac{f(x)}{x^k} = 1$ 和 $\lim_{n \to \infty} x_n = \infty$, 我们发现, $\lim_{n \to \infty} \frac{x_{n+k}}{x_n} = 2$. 我们看到这确实有很大帮助. 事实上,记

$$f(x) = x^k + \sum_{i=0}^{k-1} a_i x^i.$$

那么$f(x_{n+k}) = 2^k f(x_n)$ 可以被写作

$$x_{n+k} - 2x_n = \frac{\displaystyle\sum_{i=0}^{k-1} a_i(2^k x_n^i - x_{n+k}^i)}{\displaystyle\sum_{i=0}^{k-1} (2x_n)^i x_{n+k}^{k-i-1}}.$$

但是根据$\lim_{n \to \infty} \frac{x_{n+k}}{x_n} = 2$, 上面关系式的右边也是收敛的. 因此$(x_{n+k} - 2x_n)_{n \geq 1}$收敛, 于是存在$M, N$ 使得对于所有$n \geq M$ 有$x_{n+k} = 2x_n + N$. 上述结果结合$f(x_{n+k}) = 2^k f(x_n)$, 推出$f(2x_n + N) = 2^k f(x_n)$, 其中$n \geq M$, 即$f(2x + N) = 2^k f(x)$. 因此, 通过分析, 多项式的一个算术性质变成了代数性质. 这个代数性质有助于我们完成解答. 事实上我们看到, 若z是f的一个复零点, 则$2z + N$, $4z + 3N$, $8z + 7N, \ldots$ 都是f的零点. 因为f 是非零的,所以这个序列是有限的只能在$z = -N$时发生. 因为$-N$ 是f的唯一零点, 我们推出$f(x) = (x + N)^k$. 但是因为方程$f(x) = 2^{2k+1}$ 有正整数根, 我们发现$2^{\frac{1}{k}} \in \mathbb{Z}$, 这意味着$k = 1$, 矛盾. 于是我们的假设错误, 因此有$\deg(f) = 1$.

下面的问题概括了上面的问题.

例17.10 求出所有具有下述性质的复多项式f: 存在一个大于1的整数a

使得对于所有足够大的正整数n, 方程$f(x) = a^{n^2}$在正整数集合中至少有一个解.

(Gabriel Dospinescu, Mathlinks Contest)

解答. 从一开始我们就排除了常数多项式, 所以设一个次数$d \geq 1$的解f. 令正整数序列$(x_n)_{n \geq n_0}$满足对某个大于1的整数a, $f(x_n) = a^{n^2}$. 现在, 我们可以选择A使得多项式$g(X) = f(x + A)$没有$d - 1$次项. 定义$y_n = x_n - A$, 并观察到$g(y_n) = a^{n^2}$. 现在, 我们真正感兴趣的是序列y_n的渐进性态. 这可以归结为当z非常大时找到方程$g(y) = z$的解. 为此, 设$g(y) = By^d + Cy^e + \ldots$其中$B > 0$ (实际上$B > 0$是显然的, 因为$g(x)$对任意充分大的x值为正). 现在假设$C \neq 0$. 选择A确保$e \leq d - 2$. 因此, 若我们定义$z = u^d$且$By^d = v^d$, $E = \dfrac{C}{B^{\frac{e}{d}}}$, 最后$m = d - e$, 那么我们有

$$u^d = v^d(1 + Ev^{-m} + o(v^{-m})).$$

于是

$$u = v(1 + Ev^{-m} + o(v^{-m}))^{\frac{1}{2}} = v\left(1 + \frac{E}{d}v^{-m} + o(v^{-m})\right)$$

$$= v + \frac{E}{d}v^{1-m} + o(v^{1-m}).$$

这表明$u \approx v$, 结合这个观察与之前的结果给出

$$v = u - \frac{E}{d}u^{1-m} + o(u^{1-m}).$$

我们推断

$$B^{\frac{1}{d}}y = z^{\frac{1}{d}} - \frac{E}{d}z^{-\frac{p}{d}} + o(z^{-\frac{p}{d}})$$

其中$p = m - 1$. 最后可以被写作

$$y = F'z^{\frac{1}{d}} + Gz^{-\alpha} + o(z^{-\alpha})$$

(F, G和α的定义在上一个公式中很明显). 回到关系式$g(y_n) = a^{n^2}$, 我们推出

$$y_n = Fa^{\frac{n^2}{d}} + Ga^{-\alpha n^2} + o(a^{-\alpha n^2}).$$

所以

$$y_{d+n} = Fa^{\frac{n^2}{d}}a^{2n+d} + o(a^{2n+d-\alpha n^2}).$$

这表明若定义$z_n = y_{n+d} - a^{2n+d}y_n$, 则$z_n = o(1)$. 另一方面, 由$y_n$的定义得到

$$\alpha_{n+1} = z_n + A(1 - a^{2n+2+d})$$

是一个整数. 所以, 关系式

$$z_{n+1} - a^2 z_n = \alpha_{n+1} - a^2 \alpha_n + A(a^2 - 1)$$

和 $z_n = o(1)$ 表明 $\alpha_{n+1} - a^2 \alpha_n$ 是常数, 等于 $A(1 - a^2)$. 于是对于充分大的 n 有 $z_{n+1} = a^2 z_n$, 这样我们证明了对于充分大的 n, 满足 $z_n = Ka^{2n}$ 的 K 的存在性. 因为 $a > 1$ 且 $z_n = o(1)$, 推出对于充分大的 n, $K = 0$ 且 $z_n = 0$. 但是假设 $C \neq 0$ 推出 $G \neq 0$, 并且根据前面一个关系式有 $z_n \approx -Ga^{2n+d-\alpha n^2}$, 若从某点起 $z_n = 0$, 这不可能是真的. 这种矛盾表明 $f(X) = B(X - A)^d$, A, B 为有理数(因为 f 对无限多个有理数变量取有理数值, 它等于它的拉格朗日插值多项式, 于是它有整系数). 设

$$B = \frac{p}{q}, \quad A = \frac{r}{s}.$$

则 $p(sx_n - r)^d = qs^d a^{n^2}$. 取 n 为大于 n_0 的 d 的倍数, 我们得到整数 p_1, q_1 使得 $p = p_1^d, q = q_1^d$. 于是

$$p_1(sx_n - r) = \pm q_1 s a^{\frac{n^2}{d}},$$

这表明对于所有充分大的 n, a^{n^2} 是一个 d 次幂. 这意味着存在一个整数 b 满足 $a = b^d$. 现在, 通过取 $p_1, q_1, s > 0$ (我们可以做到, 不失一般性), 推出对于某个 n_1 (从现在开始用 n_0 表示, 通过最终扩大 n_0) 我们有

$$sx_n = r + \frac{q_1 s b^{n^2}}{p_1}.$$

设 $\alpha = \gcd(s, p_1)$ 且记 $s = \alpha u$, $p_1 = \alpha v$ 且 $\gcd(u, v) = 1$, 那么

$$\alpha u x_n = r + \frac{q_1 u b^{n^2}}{v}$$

于是 $v \mid q_1 b^{n^2}$ 且对于所有 $n \geq n_0$,

$$\alpha u x_n = r + \frac{q_1 b^{n_0^2}}{v} u b^{n^2 - n_0^2}.$$

取 $n = n_0$, 我们推出 $u \mid r$. 因为 $u \mid s$, 推出 $u = 1$, 所以

$$sx_n = r + \frac{q_1 b^{n^2}}{v}.$$

注意 $\gcd(v, q_1) = 1$, 因为 $v \mid p_1$, 所以 $v \mid b^{n_0^2}$. 设 $b^{n_0^2} = mv$. 于是

$$sx_n = r + mq_1 b^{n^2 - n_0^2}.$$

再次取 $n = n_0$, 我们得到

$$mq_1 \equiv -r \pmod s$$

于是

$$r(1 - b^{n^2 - n_0^2}) \equiv 0 \pmod s$$

所以 $b^{n^2 - n_0^2} \equiv 1 \pmod s$, $n > n_0$. 应用和 $n+1$ 的关系, 并对 s 取余的可逆余群使用除法, 我们推出对所有充分大的 n,

$$b^{2n+1} \equiv 1 \pmod s$$

重复这个过程, 我们可以推出

$$b^2 \equiv 1 \pmod s$$

于是

$$b \equiv 1 \pmod s.$$

这意味着 $mv = b^{n_0^2} \equiv 1 \pmod s$, 且由于 $r \equiv -mq_1 \pmod s$ 和 $\gcd(s, v) = 1$, 我们最终得到必要条件 $rv \equiv -q_1 \pmod s$. 现在, 让我们表明条件

$$\gcd(p_1, q_1) = \gcd(r, s) = 1$$

和

$$p_1 = sv, \ \gcd(s, v) = 1, \ rv \equiv -q_1 \pmod s$$

可以充分说明多项式

$$f(X) = \left(\frac{p_1}{q_1} \left(X - \frac{r}{s} \right) \right)^d$$

是问题的一个解. 事实上, 利用中国剩余定理, 我们可以选择 b 使得

$$b \equiv 0 \pmod v \ \text{且} \ b \equiv 1 \pmod s.$$

因此 $v \mid rv + q_1 b^{n^2}$, 同时 $s \mid rv + q_1 b^{n^2}$. 因为 $\gcd(s, v) = 1$, 所以存在正整数序列 x_n 满足 $rv + q_1 b^{n^2} = svx_n$. 因此 $f(x_n) = b^{dn^2}$. 问题解答完毕.

　　下面这个问题背后的想法是如此美妙, 以至于任何试图解决它的读者, 或在提供的解决方案中, 都会觉得发现了这个数学瑰宝, 并得到了慷慨的回报.

例17.11 设 $\pi(n)$ 是不超过 n 的质数的个数. 证明存在无限多个 n 使得 $\pi(n) \mid n$.

(S. Golomb, AMM)

解答. 首先证明下面的结果, 它是我们解决问题的关键.

引理17.1 对任意满足

$$\lim_{n\to\infty}\frac{a_n}{n}=0$$

的单调递增正整数序列 $(a_n)_{n\geq 1}$, 序列 $\left(\dfrac{n}{a_n}\right)_{n\geq 1}$ 包含所有正整数. 特别地, 对于无数个 n, a_n 能整除 n.

证明. 即使看起来难以置信, 但这是真的. 而且, 证明非常简短. 设 m 是一个正整数. 考虑集合

$$A=\left\{n\geq 1\mid \frac{a_{mn}}{mn}\geq\frac{1}{m}\right\}.$$

这个集合包含 1 且有界, 因为 $\lim\limits_{n\to\infty}\dfrac{a_{mn}}{mn}=0$. 因此它具有极大元 k. 若 $\dfrac{a_{mk}}{mk}=\dfrac{1}{m}$, 则 m 属于序列 $\left(\dfrac{n}{a_n}\right)_{n\geq 1}$. 否则, 有 $a_{m(k+1)}\geq a_{mk}\geq k+1$, 这表明 $k+1$ 也在集合中, 与 k 的极大性矛盾. 引理得证. □

因此, 我们现在要证明的就是 $\lim\limits_{n\to\infty}\dfrac{\pi(n)}{n}=0$. 幸运的是, 这是众所周知的, 不难证明. 有比下面更简单的证明, 但我们更愿意从厄多斯的一个著名而漂亮的结果开始推导

$$\prod_{p\leq n}p<4^{n-1}.$$

它已经在"看看指数"这一章中证明过, 但我们真的希望你知道如何证明它 (这是那些不可思议的证明之一, 不能忘记). 现在, 极限 $\lim\limits_{n\to\infty}\dfrac{\pi(n)}{n}=0$ 很容易得出. 事实上, 固定 $k\geq 1$. 对于所有大值 n 有不等式

$$(n-1)\log 4\geq\sum_{k\leq p\leq n}\log p\geq(\pi(n)-\pi(k))\log k,$$

这表明

$$\pi(n)\leq\pi(k)+\frac{(n-1)\log 4}{\log k}.$$

这证明了 $\lim\limits_{n\to\infty}\dfrac{\pi(n)}{n}=0$. 问题解答完毕.

现在出现了一个比较棘手但技巧性较差的问题. 下面是美国1990年IMO提出的一个特别的例子.

例17.12 设f为有理系数多项式，次数至少为2,有理数序列$(a_n)_{n\geq 1}$满足对所有n，$f(a_{n+1}) = a_n$. 证明这个序列是周期的.

(Bjorn Poonen, AMM 10369)

解答. 首先, 显然这个序列是有界的. 事实上, 因为$\deg(f) \geq 2$, 则存在M使得若$|x| \geq M$有$|f(x)| \geq |x|$. 取足够大的M, 可以假设$M > |a_1|$. 直接归纳表明对所有n, $|a_n| \leq M$. 我们将证明对某个正整数N, 对所有n有$Na_n \in \mathbb{Z}$. 事实上, 设$a_1 = \dfrac{p}{q}$, 其中p, q为整数, 设正整数k满足

$$kf = f_s X^s + \ldots + f_1 X + f_0 \in \mathbb{Z}[X].$$

定义$N = qf_s$. 那么$Na_1 = pf_s \in \mathbb{Z}$, 且显然若$Na_n \in \mathbb{Z}$, 则$Na_{n+1}$是以$\dfrac{kN^s}{f_s}\left(f\left(\dfrac{X}{N}\right) - a_n\right)$为整系数的多项式的一个有理零点, 于是它是一个整数. 这表明$(Na_n)_{n\geq 1}$是一个有界整数序列, 因此它只能取有限个值. 假设序列$(a_n)_{n\geq 1}$只多取m个不同的值. 考虑$(m+1)$元数组$(a_i, a_{i+1}, \ldots, a_{i+m})$, 其中$i$为正整数. 至多有$m^{m+1}$个这样的$(m+1)$元数组且在每个这样的$(m+1)$元数组里存在一个值至少取两次. 因此存在一个无限重复的模式, 意味着存在k使得对于所有正整数n, 存在$j > n$使得$a_j = a_{j+k}$. 但是把f^r应用到最后这个关系式中并考虑到$f^r(a_{n+r}) = a_n$, 结果对于所有n有$a_n = a_{n+k}$. 即序列是周期的.

下面我们将数论和分析巧妙地结合在一起来解决一个非常困难的题目. 我们将看到贝尔方程的一个意想不到的应用.

例17.13 求出所有整系数多项式p和q使得

$$p(X)^2 = (X^2 + 6X + 10)q(X)^2 - 1.$$

(Vietnamese TST 2002)

解答. 很容易注意到$X^2 + 6X + 10 = (X+3)^2 + 1$, 于是取$f(X) = p(X-3)$和$g(X) = q(X-3)$, 问题简化为在整系数多项式中求解方程$(X^2+1)f(X)^2 = g(X)^2 = 1$. 当然, 我们可以假设$f$和$g$的首项系数为正且两个多项式非常数. 所以存在一个$M$满足对所有$n > M$, $f(n) > 2$, $g(n) > 2$. 众所周知, 贝尔方程$x^2 + 1 = 2y^2$的正整数解是(x_n, y_n), 其中

$$x_n = \frac{\left(1 + \sqrt{2}\right)^{2n-1} + \left(1 - \sqrt{2}\right)^{2n-1}}{2}, \quad y_n = \frac{\left(1 + \sqrt{2}\right)^{2n-1} - \left(1 - \sqrt{2}\right)^{2n-1}}{2}.$$

观察到 $g^2(x_n) = 1 + 2(y_n f(x_n))^2$. 存在两个正整数序列 $(a_n)_{n>M}$ 和 $(b_n)_{n>M}$ 满足 $g(x_n) = x_{a_n}$, $y_n f(x_n) = y_{b_n}$. 设 $k = \deg(g)$ 和 $m = \deg(f)$. 因为序列

$$2 \cdot \frac{g(x_n)}{x_n^k} \cdot \left(\frac{x_n}{\left(1+\sqrt{2}\right)^{2n-1}} \right)^k$$

显然有非零极限, 于是序列

$$\frac{2x_{a_n}}{\left(1+\sqrt{2}\right)^{k(2n-1)}}$$

同样非零极限，所以序列 $\left(1+\sqrt{2}\right)^{2a_n-1-k(2n-1)}$ 也有非零极限. 这个序列有整数项, 从某一点变为常数. 因此存在 $n_0 > M$ 和整数 u 满足对所有 $n > n_0$ 有 $2a_n - 1 - k(2n-1) = u$. 于是

$$g\left(\frac{x-\frac{1}{x}}{2}\right) = \frac{x^k \left(1+\sqrt{2}\right)^u + \left(-\frac{1}{x}\right)^k \left(1-\sqrt{2}\right)^u}{2}$$

对所有形如 $\left(1+\sqrt{2}\right)^{2n-1}$ 的 x 成立. 因为这个介于两个有理函数之间的等式对于无限个参数值都成立，那么对于所有 x 也成立. 观察等式两边首项系数(乘以 X^k 后), 我们推出 $\left(1+\sqrt{2}\right)^u$ 是有理数, 但是 $u = 0$ 时不成立. 所以

$$g(X) = \frac{\left(X+\sqrt{X^2+1}\right)^k + \left(X-\sqrt{X^2+1}\right)^k}{2}.$$

最后一个等式的右侧是一个整系数多项式仅适用于 k 为奇数值. 这也给出 f 的表达式

$$f(X) = \frac{\left(X+\sqrt{X^2+1}\right)^k + \left(-X+\sqrt{X^2+1}\right)^k}{2\sqrt{X^2+1}}.$$

原问题很容易通过 f 和 g 的转化推出.

上一个例子值得一提. 实际上可以求出所有满足

$$(X^2+1)f(X)^2 = g(X)^2 + 1$$

的实系数多项式. 事实上, 显然 f 和 g 是互质的. 不同的是, 后一个关系可以被写作

$$(X^2+1)f(X)f'(X) + Xf^2(X) = g(X)g'(X).$$

因此 f 整除 gg'，且由高斯引理推出 $f \mid g'$。关系式

$$(X^2 + 1)f^2(X) = g(X)^2 + 1$$

也表明 $\deg(f) = \deg(g')$，所以存在常数 k 使得 $f(X) = kg'(X)$。所以

$$k^2(X^2 + 1)g'(X)^2 = g(X)^2 + 1.$$

通过确认 g 在两边的首项系数，立即发现 $k^2 = n^2$。这表明

$$\frac{g'(X)^2}{1 + g(X)^2} = \frac{n^2}{1 + X^2}.$$

通过调换 g 和 $-g$，我们可以假设对于充分大的 x，$g'(X) > 0$，因此对于变量的这些值我们有

$$\frac{g'(x)}{\sqrt{g(x)^2 + 1}} = \frac{n}{\sqrt{x^2 + 1}}.$$

这表明函数 $\ln\left(\dfrac{g(x) + \sqrt{g(x)^2 + 1}}{\left(x + \sqrt{x^2 + 1}\right)^n}\right)$ 在无穷大的邻域是常数。这就允许我们在这样的邻域内找到 g 并且在整个实轴上找到 g。

现在是解决最后一个问题的时候了，和往常一样，这是非常困难的。当我们说下列问题特别困难时，我们并没有夸张。

例17.14 设 a 和 b 是大于 1 的整数，对每个正整数 n 满足 $a^n - 1 \mid b^n - 1$。证明 b 是 a 的自然数次幂。

(Marius Cavachi, AMM)

解答. 这一次我们只有在检查了几个递归序列之后才能找到正确的收敛序列。首先存在一个正整数序列 $(x_n^{(1)})_{n \geq 1}$ 满足

$$x_n^{(1)} = \frac{b^n - 1}{a^n - 1}.$$

那么对于足够大的 n，$x_n^{(1)} \cong \left(\dfrac{b}{a}\right)^n$。于是我们可以期待序列

$$(x_n^{(2)})_{n \geq 1}, \quad x_n^{(2)} = b x_n^{(1)} - a x_{n+1}^{(1)},$$

是收敛的。不幸的是，

$$x_n^{(2)} = \frac{b^{n+1}(a-1) - a^{n+1}(b-1) + a - b}{(a^n - 1)(a^{n+1} - 1)},$$

不一定是收敛的. 但是，若我们再看看这个序列，对于足够大的 n ，它近似于 $\left(\dfrac{b}{a^2}\right)^n$. 这是个好主意：重复这个过程，直到最后一个序列表现为 $\left(\dfrac{b}{a^{k+1}}\right)^n$，其中 k 满足 $a_k \le b < a^{k+1}$. 于是最后一个序列收敛于 0. 困难的部分才开始，因为我们必须证明，若我们定义 $x_n^{(i+1)} = bx_n^{(i)} - a^i x_{n+1}^{(i)}$ 则 $\lim\limits_{n\to\infty} x_n^{(k+1)} = 0$. 这一点也不容易. 想法是计算 $x_n^{(3)}$ 后证明:对任意 $i \ge 1$,序列 $(x_n^{(i)})_{n\ge 1}$ 的项为

$$\frac{c_i b^n + c_{i-1} a^{(i-1)n} + \ldots + c_1 a^n + c_0}{(a^{n+i-1}-1)(a^{n+i-2}-1)\ldots(a^n-1)}$$

其中 $c_0, c_1, \ldots, c_i$ 为常数. 证明这不难，难的是想到它. 除了归纳法，我们怎么能证明这句话呢? 归纳起来很容易. 假设叙述对于 i 成立，那么相应于 $i+1$ 的情况由 $x_n^{(i+1)} = bx_n^{(i)} - a^i x_{n+1}^{(i)}$ 直接得出(注意，为了计算差分，我们只需要用 b 和 $a^{n+i} - 1$ 乘以分子 $c_i b^n + c_{i-1} a^{(i-1)n} + \ldots + c_1 a^n + c_0$. 然后，用同样的方法处理第二个分数，消去 $b^{n+1} a^{n+i}$ 项). 于是我们找到一个公式，表明一旦 $a^i > b$ 就有 $\lim\limits_{n\to\infty} x_n^{(i)} = 0$. 所以，$\lim\limits_{n\to\infty} x_n^{(k+1)} = 0$. 另一步是取最小指数 j 使得 $\lim\limits_{n\to\infty} x_n^{(j)} = 0$. 显然，$j > 1$ 及递归关系 $x_n^{(i+1)} = bx_n^{(i)} - a^i x_{n+1}^{(i)}$ 表明对于所有 n 和 i, $x_n^{(i)} \in \mathbb{Z}$. 于是,存在一个 M 使得任意 $n \ge M$ 有 $x_n^{(j)} = 0$. 等价于对所有 $n \ge M$, $bx_n^{(j-1)} = a^j x_{n+1}^{(j-1)}$, 这意味着对所有 $n \ge M$

$$x_n^{(j-1)} = \left(\frac{b}{a^j}\right)^{n-M} x_M^{(j-1)}$$

假设 b 不是 a 的倍数. 因为对所有 $n \ge M$,

$$\left(\frac{b}{a^j}\right)^{n-M} x_M^{(j-1)} \in \mathbb{Z}$$

必有 $x_M^{(j-1)} = 0$, 于是对 $n \ge M$, $x_n^{(j-1)} = 0$, 即 $\lim\limits_{n\to\infty} x_n^{(j-1)} = 0$. 但是这与 j 的最小性矛盾. 因此必有 $a \mid b$. 记 $b = ca$. 那么，关系式 $a^n - 1 \mid b^n - 1$ 意味着 $a^n - 1 \mid c^n - 1$. 到此为止. 为什么? 我们刚刚看到对所有 $n \ge 1$, $a^n - 1 \mid c^n - 1$. 但是我们把前面对 b 的讨论换作 c 得出 $a \mid c$. 所以，$c = ad$, 即 $a \mid d$. 因为这个过程不可能是无限的，b 一定是 a 的幂.

值得一提的是，一个更强大的结果是成立的：这足以假设对于无限多个 n, $a^n - 1 \mid b^n - 1$. 但这是一个更困难的问题，它来自于 2003 年 Bugeaud, Corvaja 和 Zannier 的一个结果：

若整数$a, b > 1$ 在$\mathbb{Q}^*$ 里是多重独立的(即$\log_a b \notin \mathbb{Q}$ 或$a^n \neq b^m$ ，其中$n, m \neq 0$)，则对任意$\varepsilon > 0$ 存在$n_0 = n_0(a, b, \varepsilon)$ 使得对所有$n \geq n_0$，$\gcd(a^n - 1, b^n - 1) < 2^{\varepsilon n}$. 不幸的是，证明太高级了，不能在这里出示。

17.2 习题

1. 设正整数单调递增序列 $(a_n)_{n \geq 1}$ 满足对所有 $n \geq 2002$ ，$a_n \mid a_1 + a_2 + \ldots + a_{n-1}$. 证明存在$n_0$ 使得对所有$n \geq n_0$，$a_n = a_1 + a_2 + \ldots + a_{n-1}$.

(Tournament of the Towns 2002)

2. 设p 是一个整系数多项式，存在一对不同的正整数序列$(a_n)_{n \geq 1}$ 满足

$$p(a_1) = 0, \ p(a_2) = a_1, \ p(a_3) = a_2, \ldots$$

求这个多项式的次数.

(Tournament of the Towns 2003)

3. 求出所有正整数对(a, b) 满足$an + b$是三角形的当且仅当n 是三角形的.

(After a Putnam Competition problem)

4. 设f 和g 是两个2次实多项式，满足对任意实数x, 若$f(x)$ 是整数，则$g(x)$也是. 证明存在整数m, n 使得对所有x，$g(x) = mf(x) + n$.

(Bulgarian Olympiad)

5. 设A, B 是两个正实数有限集合，满足

$$\left\{ \sum_{x \in A} x^n \mid n \in \mathbb{N} \right\} \subseteq \left\{ \sum_{x \in B} x^n \mid n \in \mathbb{N} \right\}.$$

证明存在$k \in \mathbb{Z}$ 使得$A = \{x^k \mid x \in B\}$.

(Gabriel Dospinescu)

6. 设整数a 和b 大于1. 证明对任意$k > 0$ 有无数多个n 使得$\varphi(an + b) < kn$, 其中φ 是欧拉函数.

(Gabriel Dospinescu)

7. 证明对无数多个正整数n, $\varphi(30n + 1) < \varphi(30n)$.

(D.J. Newman)

8. 证明存在无数多个正整数 n 使得方程

$$n = a^3 + b^5 + c^7 + d^9 + e^{11}$$

没有正整数解.

(Belarus 2000)

9. 证明对于所有 n, 在任意满足 $a_n < 100n$ 的正整数单调递增序列 $(a_n)_{n \geq 1}$ 里, 可以找出无数多项至少包含 1986 个连续的 1.

(Kvant)

10. 证明对于某个自然数 m, 存在一个自然数 N 使得对每个 $2 \leq b \leq 2010$, $s_b(N) > m$, 这里 $s_b(N)$ 是 n 被写作 b 为基时的位数和.

(Iranian TST 2010)

11. 证明存在一个正整数 n, 它是一个以 b 为基至少有 2002 个 b 的值的 3 位回文数.

(Putnam 2002)

12. 设正整数 a 和 b 满足对任意 $n, a + bn$ 的十进制表示包含一个连续数字序列, 它们构成了 n 的十进制表示 (例如, 若 $a = 600$, $b = 35$, $n = 16$ 有 $600 + 16 \cdot 35 = 1160$). 证明 b 是 10 的幂.

(Tournament of the Towns 2002)

13. 假设正实数 a 使得所有数字 $1^a, 2^a, 3^a, \ldots$ 都是整数. 证明 a 也是个整数.

(Putnam Competition)

14. 设复多项式 f 使得对所有正整数 n, 方程 $f(x) = n$ 至少有一个有理解. 证明 f 是 1 次式.

(Mathlinks Contest)

15. 设整数 b 大于 4, 定义

$$x_n = \underbrace{11\ldots1}_{n-1}\underbrace{22\ldots2}_{n}5$$

基为 b. 证明 x_n 对所有足够大的 n 为完全平方数, 当且仅当 $b = 10$.

(Laurenţiu Panaitopol, IMO Shortlist 2003)

16. 求所有首项系数为 1 的整系数多项式 f 使得 $f(\mathbb{Z})$ 对乘法是封闭的.

(Iranian TST 2007, Mohsen Jamali)

17. 求所有有理数 $x = \dfrac{p}{q} > 1$（整数 p, q 满足 $q > 0$ 且 $\gcd(p,q) = 1$）具有性质:存在一个常数 c 使得对所有充分大的 n 有

$$|\{x^n - c\} - c| \le \frac{1}{2(p+q)}.$$

(Chinese TST 2007)

18. 正整数的指数集是其质因式分解中出现的所有质数指数的无序集合. 例如,$300 = 2^2 \cdot 3 \cdot 5^2$ 的指数集是1, 2, 2. 假设两个算术级数 $(a_n)_n$ 和 $(b_n)_n$ 具有性质, 对任意正整数 n, a_n 和 b_n 有相同的指数集. 证明存在 k 使得对所有 n, $a_n = kb_n$.

(Tuymaada Olympiad 2006)

19. 求出所有整数数组 (a, b, c) 使得对所有正整数 n, $a \cdot 2^n + b$ 是 $c^n + 1$ 的一个因数.

(Gabriel Dospinescu, Mathematical Reflections)

20. (a)求出所有单调递增函数 $f : \{1, 2, \ldots\} \to \mathbb{R}$ 使得对所有正整数 a 和 b, $f(ab) = f(a)f(b)$.

(b) 求出所有单调递增函数 $f : \{1, 2, \ldots\} \to \mathbb{R}$ 使得对所有互质的正整数 a 和 b, $f(ab) = f(a)f(b)$.

(Paul Erdös)

21. 求出所有 a, b, c 使得 $a \cdot 4^n + b \cdot 6^n + c \cdot 9^n$ 对于所有充分大的 n 是个完全平方数.

(Vesselin Dimitrov)

22. 设有理系数多项式 f 满足 $f(2^n)$ 对所有正整数 n 为完全平方数. 证明存在一个有理系数多项式 g 满足 $f = g^2$.

(Gabriel Dospinescu)

23. 设 k 是一个大于 1 的整数, 多项式 f 满足 $\sqrt[k]{f(n)}$ 对充分大的 n 为整数. 证明存在 $g \in \mathbb{Q}[X]$ 使得 $f = g^2$.

24. 设两个实系数多项式 f, g 满足 $f(\mathbb{Q}) = g(\mathbb{Q})$. 证明存在有理数 a, b 满足 $f(X) = g(aX + b)$.

(Miklos Schweitzer Competition)

25. 给定一个至少2次的实系数多项式 $f(x)$, 定义集合 $f^0(\mathbb{Q})$ 和

$$f^n(\mathbb{Q}) = \{f(x) \mid x \in f^{n-1}(\mathbb{Q})\}.$$

证明 $\bigcap\limits_{n=0}^{\infty} f^n(\mathbb{Q})$ 是一个有限集合.

(Dan Schwarz, Romanian Masters in Mathematics 2010)

26. 设 A 是一个正整数集合，正整数 $b_1 < b_2 < \ldots$ 可以写作 A 中两个不同元素之差. 若序列 $b_{n+1} - b_n$ 无界,证明 A 密度为零,即

$$\lim_{n\to\infty} \frac{1}{n} \cdot |A \cap \{1, 2, \ldots, n\}| = 0.$$

(Putnam 2004)

27. 设非空正整数集合 A 具有性质:存在正整数 $b_1, b_2, \ldots, b_n$ 和 $c_1, c_2, \ldots, c_n$ 使得集合 $b_1 A + c_i = \{b_i a + c_i \mid a \in A\}$ 是 A 的成对不相交子集. 证明

$$\frac{1}{b_1} + \frac{1}{b_2} + \ldots + \frac{1}{b_n} \leq 1.$$

(IMO Shortlist 2002)

28. 设正整数 $a_1, a_2, \ldots, a_n$ 和 $b_1, b_2, \ldots, b_n$ 满足任意整数 x 至少一个同余 $x \equiv a_i \pmod{b_i}$. 证明存在 $\{1, 2, \ldots, n\}$ 的一个非空子集 I 使得 $\sum\limits_{i \in I} \dfrac{1}{b_i}$ 是一个整数.

(M. Zhang)

第 18 章 二次互反律

18.1 理论和实例

对于质数p, 定义函数$\left(\dfrac{a}{p}\right) : \mathbb{Z} \to \{-1, 1\}$. 其中, 若方程$x^2 = a$在$\mathbb{Z}/p\mathbb{Z}$中至少有一个解, 则$\left(\dfrac{a}{p}\right) = 1$; 否则$\left(\dfrac{a}{p}\right) = -1$. 第一种情况, 我们称$a$是一个二次剩余模$p$; 否则称其为一个二次非剩余模$p$. 这个函数被称为勒让德符号, 它在数论中起着重要作用. 我们将首先揭示勒让德符号的一些简单性质, 以证明一个非常重要的结果, 高斯著名的二次互反律. 首先, 让我们介绍一种来自欧拉的理论（但不是很实用）并计算$\left(\dfrac{a}{p}\right)$.

定理18.1 下列事实为真, 但前提是$p \nmid a$:

$$\left(\frac{a}{p}\right) \equiv a^{\frac{p-1}{2}} \pmod{p}.$$

特别地, 有$\left(\dfrac{-1}{p}\right) = (-1)^{\frac{p-1}{2}}$.

证明. 我们将证明这个结果和其他许多关于二次剩余的简单事实. 首先, 我们假设$\left(\dfrac{a}{p}\right) = 1$, 且令$x$是方程$x^2 = a$在$\mathbb{Z}/p\mathbb{Z}$中的一个解. 应用费马小定理, 我们发现$a^{\frac{p-1}{2}} = x^{p-1} = 1 \pmod{p}$. 因此等式

$$\left(\frac{a}{p}\right) = a^{\frac{p-1}{2}} \pmod{p}$$

对于所有二次剩余a模p均成立. 另外, 对于任意二次剩余我们有$a^{\frac{p-1}{2}} = 1 \pmod{p}$. 现在, 我们将证明在$\mathbb{Z}/p\mathbb{Z} \setminus \{0\}$中恰有$\dfrac{p-1}{2}$个二次剩余. 这将使我们能够得出结论, 二次剩余正是多项式$X^{\frac{p-1}{2}} - 1$的零点, 而且非二次剩余正是多项式$X^{\frac{p-1}{2}} + 1$的零点(根据费马小定理). 注意费马小定理意味着多项式

$$X^{p-1} - 1 = (X^{\frac{p-1}{2}} - 1)(X^{\frac{p-1}{2}} + 1)$$

在$\mathbb{Z}/p\mathbb{Z}$中恰有$p - 1$个零点. 但在一个域中, 多项式的不同零点的个数不能超过它的阶数. 于是多项式$X^{\frac{p-1}{2}} - 1$和$X^{\frac{p-1}{2}} + 1$在$\mathbb{Z}/p\mathbb{Z}$中至多有$\dfrac{p-1}{2}$

个零点. 这两点表明这些多项式中的每个在 $\mathbb{Z}/p\mathbb{Z}$ 中都恰有 $\dfrac{p-1}{2}$ 个零点. 接下来观察到至少有 $\dfrac{p-1}{2}$ 个二次剩余模 p. 事实上, 所有数字 $i^2 \pmod{p}$, 其中 $1 \le i \le \dfrac{p-1}{2}$, 都是二次剩余且它们都不同(模 p). 这表明在 $\mathbb{Z}/p\mathbb{Z} \setminus \{0\}$ 中恰有 $\dfrac{p-1}{2}$ 个二次剩余, 也证明了欧拉准则. □

欧拉准则是一个非常有用的结果. 事实上, 它可以很快地证明 $\left(\dfrac{a}{p}\right) : \mathbb{Z} \to \{-1, 1\}$ 是群态射. 事实上,

$$\left(\frac{ab}{p}\right) \equiv (ab)^{\frac{p-1}{2}} \equiv a^{\frac{p-1}{2}} b^{\frac{p-1}{2}} \equiv \left(\frac{a}{p}\right)\left(\frac{b}{p}\right) \pmod{p}.$$

关系式

$$\left(\frac{ab}{p}\right) = \left(\frac{a}{p}\right)\left(\frac{b}{p}\right)$$

说明在研究勒让德符号时, 只关注质数就足够了. 同样的欧拉准则意味着当 $a \equiv b \pmod{p}$ 时,

$$\left(\frac{a}{p}\right) = \left(\frac{b}{p}\right).$$

现在是讨论高斯著名的二次互反律的时候了. 首先, 我们将证明引理(也是来自高斯).

引理18.1 设 p 是一个奇质数且 $a \in \mathbb{Z}$ 满足 $\gcd(a, p) = 1$.
定义 $a \pmod{n}$ 的最小余数为整数 a' 满足

$$a \equiv a' \pmod{n} \quad , \quad -\frac{n}{2} < a' \le \frac{n}{2}.$$

设 a_j 为 $aj \pmod{p}$ 的最小余数, l 为使得 $a_j < 0$ 的整数 $1 \le j \le \dfrac{p-1}{2}$ 的个数. 那么 $\left(\dfrac{a}{p}\right) = (-1)^l$.

证明. 证明一点也不难. 观察到数字 $|a_j|$, $1 \le j \le r = \dfrac{p-1}{2}$ 是数字 $1, 2, \ldots, r$ 的一个排列. 事实上, 我们有 $1 \le |a_j| \le r$ 且 $|a_j| \ne |a_k|$ (否则, 有 $p \mid a(j+k)$ 或 $p \mid a(j-k)$. 但这是不可能的, 因为 $\gcd(a, p) = 1, 0 < j+k < p$). 所以

$$a_1 a_2 \ldots a_r = (-1)^l |a_1||a_2| \ldots |a_r| = (-1)^l r!$$

由a_j 的定义我们有

$$a_1 a_2 \ldots a_r \equiv a^r r! \pmod{p}$$

且

$$a^r \equiv (-1)^l \pmod{p}.$$

应用欧拉准则我们推出$\left(\dfrac{a}{p}\right) = (-1)^l$. □

使用高斯引理, 读者将享受以下经典结果的证明.

定理18.2 等式$\left(\dfrac{2}{p}\right) = (-1)^{\frac{p^2-1}{8}}$ 适用于任意奇质数p.

证明. 在高斯引理中取$a = 2$ 并观察到

$$l = \frac{p-1}{2} - \left\lfloor \frac{p}{4} \right\rfloor.$$

事实上, 若$1 \le j \le \left\lfloor \dfrac{p}{4} \right\rfloor$, 则$a_j = 2j$; 若$\left\lfloor \dfrac{p}{4} \right\rfloor < j \le \dfrac{p-1}{2}$, 则$a_j = 2j - p$. 结论成立, 因为$l = \dfrac{p-1}{2} - \left\lfloor \dfrac{p}{4} \right\rfloor$ 且$\dfrac{p^2-1}{8}$ 具有相同的奇偶性, 这很容易验证. □

但也许高斯引理最显著的结果是下面的定理.

定理18.3 (二次互反律). 对于所有不同的奇质数p 和q,有下述事实

$$\left(\frac{p}{q}\right)\left(\frac{q}{p}\right) = (-1)^{\frac{p-1}{2} \cdot \frac{q-1}{2}}.$$

证明. 证明比以前的结果要复杂一点. 考虑矩形R 由$0 < x < \dfrac{q}{2}$ 和$0 < y < \dfrac{p}{2}$定义, 并设

$$\left(\frac{p}{q}\right) = (-1)^l$$

和

$$\left(\frac{q}{p}\right) = (-1)^m,$$

其中l, m 由高斯引理定义.

注意到l 是满足$0 < x < \dfrac{q}{2}$ 且$-\dfrac{q}{2} < px - qy < 0$的格点$(x, y)$的个数. 这些不等式使$y < \dfrac{p+1}{2}$ 且因为y 是整数, 因此有$y < \dfrac{p}{2}$. 所以l 是R中满

足 $-\dfrac{q}{2} < px - qy < 0$ 的格点个数，同样 m 是 R 中满足 $-\dfrac{p}{2} < qy - px < 0$ 的格点个数．应用高斯引理，足以证明 $\dfrac{(p-1)(q-1)}{4} - (l+m)$ 是偶数．因为 $\dfrac{(p-1)(q-1)}{4}$ 是 R 中格点的个数，$\dfrac{(p-1)(q-1)}{4} - (l+m)$ 是 R 中满足 $px - qy \le -\dfrac{q}{2}$ 或 $qy - px \le -\dfrac{p}{2}$ 的格点个数．这些点在 R 中确定了两个不相交的区域．而且，它们有相同数量的格点，因为

$$x = \frac{q+1}{2} - x', \quad y = \frac{p+1}{2} - y'$$

给出了两个区域中格点之间的一对一的对应关系．这表明 $\dfrac{(p-1)(q-1)}{4} - (l+m)$ 是偶数，并完成了这个著名定理的证明． $\square$

利用这个强大的武器，我们现在能够解决一些有趣的问题．其中大部分只是上述结果的直接应用，但我们认为它们仍然是有价值的，不只是因为它们出现在各种竞赛中．

例18.1 证明 $2^n + 1$ 不存在形如 $8k - 1$ 的质因数．

(Vietnamese TST 2004)

解答. 为了避免矛盾，假设 p 是一个能整除 $2^n + 1$ 的形如 $8k - 1$ 的质数．当然，若 n 是偶数，直接矛盾，因为这种情况下有 $-1 \equiv (2^{\frac{n}{2}})^2 \pmod{p}$，所以

$$-1 = (-1)^{\frac{p-1}{2}} = \left(\frac{-1}{p}\right) = 1.$$

现在，假设 n 是奇数．那么 $-2 \equiv (2^{\frac{n+1}{2}})^2 \pmod{p}$，所以 $\left(\dfrac{-2}{p}\right) = 1$．这也可以被写作 $\left(\dfrac{-1}{p}\right)\left(\dfrac{2}{p}\right) = 1$，或 $(-1)^{\frac{p-1}{2} + \frac{p^2-1}{8}} = 1$．但是若 p 形如 $8k - 1$，后者不能成立，这就是解决问题的矛盾．

使用相同的思想和更多的工作，我们得到以下结果．

例18.2 证明对于任意正整数 n，数字 $2^{3^n} + 1$ 至少有 n 个形如 $8k + 3$ 的质因数．

(Gabriel Dospinescu)

解答. 利用前面问题的结果，我们推断 $2^n + 1$ 没有形如 $8k + 7$ 的质因数．我们将证明若 n 是奇数，那么它也没有形如 $8k + 5$ 的质因数．事实上，设 p

是$2^n + 1$的一个质因数, 那么$2^n \equiv -1 \pmod{p}$, 所以$-2 \equiv (2^{\frac{n+1}{2}})^2 \pmod{p}$. 使用与前一个问题同理, 我们推断$\dfrac{p^2 - 1}{8} + \dfrac{p-1}{2}$是偶数, 若$p$形如$8k+5$, 这是不可能的.

现在, 让我们来解决提出的问题. 我们假设$n > 2$ (否则, 验证是微不足道的). 本质的观察是认同

$$2^{3^n} + 1 = (2+1)(2^2 - 1 + 1)(2^{2 \cdot 3} - 2^3 + 1) \cdots (2^{2 \cdot 3^{n-1}} - 2^{3^{n-1}} + 1).$$

现在, 我们证明对所有$1 \le i < j \le n - 1$,

$$\gcd(2^{2 \cdot 3^i} - 2^{3^i} + 1, 2^{2 \cdot 3^j} - 2^{3^j} + 1) = 3.$$

事实上, 假设质数p去除

$$\gcd(2^{2 \cdot 3^i} - 2^{3^i} + 1, 2^{2 \cdot 3^j} - 2^{3^j} + 1).$$

有$p \mid 2^{3^{i+1}} + 1$. 于是

$$2^{3^j} \equiv (2^{3^{i+1}})^{3^{j-i-1}} \equiv (-1)^{3^{j-i-1}} \equiv -1 \pmod{p},$$

意味着

$$0 \equiv 2^{2 \cdot 3^j} - 2^{3^j} + 1 \equiv 1 - (-1) + 1 \equiv 3 \pmod{p}.$$

这是不可能的, 除非$p = 3$. 但是因为

$$v_3(\gcd(2^{2 \cdot 3^i} - 2^{3^i} + 1, 2^{2 \cdot 3^j} - 2^{3^j} + 1)) = 1,$$

可以立即验证, 有

$$\gcd(2^{2 \cdot 3^i} - 2^{3^i} + 1, 2^{2 \cdot 3^j} - 2^{3^j} + 1) = 3$$

证明了这一点.

还需证明的是每个数字$2^{2 \cdot 3^i} - 2^{3^i} + 1$, 其中$1 \le i \le n - 1$ 至少有一个形如$8k + 3$,且不同于3的质因数. 根据前面的说明, $2^{3^n} + 1$ 至少有$n - 1$ 个形如$8k+3$的质因数, 因为它也可以被3整除, 所以解是完整的. 固定$i \in \{1, 2, \ldots, n-1\}$ 并观察到$2^{2 \cdot 3^i} - 2^{3^i} + 1$的任意质因数也是$2^{3^n} + 1$的质因数. 于是,由前面的叙述, 这个因数一定具有形式$8k+1$ 或$8k+3$. 因为$v_3(2^{2 \cdot 3^i} - 2^{3^i} + 1) = 1$, $2^{2 \cdot 3^i} - 2^{3^i} + 1$ 除了3 以外的所有质因数都具有形式$8k+1$, 所以$2^{2 \cdot 3^i} - 2^{3^i} + 1 \equiv 8 \pmod{8}$, 这显然是不可能的. 所以$2^{2 \cdot 3^i} - 2^{3^i} + 1$至少有一个质因数不同于3 且具有形式$8k+3$. 结论得证.

在几何与数字这一章我们看到了以下结果的一个有力证明. 但是有另一种方法可以解决这个问题, 可能更自然, 结果在其他一些问题上也很有用.

例18.3 设正整数n满足方程

$$x^2 + xy + y^2 = n$$

有有理数解. 证明这个方程也有整数解.

(Kömal)

解答. 这看起来很熟悉, 特别是在"质数与平方"这一章的讨论之后. 实际上, 让我们从一个自然的问题开始: 哪个质数可以被表示为$x^2 + xy + y^2$的形式, 其中x, y是整数? 假设p是这样的质数, 那么$4p = (2x + y)^2 + 3y^2$. 这说明$(2x + y)^2 \equiv -3y^2 \pmod{p}$. 现在, 若$p \neq 3$, 则$y \neq 0 \pmod{p}$. 因为否则$x \equiv 0 \pmod{p}$, 于是$p^2 \mid p$, 显然错误. 因此, 最后一种关系意味着$\left(\dfrac{-3}{p}\right) = 1$. 利用二次互反律, 我们很容易推断这等价于$\left(\dfrac{p}{3}\right) = 1$, 而这恰恰是发生在$p \equiv 1 \pmod 3$时. 所以这个质数可以表示为$x^2 + xy + y^2$且$p \equiv 1 \pmod 3$. 我们还没有完成, 因为我们需要证明所有这样的质数都可以这样写. 对于3, 没有问题, 但对于任意$p \equiv 1 \pmod 3$就不是这样了. 取一个这样的质数p. 由前面的论述有$\left(\dfrac{-3}{p}\right) = 1$, 意味着存在$a$使得$a^2 = -3 \pmod{p}$. 现在, 回想一下在"质数与平方"这一章的Thue引理: 存在不都为零的$0 \leq x, y < \sqrt{p}$满足$a^2x^2 \equiv y^2 \pmod{p}$. 所以$p \mid 3x^2 + y^2$. 因为$0 < 3x^2 + y^2 < 4p$, 我们推出$3x^2 + y^2$是数字$p$, $2p$, $3p$之一. 若它是p, 则得到$p = (y-x)^2 + (y-x) \cdot 2x + (2 \cdot x)^2$. 若它是$3p$, 则$y$必是3的倍数, 记$y = 3z$, 那么得到前一种情况. 最后, 假设$2p = x^2 + 3y^2$. 那么显然$x, y$有相同的奇偶性. 但是$x^2 + 3y^2$是4的倍数, 矛盾, 因为$2p$不能被4整除. 因此, 排除了这种情况, 并完成了第一部分的证明.

现在, 我们可以解决这个问题. 假设$x^2 + xy + y^2 = n$方程有有理数解, 即方程$a^2 + ab + b^2 = c^2 n$有整数解且$\gcd(a, b, c) = 1$. 取p为n的一个质因数并假设$v_p(n)$是奇数. 我们断言$p \equiv 3$或$p \equiv 1 \pmod 3$. 若不是, 则由前面论述$p \mid a$且$p \mid b$, 因此我们可以用p^2来简化方程中的两项. 重复这个过程, 我们最终推出$p \mid c$, 这与$\gcd(a, b, c) = 1$矛盾. 于是所有n的形如$3k + 2$的质因数都有偶指数. 正如我们已经看到的, 所有n的不是形如$3k + 2$的质因数一定形如$u^2 + uv + v^2$. 因此, 我们现在需要证明的是形如$u^2 + uv + v^2$的两个数之积具有相同的形式. 这并不难, 因为若$\varepsilon = e^{\frac{2i\pi}{3}}$, 则

$$(u^2 + uv + v^2)(w^2 + wt + t^2) = (u - \varepsilon v)(u - \varepsilon^2 v)(w - \varepsilon t)(w - \varepsilon^2 t)$$

即$(A - \varepsilon B)(A - \varepsilon^2 B)$, 其中$A = uw - vt$, $B = ut + vw + vt$. 得证. 如果你真的觉得上面的解决方案很麻烦, 你是对的! 乍一看, 下面的问题似乎微不足道. 这其实很棘手, 因为蛮力根本不能帮助我们解决任何问题. 然而, 在上

述结果的框架内, 这应该不会那么困难.

例18.4 求出一个 n 介于100 和1997之间使之满足 $n \mid 2^n + 2$.

(APMO 1997)

解答. 如果我们试图寻找奇数, 就会失败(实际上这个结果我们已经在"看看指数"这一章证明过, 出自Schinzel). 所以让我们搜索偶数. 第一步是选择 $n = 2p$,其中 p 为质数. 不幸的是, 这个选择被费马小定理排除了. 所以设 $n = 2pq$, 其中 p 和 q 为不同的质数. 我们需要 $pq \mid 2^{2pq-1} + 1$. 于是必有 $\left(\dfrac{-2}{p}\right) = \left(\dfrac{-2}{q}\right) = 1$. 再次应用费马小定理, $p \mid 2^{2q-1} + 1$ 且 $q \mid 2^{2p-1} + 1$. 简单的分析表明 $q = 3, 5, 7$ 不是好的选择,所以试试 $q = 11$. 我们发现 $p = 43$, 所以这足以证明 $pq \mid 2^{2pq-1} + 1$,其中 $q = 11$ 且 $p = 43$. 这并不难: 我们有 $p \mid 2^{2q-1} + 1$, 说明 $p \mid 2^{p(2q-1)} + 1 = 2^{2pq-p} + 1$. 那么, $p \mid 2^{2pq-1} + 2^{p-1}$. 应用费马小定理 $(p \mid 2^{p-1} - 1)$ 得到 $p \mid 2^{2pq-1} + 1$. 且由类似的推理表明 $q \mid 2^{2pq-1} + 1$, 证明完毕.

我们举下面的例子是错的吗? 它显然与二次互反没有关系, 但是让我们仔细看一下.

例18.5 设函数 $f, g : \mathbb{N}^* \to \mathbb{N}^*$ 具有下述性质:
(i) g 是满射;
(ii)对于所有正整数 n 有 $2f(n)^2 = n^2 + g(n)^2$;
(iii)对于所有 n, $|f(n) - n| \leq 2004\sqrt{n}$.
证明 f 有无穷多个不动点.

(Gabriel Dospinescu, Moldova TST 2005)

解答. 设 p_n 为形如 $8k + 3$ 的质数序列(有无限多这样的数, 这是迪利克雷定理的一个小结果, 但我们请读者找到一个基本的证据). 显然对于所有 n 我们有

$$\left(\frac{2}{p_n}\right) = (-1)^{\frac{p_n^2 - 1}{8}} = -1.$$

应用条件(i) 我们可以找到 x_n 使得对所有 n, $g(x_n) = p_n$.

这表明 $2f(x_n)^2 = x_n^2 + p_n^2$, 推出 $2f(x_n)^2 \equiv x_n^2 \pmod{p_n}$. 因为 $\left(\dfrac{2}{p_n}\right) = -1$, 最后一个同余表明 $p_n \mid x_n$ 且 $p_n \mid f(x_n)$. 于是存在正整数序列 a_n, b_n 满足对所有 n, $x_n = a_n p_n$ 和 $f(x_n) = b_n p_n$. 显然,(ii) 意味着关系式 $2b_n^2 = a_n^2 + 1$. 最后应用性质 $|f(n) - n| \leq 2004\sqrt{n}$, 我们有

$$\frac{2004}{\sqrt{x_n}} \geq \left|\frac{f(x_n)}{x_n} - 1\right| = \left|\frac{b_n}{a_n} - 1\right|.$$

即

$$\lim_{n\to\infty} \frac{\sqrt{a_n^2+1}}{a_n} = \sqrt{2}.$$

最后一个关系式推出 $\lim_{n\to\infty} a_n = 1$. 所以, 从某一点开始, 我们有 $a_n = 1 = b_n$, 即 $f(p_n) = p_n$, 结论得证.

我们继续讨论一个困难的经典结果, 这个结果经常被证明是非常有用的. 它刻画了所有足够大质数模的二次剩余数. 当然, 完全平方数是这样的数字, 但是如何证明它们是唯一的? 实际上, 这个结果已经被广泛地推广了, 但是所有的证明都是基于类场理论, 这是代数数论中的一个困难的定理系列, 远远超出了本书的范围.

例18.6 假设 a 是非平方正整数. 那么对无限多个质数 p, 有 $\left(\dfrac{a}{p}\right) = -1$.

解答. 可以假设 a 无平方数因数. 记 $a = 2^e q_1 q_2 \ldots q_n$, 其中 q_i 是不同的奇质数且 $e \in \{0,1\}$. 首先假设 $n \geq 1$ (即 $a \neq 2$) 并考虑一些不同的奇质数 $r_1, r_2, \ldots, r_k$, 它们区别于 $q_1, q_2, \ldots, q_n$. 我们将说明存在一个质数 p, 区别于 $r_1, r_2, \ldots, r_k$, 满足 $\left(\dfrac{a}{p}\right) = -1$. 设 s 是一个二次非剩余模 q_n.

利用中国剩余定理, 我们能够找到一个正整数 b 满足

$$\begin{cases} b \equiv 1 \pmod{r_i}, & 1 \leq i \leq k \\ b \equiv 1 \pmod 8, \\ b \equiv 1 \pmod{q_i}, & 1 \leq i < n \\ b \equiv s \pmod{q_n}. \end{cases}$$

现在, 记 $b = p_1 p_2 \ldots p_m$, 其中 p_i 为奇质数, 不必不同. 使用二次互反律, 推出

$$\prod_{i=1}^m \left(\frac{2}{p_i}\right) = \prod_{i=1}^m (-1)^{\frac{p_i^2-1}{8}} = (-1)^{\frac{b^2-1}{8}} = 1$$

和

$$\prod_{j=1}^m \left(\frac{q_i}{p_j}\right) = \prod_{j=1}^m (-1)^{\frac{p_j-1}{2}\cdot\frac{q_i-1}{2}} \left(\frac{p_j}{q_i}\right) = (-1)^{\frac{q_i-1}{2}\cdot\frac{b-1}{2}} \left(\frac{b}{q_i}\right) = \left(\frac{b}{q_i}\right)$$

$i \in \{1, 2, \ldots, n\}$. 因此

$$\prod_{i=1}^{m} \left(\frac{a}{p_i} \right) = \left[\prod_{j=1}^{m} \left(\frac{2}{p_j} \right) \right]^e \prod_{i=1}^{n} \prod_{j=1}^{m} \left(\frac{q_i}{p_j} \right)$$

$$= \prod_{i=1}^{n} \left(\frac{b}{q_i} \right) = \left(\frac{b}{q_n} \right) = \left(\frac{s}{q_n} \right) = -1.$$

(我们在上述等式中使用了以下观察结果: 对任意奇数 $b_1, b_2, \ldots, b_m$, 若 $b = b_1 b_2 \ldots b_m$, 则数字

$$\sum_{i=1}^{m} \frac{b_i^2 - 1}{8} - \frac{b^2 - 1}{8}$$

和

$$\sum_{i=1}^{m} \frac{b_i - 1}{2} - \frac{b - 1}{2}$$

是偶数. 我们把这个简单的练习留给读者, 例如可以通过归纳法来处理.)

于是, 存在 $i \in \{1, 2, \ldots, m\}$ 使得 $\left(\dfrac{a}{p_i} \right) = -1$. 因为 $b \equiv 1 \pmod{r_i}$, $1 \leq i \leq k$, 我们有 $p_i \in \{1, 2, \ldots\} \setminus \{r_1, r_2, \ldots, r_k\}$.

仅剩 $a = 2$ 的情况. 但这非常简单, 因为用迪利克雷定理可以找到无穷多个质数 p 使得 $\dfrac{p^2 - 1}{8}$ 为奇数.

和其他单元一样, 我们现在将集中处理一些特殊情况. 这一次, 对于上述框架来说, 这几乎是一个微不足道的问题, 但似乎不可能用其他方法解决(我们这样说是因为有一个漂亮的, 但非常困难的, 使用分析工具的解决方案, 我们将不在这里介绍).

例18.7 假设非负整数 $a_1, a_2, \ldots, a_{2004}$ 使得对于所有正整数 n, $a_1^n + a_2^n + \ldots + a_{2004}^n$ 是一个完全平方数. 一定等于0的这样的整数的最小数目是多少?

(Gabriel Dospinescu, Mathlinks Contest)

解答. 假设正整数 $a_1, a_2, \ldots, a_k$ 使得 $a_1^n + a_2^n + \ldots + a_k^n$ 对于所有 n 是个完全平方数. 我们将说明 k 是一个完全平方数. 为了证明这点, 我们将利用上面的结果并得出对所有足够大的质数 p 有 $\left(\dfrac{k}{p} \right) = 1$. 这并不难. 事实上, 考虑一个质数 p, 大于 $a_1 a_2 \ldots a_k$ 的任意质因数. 应用费马小定理,

$$a_1^{p-1} + a_2^{p-1} + \ldots + a_k^{p-1} \equiv k \pmod{p},$$

且由于 $a_1^{p-1} + a_2^{p-1} + \ldots + a_k^{p-1}$ 是一个完全平方数, 推出 $\left(\dfrac{k}{p}\right) = 1$. 于是 k 是一个完全平方数. 现在这个问题变得微不足道了, 因为我们必须找到小于2004的最大完全平方数. 快速计算得到这个数是 $44^2 = 1936$. 于是待求数字是68.

这是这个想法的另一个很好的应用. 它是根据圣彼得堡奥林匹克竞赛上提出的一个问题改编的. 实际上, 很多是正确的: 考虑整系数一元多项式 f, 在 $\mathbb{Q}$ 上不可约且次数大于1. 那么存在无数多个质数 p 使得 f 没有根模 p. 这个结果的证明使用(困难的)切鲍塔列夫定理和约当（Jordan）的基本定理, 以及对于这个问题的许多其他方面, 读者可以参考塞尔(Serre)的漂亮的论文 *On a theorem of Jordan*, Bull. A.M.S. 40 (2003).

例18.8 假设二次多项式 $f \in \mathbb{Z}[X]$ 对任意质数 p 至少存在一个整数 n 使得 $p \mid f(n)$. 证明 f 有有理零点.

解答. 设 $f(x) = ax^2 + bx + c$ 是这个多项式. 证明 $b^2 - 4ac$ 是完全平方数就足够了. 这可以归结为证明它是任意大质数的二次剩余模. 选择一个质数 p 和一个整数 n 满足 $p \mid f(n)$. 那么

$$b^2 - 4ac \equiv (2an + b)^2 \pmod{p}$$

于是

$$\left(\frac{b^2 - 4ac}{p}\right) = 1.$$

证明完毕.

勒让德符号的一些性质也可以在下面的问题中找到.

例18.9 设 p 是一个奇质数且

$$f(x) = \sum_{i=1}^{p-1} \left(\frac{i}{p}\right) X^{i-1}.$$

(a)证明 f 能够被 $X - 1$ 整除但是不能被 $(X - 1)^2$ 整除当且仅当 $p \equiv 3 \pmod 4$.

(b)证明若 $p \equiv 5 \pmod 8$, 则 f 能够被 $(X-1)^2$ 整除但是不能被 $(X-1)^3$ 整除.

(Călin Popescu, Romanian TST 2004)

解答. 第一个问题一点也不难. 观察到

$$f(1) = \sum_{i=1}^{p-1} \left(\frac{i}{p}\right) = 0$$

由于在$\{1, 2, \ldots, p-1\}$中恰好$\dfrac{p-1}{2}$二次剩余模p 和$\dfrac{p-1}{2}$二次非剩余模. 又因为$f(1) = 0$，所以

$$f'(1) = \sum_{i=1}^{p-1}(i-1)\left(\frac{i}{p}\right) = \sum_{i=1}^{p-1} i\left(\frac{i}{p}\right).$$

同样的倒序总结的思想也允许我们写

$$\sum_{i=1}^{p-1} i\left(\frac{i}{p}\right) = \sum_{i=1}^{p-1}(p-i)\left(\frac{p-i}{p}\right)$$

$$= (-1)^{\frac{p-1}{2}}\sum_{i=1}^{p-1}(p-i)\left(\frac{i}{p}\right)$$

$$= -(-1)^{\frac{p-1}{2}}f'(1)$$

(再次应用$f(1) = 0$).

因此对于$p \equiv 1 \pmod 4$，必有$f'(1) = 0$. 这里f被$(X-1)^2$整除. 另一方面,若$p \equiv 3 \pmod 4$，则

$$f'(1) = \sum_{i=1}^{p-1} i\left(\frac{i}{p}\right) \equiv \sum_{i=1}^{p-1} i = \frac{p(p-1)}{2} \equiv 1 \pmod 2$$

所以f能被$X - 1$整除但是不能被$(X-1)^2$整除.

第二个问题技巧性更强，尽管它使用了相同的主要思想. 观察到

$$f''(1) = \sum_{i=1}^{p-1}(i^2 - 3i + 2)\left(\frac{i}{p}\right) = \sum_{i=1}^{p-1} i^2\left(\frac{i}{p}\right) - 3\sum_{i=1}^{p-1} i\left(\frac{i}{p}\right)$$

(再一次应用$f(1) = 0$). 由(a),观察到条件$p \equiv 5 \pmod 8$ 意味着f 能够被$(X-1)^2$整除, 所以

$$f''(1) = \sum_{i=1}^{p-1} i^2\left(\frac{i}{p}\right).$$

让我们把这个总数分成两部分，分别对待. 我们有

$$\sum_{i=1}^{\frac{p-1}{2}}(2i)^2\left(\frac{2i}{p}\right) = 4\left(\frac{2}{p}\right)\sum_{i=1}^{\frac{p-1}{2}} i^2\left(\frac{i}{p}\right).$$

注意到

$$\sum_{i=1}^{\frac{p-1}{2}} i^2\left(\frac{i}{p}\right) \equiv \sum_{i=1}^{\frac{p-1}{2}} i^2 \equiv \sum_{i=1}^{\frac{p-1}{2}} i = \frac{p^2-1}{8} \equiv 1 \pmod 2,$$

所以

$$\sum_{i=1}^{\frac{p-1}{2}} (2i)^2 \left(\frac{2i}{p}\right) \equiv \pm 4 \pmod{8}$$

(实际上, 应用 $\left(\dfrac{2}{p}\right) = (-1)^{\frac{p^2-1}{8}}$, 得出值为$-4$). 另一方面,

$$\sum_{i=1}^{\frac{p-1}{2}} (2i-1)^2 \left(\frac{2i-1}{p}\right) \equiv \sum_{i=1}^{\frac{p-1}{2}} \left(\frac{2i-1}{p}\right) \pmod{8}.$$

如果我们证明最后一个量是8的倍数, 那么问题就解决了. 但是注意到 $f(1) = 0$ 意味着

$$0 = \sum_{i=1}^{\frac{p-1}{2}} \left(\frac{2i}{p}\right) + \sum_{i=1}^{\frac{p-1}{2}} \left(\frac{2i-1}{p}\right).$$

又

$$\sum_{i=1}^{\frac{p-1}{2}} \left(\frac{2i}{p}\right) = 1 + \sum_{i=1}^{\frac{p-3}{2}} \left(\frac{2i}{p}\right) = 1 + \sum_{i=1}^{\frac{p-3}{2}} \left(\frac{2\left(\frac{p-1}{2}-i\right)}{p}\right)$$

$$= 1 + \sum_{i=1}^{\frac{p-3}{2}} \left(\frac{2i+1}{p}\right) = \sum_{i=1}^{\frac{p-1}{2}} \left(\frac{2i-1}{p}\right).$$

因此 $\sum_{i=1}^{\frac{p-1}{2}} \left(\dfrac{2i-1}{p}\right) = 0$. 解答完毕.

二次互反律有100多种不同的证明, 每一种都有一个真正美丽的基本思想. 我们决定不提出用高斯和的证明, 这可能是最短的, 因为它需要一些关于有限域及其扩张的准备工作. 相反, 我们给出了下面的证明, 这大大简化了V.A.勒贝格的方法.

例18.10 设 p 和 q 是不同的奇质数. 证明方程在 $(\mathbb{Z}/p\mathbb{Z})^p$ 中

$$x_1^2 - x_2^2 + x_3^2 - x_4^2 + \ldots + x_p^2 = 1$$

有 $q^{p-1} + q^{\frac{p-1}{2}}$ 个解. 从而推出二次互反律的一个新证明.

(Wouter Castryck)

解答. 对于奇数 n 定义 N_n, 为方程

$$x_1^2 - x_2^2 + x_3^2 - x_4^2 + \ldots + x_n^2 = 1$$

在 $(\mathbb{Z}/p\mathbb{Z})^n$ 中解的个数. 把 x_1 换为 $x_1 + x_2$ 后得到一个有同样个数解的方程:

$$x_1^2 + x_3^2 - \ldots + x_n^2 - 1 = -2x_1x_2.$$

最后一个方程存在两种解: $x_1 \neq 0$ 和 $x_1 = 0$ 时的解. 第一种情况很简单, 因为对于任意的 $x_1 \neq 0$ 和任意的 $x_3, \ldots, x_n$ 恰有一个 x_2 使得 $(x_1, x_2, \ldots, x_n)$ 是一个. 于是第一种情况方程有 $q^{n-2}(q-1)$ 个解. 第二种情况更简单, 方程化简为相应 $n-2$ 的情况, 于是第二种情况有 qN_{n-2} 个新解(因数 q 源自方程

$$x_3^2 - x_4^2 + \ldots + x_n^2 = 1$$

的任意解给出方程

$$x_1^2 + x_3^2 - \ldots + x_n^2 - 1 = -2x_1x_2$$

的 q 个解，x_2 是任意的). 所以

$$N_n = q^{n-2}(q-1) + qN_{n-2}$$

并且简单的归纳表明 $N_n = q^{n-1} + q^{\frac{n-1}{2}}$. 问题的第一部分清楚了.

根据勒让德符号的定义, 因为方程 $x^2 = a$ 在 $\mathbb{Z}/p\mathbb{Z}$ 中有 $1 + \left(\dfrac{a}{p}\right)$ 个解, 显然 N_p 可以被写作

$$N_p = \sum_{a_1 + a_2 + \ldots + a_p = 1} \left(1 + \left(\frac{a_1}{q}\right)\right)\left(1 + \left(\frac{-a_2}{q}\right)\right) \ldots \left(1 + \left(\frac{a_p}{q}\right)\right).$$

另一方面, 假设我们开发前面和中的每个结果并集合项, 会有来自 1 的 q^{p-1} 的一个贡献(因为方程 $a_1 + a_2 + \ldots + a_p = 1$ 有 q^{p-1} 个解) 另一个贡献来自最后一个结果, 即

$$\left(\frac{(-1)^{\frac{p-1}{2}}}{q}\right) \cdot \sum_{a_1 + \ldots + a_p = 1} \left(\frac{a_1 a_2 \ldots a_p}{q}\right).$$

其他的贡献都是零, 因为

$$N_p = q^{p-1} + \left(\frac{(-1)^{\frac{p-1}{2}}}{q}\right) \cdot \sum_{a_1 + \ldots + a_p = 1} \left(\frac{a_1 a_2 \ldots a_p}{q}\right).$$

现在, p元数组$(a_1, a_2, \ldots, a_p)$ ，其中$a_1 + a_2 + \ldots + a_p = 1$ 和不全是等于p^{-1}的a_i 可以集合成p 项一组，模p, 最后一个值等于

$$1 + \left(\frac{(-1)^{\frac{p-1}{2}}}{q} \right) \left(\frac{p^{-p}}{q} \right),$$

化简为

$$1 + (-1)^{\frac{p-1}{2} \cdot \frac{q-1}{2}} \cdot \left(\frac{p}{q} \right)$$

(所有都取在模p中). 另一方面, 在第一部分得到的确定值N_p 表明N_p 等于$1 + \left(\dfrac{q}{p} \right)$ 模p. 因此这两个值一定等于模p, 且因为它们的值是-1 或1, 它们实际上相等, 这意味着二次互反律.

最后一个难题.

例18.11 求出所有正整数n 使得$2^n - 1 \mid 3^n - 1$.

(J.L. Selfridge, AMM)

解答. 我们将证明$n = 1$ 是唯一解. 假设$n > 1$ 是一个解. 那么$2^n - 1$ 不是3的倍数, 因此n 是奇数. 所以, $2^n \equiv 8 \pmod{12}$. 因为任意不是3 的奇数形如$12k \pm 1$或$12k \pm 5$ 之一，且由于$2^n - 1 \equiv 7 \pmod{12}$, 说明$2^n - 1$ 至少有一个形如$12k \pm 5$的质因数,记为p. 必有$\left(\dfrac{3}{p} \right) = 1$ (因为$3^n \equiv 1 \pmod p$ 且n 是奇数), 应用二次互反律, 最后得到

$$\left(\frac{p}{3} \right) = (-1)^{\frac{p-1}{2}}.$$

另一方面,

$$\left(\frac{p}{3} \right) = \left(\frac{\pm 2}{3} \right) = -(\pm 1).$$

因此, $-(\pm 1) = (-1)^{\frac{p-1}{2}} = \pm 1$, 得到预想的矛盾. 所以唯一解是$n = 1$.

18.2 习题

1. 证明对于任意奇质数p, 最小正二次非剩余模p 小于$1 + \sqrt{p}$.

2. 在$\mathbb{Z}/p\mathbb{Z} \times \mathbb{Z}/p\mathbb{Z}$中方程$a^2 + b^2 = 1$ 解的个数是多少? 方程$a^2 - b^2 = 1$又如何?

3. 设整数a 和b 与奇质数p互质. 证明

$$\sum_{i=1}^{p-1} \left(\frac{ai^2 + bi}{p} \right) = - \left(\frac{a}{p} \right).$$

4. 设p 是形如$4k + 1$的质数. 计算

$$\sum_{k=1}^{p-1} \left(\left\lfloor \frac{2k^2}{p} \right\rfloor - 2 \left\lfloor \frac{k^2}{p} \right\rfloor \right).$$

(Korean TST 2000)

5. 设整数$n \geq 0$ ，质数$p \equiv 7 \pmod 8$. 证明

$$\sum_{k=1}^{p-1} \left\{ \frac{k^{2^n}}{p} - \frac{1}{2} \right\} = \frac{p-1}{2}.$$

(Călin Popescu, Romania TST 2005)

6. 设A 是至少能整除$2^{n^2+1} - 3^n$中一项的质数组成的集合. 证明A 和$\mathbb{N} \setminus A$ 是无限集.

(Gabriel Dospinescu)

7. 假设p 是一个奇质数，A 和B 是$\{1, 2 \ldots, p - 1\}$ 的两个不同的非空子集，符合

(a) $A \cup B = \{1, 2, \ldots, p - 1\}$;

(b) 若a, b 都属于A 或都属于B, 则$ab \pmod p \in A$;

(c) 若$a \in A$, $b \in B$, 则$ab \pmod p \in B$.

求出所有这样的子集A 和B.

(Indian Olympiad)

8. 设整数 m, n 大于1 且 n 是奇数. 假设对任意充分大的质数 $p \equiv -1$ $(\mod 2^m)$, n 是二次剩余模 p. 证明 n 是完全平方数.

(Ron Evans, AMM E 2627)

9. 设正整数 a 具有性质: 对任意正整数 n, $n^2 + a$ 是两个整数的平方和. 证明 a 是完全平方数.

(Gabriel Dospinescu, Mathematical Reflections)

10. 设正整数 a, b, c 满足 $b^2 - 4ac$ 不是完全平方数. 证明对任意 $n > 1$ 存在 n 个连续正整数, 都不能写作 $(ax^2 + bxy + cy^2)^z$, 其中 x, y, z 为整数且 $z > 0$.

(Gabriel Dospinescu, Gazeta Matematică)

11. 设质数 $p > 3$, a, b, c 为整数且 $a \neq 0$. 假设对 $2p - 1$ 个连续整数 x, $ax^2 + bx + c$ 是完全平方数. 证明 p 整除 $b^2 - 4ac$.

(IMO Shortlist 1991)

12. 设正整数 a 和 b 满足 $a > 1$ 且 $a \equiv b \pmod 2$. 证明 $2^a - 1$ 不是 $3^b - 1$ 的因数.

(J.L. Selfridge, AMM E 3012)

13. 设 $p \equiv -1 \pmod 8$ 是一个质数. 证明存在一个整数 x 使得 $\dfrac{x^2 - 2}{p}$ 是一个整数的平方.

14. 证明数字 $3^n + 1$ 没有形如 $12k + 11$ 的因数.

(Fermat)

15. 设正整数 m, n, A 满足 $A = \dfrac{(m+3)^n + 1}{3m}$. 证明 A 是奇数.

(Bulgaria 1998)

16. 设 S 是所有形如 $2^{2^n} + 1$ 或 $6^{2^n} + 1$ 的数字组成的集合. 说明 S 包含无数多个合数.

(Kömal)

17. 假设对于正整数对 (m, n), $\phi(5^m - 1) = 5^n - 1$. 这里 ϕ 是欧拉的全函数. 证明 $\gcd(m, n) > 1$.

(Taiwanese TST)

18. 证明对于正整数 x, y, z, 数字 $x^2 + y^2 + z^2$ 不能被 $3(xy + yz + zx)$ 整除.

(Mathlinks Contest)

19. 求出所有正整数 a, b, c, d 使得 $a + b + d^2 = 4abc$.

(Vietnamese TST)

20. 设 p 是形如 $4k + 1$ 的质数且满足 $p^2 \mid 2^p - 2$. 证明 $2^p - 1$ 的最大质因数 q 满足不等式 $2^q > (6p)^p$.

(Gabriel Dospinescu, Mathematical Reflections)

21. 设 $p = 4k + 3$ 是一个质数. 求出 $(x^2 + y^2)^2$ 模 p 的不同余数的个数, 其中 x, y 取与 p 互质的整数.

(Bulgarian TST 2007)

22. 定义序列 $(a_n)_n$ 其中 $a_0 = 4$ 且 $a_{n+1} = a_n^2 - 2$. 假设 m 是一个正整数且 $n = 2^m - 1$. 证明 n 是一个质数当且仅当 n 整除 a_{m-2}.

(Lucas-Lehmer test)

23. 证明对任意 N 存在 n_0, 满足对任意质数 $p > n_0$ 存在 N 个连续二次剩余模 p.

(Brauer's theorem)

24. 证明对任意 $\varepsilon > 0$ 存在质数 p_0, 满足: 对所有质数 $p > p_0$, 区间 $[1, p-1]$ 上的第一个二次非剩余小于 $p^{\frac{1}{2\sqrt{e}} + \varepsilon}$.

(Vinogradov)

第 19 章 用积分法解初等不等式

19.1 理论和实例

为什么积分与解不等式有关？当我们说积分的时候，我们说的是一个可度量的概念，一个可比较的概念. 这就是为什么有很多不等式可以用积分来解决，其中一些用完全初等的说明. 它们看起来是基本的，但有时为它们找到基本的解决方案是一个真正的挑战. 取而代之的是，有漂亮的和简短的解决方案使用积分. 最难的部分是找到隐藏在不等式的基本形式后面的积分（并且诚实地说，用积分来解决初等不等式的想法在奥林匹克书中实际上是不存在的）. 回忆一些基本性质.

- 对于所有可积函数 $f, g : [a, b] \to \mathbb{R}$ 和所有实数 α, β,

$$\int_a^b (\alpha f(x) + \beta g(x)) dx = \alpha \int_a^b f(x) dx + \beta \int_a^b g(x) \text{ (积分线性)}.$$

- 对于所有可积函数 $f, g : [a, b] \to \mathbb{R}$ 满足 $f \leq g$，有

$$\int_a^b f(x) dx \leq \int_a^b g(x) dx \text{ (积分的单调性)}.$$

- 对于所有可积函数 $f : [a, b] \to \mathbb{R}$，有

$$\int_a^b f^2(x) dx \geq 0.$$

此外，在著名的柯西－施瓦兹、切比雪夫、闵可夫斯基、赫尔德、詹森和杨(Young) 等人的初等不等式中也有相应的积分不等式, 这些积分不等式是由代数不等式直接导出的.事实上，我们只需要对

$$f\left(a + \frac{k}{n}(b-a)\right), g\left(a + \frac{k}{n}(b-a)\right), \dots, \quad k \in \{1, 2, \dots, n\}$$

应用相应的不等式，并应用

$$\int_a^b f(x) dx = \lim_{n \to \infty} \frac{b-a}{n} \sum_{k=1}^n f\left(a + \frac{k}{n}(b-a)\right).$$

乍一看，这似乎不是一个非常复杂和困难的理论. 但是我们将看到这个整合理论是多么的强大，尤其是在问题的初等表面之下是多么的困难. 请看下面这个使用了积分的均值不等式的漂亮证明. 这个证明是由H.Alzer发现并发表在《美国数学月刊》上的.

例19.1 证明对任意 $a_1, a_2, \ldots, a_n \geq 0$ 有不等式

$$\frac{a_1 + a_2 + \ldots + a_n}{n} \geq \sqrt[n]{a_1 a_2 \ldots a_n}.$$

解答. 假设 $a_1 \leq a_2 \leq \ldots \leq a_n$ ，设

$$A = \frac{a_1 + a_2 + \ldots + a_n}{n}, \quad G = \sqrt[n]{a_1 a_2 \ldots a_n}.$$

当然, 我们可以找到一个指标 $k \in \{1, 2, \ldots, n-1\}$，满足 $a_k \leq G \leq a_{k+1}$. 那么立即可以看出

$$\frac{A}{G} - 1 = \frac{1}{n} \sum_{i=1}^{k} \int_{a_i}^{G} \left(\frac{1}{t} - \frac{1}{G} \right) dt + \frac{1}{n} \sum_{i=k+1}^{n} \int_{G}^{a_i} \left(\frac{1}{G} - \frac{1}{t} \right) dt$$

最后的值显然是非负的, 因为每个积分都是非负的. 下面的问题是一个绝对经典, 其归纳法的解决方案可能是一个真正的噩梦.

例19.2 设 $a_1, a_2, \ldots, a_n$ 是实数. 证明

$$\sum_{i=1}^{n} \sum_{j=1}^{n} \frac{a_i a_j}{i + j} \geq 0.$$

(Polish Mathematical Olympiad)

解答. 现在我们来看看, 如果我们能恰当地应用积分的话, 这个问题有多容易. 我们注意到

$$\frac{a_i a_j}{i + j} = \int_0^1 a_i a_j t^{i+j-1} dt.$$

就可以把不等式转化为积分形式. 不等式

$$\sum_{i,j=1}^{n} \frac{a_i a_j}{i + j} \geq 0$$

等价于

$$\sum_{i,j=1}^{n} \int_0^1 a_i a_j t^{i+j-1} dt \geq 0,$$

再利用积分的线性性质, 它又等价于

$$\int_0^1 \left(\sum_{i,j=1}^{n} a_i a_j t^{i+j-1} \right) dt \geq 0.$$

这意味着找到一个可积函数 f 满足

$$f^2(t) = \sum_{i,j=1}^{n} a_i a_j t^{i+j-1} dt$$

即可.

这并不难, 因为公式

$$\left(\sum_{i=1}^{n} a_i x_i \right)^2 = \sum_{i,j=1}^{n} a_i a_j x_i x_j$$

帮助我们解决了难题. 我们只需取

$$f(x) = \sum_{i=1}^{n} a_i x^{i-\frac{1}{2}}$$

解答完毕.

我们继续研究积分在不等式证明中的一系列直接应用, 如果不加以适当的处理, 也可能使解答变得非常困难.

例19.3 设 $t \geq 0$, 定义序列 $(x_n)_{n \geq 1}$,

$$x_n = \frac{1 + t + \ldots + t^n}{n+1}.$$

证明

$$x_1 \leq \sqrt{x_2} \leq \sqrt[3]{x_3} \leq \sqrt[4]{x_4} \leq \ldots$$

(Walther Janous, Crux Mathematicorum)

解答. 显然有

$$x_n = \frac{1}{t-1} \int_1^t u^n du = \frac{1}{1-t} \int_t^1 u^n du.$$

对于$t > 1$使用第一种形式，对于$t < 1$使用第二种形式，将要证明的不等式(显然$t = 1$时成立)化简为更一般的不等式

$$\sqrt[k]{\frac{1}{b-a}\int_a^b f^k(x)dx} \leq \sqrt[k+1]{\frac{1}{b-a}\int_a^b f^{k+1}(x)dx}$$

其中$k \geq 1$且$f : [a,b] \to \mathbb{R}$为任意非负可积函数. 显然这是积分函数幂平均不等式的结果.

下面的问题有一个很长很复杂的归纳证明. 但是证明中使用积分解答就变得容易多了.

例19.4 证明对任意正实数x, y和任意正整数m, n

$$(n-1)(m-1)(x^{m+n} + y^{m+n}) + (m+n-1)(x^m y^n + x^n y^m)$$
$$\geq mn(x^{m+n-1}y + y^{m+n-1}x).$$

解答. 我们将不等式变形如下:

$$mn(x-y)(x^{m+n-1} - y^{m+n-1}) \geq (m+n-1)(x^m - y^m)(x^n - y^n) \Leftrightarrow$$

$$\frac{x^{m+n-1} - y^{m+n-1}}{(m+n-1)(x-y)} \geq \frac{x^m - y^m}{m(x-y)} \cdot \frac{x^n - y^n}{n(x-y)}$$

(假设$x > y$). 最后的关系可以立即转换成积分形式

$$(x-y)\int_y^x t^{m+n-2}dt \geq \int_y^x t^{m-1}dt \int_y^x t^{n-1}dt.$$

这是从切比雪夫不等式的积分形式得到的.

把算术不等式、几何不等式和积分学很好地结合起来，我们可以给出下列不等式一个漂亮的简短证明.

例19.5 设$x_1, x_2, \ldots, x_k$是正实数，满足$x_1 x_2 \ldots x_n \leq 1$且正实数$m, n$满足$n \leq km$. 证明

$$m(x_1^n + x_2^n + \ldots + x_k^n - k) \geq n(x_1^m x_2^m \ldots x_k^m - 1).$$

(IMO Shortlist 1985)

解答. 应用均值不等式, 有

$$m(x_1^n + \ldots + x_k^n - k) \geq m(k\sqrt[k]{(x_1 x_2 \ldots x_k)^n} - k).$$

设

$$P = \sqrt[k]{x_1 x_2 \ldots x_k} \le 1.$$

我们只需证

$$mkP^n - mk \ge nP^{mk} - n,$$

即

$$\frac{P^n - 1}{n} \ge \frac{P^{mk} - 1}{mk}.$$

因为

$$\frac{P^x - 1}{x \ln P} = \int_0^1 P^{xt} dt$$

作为正的x的函数, 它单调递减(其中$P \le 1$).

应用柯西-施瓦兹不等式我们可以得出下列问题的一个快速但困难的证明. 好吧, 这个问题是由积分不等式引起的, 下面的解决方案将展示如何从琐碎的问题入手解决困难的问题.

例19.6 证明对任意满足$a + b + c = 1$的正实数a, b, c 有

$$(ab + bc + ca)\left(\frac{a}{b^2 + b} + \frac{b}{c^2 + c} + \frac{c}{a^2 + a}\right) \ge \frac{3}{4}.$$

(Gabriel Dospinescu)

解答. 和前面的问题一样, 最重要的是转换表达式$\dfrac{a}{b^2 + b} + \dfrac{b}{c^2 + c} + \dfrac{c}{a^2 + a}$ 为积分形式. 幸运的是, 这并不难, 因为它恰好等价于

$$\int_0^1 \left(\frac{a}{(x + b)^2} + \frac{b}{(x + c)^2} + \frac{c}{(x + a)^2}\right) dx.$$

现在, 利用柯西—施瓦兹不等式, 我们推断(不要忘记$a + b + c = 1$):

$$\frac{a}{(x + b)^2} + \frac{b}{(x + c)^2} + \frac{c}{(x + a)^2} \ge \left(\frac{a}{x + b} + \frac{b}{x + c} + \frac{c}{x + a}\right)^2.$$

再次使用相同的不等式, 我们比较

$$\frac{a}{x + b} + \frac{b}{x + c} + \frac{c}{x + a} \quad \text{和} \quad \frac{1}{x + ab + bc + ca}.$$

易知,

$$\frac{a}{(x + b)^2} + \frac{b}{(x + c)^2} + \frac{c}{(x + a)^2} \ge \frac{1}{(x + ab + bc + ca)^2},$$

我们可以把这个与积分整合起来得出

$$\frac{a}{b^2+b} + \frac{b}{c^2+c} + \frac{c}{a^2+a} \geq \frac{1}{(ab+bc+ca)(ab+bc+ca+1)}.$$

现在，我们注意到

$$ab + bc + ca + 1 \leq \frac{4}{3}.$$

而找到并证明这个不等式对 n 个变量的推广似乎是一个困难的挑战.

下面的问题和例19.2有一个重要的相似之处, 然而, 在这里很难看出与积分学的关系.

例19.7 设 $n \geq 2$, S 是所有序列 $(a_1, a_2, \ldots, a_n) \subset [0, \infty)$ 的集合, 且满足

$$\sum_{i=1}^{n} \sum_{j=1}^{n} \frac{1 - a_i a_j}{1 + j} \geq 0.$$

基于 S 的所有序列, 求出表达式 $\displaystyle\sum_{i=1}^{n} \sum_{j=1}^{n} \frac{a_i + a_j}{i + j}$ 的最大值.

(Gabriel Dospinescu)

解答. 考虑函数 $f : \mathbb{R} \to \mathbb{R}$, $f(x) = a_1 + a_2 x + \ldots + a_n x^{n-1}$. 观察到

$$\sum_{i=1}^{n} \sum_{j=1}^{n} \frac{a_i a_j}{i+j} = \sum_{i=1}^{n} a_i \left(\sum_{j=1}^{n} \frac{a_j}{i+j} \right) = \sum_{i=1}^{n} a_i \int_0^1 x^i f(x) dx$$

$$= \int_0^1 \left(x f(x) \sum_{i=1}^{n} a_i x^{j-1} \right) dx = \int_0^1 x f^2(x) dx.$$

所以, 如果我们令 $M = \displaystyle\sum_{1 \leq i,j \leq n} \frac{1}{i+j}$, 我们（用假设）推断

$$\int_0^1 x f^2(x) dx \leq M.$$

另一方面, 我们有

$$\sum_{i=1}^{n} \sum_{j=1}^{n} \frac{a_i + a_j}{i+j} = 2 \left(\frac{a_1}{2} + \ldots + \frac{a_n}{n+1} + \ldots + \frac{a_1}{n+1} + \ldots + \frac{a_n}{2n} \right)$$

$$= 2 \int_0^1 (x + x^2 + \ldots + x^n) f(x) dx.$$

现在，问题变得容易了，因为我们只需找到

$$2\int_0^1 (x + x^2 + \ldots + x^n)f(x)dx$$

的最大值，其中

$$\int_0^1 xf^2(x)dx \leq M.$$

积分的柯西－施瓦兹不等式是解决这一问题的关键:

$$\left(\int_0^1 (x + x^2 + \ldots + x^n)f(x)dx\right)^2$$

$$= \left(\int_0^1 \sqrt{xf^2(x)}\sqrt{x(1 + x + \ldots + x^{n-1})^2}dx\right)^2$$

$$= \int_0^1 xf^2(x)dx \int_0^1 (1 + x + \ldots + x^{n-1})^2 dx \leq M^2.$$

这表明

$$\sum_{i=1}^n \sum_{j=1}^n \frac{a_i + a_j}{i + j} \leq 2M$$

现在很容易得出结论: 最大值是 $2\sum_{1 \leq i,j \leq n} \frac{1}{i+j}$, 此时 $a_1 = a_2 = \ldots = a_n = 1$.

我们已经说过分组术语是一种数学犯罪, 是时候再说一遍了. 我们提出了一种求解含分数不等式的新方法. 接下来的例子表明，聚在一起可能是一种巨大的痛苦.

例19.8 设 a, b, c 是正实数. 证明

$$\frac{1}{3a} + \frac{1}{3b} + \frac{1}{3c} + \frac{3}{a+b+c} \geq \frac{1}{2a+b} + \frac{1}{2b+a} + \frac{1}{2b+c}$$
$$+ \frac{1}{2c+b} + \frac{1}{2c+a} + \frac{1}{2a+c}.$$

(Gabriel Dospinescu)

解答. 当然，读者已经注意到这比波波维奇(Popoviciu)的不等式复杂，应用经典方法似乎很难解决. 如果我们说这是对舒尔不等式的重新审视呢? 确实, 我们把舒尔不等式写作如下形式

$$x^3 + y^3 + z^3 + 3xyz \geq x^2y + y^2x + y^2z + z^2y + z^2x + x^2z$$

其中$x = t^{a-\frac{1}{3}}$, $y = t^{b-\frac{1}{3}}$, $z = t^{c-\frac{1}{3}}$, 并且按t 在0 到1之间积分. 惊喜的是我们得到的正是期望的不等式.

接下来是这个思想的另一个应用.

例19.9 证明对任意正实数a, b, c ，如下不等式成立

$$\frac{1}{3a} + \frac{1}{3b} + \frac{1}{3c} + 2\left(\frac{1}{2a+b} + \frac{1}{2b+c} + \frac{1}{2c+a}\right) \geq 3\left(\frac{1}{a+2b} + \frac{1}{b+2c} + \frac{1}{c+2a}\right).$$

(Gabriel Dospinescu)

解答. 如果前面的问题可以用聚束（不管怎样，我们还没试过），这个问题肯定不可能用这种方式解决. 根据上一个问题的经验，我们看到这个问题事实上要证明对任意正实数x, y, z

$$x^3 + y^3 + z^3 + 2(x^2y + y^2z + z^2x) \geq 3(xy^2 + yz^2 + zx^2)$$

设$x = \min(x, y, z)$ ，且记$y = x + m, z = x + n$ ，其中m, n为非负实数. 简单计算表明，该不等式等价于

$$2x(m^2 - mn + n^2) + (n-m)^3 + m^3 \geq (n-m)m^2.$$

所以

$$(n-m)^3 + m^3 \geq (n-m)m^2,$$

即对所有$t \geq -1$, 有$t^3 + 1 \geq t$ (通过替换$t = \dfrac{n-m}{m}$), 立即得证.

在这个话题的开始，我们说积分和面积之间有一个很密切的关系，但是在后面我们似乎忽略了最后一个概念. 我们请读者接受我们的道歉，并提请他们注意两个数学上的瑰宝——杨不等式和斯蒂芬森(Steffensen)不等式的积分形式.这两个瑰宝肯定有机会在证明中发挥重要作用.

例19.10 设$a_1 \geq a_2 \geq \ldots \geq a_{n+1} = 0$ 且$b_1, b_2, \ldots, b_n \in [0, 1]$. 证明若

$$k = \left\lfloor \sum_{i=1}^{n} b_i \right\rfloor + 1,$$

则

$$\sum_{i=1}^{n} a_i b_i \leq \sum_{i=1}^{k} a_i.$$

(St. Petersburg Olympiad, 1996)

解答. 经验丰富的读者已经看到了这与斯蒂芬森不等式的相似之处: 对于任意连续函数 $f, g : [a, b] \to \mathbb{R}$ 满足 f 单调递增且 $0 \leq g \leq 1$ 有

$$\int_a^{a+k} f(x)dx \geq \int_a^b f(x)g(x)dx,$$

其中

$$k = \int_a^b g(x)dx.$$

因此, 使用面积来讨论可能会得出一个简洁的解决方案. 让我们考虑一个坐标系 XOY, 画出矩形 $R_1, R_2, \ldots, R_n$, 并使得矩形 R_i 的顶点是 $(i-1, 0)$, $(i, 0)$, $(i-1, a_i)$, (i, a_i) (我们需要 n 个高为 $a_1, a_2, \ldots, a_n$ 横边为 1 的矩形, 以便查看 $\sum_{i=1}^k a_i$ 为面积和), 和矩形 $S_1, S_2, \ldots, S_n$, 其中 S_i 的顶点是

$$\left(\sum_{j=1}^{i-1} b_j, 0\right), \left(\sum_{j=1}^i b_j, 0\right), \left(\sum_{j=1}^{i-1} b_j, a_i\right), \left(\sum_{j=1}^i b_j, a_i\right)$$

(其中 $\sum_{j=1}^0 b_j = 0$). 我们之所以做出这样的选择, 是因为我们需要两组高度相同的成对不相交矩形且面积分别为 $a_1, a_2, \ldots, a_n$ 和 $a_1 b_1, a_2 b_2, \ldots, a_n b_n$, 这样我们就可以比较这两组矩形并的面积. 因此, 我们必须证明 $S_1, S_2, \ldots, S_n$ 可以被 $R_1, R_2, \ldots, R_{k+1}$ 覆盖. 如果画一幅图可以看出这是很明显的, 但是我们严格地推导一下. 因为组合图形 $S_1, S_2, \ldots, S_n$ 的宽度是 $\sum_{j=1}^n b_j < k+1$ (且 $R_1, R_2, \ldots, R_{k+1}$ 的宽度是 $k+1$), 对任意水平直线足以证明这一点. 但是如果我们考虑水平直线 $y = p$ 和指标 r 满足 $a_r \geq p \geq a_{r+1}$, 则集合 $R_1, R_2, \ldots, R_{k+1}$ 相应的宽度是 p, 大于或等于 $b_1 + b_2 + \ldots + b_p$, $S_1, S_2, \ldots, S_n$ 的宽度. 解答完毕.

下面是巴尔干数学奥林匹克竞赛上的一个问题.

例19.11 设非负单调递增整数序列 $(x_n)_{n \geq 0}$, 且对所有 $k \in \mathbb{N}$ 满足 $x_i \leq k$ 的指数 $i \in \mathbb{N}$ 的个数为 $y_k < \infty$. 证明对所有 $m, n \in \mathbb{N}$

$$\sum_{i=0}^m x_i + \sum_{j=0}^n y_j \geq (m+1)(n+1).$$

(Balkan Mathematical Olympiad 1999)

解答. 同样，有经验的读者会立即看到它与杨不等式有相似之处:对任意严格单调递增一一映射 $f : [0, A] \to [0, B]$ 和任意 $a \in (0, A)$, $b \in (0, B)$，有不等式

$$\int_0^a f(x)dx + \int_0^b f^{-1}(x)dx \geq ab.$$

事实上，取给定的序列 $(x_n)_{n \geq 0}$ 作为杨不等式中的一一递增函数，且序列 $(y_n)_{n \geq 0}$ 作为 f 的逆. 若把 $\sum_{i=0}^m x_i$ 和 $\sum_{j=0}^m y_j$ 看作相应的积分, 相似之处显而易见. 因此，也许又可以考虑用矩形得出一个几何解答. 实际上，考虑宽度为1 高为 $x_0, x_1, \ldots, x_m$ 的矩形, 和宽度为1 高为 $y_0, y_1, \ldots, y_n$ 的矩形. 然后以类似的方式证明这些矩形的集合覆盖了 $m + 1$ 和 $n + 1$ 边的矩形. 因此它们的面积之和大于或等于这个矩形的面积.

用积分来解决下列问题是很困难的，因为这个想法很隐晦. 然而，有这样一个漂亮的解决方案.

例19.12 证明对任意 $a_1, a_2, \ldots, a_n$ 和 $b_1, b_2, \ldots, b_n \geq 0$，有下列不等式成立

$$\sum_{1 \leq i < j \leq n} (|a_i - a_j| + |b_i - b_j|) \leq \sum_{1 \leq i,j \leq n} |a_i - b_j|.$$

(Poland 1999)

解答. 定义函数 $f_i, g_i : [0, \infty) \to \mathbb{R}$,

$$f_i(x) = \begin{cases} 1, & t \in [0, a_i], \\ 0, & t > a_i \end{cases} \quad \text{和} \quad g_i(x) = \begin{cases} 1, & x \in [0, b_i], \\ 0, & x > b_i. \end{cases}$$

令

$$f(x) = \sum_{i=1}^n f_i(x), \quad g(x) = \sum_{i=1}^n g_i(x).$$

计算 $\int_0^\infty f(x)g(x)dx$，有

$$\int_0^\infty f(x)g(x)dx = \int_0^\infty \left(\sum_{1\le i,j\le n} f_i(x)g_i(x) \right) dx$$
$$= \sum_{1\le i,j\le n} \int_0^\infty f_i(x)g_j(x)dx$$
$$= \sum_{1\le i,j\le n} \min(a_i, b_j).$$

同理得出

$$\int_0^\infty f^2(x)dx = \sum_{1\le i,j\le n} \min(a_i, a_j)$$

和

$$\int_0^\infty g^2(x)dx = \sum_{1\le i,j\le n} \min(b_i, b_j).$$

因为

$$\int_0^\infty f^2(x)dx + \int_0^\infty g^2(x)dx = \int_0^\infty (f^2(x)+g^2(x))dx \ge 2\int_0^\infty f(x)g(x)dx,$$

所以

$$\sum_{1\le i,j\le n} \min(a_i, a_j) + \sum_{1\le i,j\le n} \min(b_i, b_j) \ge 2 \sum_{1\le i,j\le n} \min(a_i, b_j).$$

又因为 $2\min(x,y) = x + y - |x-y|$，最后一个不等式变为

$$\sum_{1\le i,j\le n} |a_i - a_j| + \sum_{1\le i,j\le n} |b_i - b_j| \le 2 \sum_{1\le i,j\le n} |a_i - b_j|$$

且由于

$$\sum_{1\le i,j\le n} |a_i - a_j| = 2 \sum_{1\le i,j\le n} |a_i - a_j|,$$

结论得证.

用同样的方法解下面的问题很困难，它的初等解答过程很复杂，而且有三条线的解. 当然，这对于问题的作者来说是很容易的，但是在一场比赛中情况会发生变化!

例19.13 设$a_1, a_2, \ldots, a_n > 0$，实数$x_1, x_2, \ldots, x_n$满足

$$\sum_{i=1}^{n} a_i x_i = 0.$$

(a) 证明不等式 $\displaystyle\sum_{1 \leq i < j \leq n} x_i x_j |a_i - a_j| \leq 0$ 成立.

(b) 证明上述不等式中等号成立当且仅当存在集合$\{1, 2, \ldots, n\}$的一个划分$A_1, A_2, \ldots, A_k$，使得对所有$i \in \{1, 2, \ldots, k\}$有$\displaystyle\sum_{j \in A_i} x_j = 0$ 且$a_{j_1} = a_{j_2}$，其中$j_1, j_2 \in A_i$.

(Gabriel Dospinescu, Mathlinks Contest)

解答. 设λ_A是任意集合A的特征函数. 考虑函数

$$f : [0, \infty) \to \mathbb{R}, \quad f = \sum_{i=1}^{n} x_i \lambda_{[0, a_i]}.$$

计算

$$\int_0^{\infty} f^2(x) dx = \sum_{1 \leq i,j \leq n} x_i x_j \int_0^{\infty} \lambda_{[0, a_i]}(x) \lambda_{[0, a_j]}(x) dx$$

$$= \sum_{1 \leq i,j \leq n} x_i x_j \min(a_i, a_j)$$

则

$$\sum_{1 \leq i,j \leq n} x_i x_j \min(a_i, a_j) \geq 0.$$

因为

$$\min(a_i, a_j) = \frac{a_i + a_j - |a_i - a_j|}{2}$$

且

$$\sum_{1 \leq i,j \leq n} x_i x_j (a_i + a_j) = 2 \left(\sum_{i=1}^{n} x_i \right) \left(\sum_{i=1}^{n} a_i x_i \right) = 0,$$

得出

$$\sum_{1 \leq i,j \leq n} x_i x_j |a_i - a_j| \leq 0.$$

假设等式成立. 有

$$\int_0^\infty f^2(x)dx = 0$$

于是几乎处处有$f(x) = 0$. 设$b_1, b_2, \ldots, b_k$是$a_1, a_2, \ldots, a_n > 0$ 中的不同数字, $A_i = \{j \in \{1, 2, \ldots, n\} \mid a_j = b_i\}$. 那么$A_1, A_2, \ldots, A_k$ 是集合$\{1, 2, \ldots, n\}$的一个分区, 且几乎处处有

$$\sum_{i=1}^k \left(\sum_{j \in A_i} x_j \right) \lambda_{[0, b_i]} = 0$$

由此易得

$$\sum_{i \in A_i} x_j = 0, \ i \in \{1, 2, \ldots, k\}.$$

前面证明了不等式

$$\sum_{1 \le i, j \le n} x_i x_j \min(a_i, a_j) \ge 0$$

对于所有$x_1, x_2, \ldots, x_n, a_1, a_2, \ldots, a_n > 0$成立，让我们更进一步，接下来给出拉维·博帕纳(Ravi Boppana)为一场比赛中最困难的不等式之一所找到的伟大证明. 解决方案基于上述结果.

例19.14 证明不等式

$$\sum_{1 \le i, j \le n} \min(a_i a_j, b_i b_j) \le \sum_{1 \le i, j \le n} \min(a_i b_j, a_j b_i)$$

对所有非负实数$a_1, \ldots, a_n$ 和$b_1, \ldots, b_n$成立.

(G. Zbaganu, USAMO 1999)

解答. 令

$$r_i = \frac{\max(a_i, b_i)}{\min(a_i, b_i)} - 1 \quad \text{和} \quad x_i = \text{sgn}(a_i - b_i)$$

(若$a_i, b_j = 0$, 取$r_i = 0$). 得出结果如下

$$\min(a_i b_j, a_j b_i) - \min(a_i a_j, b_i b_j) = x_i x_j \min(r_i, r_j).$$

证明这种关系可以分四种情况来实现,但是我们注意到可以假设$a_i \ge b_i$且$a_j \ge b_j$, 只有两种情况. 第一个是当两个不等式$a_i \ge b_i$ 和$a_j \ge b_j$中至少有

一个变成等式. 这种情况非常简单, 所以让我们假设相反. 那么

$$x_i x_j \min(r_i, r_j) = b_i b_j \min\left(\frac{a_i}{b_i} - 1, \frac{a_j}{b_j} - 1\right) = b_i b_j \left(\min\left(\frac{a_i}{b_i}, \frac{a_j}{b_j}\right) - 1\right)$$

$$= \min(a_i b_j, a_j b_i) - b_i b_j = \min(a_i b_j, a_j b_i) - \min(a_i a_j, b_i b_j).$$

记

$$\sum_{1 \le i,j \le n} \min(a_i b_j, a_j b_i) - \sum_{1 \le i,j \le n} \min(a_i a_j, b_i b_j) = \sum_{i,j} x_i x_j \min(r_i, r_j) \ge 0,$$

最后一个不等式是前一个问题的主要结论. 下面是本章最后一个问题，这是
上一个不等式的结果，在此提示下试着解决它.

例19.15 设正实数 $x_1, x_2, \ldots, x_n$ 满足

$$\sum_{1 \le i,j \le n} |1 - x_i x_j| = \sum_{1 \le i,j \le n} |x_i - x_j|.$$

证明 $\displaystyle\sum_{i=1}^{n} x_i = n$.

(Gabriel Dospinescu)

解答. 在例19.14中考虑 $b_i = 1$, 我们可得到

$$\sum_{1 \le i,j \le n} \min(x_i, x_j) \ge \sum_{1 \le i,j \le n} \min(1, x_i x_j).$$

现在，使用公式

$$\min(u, v) = \frac{u + v - |u - v|}{2}$$

并把上面不等式变形为

$$2n \sum_{i=1}^{n} x_i - \sum_{1 \le i,j \le n} |x_i - x_j| \ge n^2 + \left(\sum_{i=1}^{n} x_i\right)^2 - \sum_{1 \le i,j \le n} |1 - x_i x_j|.$$

且

$$\sum_{1 \le i,j \le n} |1 - x_i x_j| = \sum_{1 \le i,j \le n} |x_i - x_j|,$$

那么

$$2n \sum_{i=1}^{n} x_i \ge n^2 + \left(\sum_{i=1}^{n} x_i\right)^2,$$

即

$$\left(\sum_{i=1}^{n} x_i - n\right)^2 \le 0.$$

所以

$$\sum_{i=1}^{n} x_i = n.$$

19.2 习题

1. 证明对任意$x > 0$和任意正整数n,

$$\frac{\binom{2n}{0}}{x} - \frac{\binom{2n}{1}}{x+1} + \frac{\binom{2n}{2}}{x+2} - \ldots + \frac{\binom{2n}{2n}}{x+2n} > 0.$$

(Kömal)

2. 设$x_0 = 0$且$x_i > 0$, $i = 1, 2, \ldots, n$ 满足$\sum_{i}^{n} x_i = 1$. 证明

$$\sum_{i=1}^{n} \frac{x_i}{\sqrt{1 + x_0 + x_1 + \ldots + x_{i-1}}\sqrt{x_i + \ldots + x_n}} < \frac{\pi}{2}.$$

(China 1996)

3. 证明对于所有实数$a_1, a_2, \ldots, a_n$

$$\sum_{i,j=1}^{n} \frac{ij}{i+j-1} a_i a_j \ge \left(\sum_{i=1}^{n} a_i\right)^2.$$

4. 设$a_1, a_2, \ldots, a_n \in \mathbb{R}$ 且$c, x_1, x_2, \ldots, x_n > 0$. 证明

$$\sum_{i=1}^{n} \sum_{j=1}^{n} \frac{a_i a_j}{(x_i + x_j)^c} \ge 0.$$

(Kömal)

5. 证明对任意正实数 a, b, c 且 $a + b + c = 1$,

$$\left(1 + \frac{1}{a}\right)^b \left(1 + \frac{1}{b}\right)^c \left(1 + \frac{1}{c}\right)^a \geq 1 + \frac{1}{ab + bc + ca}.$$

(Marius and Sorin Rădulescu)

6. 设 $k \in \mathbb{N}$ 且 $a_1, a_2, \ldots, a_{n+1}$ 为非负实数, 满足 $a_{n+1} = a_1$. 证明

$$\sum_{\substack{1 \leq i \leq n \\ 1 \leq j \leq k}} a_i^{k-j} a_{i+1}^{j-1} \geq \frac{k}{n^{k-2}} \left(\sum_{i=1}^n a_i\right)^{k-1}.$$

(Hassan A. Shah Ali, Crux Mathematicorum)

7. 证明对于所有 $a_1, a_2, \ldots, a_n, b_1, b_2, \ldots, b_n \geq 0$

$$\left(\sum_{1 \leq i,j \leq n} \min(a_i, a_j)\right) \left(\sum_{1 \leq i,j \leq n} \min(b_i, b_j)\right) \geq \left(\sum_{1 \leq i,j \leq n} \min(a_i, b_j)\right)^2.$$

(Don Zagier)

8. 考虑平面上的向量 $\boldsymbol{a}_1, \boldsymbol{a}_2, \ldots, \boldsymbol{a}_n$ 和 $\boldsymbol{b}_1, \boldsymbol{b}_2, \ldots, \boldsymbol{b}_m$. 对于通过原点的每一条直线, 让这些向量投影到直线上并记为 $A_1, A_2, \ldots, A_n$ 和 $B_1, B_2, \ldots, B_m$. 假设对于任意直线有

$$|A_1| + |A_2| + \ldots + |A_n| \geq |B_1| + |B_2| + \ldots + |B_m|.$$

证明
$$|\boldsymbol{a}_1| + |\boldsymbol{a}_2| + \ldots + |\boldsymbol{a}_n| \geq |\boldsymbol{b}_1| + |\boldsymbol{b}_2| + \ldots + |\boldsymbol{b}_m|,$$

其中 $|\boldsymbol{v}|$ 是向量 $\boldsymbol{v}$ 的长度.

9. 证明对任意 $x_1 \geq x_2 \geq \ldots \geq x_n > 0$ 有

$$\sum_{i=1}^n \sqrt{\frac{x_i^2 + x_{i+1}^2 + \ldots + x_n^2}{i}} \leq \pi \sum_{i=1}^n x_i.$$

(Adapted after an IMC 2000 problem)

10. 证明对任意正实数 $x_1, x_2, \ldots, x_n$，且

$$\sum_{i=1}^{n} \frac{1}{1+x_i} = \frac{n}{2}$$

有不等式

$$\sum_{1 \le i,j \le n} \frac{1}{x_i + x_j} \ge \frac{n^2}{2}.$$

(Gabriel Dospinescu)

11. 证明由

$$f(x) = \log_2(1-x) + x + x^2 + x^4 + x^8 + \ldots$$

定义的函数 $f : [0, 1) \to \mathbb{R}$ 有界.

(Kömal)

12. 设正实数 $x_1, x_2, \ldots, x_n$ 和 $y_1, y_2, \ldots, y_n$ 满足对所有 $t > 0$，至多有 $\frac{1}{t}$ 个数对 (i, j) 满足 $x_i + y_j \ge t$. 证明

$$(x_1 + x_2 + \ldots + x_n)(y_1 + y_2 + \ldots + y_n) \le \max_{1 \le i,j \le n} (x_i + y_j).$$

(Gabriel Dospinescu)

13. 多边形（不一定是凸的）的边和对角线的长度不超过1. 证明这个多边形的面积小于 $\frac{\pi}{4}$.

14. 设正实数 $x_1, x_2, \ldots, x_m, y_1, y_2, \ldots, y_n$，且

$$X = \sum_{i=1}^{m} x_i, \quad Y = \sum_{j=1}^{n} y_j$$

证明

$$2XY \sum_{i=1}^{m} \sum_{j=1}^{n} |x_i - y_j| \ge X^2 \sum_{i=1}^{n} \sum_{j=1}^{n} |y_i - y_j| + Y^2 \sum_{i=1}^{m} \sum_{j=1}^{m} |x_i - x_j|.$$

(Chinese TST 2009)

15. 证明对于任意复数$z_1, z_2, \ldots, z_n$ ，可以找到一个非空子集$I \subset \{1, 2, \ldots, n\}$，且满足

$$\left| \sum_{i \in I} z_i \right| \geq \frac{1}{\pi} \sum_{i=1}^{n} |z_i|$$

常数$\frac{1}{\pi}$ 是不是最优的?

16. 找到最佳常数k 满足对任意$n \geq 2$和任意非负实数$x_1, \ldots, x_n$ 有

$$(x_1 + 2x_2 + \ldots + nx_n)(x_1^2 + x_2^2 + \ldots + x_n^2) \geq k(x_1 + x_2 + \ldots + x_n)^3.$$

17. 设$a_1, a_2, \ldots, a_n$ 是正实数，和为$S = a_1 + a_2 + \ldots + a_n$. 证明

$$\frac{1}{n} \cdot \sum_{i=1}^{n} \frac{1}{a_i} + \frac{n(n-2)}{S} \geq \sum_{i \neq j} \frac{1}{S + a_i - a_j}.$$

(Gabriel Dospinescu)

18. 证明对于任意实数$a_1, a_2, \ldots, a_n$,

$$\sum_{i=1}^{n} \sum_{j=1}^{n} \frac{a_i a_j}{1 + |i - j|} \geq 0.$$

19. 证明对于任意实数$a_1, a_2, \ldots, a_n$,若

$$\sum_{1 \leq i, j \leq n} \frac{a_i a_j}{i + j} \leq \pi \sum_{i=1}^{n} a_i^2$$

则π 是最优常数.

(Hilbert's inequality)

第 20 章 重新审视鸽笼原理

20.1 理论和实例

很难想象一个完全平凡的数学命题有着绝对不平凡的应用. 鸽笼原理正是如此:如果我们在 n 个盒子中放入超过 n 个对象, 将有一个包含至少两个对象的盒子, 还有比这个观察结果更简单的吗? 然而, 这种观察, 加上一些细微的变化, 在数学上却是一个完全革命性的想法. 定量结果, 如西格尔引理; 或一个数域的类群是有限的, 是数论的基本结果, 它们都是这个原理的结果. 在组合学中也有大量困难的 Ramsey 型（和其他）结果, 都是基于这个小小的观察. 本章的目的是介绍鸽笼原理的一些应用, 其中大多数是初等的.

让我们从一些组合命题开始, 其中鸽笼原理的使用或多或少是清楚的. 但是读者必须注意有些显而易见的事实不一定容易陈述! 这就是为什么即使是本章中最简单的问题也会有一些微妙的部分, 读者不应该期望鸽笼原理的直接应用.

例20.1 设 $A_1, A_2, \ldots, A_{50}$ 为有限集合 A 的子集, 且任意子集的元素个数超过 A 的一半. 证明存在一个至多有 5 个元素的 A 的子集, 且它与这 50 个子集都有非空交.

(United Kingdom 1976)

解答. 设 $A = \{a_1, a_2, \ldots, a_n\}$, 并定义 $f(i)$ 为 $A_1, A_2, \ldots, A_{50}$ 中包含 a_i 的子集的个数. 显然

$$f(1) + f(2) + \ldots + f(n) = |A_1| + |A_2| + \ldots + |A_{50}| > 25n.$$

于是存在一个 i 满足 $f(i) \geq 26$, 这意味着有一个 a_x 至少属于 26 个子集, 设它们为 $A_{25}, A_{26}, \ldots, A_{50}$. 对于剩余的 24 个子集, 我们同理推出存在一个 a_y 属于 $A_1, A_2, \ldots, A_{24}$ 中至少 13 个子集, 设它们为 $A_{12}, A_{13}, \ldots, A_{24}$. 类似的, 存在 a_z 属于 $A_1, \ldots, A_{11}$ 中至少 6 个子集, 设它们为 $A_6, A_7, \ldots, A_{11}$, 若继续这个过程, 我们同样定义 a_u 和 a_v. 显然集合 a_x, a_y, a_z, a_u, a_v 满足问题所有条件.

以下问题的陈述不应误导读者, 它貌似与鸽笼原理无关. 毕竟, 我们已经说过本章的所有问题都是基于鸽笼原理的, 但是我们没有说这个想法隐藏在哪里. 看完解答后, 读者一定会说: 很明显, 这就是鸽笼原理! 是的, 这是显而易见的, 但前提是我们必须正确进行……

例20.2 设 $A = \{1, \ldots, 100\}$ 且 $A_1, A_2, \ldots, A_m$ 为 A 的子集, 它们都含有4个元素, 但是任意两个子集至多有2个公共元素. 证明若 $m \geq 40425$, 则可选出49个子集使得它们的并是 A, 但是任意48个子集(含在49个子集中) 的并不是 A.

(Gabriel Dospinescu)

解答. 考虑 $A_1, A_2, \ldots, A_m$ 的所有二元子集. 我们得到 $6m$ 个 A 的二元子集. 但是 A 中不同的基数为2的子集个数是4950. 于是根据鸽笼原理, 存在不同的元素 $x, y \in A$ 属于至少49个子集. 设这些子集为 $A_1, A_2, \ldots, A_{49}$. 那么根据问题的条件, 这些子集的并集有 $2 + 49 \times 2 = 100$ 个元素, 所以并是 A. 然而, 在这49个子集中, 任何48个子集的并最多有 $2 + 2 \times 48 = 98$ 个元素, 所以不是 A.

下面的例子在某种意义上是三角和估计问题的典型例子. 它作为国际大学生竞赛中的最后一个问题出现, 表明它比看上去的要难, 但是解决这个问题的方法仅是单纯地应用了鸽笼原理.

例20.3 设 A 是 $\mathbb{Z}_n$ 的子集, 至多包含 $\dfrac{\ln n}{1.7}$ 个元素. 证明存在一个非零整数 r 使得

$$\left| \sum_{s \in A} e^{\frac{2i\pi}{n} sr} \right| \geq \frac{|A|}{2}.$$

(IMC 1999)

解答. 设 $A = \{a_1, a_2, \ldots, a_k\}$, 定义 $g(t) = \left(e^{\frac{2i\pi}{n} a_1 t}, \ldots, e^{\frac{2i\pi}{n} a_k t} \right)$, $0 \leq t \leq n - 1$. 如果我们把单位圆分成6个相等的弧, 那么这些 k 元数组被分成 6^k 个类. 因为 $n > 6^k$, 存在 k 元数组在同一类, 即存在 $t_1 < t_2$ 使得 $g(t_1)$ 和 $g(t_2)$ 在同一类. 若 $r = t_2 - t_1$, 则

$$\mathrm{Re}\left(e^{\frac{2i\pi}{n} r a_j} \right) = \cos\left(\frac{2\pi a_j (t_2 - t_1)}{n} \right) \geq \cos\left(\frac{\pi}{3} \right).$$

所以 $|f(r)| \geq \mathrm{Re}(f(r)) \geq \dfrac{|A|}{2}$.

有时, 即使是非常明显地观察到: 一个只取有限个值的无限序列一定(至少)有两个相等的项(实际上, 会有一个无限常数的子序列), 这也会非常有用. 下面是1996年罗马尼亚TST中给出的一个难题的扩展.

例20.4 设实数 $x_1, x_2, \ldots, x_k$ 使得

$$A = \{\cos(n\pi x_1) + \cos(n\pi x_2) + \ldots + \cos(n\pi x_k) \mid n \in \mathbb{N}^*\}$$

是有限的. 证明 x_i 都是实数.

(Vasile Pop)

解答. 如果序列

$$a_n = \cos(n\pi x_1) + \cos(n\pi x_2) + \ldots + \cos(n\pi x_k)$$

取有限个不同的值, 那么在 $\mathbb{R}^k$ 中定义的

$$u_n = (a_n, a_{2n}, \ldots, a_{kn})$$

也是. 所以存在 $m < n$ 使得 $a_n = a_m$, $a_{2n} = a_{2m}, \ldots, a_{kn} = a_{km}$. 进一步分析这个关系式, 我们知道 $\cos(nx)$ 是在 $\cos(x)$ 中的一个整系数 n 次多项式. 若令

$$A_i = \cos(n\pi x_i) \quad 且 \quad B_i = \cos(m\pi x_i)$$

然后结合前面的关系式, 推出

$$A_1^j + A_2^j + \ldots + A_k^j = B_1^j + B_2^j + \ldots + B_k^j$$

$j = 1, 2, \ldots, k$. 利用牛顿公式, 我们推断存在零点 $A_1, A_2, \ldots, A_k$ 和 $B_1, B_2, \ldots, B_k$ 的多项式相等. 因此存在 $1, 2, \ldots, n$ 的一个置换 σ 使得 $A_i = B_{\sigma(i)}$. 所以

$$\cos(n\pi x_i) = \cos(m\pi x_{\sigma(i)}),$$

这意味着 $nx_i - mx_{\sigma(i)}$ 对于所有 i 都是实数, 那么显然所有 x_i 都是实数.

在处理某些正整数的递归序列的余数时, 也可以成功地使用同样的思想. 这类问题已成为相当经典的问题, 并出现在许多数学竞赛中.

例20.5 考虑序列 $(a_n)_{n \geq 1}$, 其中 $a_1 = a_2 = a_3 = 1$ 且 $a_{n+3} = a_{n+1}a_{n+2} + a_n$. 证明任意正整数都有一个倍数, 且它是这个序列的一个项.

(Titu Andreescu, Dorel Mihet, Revista Matematică Timişoara)

解答. 考虑一个正整数 N, 并把扩展序列的第一项设为 $a_0 = 0$. 现在, 看三元数组 (a_n, a_{n+1}, a_{n+2}) 的序列模 N. 这个序列至多取 N^3 个不同的值, 因为有 N 个可能的余数模 N. 于是可以找到两个正整数 $i < j$, 使得 $a_i \equiv a_j \pmod{N}$, $a_{i+1} \equiv a_{j+1} \pmod{N}$ 且 $a_{i+2} \equiv a_{j+2} \pmod{N}$. 利用递推关系, 我们推导出序列变为周期模 N , 周期为 $j - i$. 实际上, 根据递推关

系 $a_k \equiv a_{k+j-1} \pmod{N}$，$k \geq i$，并应用 $a_n = a_{n+3} - a_{n+1}a_{n+2}$，我们可以归纳证明出 $a_k \equiv a_{k+j-i} \pmod{N}$，$k \leq i$．同理可得 a_{j-i} 是 N 的倍数,所以 N 至少整除序列中的一项．

"证明在一个有限色数的平面上，任何格点的着色方案都会出现一个顶点颜色相同的矩形"是鸽笼原理的一个经典应用．我们建议不知道这个问题的读者先解决这个问题，然后再继续下面的类似问题．

例20.6 设 m, n 是正整数，A 是平面上的一组格点，且任意半径为 m 的开圆至少包含 A 中一个点．证明无论我们怎样用 n 种颜色给 A 中的点涂色，A 中都存在四个相同颜色的点，且这些点是一个矩形的顶点．

(Romanian TST 1996)

解答. 首先考虑一个边长为 a 的大正方形（稍后再确定），其边与坐标轴平行．把它分成边长为 $2m$ 的小正方形，在每个这样小的正方形上画一个圆．我们发现在这个大正方形中至少有 $\left\lfloor \dfrac{a^2}{4m^2} \right\rfloor$ 个半径为 m 的圆,并且至少包含了 A 中同样个数的点．但这些点在 $a-1$ 条垂直线上．根据鸽笼原理, 若适当选择 a (例如,任意 $4nm^2$ 的倍数)，则存在一条垂直线上至少包含 $n+1$ 个 A 的点．再次由鸽笼原理这些点中两个具有相同的颜色．这表明，在任意这样巨大的正方形上，都有一条垂直线和两个相同颜色的点．因为这些对点在有限长度的线段上有有限多个位置，并且我们可以连续地在 Ox 轴上放置无穷多个巨大的方块，所以将有两个方块，其中相同颜色的点和同一垂直线上的点具有相同的位置和相同的颜色．这些点将决定一个单色矩形．

现在是时候来考虑一些更为复杂的问题了，在这些问题中，鸽笼原理的使用还很不明显．《美国数学月刊》上有几篇文章专门讨论了以下问题.在普特南竞赛中，只有少数学生解决了这个问题（形式比下面的例子弱），这并不奇怪．

例20.7 设 S_a 是形如 $\lfloor na \rfloor$ 的数字集合，其中 n 是正整数．证明若 a, b, c 是正实数, 则三个集合 S_a, S_b, S_c 中有两个相交．

解答. 让我们挑选一个整数 N，并考虑数组

$$\left(\left\{ \frac{i}{a} \right\}, \left\{ \frac{i}{b} \right\}, \left\{ \frac{i}{c} \right\} \right)$$

$i = 0, 1, \ldots, N^3$．这些点位于单位立方体 $[0,1]^3$ 中，所以根据鸽笼原理，一个

边长为 $\dfrac{1}{N}$ 的立方体里有两点, 即存在 $i > j$ 使得对某些整数 m, n, p 有

$$\left|\frac{i-j}{a} - m\right| \le \frac{1}{N}, \ \left|\frac{i-j}{b} - n\right| \le \frac{1}{N}, \ \left|\frac{i-j}{c} - p\right| \le \frac{1}{N}$$

或

$$|i-j-ma| < 1, \ |i-j-nb| < 1, \ |i-j-pc| < 1.$$

所以数字 $\lfloor ma \rfloor, \lfloor nb \rfloor, \lfloor pc \rfloor$ 等于 $i-j$ 或 $i-j-1$, 这表明它们中有两个是相等的, 所以 S_a, S_b, S_c 中有两个集合相交.

我们继续讨论伊朗奥林匹克竞赛上的一个非常巧妙的问题, 在这个问题上应用鸽笼原理有一些陷阱.

例20.8 设 m 是一个正整数, 且 $n = 2^m + 1$.

考虑单调递增函数 $f_1, f_2, \ldots, f_n : [0,1] \to [0,1]$ 满足 $f_i(0) = 0$ 且 $|f_i(x) - f_i(y)| \le |x-y|$, $1 \le i \le n$, $x, y \in [0,1]$. 证明存在 $1 \le i < j \le n$ 使得

$$|f_i(x) - f_j(x)| \le \frac{1}{m+1} , \ x \in [0,1].$$

(Iran 2001)

解答. 首先很明确这个问题的解决应该使用鸽笼原理. 但是怎么做呢? 观察这类函数的曲线图, 我们看到 $[0,1]$ 的正则细分点起着特殊的作用. 因此, 让我们更关注这些点, 联系每个函数 f_i 一个 $(m+1)$ 元数组 $(a_1(i), a_2(i), \ldots, a_{m+1}(i))$, 其中 $a_j(i)$ 是满足 $f_i\left(\dfrac{j}{m+1}\right) \in \left[\dfrac{k}{m+1}, \dfrac{k+1}{m+1}\right]$ 的最小整数 k . 这样我们可以在正态分布 $\left(0, \dfrac{1}{m+1}, \dfrac{2}{m+1}, \ldots, 1\right)$ 的所有点上很好地控制函数 f_i 的轨迹. 因为 f_i 单调递增, 显然有 $a_{j+1}(i) \ge a_j(i)$. 又因为不等式

$$f_i\left(\frac{j+1}{m+1}\right) - f_i\left(\frac{j}{m+1}\right) \le \frac{1}{m+1}$$

推出 $a_{j+1}(i) \le a_j(i) + 1$. 再者, 注意到

$$0 \le f_i\left(\frac{1}{m+1}\right) = f_i\left(\frac{1}{m+1}\right) - f_i(0) \le \frac{1}{m+1},$$

所以对所有 i 有 $a_1(i) = 0$. 所以最多有 2^m 个这样的序列和 $f_1, f_2, \ldots, f_n$ 相关联. 根据鸽笼原理, 两个函数 f_i, f_j, 其中 $i < j$, 必联系相同的 $(m+1)$ 元

数组. 这表明我们可以找到一些整数$b_0, b_1, \ldots, b_{m+1}$ 和两个指数$i < j$ ，使得$f_i\left(\dfrac{k}{m+1}\right)$ 和$f_j\left(\dfrac{k}{m+1}\right)$ 都属于$\left[\dfrac{b_k}{m+1}, \dfrac{b_k+1}{m+1}\right]$ ，$k = 0, 1, \ldots, m+1$.

现在我们差不多完成了，因为我们找到了指数i, j. 事实上，考虑$x \in [0,1]$ 和整数k 使得$x \in \left[\dfrac{k}{m+1}, \dfrac{k+1}{m+1}\right]$. 由前面已知$0 \le b_{k+1} - b_k \le 1$. 现有两种情况. 首先设$b_{k+1} = b_k$, 于是

$$f_i(x) \le f_i\left(\frac{k+1}{m+1}\right) \le \frac{b_k+1}{m+1} \le \frac{1}{m+1} + f_j\left(\frac{k}{m+1}\right) \le f_j(x) + \frac{1}{m+1},$$

同理可得$f_j(x) \le f_i(x) + \dfrac{1}{m+1}$. 所以, 假设$b_{k+1} = b_k + 1$, 那么

$$f_i(x) \le f_i\left(\frac{k}{m+1}\right) + x - \frac{k}{m+1} \le x + \frac{b_k - k + 1}{m+1},$$

而

$$f_j(x) \ge f_j\left(\frac{k+1}{m+1}\right) + x - \frac{k+1}{m+1} \ge x + \frac{b_k - k}{m+1},$$

其中$f_i(x) - f_j(x) \le \dfrac{1}{m+1}$.

类似地, 我们得到$f_j(x) - f_i(x) \le \dfrac{1}{m+1}$, 表明两种情况下都有

$$|f_i(x) - f_j(x)| \le \frac{1}{m+1}.$$

下一个例子也是同一类困难（或非常困难）的问题. 在此如何使用鸽笼原理是绝对不明显的, 该题的解决方案是由盖尔格·埃克斯坦(Gheorghe Eckstein)给出的.

例20.9 49 名学生参加了一个卷面只有3道题的考试，成绩从0分到7分. 证明至少有两个学生A 和B 满足他们每个问题得分都一样.

(IMO 1988 Shortlist)

解答. 考虑三元数组(a, b, c) 的集合，其中每个分量可以取值为$0, 1, \ldots 7$. 我们给这些数组定义一个顺序，若$a \ge x$, $b \ge y$, 且$c \ge z$, 则称(a, b, c) 大于或等于(x, y, z). 类似地定义数对(a, b)的顺序. 我们需要证明在49个三元数组有两个是可比的. 如果相反, 很明显这个数组的集合A不能包含前两个坐标相同的三元数组. 现在, 考虑下面的关系链:

(1)　$(0,0) < (0,1) < (0,2) < (0,3) < (0,4) < (0,5) < (0,6) < (0,7) < (1,7) < (2,7) < (3,7) < (4,7) < (5,7) < (6,7) < (7,7)$.

(2)　$(1,0) < (1,1) < (1,2) < (1,3) < (1,4) < (1,5) < (1,6) < (2,6) < (3,6) < (4,6) < (5,6) < (6,6) < (7,6)$.

(3)　$(2,0) < (2,1) < (2,2) < (2,3) < (2,4) < (2,5) < (3,5) < (4,5) < (5,5) < (6,5) < (7,5)$.

(4)　$(3,0) < (3,1) < (3,2) < (3,3) < (3,4) < (4,4) < (5,4) < (6,4) < (7,4)$..

注意，任何这样的链都不能包含A中某些三元组的前两个坐标的8对以上(否则，它们之间有两个具有相同的最后坐标，因此它们是可比较的). 另一方面，有48对(a,b)，$0 \le a, b \le 7$ 被这四条链覆盖. 所以还有$64 - 48 = 16$对二元数对没被覆盖. 每个这样的对最多对应于A的一个元素. 所以A至多有$4 \times 8 + 16 = 48$ 个元素, 矛盾. 请注意，上面的构造表明，只有48名学生的假设失败.

下面是一个非常重要的例子，说明了如何在组合问题中使用鸽笼原理. 解答由Andrei Jorza 给出.

例20.10 在$2^n \times n$表格的2^n行填满了由1 和-1组成的不同的n元数组. 之后其中一些数字被零代替. 证明存在一个非空集合，使得它们的和是零向量.

(Tournament of the Towns 1996)

解答. 用0替换某些数字之前，取任意标记为$L_1, L_2, \ldots, L_{2^n}$的行，其中$L_1$ 为所有坐标为1 的向量，L_{2^n} 为向量$(-1,-1,\ldots,-1)$. 通过（可能）用0替换某些数字定义新直线$f(L)$. 对任意包含零的行L，设$g(L)$是初始表中的对应行，由以下规则得到:在L 上的1变为$g(L)$的值-1，且L上的0或-1 变为$g(L)$上的1. 现在，定义以下序列: $x_0 = (0,0,\ldots,0)$, $x_1 = f(L_1)$ 且$x_{r+1} = x_r + f(g(x_r))$. 我们断言这个序列的所有项的所有坐标都等于0或1. 若$n = 1$这是显然的. 假设对于x_r成立，观察到$f(g(x_r))$中值为-1的位置是x_r是1的地方，于是所有x_{r+1} 的坐标非负. 又，$f(g(x_r))$中为1的位置一定是x_r 有一个0. 这就证明了x_{r+1} 所有坐标也是0 或1. 现在根据鸽笼原理，对于$i > j$有$x_i = x_j$, 也可以写作

$$f(g(x_j)) + f(g(x_{j+1})) + \ldots + f(g(x_{i-1})) = 0$$

即新表中的行之和为零向量.

乍一看在下面的问题中没有鸽笼原理的痕迹，但实际上它是基于鸽笼原理的一个非常巧妙的论述.

例20.11 设正整数单调递增序列$(a_n)_{n\geq 1}$满足对所有n，$a_{n+1} - a_n \leq 2001$. 证明存在无数多个数对(i, j)，其中$i < j$满足$a_i \mid a_j$.

解答. 我们用以下方法构造一个具有2001列的无限矩阵A：第一行由数字$a_1 + 1, a_1 + 2, \ldots, a_1 + 2001$组成. 现在假设我们构建了前$k$行，且第$k$行是$x_1 + 1, x_1 + 2, \ldots, x_1 + 2001$. 定义第$(k+1)$行为$N + x_1 + 1, N + x_1 + 2, \ldots, N + x_1 + 2001$，其中$N = (x_1 + 1)(x_1 + 2)\ldots(x_1 + 2001)$. 这个矩阵的构造方法确保（一个归纳论证）对于位于同一列上的任意两个元素，一个可以整除另一个. 现在选择任意连续2002行. 因为$(a_n)_{n\geq 1}$单调递增且$a_{n+1} - a_n \leq 2001$，每行至少有一项属于序列. 因此，由所选行形成的矩阵上至少有2002个序列项. 根据鸽笼原理，在2001列中的某些列上存在两个序列项，形成一个想要的数对. 因此，对于2002个连续行的每一个选择，我们都能找到这样一对. 因为每列上的数字都在增加，所以将此过程应用于第一个2002行，然后应用于下一个2002行，依此类推. 这将产生无限多这样的数对.

以下示例摘自一篇名为24次鸽笼原理的文章，在下面的解决方案中，并没有准确统计这个原理出现的次数，但我们要提醒读者这需要相当长的时间.

例20.12 设$n \geq 10$. 证明对于边涂成红色和蓝色的具有n个顶点的完全图，存在两个顶点不相交三角形且所有六个边具有相同颜色.

(Ioan Tomescu)

解答. 首先，我们将建立一个非常有用的结果，它将在解决方案中重复使用.

引理20.1 具有六个顶点的完全图的两种颜色的每一种着色都会产生一个单色三角形. 具有五个顶点而不产生单色三角形的完全图的唯一着色有：存在边缘红色和对角线蓝色的五角形.

证明. 首先考虑有五个顶点的完全图的情况. 很明显，每个顶点至少连接两个具有相同颜色的边. 如果一个顶点至少有三个具有相同的颜色的边，那么可以很容易地证明出现了一个单色三角形. 假设每个顶点都有两条红边和两条蓝边. 设x为任意顶点且xy和xz是红色的，则yz是蓝色的. 现在，设t是不同于x, y, z的顶点，并假设连接y和t的边是红色的，连接x和t的边是蓝色的. 设w是图的第五个顶点. 那么wz和wt是红色的，而wx和wy是蓝色的. 类似地，zt是蓝色的，所以我们考虑五角形$xytwz$，它有红边和蓝对角线.

　　具有六个顶点的完全图的情况要容易得多:选择一个顶点x. 从x出发有三条边颜色相同（不妨为红色)(再次使用鸽笼原理). 设y, z, t是它们的端点.

若yzt是蓝色, 证明结束. 否则, 假设yz是红色. 则xyz是一个单色三角形. 引理得证.　　　　　　□

　　现在, 选择图的六个顶点, 它们显然构成一个有六个顶点的完整子图. 根据引理, 存在一个单色三角形xyz. 若我们考虑剩下的七个顶点中的六个, 我们可以找到另一个单色三角形uvw, 它的顶点集合不同于xyz. 如果两个三角形有相同的颜色, 我们就证完了. 否则, 假设xyz是红的而uvw是蓝的. 因为两个三角形之间有九条边, 根据鸽笼原理, 至少有五条边有相同的颜色, 比如说蓝色. 根据同一原则, 存在xyz的一个顶点, 不妨为x, 与至少两条蓝色边相交, 另一端在三角形uvw中. 不失一般性, 假设这些顶点是u, v. 这样两个三角形xyz和xuv产生一个公共顶点x, xyz的边是红色而xuv的边是蓝色. 看看剩下的五个顶点, 它们构成了一个有五个顶点的完全图, 如果这图含有单色三角形, 我们就完成了. 否则, 由引理剩余的五个顶点构成一个红边蓝色对角线的五角形$abcde$. 根据鸽笼原理, 在x到具有相同颜色的$abcde$顶点之间存在三个边. 现在有两种情况.

　　第一种情况, 顶点y和z由至少三条与$abcde$的顶点颜色相同的边联结. 例如, 如果y对应的颜色是蓝色, 那么我们可以考虑将y与$abcde$联结起来的两个蓝色边. 不会出现以y为顶点的蓝色三角形当且仅当这两条蓝色边联结y与五角形中两个相邻点, 例如联结a和b. 但是仍有第三条边联结y和c, d, e中一点, 这表明存在一个以y和五角形中一条对角线的两个端点为顶点的蓝色三角形. 因此, 出现了两个顶点集不相交的蓝色三角形. 现在让我们来考虑一下当y和z分别由至少三条红色边与五角形顶点联结时的情况. 此时, 有一个红色三角形, 顶点是x和五角形的两个相邻顶点, 记为a和b. 现在考虑y, z, c, d, e. 如果生成的有五个顶点的完全图包含一个单色三角形, 我们就完成了, 因为我们仍然有红色三角形xab和蓝色三角形xuv. 否则再次应用引理, yz, cd和de是红色的, ze, yc也是红色或zc, ye也是红色. 在这两种情况下, 所生成的完全图的所有其他边都是蓝色的. 让我们考虑一下第一个子类(ze, yc为红), 第二种情况同理. y至少由三条红边与$abcde$的顶点联结, 因为yd和ye是$ycdez$的对角线(因此它们是蓝色的), 所以ya和yb是红色的. 类似地, 我们发现za, zb是红色的, 所以我们找到两个想要的三角形zae和xyb.

　　最后, 我们考虑第二种情况. 实际上, 我们所要做的就是像第一种情况一样, 通过考虑顶点u, v, 每个顶点至少有三条相同颜色的边与$abcde$的顶点相连. 解答完毕.

　　下面的问题计算性更强, 比前面的例子包含了更多的数学知识. 第一个是来自Behrend的著名的例子, 关于算术级数中不含三元的大基数子集. 这与罗斯的一个更著名(但众所周知很困难的)定理有关: 算术级数中没有三个元素的$\{1, 2, \ldots, n\}$的一个子集的最大基数至多是$C\dfrac{n}{\ln(\ln n)}$, 其中C是绝对常数. 它被Bourgain改进为$Cn\sqrt{\dfrac{\ln(\ln n)}{\ln n}}$. 这些结果的证明是非常深奥的, 但是如果使用鸽笼原理, 寻找这样的集合的最大基数的下限不是那么困难.

例20.13 存在一个绝对常数$c > 0$ 使得对于任意充分大的整数N, 存在一个至少有$Ne^{-c\sqrt{\ln n}}$个元素的$\{1, 2, \ldots, N\}$的子集A, 且A中没有三个元素构成算术级数.

(Behrend's theorem)

解答. 我们观察到一条直线与一个$\mathbb{R}^n$上的球体至多有两个交点. 对于$n = 3$, 这是显然的几何关系, 对于更大的n 应用柯西－施瓦兹不等式: 若$\|x\| = \|y\| = \|\alpha x + (1 - \alpha)y\| = r$, $\alpha \in (0, 1)$, 它很容易通过平方最后一个关系式$\langle x, y \rangle = \|x\| \cdot \|y\|$得到, 其中$\langle \cdot \rangle$是自然内积, 而$\| \cdot \|$ 是欧式范数. 根据柯西－施瓦兹不等式, 后一个关系式推出x, y 是共线的, 从这里很容易得出结论. 现在, 定义$F(n, M, r)$ 为向量$\boldsymbol{x}$的集合, 其坐标$x_1, x_2, \ldots, x_n$属于$\{1, 2, \ldots, M\}$, 且满足$x_1^2 + x_2^2 + \ldots + x_n^2 = r^2$. 固定$n, M$ 观察到, 当r^2 由n 变到nM^2时, 集合$F(n, M, r)$ 覆盖了所有坐标属于$\{1, 2, \ldots, M\}$的向量. 应用鸽笼原理, 存在某个r 使得$\sqrt{n} \leq r \leq M\sqrt{n}$.令$F(n, M, r)$ 至少有$\dfrac{M^n}{n(M^2 - 1)} > \dfrac{M^{n-2}}{n}$ 个元素. 定义函数$f : F(n, M, r) \to \{1, 2, \ldots, N\}$, 其中

$$f(x_1, x_2, \ldots, x_n) = \sum_{i=1}^{n} (2M)^{i-1} x_i.$$

我们断言若$f(x), f(y), f(z)$ 形成算术级数, 则$x = y = z$. 事实上, 可推出

$$\sum_{i=1}^{n} (x_i + y_i - 2z_i)(2M)^{i-1} = 0.$$

设$\alpha_i = x_i + y_i - 2z_i$, 那么由$|\alpha_i| \leq 2M - 1$ 和最后一个关系式, 对于所有i, 有$\alpha_i = 0$ (事实上, $\left| \sum_{i=1}^{n-1} \alpha_i (2M)^{i-1} \right| < (2M)^{n-1}$, 所以$\alpha_n = 0$.可用归纳法来完成证明). 所以$x + y = 2z$, 因为$x, y, z$ 在一个球上,可以推出$x = y = z$. 又, f 是单射: 若$f(x) = f(y)$, 则$f(x) + f(y) = 2f(y)$, 且根据上述讨论, $x + y = 2z$, 于是$x = y$. 最后,

$$|f(x_1, x_2, \ldots, x_n)| \leq M \frac{(2M)^n - 1}{2M - 1} \leq (2M)^n.$$

所以, 若我们考虑满足$(2M)^n \leq N$的最大整数M,则$f(F(n, M, r))$是$\{1, 2, \ldots, N\}$的一个子集, 它没有长度为3的算术级数. 现在我们需要选择一些n来得到一个$f(F(n, M, r))$的最优基数. 但是这个基数和$F(n, M, r)$的

一样(因为f是单射), 至少是$\dfrac{M^{n-2}}{n}$, 通过选择r.但是

$$\frac{M^{n-2}}{n} > \frac{N^{\frac{n-2}{n}}}{4^{n-2}n}.$$

所以选择n为$\sqrt{\ln N}$的整数部分, 可以看到$f(F(n, M, r))$至少有$Ne^{-c\sqrt{\ln N}}$个元素, 且在算术级数中没有三个元素.

现在我们来看看另一个革命性的结果, 著名的西格尔引理. 这个定理的应用如此之多, 如此之重要, 以致于它们可以自成一本书. 感兴趣的读者在超验数论的大量文献中可以搜索以下结果的变化和应用, 其中包括困难的Thue-Siegel-Roth 定理（不要自欺欺人, 这些要求远远超过西格尔引理本身！）.

例20.14 设整数$1 \le m < n$ 且$\boldsymbol{A} = (a_{ij})_{1 \le i \le n, 1 \le j \le m}$ 是一个包含整数项的矩阵. 假设对于所有$1 \le j \le m$, 设正整数

$$A_j = \sum_{i=1}^{n} |a_{ij}|$$

非零. 证明存在不全为零的整数$x_1, x_2, \ldots, x_n$, 使得

$$|x_i| \le \sqrt[n-m]{A_1 A_2 \ldots A_m} \;,\; 1 \le i \le n$$

且

$$\sum_{i=1}^{n} a_{ij} x_i = 0 \;,\; 1 \le j \le m.$$

(Siegel's lemma)

解答. 想法如下: 对于一个非负实数M, 我们将证明当$(x_1, x_2, \ldots, x_n)$取遍整数坐标的向量集合时, 量$\displaystyle\sum_{i=1}^{n} a_{ij} x_i$ 取不到介于0 和M之间太多的值, 导致函数

$$f(x_1, x_2, \ldots, x_n) = \left(\sum_{i=1}^{n} a_{i1} x_i, \ldots, \sum_{i=1}^{n} a_{im} x_i \right)$$

的像不会太大, 我们可以应用鸽笼原理, 只要$(\lfloor M \rfloor + 1)^n$比$f$的像大. 考虑整数$a_1, a_2, \ldots, a_n$, 并假设$a_1, a_2, \ldots, a_p$ 是非负数, 而$a_{p+1}, a_{p+2}, \ldots, a_n$ 是负数. 显然对任意满足$0 \le x_i \le M$的整数x_i, 有

$$\lfloor M \rfloor (a_{p+1} + \ldots + a_n) \le a_1 x_1 + a_2 x_2 + \ldots + a_n x_n \le (a_1 + \ldots + a_p) \lfloor M \rfloor.$$

于是$a_1x_1 + a_2x_2 + \ldots + a_nx_n$至多取$1 + (|a_1| + |a_2| + \ldots + |a_n|)\lfloor M \rfloor$ 个值,这意味着f 的像至多有

$$(1 + \lfloor M \rfloor A_1)(1 + \lfloor M \rfloor A_2)\ldots(1 + \lfloor M \rfloor A_m) \leq A_1 A_2 \ldots A_m (1 + \lfloor M \rfloor)^m$$

个元素. 因为在$\mathbb{Z}^n$中有$(1 + \lfloor M \rfloor)^n$个向量坐标介于$0$ 和M之间, 若我们取

$$M = \sqrt[n-m]{A_1 A_2 \ldots A_m}$$

说明f 不是内射. 所以存在两个不同的向量x, y 满足$f(x) = f(y)$. 显然向量$v = x - y$ 满足所有期望条件.

下面是一个令人意想不到但非常具有挑战性的西格尔引理的应用,灵感来自USAMO 的一个问题.

例20.15 设两个实数$C > 0$ 和$A < e^{\frac{2}{11}}$,函数

$$f : \{1, 2, \ldots\} \to \{1, 2, \ldots\}$$

满足对所有n有$f(n) < CA^n$. 假设对任意质数p 和任意n, $f(n + p - 1) - f(n)$是p的倍数. 证明存在非零整数$r_1, r_2, \ldots, r_s$满足对于所有n 有

$$r_1 f(n) + r_2 f(n+1) + \ldots + r_s f(n+s-1) = 0.$$

(Gabriel Dospinescu, Vesselin Dimitrov)

解答. 考虑正整数m, n 使得$m = \left\lfloor \dfrac{n}{2} \right\rfloor$ (这通常是西格尔引理中的最佳选择) 并定义$a_{ij} = f(i + j)$, 其中$1 \leq i \leq n$ 且$1 \leq j \leq n$. 我们断言可以选择某个m , 满足若$x_1, x_2, \ldots, x_n$是西格尔引理给出的系统解, 则

$$x_1 f(j+1) + x_2 f(j+2) + \ldots + x_n f(j+n) = 0$$

对所有正整数j成立. 为此,我们需要做一些准备,这将在下一段中完成.

取x_j 是西格尔引理给出的任意解,并观察$j \leq m$时预期的关系式. 假设对于$k > m$不成立,且设$k + 1$为不成立的最小指数(于是对所有$j \leq k$和$k \geq m$成立). 考虑小于$k + 2$的任意质数p . 那么$1 \leq k + 2 - p \leq k$时

$$x_1 f(1 + k + 2 - p) + \ldots + x_n f(n + k + 2 - p) = 0.$$

但是最后这个和(模p)等于

$$\lambda = x_1 f(1 + (k+1)) + \ldots + x_n f(n + (k+1)) \tag{20.1}$$

选择k使其非零. 这表明最后一个量λ实际上是所有$k+1$之前质数乘积的倍数. 由西格尔引理导致矛盾, 且关于f的假设确保λ足够小, 这样就不能被所有满足$p \leq k+1$的p的乘积整除. 让我们先估计一下x_j的增长. 使用西格尔引理的符号, 我们有

$$A_j \leq C(A^{j+1} + \ldots + A^{j+n}) < C_1 A^{n+j},$$

其中$C_1 > 1$仅依赖于A, C. 所以对于某个仅依赖于A, C的$C_2 > 0$, 有

$$|x_j| \leq (A_1 \ldots A_m)^{\frac{1}{n-m}} < C_1^{1/2} \cdot A^{\frac{mn}{n-m} + \frac{m(m+1)}{2(n-m)}} < C_2 A^{5n/4}$$

所以

$$|x_1 f(1 + (k+1)) + \ldots + x_n f(n + (k+1))|$$
$$\leq \max(|x_j|) \cdot C(A^{k+1+1} + \ldots + A^{n+k+1}) < C_3 A^{9n/4+k},$$

其中C_3是一个仅依赖于A, C的常数.

现在, 我们可以证明前面的观点, 从而结束证明过程. 假设叙述不成立, 所以对于无数多个k (记住对于每个m相应的k至少为m) 将得到

$$\prod_{p \leq k} p \leq C_3 A^{9n/4+k}.$$

因为$k \geq m > \frac{n}{2} - 1$, 我们有

$$A^{9n/4+k} C_3 < A^{11k/2} C_4$$

所以对于无数多个k, 必有

$$\frac{11k}{2} \cdot \ln A + \ln C_4 > \sum_{p \leq k} \ln p$$

且根据质数定理, 必有$A \geq e^{\frac{2}{11}}$, 这与A的选择矛盾.

在这一章的结尾, 我们来讨论一个非常有挑战性的问题, 即系数为0,1或-1的多项式的因式系数的增长. 这类关于系数为$-1,0,1$多项式根的多重性问题一直受到广泛的研究, 但这似乎是一个相当困难的问题. 利用鸽笼原理可以很容易地得到下列问题中的一个估计, 另一个则需要应用朗道定理.

例20.16 对于$n \geq 2$, 设A_n是所有系数属于$\{-1, 0, 1\}$的n次多项式的多项式因子集合, 设$C(n)$是属于A_n的整系数多项式的最大系数. 证明对任意$\varepsilon > 0$存在一个k, 对于所有$n > k$, 有

$$2^{n^{\frac{1}{2} - \varepsilon}} < C(n) < 2^n.$$

解答. 让我们从左边的不等式入手

$$C(n) > 2^{n^{\frac{1}{2}-\varepsilon}}.$$

对于至多为n 次的多项式f ,其系数为0 或1 ,定义函数

$$\phi(f) = (f(1), f'(1), \ldots, f^{N-1}(1)).$$

考虑到所有的系数为0 或1, 我们立即推出对于所有j

$$f^{(j)}(1) \le (1+n)^{j+1}$$

于是f的像至多有

$$(1+n)^{1+2+\ldots+N} < (1+n)^{N^2}$$

个元素. 另一方面, f 定义在一组2^{n+1} 个元素上.

所以, 若$2^{n+1} > (1+n)^{N^2}$, 则根据鸽笼原理, 两个多项式f, g将有相同的像, 且它们差的所有系数为$-1, 0$ 或1 且至多n次. 又, $f - g$ 将被$(X-1)^N$整除. 所以

$$C(n) \ge \binom{2N}{N},$$

因为$(X-1)^N$ 的最大系数是$\binom{2N}{N}$.

因为$\binom{2N}{N}$ 是$\binom{2N}{k}$中最大的二项式系数, 有

$$\binom{2N}{N} > \frac{4^N}{2N+1} > 2^N$$

$N > N_0$. 取

$$N = \left\lfloor \sqrt{\frac{n}{\log_2(n+1)}} \right\rfloor,$$

有$(1+n)^{N^2} < 2^{n+1}$, 于是$C(n) > 2^N$ 且易于看出当n 足够大时, $N > n^{\frac{1}{2}-\varepsilon}$.

另一部分, $C(n) < 2^n$, 证明更微妙. 对于实系数多项式

$$f(X) = a_n X^n + \ldots + a_1 X + a_0$$

(下面的所有内容都适用于复系数), 定义其为马勒(Mahler) 度量

$$M(f) = |a_n| \prod_{i=1}^{n} \max(1, |x_i|) \tag{20.2}$$

其中x_i 是f的根. 不等式来自朗道(Landau).

引理20.2 $M(f) \leq \sqrt{a_0^2 + a_1^2 + \ldots + a_n^2}$.

证明. 这个引理有很多证明，但我们特别喜欢下面的一个，这是我们在文献中没有遇到的. 考虑$N > n$ 且设$z_1, z_2, \ldots, z_N$ 为第N个根. 通过简单的计算，基于若$N|k$，则$\sum_{j=1}^{N} z_j^k = N$，否则等于0，

$$\sum_{j=1}^{N} |f(z_j)|^2 = \sum_{j=1}^{N} \left(\sum_{i=0}^{n} a_i z_j^i \right) \left(\sum_{i=0}^{n} a_i z_j^{-i} \right)$$
$$= \sum_{u,v=0}^{n} a_u a_v \cdot \sum_{j=1}^{N} z_j^{u-v} = N \cdot \sum_{i=0}^{n} a_i^2.$$

现在，应用均值不等式，得到

$$\sum_{i=0}^{n} a_i^2 \geq \sqrt[N]{|f(z_1)f(z_2)\ldots f(z_N)|^2}.$$

另一方面，

$$(X - z_1)(X - z_2)\ldots(X - z_N) = X^N - 1$$

和

$$f(X) = a_n(X - x_1)(X - x_2)\ldots(X - x_n)$$

意味着

$$|f(z_1)f(z_2)\ldots f(z_N)| = |a_n|^N |1 - x_1^N||1 - x_2^N|\ldots|1 - x_n^N|,$$

结合前一个不等式，推出

$$\sqrt{\sum_{i=0}^{n} a_i^2} \geq |a_n| \cdot \prod_{i=1}^{n} \cdot \sqrt[N]{|1 - x_i^N|}. \tag{20.3}$$

显然$\lim\limits_{N \to \infty} \sqrt[N]{|1 - z^n|} = \max(1, |z|)$，其中$|z| \neq 1$. 从而证明了当$f$ 的所有根都在单位圆外时不等式成立. 相反的情况怎么样? 实际上，Viéte 公式表明不等式

$$M(f) \leq \sqrt{a_0^2 + a_1^2 + \ldots + a_n^2}$$

可化简为一个只涉及x_i中多项式绝对值的不等式. 如果当变量x_i 不在单位圆上时不等式成立，那么由连续性可知它在其他情况下也成立. 所以引理证毕. □

前面的引理表明所有绝对值系数最多为1的多项式马勒度量至多为 $\sqrt{n+1}$. 现在取系数为-1, 0, 1 的多项式g的任意因式f ,记 $g = hf$. 假设f有整系数. 易于看到 $M(g) = M(h)M(f) \geq M(f)$. 于是$M(f) \leq \sqrt{n+1}$. 现由Viéte 公式观察到, 三角不等式与显而易见的事实,即对于所有不同的$i_1,\ldots,i_s$和所有s, $|x_{i_1}x_{i_2}\ldots x_{i_s}| \leq M(f)$, 由

$$\binom{n}{\lfloor \frac{n}{2} \rfloor}M(f) \leq \sqrt{n+1} \cdot \binom{n}{\lfloor \frac{n}{2} \rfloor} < 2^n$$

得知对于充分大的n,f 的任意系数的绝对值有界.

20.2 习题

1. 证明对于无数多个正整数A ，方程

$$\lfloor x\sqrt{x} \rfloor + \lfloor y\sqrt{y} \rfloor = A$$

至少有1980 个正整数解.

(Russia 1980)

2. 求出满足下述性质的最大整数n:存在不全为零的非负整数$x_1, x_2, \ldots, x_n$,使得n^3 不能整除$a_1x_1 + a_2x_2 + \ldots + a_nx_n$，其中$a_1, a_2, \ldots, a_n \in \{-1, 0, 1\}$ 且它们不全为零.

(Dorel Mihet, Romanian TST 1996)

3. 考虑2000 个不超过10^{100}的正整数组成的集合. 证明该集合有两个大小相同、元素和相同、元素平方和相同的非空不相交子集.

(Poland 2001)

4. 设r, n 是正整数. 对于集合A, 令 $\binom{A}{r}$ 为A 的含有r 个元素的子集.

设A 是无限集合,且$f : \binom{A}{r} \to \{1, 2, \ldots, n\}$ 是一个映射. 证明存在一个A的无限子集B 满足$f(X) = f(Y)$，其中$X, Y \in \binom{B}{r}$.

(IMO 1987 Shortlist)

5. 设整数$n \geq 3$. 对于周长为1的圆考虑有限多对不相交弧, 它们的长度之和大于$1 - \dfrac{1}{n}$. 证明存在一个顶点在这些弧段上的规则的n边形.

(Marius Cavachi, Romanian TST 1993)

6. 证明对于任意给定n^2个整数, 我们总可以把它们放进一个$n \times n$矩阵, 其行列式可以被$n^{\lfloor \frac{n-1}{2} \rfloor}$整除.

(Titu Andreescu, Revista Matematică Timişoara)

7. 证明任意大于1的整数k, 都有一个小于k^4的倍数, 且最多有四个不同的数字.

(Ioan Tomescu, Romanian TST 1989)

8. 证明无论如何在$\mathbb{R}^n$中选择多于$\dfrac{2^{n+1}}{n}$个点, 它们的坐标是± 1, 在这些点中存在三个构成等边三角形的顶点.

(Putnam 2000)

9. 设n是一个正整数. 集合$\{-n, -n+1, \ldots, n-1, n\}$中不包含满足$a+b+c=0$的三个元素$a, b, c$ (不必不同)的最大子集有多大?

(USAMO 2009)

10. 求具有下述性质的最小的n: 存在$\{1, 2, \ldots, 40\}$的一个n类分区, 满足当a, b, c (不必不同)在同一类时, 有$a \neq b + c$.

(Belarus 2000)

11. 证明任意$mn + 1$个实数构成的序列一定包含一个$m + 1$项的单调递增子列或一个$n + 1$项单调递减子列.

(Erdös-Szekeres's theorem)

12. 考虑平面上的n个点. 证明我们可以选择它们中$[\sqrt{n}]$个使得没有三个是等边三角形的顶点.

(Romanian Contest)

13. 设A是前$2^m \cdot n$个正整数的集合, 且设S是A的含有$(2^m - 1)n + 1$个元素的子集. 证明存在$a_0, a_1, \ldots, a_m$个不同的S的元素满足$a_0 \mid a_1 \mid \ldots \mid a_m \mid$.

(Romanian TST 2006)

14. 考虑一个11×11的棋盘，其单位方块用三种颜色着色. 证明存在一个$m \times n$ 矩形,其中$2 \leq m, n \leq 11$, 它的顶点在相同颜色的正方形中.

(Ioan Tomescu, Romanian TST 1988)

15. 在一场比赛中，50名学生要解决同样的8个问题. 共收到171个正确的解决方案. 证明至少有三个问题被至少三个学生解决了.

(Valentin Vornicu, Radu Gologan, Mathlinks Contest)

16. 设k 是一个整数, 整数$a_1, a_2, \ldots, a_n$被$n + k$除时至少有$k + 1$ 个不同的余数. 证明这n 个数字中一些的和是$n + k$的倍数.

(Kömal)

17. 设$P_0, P_1, \ldots, P_{n-1}$ 是单位圆上的一些点.

而$A_1 A_2 \ldots A_n$ 是内接在这个圆上的正多边形. 固定一个整数k,且$1 \leq k \leq \dfrac{n}{2}$. 证明可以找到$i, j$ 使得$A_i A_j \geq A_1 A_k \geq P_i P_j$.

(AMM)

18. 证明对于所有N 存在一个k 使得多于N 个质数可以写成$T^2 + k$的形式, 其中T 是整数. 证明用任意非常数一元多项式$f \in \mathbb{Z}[X]$替换$T^2 + k$ 结果仍然成立.

(Sierpinski)

19. 设A 是n 个剩余模n^2的集合. 证明存在一个n 个剩余模n^2的集合B,使得

$$A + B = \{a + b \pmod{n^2} \mid a \in A, \ b \in B\}$$

至少含有$\dfrac{n^2}{2}$个元素.

(IMO Shortlist 1999)

20. 设实数a 满足$0 < a < \dfrac{1}{2}$,且单调递增正整数序列$(a_n)_{n \geq 1}$ 满足对所有充分大的n 序列中至少有$n \cdot a$ 项小于n. 证明对于所有$k > \dfrac{1}{a}$ 序列中有无数多项可以写成序列中其余k项之和.

(Paul Erdös, AMM)

21. 边长为1的正方形内部有$(n + 1)^2$ 个点. 证明可以选择其中的三个点，由它们确定的三角形的面积最多是$\dfrac{1}{2}$.

(Dan Schwarz, Romanian Masters in Mathematics 2008)

22. 设 $f(n)$ 是 n 的最大质因数, $(a_n)_{n\geq 1}$ 是一个正整数单调递增序列. 证明所有 $f(a_i + a_j)$ (对于所有 $i \neq j$) 的集合无界.

(G. Grunwald, D. Lazar)

23. 设 $n \geq 3$ 并考虑 $3n^2$ 个小于或等于 n^3 的正整数. 证明在它们之中可以找到 9 个数字 $a_1, a_2, \ldots, a_9$ 和非零整数 x, y, z 使得

$$a_1 x + a_2 y + a_3 z = 0, \quad a_4 x + a_5 y + a_6 z = 0, \quad a_7 x + a_8 y + a_9 z = 0.$$

(Marius Cavachi, Romanian TST 1996)

24. 设正整数 $a < b < c$. 证明存在不全为零的整数 x, y, z, 满足 $ax + by + cz = 0$ 和

$$\max(|x|, |y|, |z|) \leq 1 + \frac{2}{\sqrt{3}} c.$$

(Miklos Schweitzer Competition)

25. 对于一个整数对 a, b, 其中 $0 < a < b < 1000$, 若对任意 $(s_1, s_2) \in S^2$ 有 $|s_1 - s_2| \notin \{a, b\}, \{1, 2, \ldots, 2003\}$ 的子集 S 被称为 (a, b) 的跳跃集. 设 $f(a, b)$ 为 (a, b) 的跳跃集中元素的个数. 确定 f 的最大值和最小值.

(Zuming Feng, USA TST 2003)

26. 一只青蛙停留在平面的原点 $(0, 0)$, 每秒钟, 如果青蛙在点 (x, y) 可以跳到 $(x+1, y)$ 或 $(x, y+1)$. 假设青蛙跳了无数次. 证明对任意 $n \geq 3$ 在青蛙的路径上存在 n 个共线点.

(T.C. Brown, AMM)

第 21 章 一些有用的不可约性原则

21.1 理论和实例

众所周知，很难确定给定多项式在某一域上是否不可约，存在多种准则证明某个多项式是不可约的，并且它们的假设条件通常不能令人满意，此外基本技巧并不多，因此一些经典的不可约性准则和多项式根的研究实际上是我们在本章中讨论的唯一思想. 但是正如接下来你所看到的，即使这些问题都很重要，但有些可能非常困难，尽管它们有基本的解决方案. 我们将讨论一个非常有用的不可约性准则——卡佩利(Capelli)定理，它并没有像它应该的那样广为人知，我们将看到这个定理的一些显著的结果. 此外，我们将继续研究多项式根的方法，因为它为这类问题提供了优美的解决方案.我们讨论了佩隆(Perron)准则，还有鲁克(Rouche)定理以及一些应用. 最后，我们将看到处理多项式模质数的约化通常可以给出关于其不可约化性质的宝贵信息. 在本章中，我们假设读者熟悉代数数论的概念，但这些概念不会超出代数数论简介这一章讨论的结果.

我们将从最基本的方法开始讨论，即研究多项式的根. 让我们先观察两个相当有用的结果: 如果一元整系数多项式 f 有非零的自由项(常数项) 且恰有一个根的绝对值大于1, 那么 f 在 $\mathbb{Q}[X]$ 中不可约. 事实上, 若 $f = gh$, 其中 g, h 是整系数非常数多项式，我们可以假设 g 所有根的绝对值小于1. 则 $|g(0)| < 1$, 因为它只是 g 根绝对值的乘积. 因为 $|g(0)|$ 是个整数，推出 $g(0) = 0$, 于是 $f(0) = 0$, 矛盾.

第二个结果非常相似: 若 f 是一元多项式且 f 所有的根都在单位闭圆外,而 $|f(0)|$ 是一个质数，则 f 在 $\mathbb{Q}[X]$ 中不可约. 事实上，用同样的符号，我们可以假设 $|g(0)| = 1$. 因为 $|g(0)|$ 是 g 所有根的绝对值之积，推出 g 的最小根在单位圆内. 但是 f 在封闭的单位圆盘中至少有一个根，这是一个矛盾. 下面是一些例子，前两个非常简单，但是很有用，其他的越来越困难.

例21.1 设整系数多项式 $f(X) = a_0 + a_1 X + \ldots + a_n X^n$ 满足 a_0 是质数且 $|a_0| > |a_1| + |a_2| + \ldots + |a_n|$. 证明 f 在 $\mathbb{Z}[X]$ 中不可约.

解答. 通过前面的论证，可以证明 f 的所有零点都在复平面的闭单位圆盘之外. 这并不难，因为若 z 是 f 的一个零点且 $|z| \leq 1$, 则

$$|a_0| = |a_1 + a_2 z^2 + \ldots + a_n z^n| \leq |a_1| + |a_2| + \ldots + |a_n|,$$

与问题的假设相矛盾.

前面的例子看起来有点做作, 但从理论上讲它是非常有用的. 例如, 它立即暗示了整数系数多项式的哥德巴赫定理: 任何这样的多项式都可以写成两个不可约多项式的和. 事实上, 还可以证明: 对于任意整系数多项式 f 存在无数多个正整数 a 使得 $f + a$ 在 $\mathbb{Z}[X]$ 中不可约.

我们已经讨论了代数数及其一些性质. 我们将看到它们在证明多项式的不可约性方面起着基础性的作用. 然而, 我们将研究代数数概念的一个扩展:对任意域 $K \subset \mathbb{C}$, 若存在一个多项式 $f \in K[X]$ 满足 $f(z) = 0$, 我们称 $z \in \mathbb{C}$ 在 K 上是代数的. 应用与 $\mathbb{Q}$ 上代数数的同样的讨论得出 K 上代数数的极小多项式具有同样性质. 再者, α 是一个代数数,形如 $g(\alpha)$ 且 $g \in K[X]$ 的数字集合 $K[\alpha]$ 是 $\mathbb{C}$ 中的一个域. 经常使用以下基本结果.

例21.2 设 K 是 $\mathbb{C}$ 的子域, p 是一个质数, 且 $a \in K$. 多项式 $X^p - a$ 在 $K[X]$ 中是可约的当且仅当存在 $b \in K$, 满足 $a = b^p$.

解答. 提示显而易见, 让我们把注意力集中在更困难的部分. 假设 $X^p - a$ 在 $K[X]$ 中是可约的, 考虑 α 使得 $\alpha^p = a$. 设 f 是 α 在 K 上的最小多项式并设 $m = \deg(f)$, 显然 $m < p$. 设

$$f(X) = (X - \alpha_1)(X - \alpha_2) \dots (X - \alpha_m)$$

并引入数字 $r_1 = \alpha$, $r_i = \dfrac{\alpha_i}{\alpha}$, $i \geq 2$. 因为 f 整除 $X^p - a$,有 $r_i^p = 1$. 因此 $(-1)^m f(0) = c\alpha^m$, 其中 c 是某个 p 阶单位根. 因为 $m < p$, 存在整数 u, v 使得 $um + vp = 1$. 于是推出 $(-1)^{um} f^u(0) = c^u \alpha^{1-vp}$. 结合 $\alpha^p = a$, 推出

$$c^u \alpha = (-1)^{mu} f(0)^u a^v = b \in K,$$

于是 $a = \alpha^p = b^p$. 这就完成了问题的困难部分的证明.

我们继续讨论一个非常漂亮的结果, 著名的科恩(Cohn)定理. 它展示了如何产生大量不可约多项式:只需选取质数, 将它们写在任何你想要的基上, 然后用该基上的数字来做一个多项式!

例21.3 设 $b \geq 2$, p 是一个质数. 记

$$p = a_0 + a_1 b + \dots + a_n b^n$$

其中 $0 \leq a_i \leq b - 1$. 那么多项式

$$f(X) = a_n X^n + a_{n-1} X^{n-1} + \dots + a_1 X + a_0$$

在 $\mathbb{Q}[X]$ 中不可约.

(Cohn's theorem)

解答. 显然 $\gcd(a_0, a_1, \ldots, a_n) = 1$, 所以由高斯引理足以证明 f 在 $\mathbb{Z}$ 上不可约. 首先, 我们讨论 $b > 3$ 的情况, $b = 2$ 的情况更难一点. 假设

$$f(X) = g(X)h(X)$$

是 f 的非平凡因式分解. 因为 p 是一个质数, 数字 $g(b)$ 和 $h(b)$ 之一等于 1 或 -1, 令这个数字是 $g(b)$, 而 $x_1, x_2, \ldots, x_n$ 为 f 的零点, 则存在 $\{1, 2, \ldots, n\}$ 的一个子集 A 满足

$$g(X) = a \prod_{i \in A} (X - x_i).$$

我们现在证明了一个有用的结果.

引理21.1 f 的每个复零点都有非正实部或其绝对值小于 $\dfrac{1 + \sqrt{4b-3}}{2}$.

证明. 证明很难, 但并不复杂. 观察到, 若 $|z| > 1$ 且 $\operatorname{Re}(z) > 0$, 则 $\operatorname{Re}\left(\dfrac{1}{z}\right) > 0$, 根据三角不等式

$$
\begin{aligned}
\left| \frac{f(z)}{z^n} \right| &\geq \left| a_n + \frac{a_{n-1}}{z} \right| - (b-1)\left(\frac{1}{|z|^2} + \ldots + \frac{1}{|z|^n} \right) \\
&> \operatorname{Re}\left(a_n + \frac{a_{n-1}}{z} \right) - \frac{b-1}{|z|^2 - |z|} \\
&\geq \frac{|z|^2 - |z| - (b-1)}{|z|^2 - |z|}.
\end{aligned}
$$

所以若 $f(z) = 0$ 且 $\operatorname{Re}(z) > 0$, 则

$$|z| \leq 1 \quad \text{或} \quad |z| < \frac{1 + \sqrt{4b-3}}{2}$$

这就建立了引理. $\qquad\qquad\square$

现在仍然需要巧妙地应用这个结果. 我们断言对于 f 的任意零点 x_i 有 $|b - x_i| > 1$. 事实上, 若 $\operatorname{Re}(x_i) \leq 0$, 一切都清楚了. 否则

$$|b - x_i| \geq b - |x_i| > b - \frac{1 + \sqrt{4b-3}}{2} \geq 1,$$

若 $b \geq 3$ 你可以很容易地验证. 故 $|g(b)| > 1$, 矛盾.

现在来看非常难的情况, $b = 2$. 我们将提供一个非常漂亮的解决方案, 由Alin Bostan 提供. 想法是要证明对于f的任意零点x_i有$|2-x_i| > |1-x_i|$. 保留先前的符号, 我们将推断$1 = |g(2)| > |g(1)|$, 于是$g(1) = 0$. 这意味着$f(1) = 0$, 显然不可能. 现在取x为f的一个零点并观察到若$|2-x| < |1-x|$, 则$\mathrm{Re}(x) > \left(\dfrac{3}{2}\right)$, 所以若$y = \dfrac{1}{x}$ 有$|y| < 1$, 且y 满足关系式

$$y^n + \left(\frac{1}{2} \pm \frac{1}{2}\right) y^{n-1} + \ldots + \left(\frac{1}{2} \pm \frac{1}{2}\right) y + 1 = 0.$$

乘以y^{n+1} 并把两个关系式相加, 我们得到同一类型的关系式, (但是随着n 的增加) 通过重复这个论述, 我们推断存在无数多个N 使得y 满足关系式

$$y^N + \left(\frac{1}{2} \pm \frac{1}{2}\right) y^{N-1} + \ldots + \left(\frac{1}{2} \pm \frac{1}{2}\right) + 1 = 0.$$

或写作

$$1 + \frac{1}{2} \cdot (y + y^2 + \ldots + y^N) = \frac{1}{2} \cdot (\pm y \pm y^2 \pm \ldots \pm y^N).$$

三角形不等式意味着对无数个N有

$$\left| \frac{2 - y - y^{N+1}}{2(1-y)} \right| \leq \frac{|y| - |y|^{N+1}}{2(1-|y|)}$$

考虑到$|y| < 1$, 由上面的不等式推出

$$\left| \frac{2 - y}{1 - y} \right| \leq \frac{|y|}{1 - |y|}.$$

最后一个不等式意味着

$$\left| \frac{2x - 1}{x - 1} \right| \leq \frac{1}{|x| - 1} \leq 2$$

于是$|2x - 1| \leq |2x - 2|$, 对于$\mathrm{Re}(x) \geq \dfrac{3}{2}$这是不可能的. 这就完成了断言的证明, 也解决了这个难题.

我们在这一章的最后, 介绍一个来自佩隆的非常漂亮的准则和一个困难的塞尔默(Selmer)定理. 佩隆的准则与第一个例子非常相似, 但是要证明它要困难得多:它指出如果多项式的一个系数"太大", 那么这个多项式是不可约的. 下面是准确的叙述.

例21.4 设 $f(X) = X^n + a_{n-1}X^{n-1} + \ldots + a_1 X + a_0$ 是一个整系数多项式. 若 $|a_{n-1}| > 1 + |a_0| + |a_1| + \ldots + |a_{n-2}|$ 且 $a_0 \neq 0$, 则 f 在 $\mathbb{Q}[X]$ 中不可约.

(Perron)

解答. 我们将证明 f 在复平面的单位闭圆外恰有一个零点. 这表明 f 在 $\mathbb{Z}[X]$ 不可约, 且由高斯引理它在 $\mathbb{Q}[X]$ 也不可约. 显而易见 f 在单位圆周上无零点, 因为若 z 是这样一个零点, 则

$$|a_{n-1}| = |a_{n-1}z^{n-1}| = |z^n + a_{n-2}z^{n-2} + \ldots + a_1 z + a_0| \leq 1 + |a_0| + \ldots + |a_{n-2}|,$$

矛盾. 另一方面, $|f(0)| \geq 1$, 根据 Viéte 公式 f 至少有一个零点在单位圆外. 记这个零点为 x_1, 并设 f 的其他零点为 $x_2, \ldots, x_n$. 设

$$g(X) = X^{n-1} + b_{n-2}X^{n-2} + \ldots + b_1 X + b_0 = \frac{f(X)}{X - x_1}.$$

通过识别公式 $f(X) = (X - x_1)g(X)$ 中的系数, 推出

$$a_{n-1} = b_{n-2} - x_1, \ a_{n-2} = b_{n-3} = b_{n-2}x_1, \ldots, \ a_1 = b_0 - b_1 x_1, \ a_0 = -b_0 x_1.$$

因此假设条件 $|a_{n-1}| > 1 + |a_0| + |a_1| + \ldots + |a_{n-2}|$ 可以重写为

$$|b_{n-2} - x_1| > 1 + |b_{n-3} - b_{n-2}x_1| + \ldots + |b_0 x_1|.$$

考虑到

$$|b_{n-2}| + |x_1| \geq |b_{n-2} - x_1|$$

和

$$|b_{n-3} - b_{n-2}x_1| \geq |x_1||b_{n-2}| - |b_{n-3}|, \ldots, |b_0 - b_1 x_1| \geq |b_1||x_1| - |b_0|,$$

能够推出

$$|x_1| - 1 > (|x_1| - 1)(|b_0| + |b_1| + \ldots + |b_{n-2}|)$$

且由于 $|x_1| > 1$, 所以

$$|b_0| + |b_1| + \ldots + |b_{n-2}| < 1.$$

使用基于三角形不等式的论述, 类似于第一个示例, 立即推出 g 在单位圆内有唯一零点, 这表明 f 在单位圆外恰有一个零点. 准则证明完毕.

上述解决方案来自 Laurenţiu Panaitopol, 这个准则的经典证明利用了儒歇 (Rouché) 定理, 它也是一个非常强大的工具, 我们更喜欢用一个非常特殊

但常见的多项式和圆的例子来证明它.

定理21.1 (儒歇定理).   设 P,Q 是两个复系数多项式,且 R 是一个正实数. 若 P,Q 满足不等式 $|P(z) - Q(z)| < |Q(z)|$,其中 z 为以原点为中心、半径为 R 的圆周上的所有点,则两个多项式在此圆内具有相同数量的零点,并计算多重数.

证明.   这个定理的证明不是初等的,但是用一点微积分,就可以很优雅地证明它. 设 L 为所有可微的,具有连续导数的弧 $\gamma : [0, 2\pi] \to \mathbb{C}$ 的集合,满足 $\gamma(0) = \gamma(2\pi)$ 和 γ 不会消失. $\gamma \in L$ 的指标定义为

$$I(\gamma) = \frac{1}{2i\pi} \cdot \int_0^{2\pi} \frac{\gamma'(t)}{\gamma(t)} dt. \tag{21.1}$$

我们断言 $I(\gamma)$ 是一个整数. 事实上, 考虑

$$K(t) = e^{\int_0^t \frac{\gamma'(x)}{\gamma(x)} dx}$$

并注意到 K 是可微的,以及

$$K'(t) = K(t) \cdot \frac{\gamma'(t)}{\gamma(t)}$$

则 $\dfrac{K(t)}{\gamma(t)}$ 是一个连续函数. 所以,由 $\gamma(0) = \gamma(2\pi)$, 必有 $K(0) = K(2\pi)$, 恰好说明 $I(\gamma)$ 是一个整数. 下列结果对证明是必要的.

引理21.2 在不包含原点的圆中的弧 $\gamma \in L$ 的指数是0.

证明.   设 $B(x,r)$ 为以 x 为圆心,半径 $r > 0$ 的圆, 假设 γ 含在不含原点在内的 $B(\omega, s)$ 中(于是 $s < |\omega|$), 即对于所有 t, $|\gamma(t) - \omega| < s$. 目的是做一个 γ 的连续变形, 保持指数不变, 在某一时刻, 新曲线的指数可以被简单地计算出来. 为此取 $u \in [0,1]$ 并考虑在 $[0, 2\pi]$ 上应用

$$f_u(t) = u\gamma(t) + (1-u)\omega$$

不等式表明 $f_u \in L$ 且这条弧在 $B(\omega, s)$ 内. 另一方面, 我们断言映射 $\phi(u) = I(f_u)$ 是连续的. 因为它只取整数值(根据前面的标注), 故必为常数. 因此, $I(\gamma) = I(f_1) = I(f_0) = 0$. 所以, 让我们证明 $I(f_u)$ 对于 u 是连续的. 事实上, 注意到

$$\left| \frac{f_u'(t)}{f_u(t)} - \frac{f_v'(t)}{f_v(t)} \right| = \left| \frac{\omega(u-v)\gamma'(t)}{(u\gamma(t) + (1-u)\omega)(v\gamma(t) + (1-v)\omega)} \right|$$
$$\leq \frac{|\omega| \cdot |u-v| \cdot |\gamma'(t)|}{(|\omega| - s)^2}$$

因为$|u\gamma(t) + (1-u)\omega| \geq |\omega| - |u| \cdot |\gamma(t) - \omega| \geq |\omega| - s$，对这个不等式应用积分推出$I(f_u)$满足

$$|I(f_u) - I(f_v)| \leq \frac{|\omega|}{2\pi(|\omega| - s)^2} \cdot \int_0^{2\pi} |\gamma'(t)| dt \cdot |u - v|,$$

这就证明了$I(f_u)$连续, 引理证毕. □

这个引理意味着L中两条足够接近的曲线具有相等的指数. 事实上, 假设γ_1和γ_2属于L且对于所有t满足$|\gamma_1(t) - \gamma_2(t)| < |\gamma_2(t)|$. 那么对于所有$t$圆弧$\gamma(t) = \dfrac{\gamma_1(t)}{\gamma_2(t)}$满足$|\gamma(t) - 1| < 1$. 因为$|\gamma(t) - 1|$在紧区间$[0, 2\pi]$也连续, 推出它的最大值小于1, 即存在一个不包含原点的圆包含γ. 由引理, γ有指数0. 但快速计算表明$I(\gamma) = I(\gamma_1) - I(\gamma_2)$. 于是$\gamma_1$和$\gamma_2$具有相同的指数. 最后, 让我们证明这个特殊的Rouché定理. 考虑弧$\gamma_1(t) = P(Re^{it})$和$\gamma_2(t) = Q(Re^{it})$. 观察到不等式$|P(z) - Q(z)| < |Q(z)|$, 意味着γ_i不会在$[0, 2\pi]$消失. 于是γ_1, γ_2属于L且$|\gamma_1(t) - \gamma_2(t)| < |\gamma_2(t)|$. 这样两条弧有相同的指数. 但对于多项式$P$很容易计算出相关曲线的指数! 事实上, 假设

$$P(z) = a(z - z_1)(z - z_2) \ldots (z - z_n),$$

其中z_i不必不同. 那么显而易见

$$\frac{P'(z)}{P(z)} = \sum_{i=1}^{n} \frac{1}{z - z_i} \tag{21.2}$$

这表明若$\gamma(t) = P(Re^{it})$, 则

$$I(\gamma) = \frac{R}{2\pi} \cdot \sum_{j=1}^{n} \int_0^{2\pi} \frac{e^{it} dt}{Re^{it} - z_j}.$$

现在我们看到$|z_j| \neq R$. 假设$|z_j| < R$. 那么

$$\int_0^{2\pi} \frac{e^{it} dt}{Re^{it} - z_j} = \frac{1}{R} \int_0^{2\pi} \frac{dt}{1 - \frac{z_j}{R} e^{-it}} = \frac{2\pi}{R}.$$

事实上,

$$\frac{1}{1 - \frac{z_j}{R} e^{-it}} = 1 + \sum_{m \geq 1} \frac{z_j^m}{R^m} e^{-imt},$$

和e^{-imt} 对所有$m \geq 1$在$[0, 2\pi]$ 上的平均值为0．改变积分和求和的顺序(这是合理的, 因为关于t的一致收敛性)，可以看到

$$\frac{1}{R} \int_0^{2\pi} \frac{dt}{1 - \frac{z_j}{R} e^{-it}} = \frac{2\pi}{R}.$$

现在,同理可证

$$\int_0^{2\pi} \frac{e^{it} dt}{Re^{it} - z_j} = 0 , \quad |z_j| > R.$$

因此$I(\gamma)$正好是以原点为中心的半径为R的圆内P的零点个数. 定理证毕.　□

注意到佩隆准则立即解决了以下的IMO问题: 多项式$X^n + 5X^{n-1} + 3$在$\mathbb{Q}[X]$中不可约, 仅因为"5大于4!". 这里有两个更好的例子, 这个准则非常有效. 第一个问题的证明来自Mikhail Leipnitski.

例21.5 设$f_1, f_2, \ldots, f_n$ 为整系数多项式. 证明存在一个可约多项式$g \in \mathbb{Z}[X]$, 使得所有多项式$f_1 + g,\ f_2 + g, \ldots,\ f_n + g$ 在$\mathbb{Q}[X]$中不可约.

(Iranian Olympiad)

解答. 应用佩隆准则,显然若M足够大,且

$$m > \max(\deg(f_1), \deg(f_2), \ldots, \deg(f_n))$$

多项式

$$X^{m+1} + MX^m + f_i(X)$$

在$\mathbb{Q}[X]$中都不可约. 所以我们可以选择

$$g(X) = X^{m+1} + MX^m.$$

例21.6 设$(f_n)_{n \geq 0}$ 是斐波那契数列, 定义为

$$f_0 = 0,\ f_1 = 1 \ 且 f_{n+1} = f_n + f_{n-1}.$$

证明对于任意$n \geq 2$, 多项式

$$X^n + f_n f_{n+1} X^{n-1} + \ldots + f_2 f_3 X + f_1 f_2$$

在$\mathbb{Q}[X]$中不可约.

(Valentin Vornicu, Mathlinks Contest)

解答. 根据佩隆准则, 只需证明不等式

$$f_{n+1}f_n > f_n f_{n-1} + \ldots + f_2 f_1 + 1 \, , \ n \ge 3.$$

对于$n = 3$ 不等式显然成立. 假设不等式对于n成立,于是

$$f_{n+1}f_n + f_n f_{n-1} + \ldots + f_2 f_1 + 1 < f_{n+1}f_n + f_{n+1}f_n < f_{n+2}f_{n+1},$$

因为它显然等价于$2f_n < f_{n+2} = f_{n+1} + f_n$. 证明了归纳步骤，也证明了$n \ge 3$的情况.

最后，介绍一个不可约性问题的非常困难的例子，它可以通过研究多项式的根来解决. 并推广了一个经典的结果：若p 是一个质数, $X^p - X - 1$ 在有理数域上不可约.

例21.7 证明$X^n - X - 1$对于所有n 在$\mathbb{Q}[X]$ 上不可约.

(Selmer's theorem)

解答. 让我们考虑一个因式分解$X^n - X - 1 = f(X)g(X)$, 其中f, g是整数非恒定多项式.

不难验证$X^n - X - 1$ 有不同的复根. 于是f 会有一些$X^n - X - 1$的根$z_1, z_2, \ldots, z_s$, 它们两两不同. 基本观察结果如下.

引理21.3 对于$X^n - X - 1$的每个根z 有

$$2\mathrm{Re}\left(z - \frac{1}{z}\right) > \frac{1}{|z|^2} - 1.$$

证明. 由$z = re^{it}$, 不等式化为

$$(1 + 2r\cos t)(r^2 - 1) > 0.$$

然而,

$$r^{2n} = |z|^{2n} = |z+1|^2 = 1 + 2r\cos t + r^2,$$

于是只需$(r^{2n} - r^2)(r^2 - 1) > 0$. 这是显然的. □

应用引理, 推出

$$2\mathrm{Re}\left(z_1 - \frac{1}{z_1}\right) + 2\mathrm{Re}\left(z_2 - \frac{1}{z_2}\right) + \ldots + 2\mathrm{Re}\left(z_s - \frac{1}{z_s}\right)$$
$$> \frac{1}{|z_1|^2} + \frac{1}{|z_2|^2} + \ldots + \frac{1}{|z_s|^2} - s \geq 0,$$

根据均值不等式, 因为 $|z_i|$ 的积恰是 $|f(0)| = 1$. 于是

$$\mathrm{Re}\left(z_1 - \frac{1}{z_1}\right) + \mathrm{Re}\left(z_2 - \frac{1}{z_2}\right) + \ldots + \mathrm{Re}\left(z_s - \frac{1}{z_s}\right) > 0.$$

另一方面, 因为 f 首项系数为 1 且整系数,

$$\mathrm{Re}\left(z_1 - \frac{1}{z_1}\right) + \mathrm{Re}\left(z_2 - \frac{1}{z_2}\right) + \ldots + \mathrm{Re}\left(z_s - \frac{1}{z_s}\right)$$

是一个整数, 所以至少是 1. 对于 g 同理可推出

$$\mathrm{Re}\left(z_1 - \frac{1}{z_1} + z_2 - \frac{1}{z_2} + \ldots + z_n - \frac{1}{z_n}\right) \geq 2,$$

其中 $z_1, z_2, \ldots, z_n$ 是 $X^n - X - 1$ 所有的根. 但是, 这是不可能的,因为根据 Viéte 公式

$$z_1 - \frac{1}{z_1} + z_2 - \frac{1}{z_2} + \ldots + z_n - \frac{1}{z_n} = 1.$$

这表明任何这样的分解都是不可能的, 所以 $X^n - X - 1$ 在 $\mathbb{Z}[X]$ 上不可约. 我们现在只需要应用高斯引理来获得一个完整的证明.

我们现在来证明著名的卡佩利定理. 正如我们将立即看到的, 这是一个非常强大的判断多项式不可约性的准则, 尽管证明起来非常容易, 然而, 这似乎并不为人所知, 尤其是在数学竞赛中. 我们感谢 Marian Andronache 向我们展示了这个惊人的结论及其一些结果.

例21.8 设 K 是 $\mathbb{C}$ 的一个子域且 $f, g \in K[X]$. 令 α 是 f 的一个复根并假设 f 在 $K[X]$ 上不可约,而 $g(X) - \alpha$ 在 $K[\alpha][X]$ 上不可约.那么 $f(g(X))$ 在 $K[X]$ 上不可约.

(Capelli's theorem)

解答. 定义 $h(X) = g(X) - \alpha$, 并考虑多项式 h 的一个零点 β. 因为 $f(g(\beta)) = f(\alpha) = 0$, β 在 K 上是代数的, 设 $\deg(f) = n$, $\deg(h) = m$, s 是 β 在 K 上的最小多项式. 如果我们成功地证明了 $\deg(s) = mn$, 那么就完成了证

明. 因为s 在K 上不可约且s 整除$f(g(X))$, 它是mn次的, 所以, 让我们假设相反, 使用辗转相除法, 有

$$s = r_{n-1}g^{n-1} + r_{n-2}g^{n-2} + \ldots + r_1g + r_0,$$

其中$\deg(r_i) < m$. 因此

$$r_{n-1}(\beta)\alpha^{n-1} + \ldots + r_1(\beta)\alpha + r_0(\beta) = 0.$$

根据β的幂的递增把项分组, 我们从上一个关系推导出一个方程

$$k_{m-1}(\alpha)\beta^{m-1} + \ldots + k_1(\alpha)\beta + k_0(\alpha) = 0.$$

这里多项式k_i 的系数属于K 且至多$n-1$次. 因为h在$K(\alpha)[X]$上不可约, β 在$K(\alpha)$上的最小多项式是h ,于是它是m次. 所以最后一个关系式意味着

$$k_{m-1}(\alpha) = \ldots = k_1(\alpha) = k_0(\alpha) = 0.$$

因为f 在$K[X]$上不可约, α 的最小多项式为n次, 且由于$\deg(k_i) < n$, 必有$k_{m-1} = \ldots = k_1 = k_0 = 0$. 这表明$r_{n-1} = \ldots = r_1 = r_0 = 0$ 并且$s = 0$, 这显然矛盾. 这表明s为mn次, 于是它等于$f(g(X))$ 且这个多项式不可约.

前面的证明可以用一个更短的概念形式来写, 使用一些域扩展的基本事实. 即, 设β是$g - \alpha$的一个零点. 那么$[K(\alpha,\beta) : K(\alpha)] = \deg(g)$,因为$g - \alpha$ 不可约, 所以β 在$K(\alpha)$上的最小多项式也是不可约的. 另一方面, f 在K上不可约, 它是α 在K上的最小多项式,于是

$$[K(\alpha) : K] = \deg(f).$$

因此, 根据扩展中阶的可乘性,

$$[K(\alpha,\beta) : K] = \deg(f) \cdot \deg(g).$$

另一方面, $\alpha = g(\beta)$, 所以$K(\alpha,\beta) = K(\beta)$, 于是$\beta$ 在K 上至少为$\deg(f) \cdot \deg(g) = \deg(f(g(X)))$次. 因为$f(g(X))$ 有β 作为零点, 推出它是β 在K 上的最小多项式,所以它在K上不可约.

利用前面的结果, 我们得到了最近罗马尼亚TST 的两个难题的一个推广(一个更一般的陈述).

例21.9 设f 是整系数的一元多项式且p 是一个质数. 若f 在$\mathbb{Z}[X]$上不可约且$\sqrt[p]{(-1)^{\deg(f)}f(0)}$ 是无理数, 则$f(X^p)$ 在$\mathbb{Z}[X]$上也不可约.

解答. 考虑α 为f的一个复零点,设

$$n = \deg(f) \ , \ g(X) = X^p$$

$h = g - \alpha$. 应用前面的结果,可以证明h 在$\mathbb{Q}[\alpha][X]$上不可约. 因为$\mathbb{Q}[\alpha]$属于$\mathbb{C}$可以证明α 不是$\mathbb{Q}[\alpha]$的元素的p次方. 假设存在$u \in \mathbb{Q}[X]$至多为$n-1$次,使得$\alpha = u^p(\alpha)$成立, 设$\alpha_1, \alpha_2, \ldots, \alpha_n$ 是f的零点. 因为f不可约且α是它的一个零点, f 是α的最小多项式, 所以f 一定可以整除$u^p(X) - X$, 所以

$$\alpha_1 \cdot \alpha_2 \cdot \ldots \cdot \alpha_n = (u(\alpha_1) \cdot u(\alpha_2) \ldots u(\alpha_n))^p$$

是有理数. 但是$\alpha_1 \cdot \alpha_2 \cdot \ldots \cdot \alpha_n = (-1)^n f(0)$, 意味着$\sqrt[p]{(-1)^n f(0)} \in \mathbb{Q}$, 矛盾.

直接应用卡佩利定理可以解决下列问题是个简单的方法.

例21.10 证明对每个正整数n, 多项式

$$f(X) = (X^2 + 1^2)(X^2 + 2^2) \ldots (X^2 + n^2) + 1$$

在$\mathbb{Z}[X]$上不可约.

(Japan 1999)

解答. 考虑多项式

$$g(X) = (X + 1^2)(X + 2^2) \ldots (X + n^2) + 1.$$

首先证明多项式在$\mathbb{Z}[X]$上不可约. 假设$g(X) = F(X)G(X)$, 其中$F, G \in \mathbb{Z}[X]$ 非常数. 那么对任意$1 \le i \le n$, $F(-i^2)G(-i^2) = 1$. 于是$F(-i^2)$ 和$G(-i^2)$ 等于1 或-1 ,且因为它们的积是1, 必有$F(-i^2) = G(-i^2)$, $1 \le i \le n$, 即$F - G$被$(X + 1^2)(X + 2^2) \ldots (X + n^2)$整除, 且因为它至多$n-1$次, 所以必是零多项式. 所以$g = F^2$ 且$(n!)^2 + 1 = g(0)$ 必是一个完全平方. 这显然是不可能的, 所以g 不可约. 现在我们要做的就是在例21.4中应用这个结果.

Sophie Germain 的公式

$$m^4 + 4n^4 = (m^2 - 2mn + 2n^2)(m^2 + 2mn + 2n^2)$$

表明多项式$X^4 + 4a^4$ 在$\mathbb{Z}[X]$ 中对于所有整数a是可约的. 然而, 要找到一个形式为$X^n + a$的多项式的不可约性准则并非易事, 下面的结果非常特别, 同时也表明这个问题不是一个容易的问题. 实际上, 存在一个通用的判据, 也就是卡佩利准则: 对于有理数a和$m \ge 2$, 多项式$X^m - a$ 在$\mathbb{Q}[X]$上不可约, 当且仅当$\sqrt[p]{a}$对于任意质数p 整除m都是不合理的, 若$4 \mid m$, a 不会是$-4b^4$, 其

中b 是有理数.

例21.11 设整数$n \geq 2$，K 是$\mathbb{C}$的子域. 若多项式

$$f(X) = X^{2^n} - a \in K[X]$$

在$K[X]$上可约, 则存在$b \in K$ 满足$a = b^2$, 或存在$c \in K$ 满足$a = -4c^4$.

解答. 假设相反, 即$X^2 - a$ 在$K[X]$上不可约. 设α 是这个多项式的一个零点. 首先, 我们将证明$X^4 - a$在$K[X]$上不可约. 应用在例21.8中的结果, 足以证明$X^2 - \alpha$ 在$K[\alpha][X]$上不可约. 如果这不成立, 那么有$u, v \in K$ 使得$\alpha = (u + \alpha v)^2$, 也可以写作$v^2\alpha^2 + (2uv - 1)\alpha + u^2 = 0$. 因为$\alpha^2 \in K$ 和α 不属于K, 所以$2uv = 1$ 且$u^2 + av^2 = 0$. 于是$a = -4u^4$,取$c = u$, 矛盾. 因此$X^2 - \alpha$ 在$K[\alpha][X]$ 上不可约, 且$X^4 - a$ 在$K[X]$上不可约. 现在, 我们将通过对n的归纳来证明以下断言: 对$\mathbb{C}$的任意子域K 和任意不是形如b^2或$-4c^4$ 的$a \in K$,其中$b, c \in K$, 多项式$X^{2^n} - a$ 在$K[X]$上不可约. 假设对于$n - 1$成立, 取α为$X^2 - a$的一个零点. 当$x \in K$ 时设K^t 是x^t 的集合. 那么同上讨论可以证明α 不属于$-K^2[\alpha]$ (于是不属于$-4K^4[\alpha]$), 且不属于$K^2[\alpha]$. 所以$X^{2^{n-1}} - \alpha$ 在$K[\alpha]$上不可约. 同理可证$X^{2^{n-1}} + \alpha$ 在$K(\alpha)$上不可约. 现在, 观察到

$$X^{2^n} - a = (X^{2^{n-1}} - \alpha)(X^{2^{n-1}} + \alpha),$$

所以它在K上最多有两个不可约的因式. 若它在K上不是不可约, 则它在K 上的一个不可约因式将是$X^{2^{n-1}} + \alpha$ 或$X^{2^{n-1}} - \alpha$, 因此其中一个多项式的系数属于K. 这意味着$\alpha \in K$, 即a 在K中是平方数. 矛盾,证毕.

下面的例子是几年前罗马尼亚队选拔考试中众所周知的难题.

例21.12 证明多项式$(X^2 + X)^{2^n} + 1$对于所有整数$n \geq 0$ 在$\mathbb{Q}[X]$ 上不可约.

(Marius Cavachi, Romanian TST 1997)

解答. 应用卡佩利定理, 足以证明若α 是

$$f(X) = X^{2^n} + 1$$

的一个根(由艾森斯坦定理应用于$f(X + 1)$,它显然在$\mathbb{Q}[X]$上不可约), 则$X^2 + X - \alpha$ 在$\mathbb{Q}[\alpha][X]$上不可约(由前一个问题立即可得). 但这并不困难, 因为2（或3）次多项式只要它有根在该域上, 它就是可约的. 这里, 足以证明我们找不到多项式$g \in \mathbb{Q}[X]$ 满足$g(\alpha)^2 + g(\alpha) = \alpha$. 矛盾地假设$g$是这样一个多项式. 那么, 若$\alpha_1, \alpha_2, \ldots, \alpha_{2^n}$ 是f的根,由f 的不可约性,则对所有i

$$\left(g(\alpha_i) + \frac{1}{2}\right)^2 = \alpha_i + \frac{1}{4}$$

通过将这些关系式相乘，我们推断 $f\left(-\dfrac{1}{4}\right)$ 是有理数的平方(根据对称多项式定理). 但是这意味着 $4^{2^n}+1$ 是一个完全平方,这显然是不可能的.

证明某个多项式不可约的一个非常有效的方法是对适当的质数 p 使用模 p. 有几个准则涉及这个想法，而艾森斯坦的准则可能是最容易陈述和验证的. 它声称若对于整系数多项式

$$f(X) = a_n X^n + a_{n-1} X^{n-1} + \ldots + a_1 X + a_0$$

存在一个质数 p 满足 p 能整除除了 a_n 以外的所有系数，且 p^2 不能整除 a_0，那么 f 在 $\mathbb{Q}[X]$ 上不可约. 证明并不复杂. 首先用其系数的最大公约数整除 f，得到的多项式是本原的，具有相同的性质. 因此我们可以假设 f 是原始的，因此它足以证明在 $\mathbb{Z}[X]$ 上的不可约性. 假设对于一些非常数整数多项式 g, h 有 $f = gh$，并在域 $\mathbb{Z}/p\mathbb{Z}$ 中看这个等式. 设 f^* 是多项式 f 约化模 p. 有 $g^* h^* = a_n X^n$ (按惯例，也将表示 $a_n \pmod{p}$). 这意味着 $g^*(X) = bX^r$ 和 $h^*(X) = cX^{n-r}$，其中 $0 \le r \le n$，且 $bc = a_n$. 首先假设 $r = 0$. 那么对于某个整系数多项式 u，有 $h(X) = cX^n + pu(X)$. 因为 p 不能整除 a_n，不能整除 c，所以 $\deg(h) \ge n$，矛盾. 这表明 $r > 0$，同理 $r < n$. 于是存在整系数多项式 u, v 使得

$$g(X) = bX^r + pu(X) \ , \ h(X) = cX^{n-r} + pv(X).$$

这表明 $a_0 = f(0) = p^2 u(0)v(0)$ 是 p^2 的倍数，矛盾.

在下一个例子之前，请注意艾森斯坦准则的两个重要结果. 首先, 若 p 是一个质数, 则

$$f(X) = 1 + X + X^2 + \ldots + X^{p-1}$$

在 $\mathbb{Q}[X]$ 上不可约. 由高斯引理,并观察到

$$f(X+1) = \frac{1}{X}((1+X)^p - 1)$$

满足艾森斯坦准则的条件. 其次, 对所有 n，在 $\mathbb{Q}[X]$ 上存在一个 n 次不可约多项式. 事实上, 对于 $X^n - 2$，艾森斯坦的准则可以应用于 $p = 2$，且由高斯引理得出结果.

下面的例子比艾森斯坦的准则更普遍,更久远!

例21.13 设 $k = f^n + pg$，其中 $n \ge 1$, p 为质数, f 和 g 是整系数多项式，满足 $\deg(f^n) > \deg(g)$, k 是原始的,且存在一个质数 p 使得 f^* 在 $\mathbb{Z}/p\mathbb{Z}[X]$ 上不可约且 f^* 不能整除 g^*. 那么 k 在 $\mathbb{Q}[X]$ 上不可约.

(Schönemann's criterion)

解答. 假设$k = k_1 k_2$ 是整系数多项式中的一个非平凡因式分解. 通过传递到$\mathbb{Z}/p\mathbb{Z}[X]$ ，我们推断$k_1^* k_2^* = (f^*)^n$. 从假设和这个等式,可以看出存在非负整数u, v, 其中$u + v = n$, 且整系数多项式g_1, g_2 满足$k_1 = f^u + pg_1$ 和$k_2 = f^v + pg_2$, 其中$\deg(g_1) < u \deg(f)$ 且$\deg(g_2) < v \deg(f)$. 从这里我们推断$g = f^u g_2 + f^v g_1 + pg_1 g_2$. 因为$k_1$ 不等于1, 我们有$u > 0$ 且$v > 0$. 不失一般性,假设$u \le v$. 根据前面的关系式存在一个整系数多项式h满足$g = f^u h + pg_1 g_2$. 在$\mathbb{Z}/p\mathbb{Z}[X]$中再次通过这个关系式可以推断$f^*$ 整除g^*, 这与假设矛盾. 所以F 不可约.

以下是上述准则的应用.

例21.14 设p 是形如$4k+3$ 的质数, 且设整数a, b 满足$\min(v_p(a), v_p(b-1)) = 1$. 证明多项式$X^{2p} + aX + b$ 在$\mathbb{Z}[X]$上不可约.

(Laurenţiu Panaitopol, Doru Ştefănescu)

解答. 事实上, $p = 3 \pmod 4$ 确保$X^2 + 1$ 在$\mathbb{Z}/p\mathbb{Z}[X]$上不可约(事实上, 因为是2次式, 足以证明它在$\mathbb{Z}/p\mathbb{Z}$没有根, 在"质数和平方"这一章作为例子证明过). 就像前面的例子,我们试着把$X^{2p}+aX+b$ 写作$(X^2+1)^p+pg(X)$. 取

$$g(X) = \frac{a}{p}X + \frac{b-1}{p} + \frac{1}{p} \cdot \left[\binom{p}{1}X^{2(p-1)} + \binom{p}{2}X^{2(p-2)} + \ldots + \binom{p}{p-1}X^2 \right]$$

立即满足Schonemann 准则的所有条件，从而解决了问题.

现在让我们看一个关于分圆多项式不可约性的漂亮证明. 这不是一个容易的问题，对于不太熟悉这些多项式的读者，让我们先做一个（非常小的）介绍. 设n 是一个正整数，若$n = 1$,定义$\phi_1(X) = X - 1$；若$n > 1$,令

$$\phi_n(X) = \prod_{\gcd(k,n)=1, \, 1 \le k \le n} \left(X - e^{\frac{2ik\pi}{n}} \right) \tag{21.3}$$

根据这个定义很容易证明

$$\prod_{d|n} \phi_d(X) = X^n - 1.$$

由归纳$\phi_n(X) \in \mathbb{Z}[X]$可以直接得出证明. 事实上, 仅观察到$X^n - 1$ 没有重零点, 显然左边整除$X^n - 1$,因为它的每个零点都是$X^n - 1$的零点(从定义显然看

出ϕ_n 没有重零点,且ϕ_n 和ϕ_m 对于不同的m, n互质）,且$\prod_{d|n} \phi_d(X)$的次数是n,

因为$\sum_{d|n} \varphi(d) = n$ (在"越小越好"这一章证明了).

现在证明下述重要结果.

例21.15 对每个正整数n,多项式ϕ_n 在$\mathbb{Q}[X]$上不可约.

解答. 设α 是n阶单位本原根，且p是与n互质的质数，设f 和g 是α 和α^p 在有理数域上的最小多项式. 因为α 是一个代数整数, f, g 有整系数. 又因为$g(\alpha^p) = 0$, 所以f 整除$g(X^p)$. 因为在$\mathbb{Z}/p\mathbb{Z}$ 上有$g(X^p) = g(X)^p$,所以若f^* 和g^* 是多项式f, g 约去模p, 则f^* 在$\mathbb{Z}/p\mathbb{Z}[X]$上整除$(g^*)^p$. 于是, 若$r$ 是f^* 在$\mathbb{Z}/p\mathbb{Z}$的某个代数闭包中的根, 则$g^*(r) = 0$. 现在假设$f \neq g$, 在$\mathbb{Z}[X]$上f和g 均整除ϕ_n. 因为α^p 也是一个单位原始根, 且$f \neq g$ 不可约, 它们互质, 且fg 在$\mathbb{Z}[X]$上整除ϕ_n, 于是f^*g^*整除$X^n - 1$ (看作$\mathbb{Z}/p\mathbb{Z}[X]$上的一个多项式). 但是这是不可能的,因为$r$是多项式$X^n - 1$ 模p的至少二重根, 即在这个代数扩展中还有$nr^{n-1} = 0$. 因为n 和p 互质, 意味着$r = 0$, 这是不可能的, 因为$r^n = 1$.

上述矛盾表明$f = g$, 即α 和α^p 对于所有与n 互质的质数p, 有相同的最小多项式. 立即得出α 和α^k对所有与n互质的k有相同的最小多项式. 因此, α的最小多项式的根必须是所有n阶单位本原根, 因此阶数至少为$\varphi(n)$,意味着它是ϕ_n, 即ϕ_n 不可约.

这个结果有另一个漂亮的证明, 但是它使用了算术级数中有关质数的困难（和非初等）的迪利克雷定理. 设ω 为n阶单位的本原根, 且$s = \varphi(n) = \deg(\phi_n)$. 又设$f$ 是ϕ_n的一个整系数不可约因子, 且以ω为一个零点, 那么f的零点(像在"代数数论简介"这一章见到的一样, 被称为ω的共轭)具有ω^t的形式. 再者, 若ϕ_n 不是不可约, 则f 零点的个数小于s. 现在, 取p 为一个质数. 因为f 首项系数为1且所有零点绝对值为1, 所以$|f(\omega^t)| \leq 2^s$. 但是因为$f(\omega) = 0$, 故$\dfrac{f(\omega^p)}{p}$ 是一个代数整数（这个结果不明显, 在同一章里已证明）, 它的共轭也是形如$\dfrac{f(\omega^{tp})}{p}$的代数整数. 于是若选择$p > 2^s$, 则所有代数整数$\dfrac{f(\omega^p)}{p}$的共轭都在复平面的单位圆内, 因此$f(\omega^p) = 0$ (事实上, 若$x = \dfrac{f(\omega^p)}{p}$ 和g是x的整系数多项式, 则由高斯引理g 有整系数, 所以所有x共轭的绝对值的乘积就是$|g(0)|$; 如果所有共轭都在单位圆内,那么$g(0) = 0$, 且因为g 不可约, $g(X) = X$, 于是$x = 0$). 因此, 对于任意质数$p > 2^s$, ω^p 是f的一个零点. 我们现在要注意的是迪利克雷定理保证了无穷多质数$p \equiv r \pmod{n}$对

于任意 r 满足 $\gcd(r,n)=1$ 的存在性. 所以所有满足 $\gcd(r,n)=1$ 的 ω^r 都是 f 的零点, 说明 $\deg(f) \geq \deg(\phi_n)$, 并证明了 ϕ_n 不可约.

21.2 习题

1. 设 a 和 n 是整数, p 是质数, 且 $p > |a|+1$. 证明 $X^n + aX + p$ 在 $\mathbb{Z}[X]$ 上不可约.

(Laurenţiu Panaitopol, Romanian TST 1999)

2. 设质数 $p > 3$, m,n 是正整数. 证明 $X^m + X^n + p$ 在 $\mathbb{Z}[X]$ 上不可约.

(Laurenţiu Panaitopol)

3. 证明对于所有正整数 d 存在一个一元 d 次多项式 f, 使得对所有 n, $X^n + f(X)$ 在 $\mathbb{Z}[X]$ 上不可约.

4. 设正整数 k,d 大于 1. 证明对于正整数集合任意划分为 k 类, 存在一类, 且在这类中无数个整系数 d 次多项式在 $\mathbb{Z}[X]$ 上不可约.

(Marian Andronache, Ion Savu, Unesco Contest 1995)

5. 求出所有形如

$$X^p + pX^k = pX^l + 1$$

的不可约多项式的个数, 其中 $p > 2$ 是一个确定的质数, k,l 满足 $1 \leq l < k \leq p-1$.

(Valentin Vornicu, Romanian TST 2006)

6. 设 p 和 q 是不同的质数且 $n \geq 3$. 求出所有整数 a 使得 $X^n + aX^{n-1} + pa$ 在 $\mathbb{Z}[X]$ 上可约.

(Chinese TST 1994)

7. 设 n 和 r 是正整数. 证明存在一个 n 次整系数多项式 f, 满足对任意至多 n 次整系数多项式 g, 若 $f-g$ 的系数绝对值至多为 r, 则 g 在 $\mathbb{Q}[X]$ 上不可约.

(Miklos Schweitzer Competition)

8. 证明对于任意 $n \geq 2$, 存在一个具有非零整系数的多项式 f, 对有理数不可约, 且 $|f(x)|$ 是任意整数 x 的组合.

(Chinese TST 2008)

9. 证明对于任意正整数n, 多项式

$$(X^2 + 2)^n + 5(X^{2n-1} + 10X^n + 5)$$

在$\mathbb{Z}[X]$上不可约.

(Laurenţiu Panaitopol, Doru Ştefănescu)

10. 设p 是形如$4k + 3$ 的质数且n 是正整数. 证明$(X^2 + 1)^n + p$ 在$\mathbb{Z}[X]$上不可约.

(N. Popescu, Gazeta Matematică)

11. 是否存在一个成对互质正整数$(a_i)_{i \geq 0}$的无穷序列，使得所有多项式$a_0 + a_1 X + \ldots + a_n X^n$ (其中$n \geq 1$) 对有理数不可约?

(Omid Hatami, Iran TST)

12. 设p 是一个质数, k 是一个不能被p整除的整数. 证明$X^p - X + k$ 在$\mathbb{Z}[X]$上不可约.

13. 设p, q 是奇质数且q不能整除$p - 1$, 且对于不同的整数$a_1, a_2, \ldots, a_n$, 对所有i, j, q 整除$a_i - a_j$. 证明多项式$(X - a_1)(X - a_2) \ldots (X - a_n) - p$ 在$\mathbb{Q}[X]$上不可约.

(Ivan Borsenco, Mathematical Reflections)

14. 设$f(X) = a_m X^m + a_{m-1} X^{m-1} + \ldots + a_1 X + a_0$ 是一个在$\mathbb{Z}[X]$上的m次多项式,定义

$$H = \max_{0 \leq i \leq m-1} \left| \frac{a_i}{a_m} \right|.$$

若对某个整数$n \geq H + 2$, $f(n)$是质数，则f在$\mathbb{Z}[X]$上不可约.

(Ram Murty, AMM)

15. 设p 是一个质数,正整数$n_1 > n_2 > \ldots > n_p$且$d = \gcd(n_1, n_2, \ldots, n_p)$. 证明多项式

$$P(X) = \frac{X^{n_1} + X^{n_2} + \ldots + X^{n_p} - p}{X^d - 1}$$

在$\mathbb{Q}[X]$上不可约.

(Romanian TST 2010)

16. 设f 是一个n次整系数本原多项式,存在不同的整数$x_1, x_2, \ldots, x_n$ 使得

$$0 < |f(x_i)| < \frac{\left\lfloor \frac{n+1}{2} \right\rfloor!}{2^{\left\lfloor \frac{n+1}{2} \right\rfloor}}.$$

证明f 在$\mathbb{Z}[X]$上不可约.

17. 求出所有二次多项式 $f \in \mathbb{Z}[X]$，使得存在 $n \geq 2$ 满足 $f^{2^n} + 1$ 在 $\mathbb{Q}[X]$ 上可约.

(Gabriel Dospinescu, Marian Tetiva)

18. 设 $f \in \mathbb{Z}[X]$ 是次数大于1的多项式,且对于无数多个整数 a, $f(X^2 + aX)$ 在 $\mathbb{Q}[X]$ 上可约，能否推出 f 在 $\mathbb{Q}[X]$ 上可约?

(Gabriel Dospinescu, Mathematical Reflections)

19. 设 f 是 $\mathbb{Q}[X]$ 的 p 次不可约多项式, 其中质数 $p > 2$. 设 $x_1, x_2, \ldots, x_p$ 为 f 的零点.

证明对于任何次数小于 p 的有理系数非常数多项式 g ，数字 $g(x_1), g(x_2), \ldots, g(x_p)$ 是成对不同的.

(Toma Albu, Romanian TST 1983)

20. 设首项系数为1的多项式 $f \in \mathbb{Z}[X]$ 在 $\mathbb{Z}[X]$ 中不可约, 且存在一个正整数 m 使得 $f(X^m)$ 在 $\mathbb{Z}[X]$ 中可约. 证明对任意可以整除 $f(0)$ 的 p，有 $v_p(f(0)) \geq 2$.

(Marian Andronache)

21. 设整数 $d > 1$ ，且 $f(n)$ 是一个所有系数的绝对值都以 n 为界的 d 次多项式在 $\mathbb{Z}[X]$ 上可约的概率. 证明 $f(n) \cdot \dfrac{n}{\ln n}$ 是一个有界序列.

22. 设 a 是非零整数. 证明多项式

$$X^n + aX^{n-1} + \ldots + aX^2 + aX - 1$$

在 $\mathbb{Z}[X]$ 上不可约.

(Marian Andronache, Ion Savu, Romanian Olympiad 1990)

23. 设 f 是整数系数且具有不同整数根的一元多项式. 证明 $f^2 + 1$ 和 $f^4 + 1$ 在 $\mathbb{Q}[X]$ 上不可约.

(Schur)

24. 是否存在一个有理系数多项式 f，使得对于所有 $n \geq 1$, $f(1) \neq -1$ 和 $X^n f(X) + 1$ 对于有理数可约?

(Schinzel)

25. 设 $p_1, p_2, \ldots, p_n$ 是不同的质数. 证明多项式

$$f(X) = \prod_{e_1, e_2, \ldots, e_n = \pm 1} (X + e_1\sqrt{p_1} + e_2\sqrt{p_2} + \ldots + e_n\sqrt{p_n})$$

在 $\mathbb{Z}[X]$ 上不可约.

第 22 章 循环、路径和其他方式

22.1 理论和实例

在关于图的极值性质的一个非常基本的章节之后，是时候看看循环在组合问题中的重要应用了. 在这一章中，我们假设读者对图论的基本概念有一定的了解，这些基本概念可以在任何一本组合学的书中找到，回忆所有的定义都会脱离主题太远，并且篇幅过长会大大减少给出的示例的数量. 既然这个话题很微妙，问题也很难解决，我们认为最好举几个例子. 我们要感谢Adrian Zahariuc 向我们提供了大量有趣的结果和解决方案.

我们从一个简单但重要的结果开始，它在一个更难的证明叙述中被厄多斯扩展了: 如果n个顶点上的图的边数至少为$\dfrac{(n-1)k}{2}$，则至少存在一个长度为$k+1$ (若$k>1$)的周期. 首先证明以下更容易的结果.

例22.1 在具有n个顶点的图G 中，每个顶点的度数至少为k. 证明G 有一个长度至少为$k+1$的循环.

解答. 我们采用极值原理得到简便的解答. 考虑G中最长的链$x_0, x_1, \ldots, x_r$，并观察到毗邻x_0的所有顶点都在这个最长的链中，再者x_0 的度至少是k，我们推断毗邻x_0存在一个顶点x_i，且满足$k \le i \le r$，因此$x_0, x_1, \ldots, x_i, x_0$ 是一个长度至少为$k+1$的循环.

任何具有n个顶点且至少有n个边的图都必须有一个循环，下面的问题是这个事实的一个简单应用.

例22.2 假设标记了$n \times n$网格的$2n$个点. 证明存在$k>1$ ，使得$2k$ 个不同的标记点$a_1, a_2, \ldots, a_{2k}$ 满足对于所有i, a_{2i-1} 和a_{2i}在同一行，而a_{2i} 和a_{2i+1} 在同一列.

(IMC 1999)

解答. 在这里不难发现要处理的图形，将n行和n列看作一个二部图的两个类就足够了.如果对应的行和列的交集被标记，我们就联结两个顶点. 显然，这个图有$2n$个顶点和$2n$条边，所以必须存在一个循环，一个循环的存在等价于（由图的定义）问题的结论.

下面的例子是图论中的一个极值问题，与图兰(Turan)定理的性质相同. 这类问题可以从简单但是琐碎的结果变成极其复杂和难懂的结果. 当然，我们只讨论第一类问题.

例22.3 证明在$n \geq 4$的顶点上且有

$$m > \frac{n + n\sqrt{4n-3}}{4}$$

条边的图至少有一个4-循环.

解答. 让我们用两种不同的方式数数三元数组(c, a, b)的个数，其中顶点a, b, c满足c联结a与b. 对于固定的顶点c，对于数对(a, b)有$d(c)^2 - d(c)$种可能，其中$d(c)$表示c的价，则至少有$\sum_c (d(c)^2 - (d(c))$个数组. 根据柯西—施瓦兹不等式，若m表示图的边数，则

$$\sum_c d(c)^2 - d(c) \geq \frac{4m^2}{n} - 2m. \tag{22.1}$$

现在，若没有4-循环，则对于固定的a与b，在数组(a, b, c)至多有一个顶点c. 因此我们至多得到$n(n-1)$个数组. 那么$\frac{4m^2}{n} - 2m \leq n^2 - n$，意味着$m \leq \frac{n + n\sqrt{4n-3}}{4}$，即条件成立.

回想一下，每个顶点都是2阶的图是循环的不相交并. 事实证明，这个结论在一些非常具有挑战性的问题上是非常有用的. 以下是从不同比赛中获得的一些例子.

例22.4 一家公司想要建造一座2001×2001的大楼，它的门连接着相邻的两个房间（一个是1×1的正方形，如果两个房间有一个共同的边缘，那么它们是相邻的）. 是否有可能每个房间有两扇门？

(Gabriel Caroll)

解答. 让我们用图表来分析情况：假设这种情况是可能的，并考虑图G顶点代表房间，它们之间存在一扇门就可以连接两个房间，然后假设任何顶点的阶数是2. 于是G是不同循环$C_1, C_2, \ldots, C_p$的并. 但是，请注意，任何周期的长度都是均匀的，因为垂直台阶的数量在两个方向上是相同的，水平台阶的数量也是相同的. 因此G的顶点数，即这些循环的长度之和是偶数，这是一个矛盾.

阅读下面这个问题的解决方案，人们可能会说它非常简单，因为它背后没有复杂的想法，但是有许多可能失败的方法，为此它出现在1990 年IMO的问题清单上.

例22.5 设E是一个圆周上$2n-1$ 个点的集合，其中$n > 2$，现在把E的k 个点涂成黑色. 如果至少有一对黑点，使得它们所确定的一条弧正好包含E的n个点，则该着色是可容许的. 什么是最小的k使得E的k个点的任何着色都是可容许的?

(IMO 1990)

解答. 假设图G的顶点是E的黑点，如果在由x和y决定的两条开放弧中的一条上有n个E 的点，则用一条边联结两点x,y ，于是问题变成:什么是最小的k,使得在这个图的任何k个顶点中至少有两个是相邻的? 问题这样叙述就简单多了.由于G中任何顶点的阶数显然是2，因此G是不相交循环的并集. 显然对于长度为r的单循环, k的最小值是$1 + \left\lfloor \dfrac{r}{2} \right\rfloor$. 现在观察到若$2n-1$ 不是3 的倍数，则G 实际上是一个循环(因为$\gcd(n+1, 2n-1) = 1$),而在其他情况G 是长度为$\dfrac{2n-1}{3}$的三个不同循环的并. 所以若$2n-1$ 不是3的倍数且$n-1 = 3\left\lfloor \dfrac{2n-1}{6} \right\rfloor + 1$,最小的$k$ 值是$n = \left\lfloor \dfrac{2n-1}{2} \right\rfloor + 1$.

最后，一个更复杂的例子使用了相同的思想，但是有的地方不明显.

例22.6 考虑平面上以$(0,0)$, $(m,0)$ $(0,n)$, (m,n)为顶点的矩形，其中m和n 是奇正整数. 将矩形分割成满足以下条件的三角形:

(a)对于某些非负整数j,k,每个三角形在$x = j$或$y = k$的线上至少有一条边（称为好边，不好的边称为坏边），这样对应于该边的高度具有长度1;

(b)对于分区的两个三角形,每个坏边都是公共的.证明至少有两个三角形各有两条好边.

(IMO 1990 Shortlist)

解答. 让我们定义一个图G，它的顶点是坏边的中点，边是连接三角形中两个坏边中点的线段. 因此，对于合适的整数k,任何边都平行于矩形的边之一，与矩形的边距离$k + \dfrac{1}{2}$. 另外，很明显任何顶点的阶数都不超过2，所以我们有三种情况:最简单的是当存在孤立顶点时;然后，包含该顶点的边作为公共边的三角形有两条好边;另一个容易的情况是存在一个具有1阶的顶点x，则x是由图的边构成的多边形线的端点，另一端是点y,这是三角形中有两条好边的边的中点，因此，当所有顶点的阶数都为2时，仍然要覆盖"困难"情况. 事实上，我们会证明这种情况是不可能的. 到目前为止，我们还没有使用过m,n是奇数的假设. 建议看一下G的循环. 事实上，我们知道G是一个不相交循环的并. 如果我们设法证明任何循环遍历的平方数都是偶数, 那么表中的单位平方数就是偶数, 这是不可能的, 因为 mn 是奇数. 首先将矩形除以其格点, 得到 mn 个单位平方. 所以, 固定一个循环, 观察从假设中, 任何正方形的中心只包含在一个循环中. 现在, 通过将矩形的单元格交替地用白色和黑色着色, 我们得到了一个棋盘, 在这个棋盘中, 每个循环在白色和黑色的正方形上交替地通过, 因此它通过偶数个正方形. 这证明了 G 不能所有顶点具有 2 阶.

下一个问题已经不那么明显了, 而且解决方案也不是立即的, 因为它需要两个完全不同的论点: 构造和最优性证明. 从一些特殊情况开始通常是最好的方法, 这确实是这里的关键.

例22.7 设 n 为正整数. 假设 n 个航空公司向 N 个城市的居民提供旅行, 满足任何两个城市都有两个方向的直飞航班. 找到最小的 N, 使得我们总能找到一个公司, 它可以提供一个循环中的奇数个着陆点的旅行.

(Adapted after IMO 1983 Shortlist)

解答. 从小值 n 开始, 我们可以猜想: $N = 2^n + 1$. 但是, 如何证明对于 2^n, 问题中的断言并不总是正确的, 以及 $2^n + 1$ 城市中的结论总是正确的, 这一点并不明显. 如果我们只有 2^n 个城市, 结果并不总是正确的. 事实上, 设这些城市为 $C_0, C_1, \ldots, C_{2^n-1}$. 每个小于 2^n 的数字用 n 位数写成基数为 2 的形式 (我们在第一个位置允许零), 让我们通过航空公司提供的航班连接两个城市 C_i 和 C_j, 如果 i 和 j 的第一个数字不同, 则选择航空公司提供的航班 A_1, 如果 i 和 j 的第一个数字相同, 则选择航空公司提供的航班 A_2, 但是两个数字在第二个数位上有所不同, 依此类推. 因为第 i 个数字在 A_i 公司的循环顶点中交替出现, 所以 A_i 实现的所有循环都是偶数. 因此 $N \geq 2^n + 1$. 现在, 我们通过归纳证明这个断言适用于 $N \geq 2^n + 1$. 对于 $n = 1$ 所有结论显然成立, 所以假设 $n - 1$ 时成立. 假设 A_n 公司提供的航班图中的所有周期都是偶数 (否则我们发现了奇数周期). 因此, 由 A_n 提供的航班图是二部的, 即城市中存在一个分区 $B_1, B_2, \ldots, B_m, D_1, D_2, \ldots, D_p$ 使得 A_n 提供的任何航班都将 B_j 的一个城市与 D_k 的一个城市连接起来. 因为 $m + p = 2^n + 1$, 我们可以假设 $m \geq 2^{n-1} + 1$. 但是城市 $B_1, B_2, \ldots, B_m$ 只通过 $A_1, A_2, \ldots, A_{n-1}$ 提供的航班连接, 因此根据归纳假设, 其中一家公司可以提供一个奇数周期循环. 结束归纳并表明 $N = 2^n + 1$ 是所求数字.

接下来是一个很有挑战性的问题, 有一个巧妙的想法.

例22.8 在无限棋盘上放置 111 个不重叠的角, 由 3 个单位的正方形组成的 L 形图形. 假设对于任何角, 包含它的 2×2 正方形完全被角落覆盖. 证明可以删除 1 到 110 个角之间的每个数字, 但属性不变.

(St. Petersburg 2000)

解答.　我们将以矛盾的方式讨论. 假设通过删除109个角, 属性将改变, 那么就不会有2×3的矩形被2个角覆盖. 现在, 定义下面的有向图, 顶点在角上: 对于固定角C, 从它到角画一条边, 这有助于覆盖包含C的2×2正方形. 很明显, 如果在某个角落没有进入的边缘, 我们可以安全地消除那个角落, 矛盾. 因此, 在每一个角都存在一个进入边, 因此所构造的图具有每个边属于某个循环的性质. 我们将证明图不能是111个顶点的循环. 将角的"中心"定义为包含它的2×2正方形的中心. 第一个观察, 没有两个角可以覆盖一个2×3的矩形, 这表明在一个循环中, 顶点中心的x坐标是偶数和奇数交替的. 因此, 循环必须具有偶数长度, 这表明图形本身不能是循环, 因此它至少有两个周期. 但是这样我们就可以安全地把所有的角都去掉, 除了那些最小长度的角, 而且这个属性也会被保留下来, 这又是一个矛盾.

下面的结果特别好.

例22.9　乒乓球比赛有n名选手. 他们中的任何两人只打一次, 不可能平局. 我们知道无论我们如何把他们分为A组和B组, 都有一个A组的球员击败了B组的球员. 证明在比赛结束时, 我们可以让所有的选手坐在一个圆桌上, 这样每个人都能打败他或她的邻居.

解答.　显然, 这个问题是指一个竞赛图, 也就是说, 一个有向图, 其中任何两个顶点都在一个方向上连接, 我们必须证明这个图包含一个哈密尔顿回路. 取最长的初等循环$v_1, v_2, \ldots, v_m$, 其中顶点是成对的, 并取其他一些顶点v. 除非所有的边都从v出来或变成v, 否则有一些i 使得$v_i v$和$v v_{i+1}$ 是边. 那么$v_1, v_2, \ldots, v_i, v, v_{i+1}, \ldots, v_n$是一个较长的基本周期, 矛盾. 因此, 只有两种顶点$v \in V - \{v_i\}$: (A) 所有$v v_i$都是边的顶点; 和 (B) 所有$v_i v$ 都是边的顶点. 如果有A型的a和B型的b构成边ba, 那么我们可以再次构造一个较长的电路: $b, a, v_1, \ldots, v_n$. 所以, 对任意$a \in A$ 和$b \in B$, ab 是一条边. 考虑分区$V = B \cup (A \cup \{v_i\})$. 根据这个假设, 由于两个类之间的所有边都指向$B$, 所以我们必须有$B = \varnothing$. 但是, 再一次$V = A \cup \{v_i\}$ 是一个禁止的分区, 所以$A = \varnothing$. 因此, 此回路是哈密尔顿回路.

在讨论下一个问题之前, 我们需要给出一个非常有用的结果, 这个结果特别容易证明, 但是有有趣的应用. 这就是为什么它会作为一个单独的问题而不是引理来讨论的原因.

例22.10　证明一个图是二部的当且仅当它的所有循环都具有偶数长度.

解答. 结果的一部分是立即的：如果图是二部的，那么很明显它不能有奇数圈，因为在两个分块类中的一个没有内部边. 相反的是有点棘手. 假设一个图G没有奇数圈，从一个任意的顶点v开始你的"旅程"，并把这个顶点涂成白色. 继续遍历图的顶点，将初始顶点的所有相邻点着色为黑色. 以这种方式继续，此时将v的每个邻点视为新行程的初始点，并根据所述规则为新顶点上色，避免已指定颜色的顶点. 我们必须证明你能毫无问题地旅行. 但唯一可能出现的问题是有两条路径指向某个顶点（称为问题顶点），每条路径都会导致不同的颜色. 但这是不可能的，因为所有的周期都是偶数. 实际上，从v到这个问题顶点的任何两条路径都必须具有相同的奇偶性. 因此我们得到了图顶点的一个有效着色，并通过构造证明了G是二部的.

下面是一个应用.

例22.11 一个旅游团由n名游客组成. 其中3人中有2人不熟悉. 在两辆公交车上的每一个游客区，我们总能找到两个在同一辆公交车上的相互熟悉的游客. 证明有一位游客对最多$\dfrac{2n}{5}$名游客熟悉.

(Bulgaria 2004)

解答. 在n个顶点上构造与n个旅游者相对应的图G. 当且仅当游客a和b彼此熟悉时，我们才构造边ab. 根据假设，G不是二部的，所以它一定有一个奇数周期. 设$a_1, a_2, \ldots, a_l$是最小奇数周期. 因为l是奇数且$l > 3$, 必有$l \geq 5$. 显然在a_i中除了$a_i a_{i+1}$没有其他的边. 若某个顶点v连接a_i和a_j, 易知i和j间的"距离"为2, 即$|i - j|$等于2或$l - 2$, 否则存在一个更小的奇数周期. 因此，每一个不属于这个循环的顶点最多只能与a_i相邻. 更重要的是，这个循环的每个顶点都与2个a_i相连. 因此，如果$c(v)$是v与循环顶点之间的边数，$c(v) \leq 2$, 于是对某些k,

$$\sum_{i=1}^{l} d(a_i) = \sum_{v \in V} c(v) \leq 2n \Rightarrow d(a_k) \leq \frac{2n}{l} \leq \frac{2n}{5} \qquad (22.2)$$

解答完毕.

乍一看，以下内容与图形和循环无关,这是阿德里安·扎哈利克(Adrian Zahariuc) 提供的一个精彩的解决方案.

例22.12 棋盘的每一个方格上都写着一个正实数，这样每一行的数字之和正好是1. 众所周知，对于任何8个正方形，没有两个在同一行或同一列中，这些正方形中的数字的乘积不超过主对角线上的数字的乘积. 证明主对角线上的数字之和至少为1.

(St. Petersburg 2000)

解答. 首先，让我们按递增顺序连续地标记行和列$1, 2, \ldots, 8$. 以矛盾的方式假设主对角线上的数字之和小于1. 然后，在第k行上有一些单元格(k, j)，其中写入的数字大于在主对角线上写入的单元格(j, j)中的数字,即同一列中的数字. 把(k, j)涂成红色,在k行和j行之间画一个箭头，其中一些箭头必须形成一个循环. 从属于循环的每一行中，我们选择红色单元格，从所有其他行中，我们选择主对角线上的单元格. 所有这8个单元格都位于不同的行和列中，它们的乘积超过了主对角线上数字的乘积，这是一个矛盾. 因此我们的假设是错误的，主对角线上的数字之和至少是1.

这里有两个非常困难的问题是由阿德里安·扎哈利克提供给我们的.

例22.13 仙境有两家航空公司,任何一对城市都是通过其中一家公司提供的单程航班连接起来的. 证明有一个仙境之城，任何其他城市都可以通过飞机到达，而无需更换公司.

(Iranian TST 2006)

解答. 我们更愿意用图论的方法重新表述这个问题: 给出一个双色（如红色和蓝色）竞赛图$G(V, E)$ (即在任意一对顶点之间恰好有一条边的有向图). 我们必须证明存在一个顶点v, 对于任何其他顶点u, 从v到u存在一个单色有向路径. 这样的点称为"强的". 设$|V| = n$. 我们将对n归纳证明断言.

基本情况是微不足道的. 假设对于$n - 1$成立. 我们将证明对于n成立. 现在假设矛盾,这个断言对某个G来说是不成立的. 根据归纳假设我们知道对某个$v \in V$ 存在某个$s(v) \in V\{v\}$ 在$G - \{v\}$中是强点. 显然,对于所有$v \neq v'$, $s(v) \neq s(v')$, 因为否则$s(v)$ 在G中是强点. 设$f = s^{-1}$, 即对所有v, $s(f(v)) = v$.很明显, 从v开始，我们可以通过单色路径到达除$f(v)$以外的所有点. 对于每个v, 从v到$f(v)$绘制一个箭头. 这些箭头必须形成一个圈. 如果这个循环不包含图的所有n个顶点，根据归纳假设，我们必须在这个图中有一个强顶点，这与我们不能从v到达$f(v)$ 的事实相矛盾. 因此，这个回路是哈密顿回路$v_1, v_2, \ldots, v_n$. 设$v_{n+1} = v_1$. 从v_i, 我们可以到达除v_{i+1}之外的所有顶点，因为$v_{i+1} = f(v_i)$. 我们不能通过两种颜色的路径从u到达v，因为在这种情况下，从u我们可以到达v所能到达的所有点，包括$f(u)$，这是错误的.

对于$v \neq f(u)$, 设$c(uv)$ 为从u 到v的路径.

显然$c(uv) \neq c(vf(u))$. 我们有$c(uv) \neq c(vf(u)) \neq c(f(u)f(v))$, 所以对于$u \neq v \neq f(u)$, $c(uv) = c(f(u)f(v))$. 换言之，

$$c(v_k v_{k+m}) = c(v_{k+1} v_{k+m+1}).$$

基本上，我们只要取$m > 1$ 与n 互质得到任意两点之间通过颜色$c(v_0 v_m)$的路径，我们就完成了.

例22.14 是否存在一个3正则图（即每个顶点具有3 阶），使得任何周期长度至少为30?

(St. Petersburg 2000)

解答. 尽管构建起来并不容易，但答案是：是的，确实有. 我们通过对n的归纳构造了一个3-正则图G_n，使得任意一个循环的长度至少为n. 取$G_3 = K_4$，4 个顶点的完全图. 现在，假设我们已经构造了$G_n(V, E)$并标记了它的边$1, 2, \ldots, m$. 取一个整数$N > n2^m$ 且设$V' = V \times \mathbb{Z}_N$. 如果$G_n$中编号$k$的边是$ab$，我们在$G_{n+1}(V', E')$ 中为所有$x \in \mathbb{Z}_N$ 在(a, x)和$(b, x + 2^k)$之间画一条边. 显然G_{n+1} 是3正则的. 我们证明了G_{n+1}具有期望的性质，即它不包含长度小于$n + 1$的循环. 假设$(a_1, x_1), \ldots, (a_t, x_t)$ 是一个循环，$t \leq n$. 显然，$a_1, a_2, \ldots, a_t$ 是G_n的一个循环. 所以$t = n$，且所有a_i 不同. 我们有

$$0 = (x_1 - x_2) + (x_2 - x_3) + \ldots + (x_n - x_1) \equiv \sum_{j=1}^{n} \pm 2^k j \pmod{N}. \quad (22.3)$$

这个和是非零的，因为所有k_j都是不同的，而且它在绝对值上最多是$n2^m < N$，这是一个矛盾. 因此，这个图具有所有期望的性质，并且归纳结构是完整的.

22.2 习题

1. 证明$n \geq 3$个顶点上的任意图至少有$2 + \binom{n-1}{2}$条边有一个哈密尔顿回路. 如果$2 + \binom{n-1}{2}$替换为较小的数字，该属性是否保持为真？

2. 一些城镇通过公路相连,每个城镇至少有3条路,说明存在一个包含多个城镇的循环，且不是3的倍数.

(Russia 2000)

3. 设n 是一个整数. 我们能否总是给2^n条边的每个顶点指定一个字母a和b,使得从顶点开始并逆时针读取得到的字母序列都是不同的？

(Japan 1997)

4. 在一个$n \times n$表上，实数放在单位正方形中，这样就不会有两行相同的填充. 证明可以删除表的一列，使新表没有两行相同的填充.

(Bulgarian TST 2004)

5. K_n $(n \geq 3)$ 的边用n种颜色着色，且每种颜色都使用了.证明有一个三角形的边有不同的颜色.

(Hungary-Israel Competition 2001)

6. 设G是一个具有$2n+1$个顶点和至少$3n+1$条边的简单图. 证明存在一个具有偶数个边的循环. 证明如果图只有$3n$条边，这并不总是正确的.

(Miklos Schweitzer Competition)

7. 具有2^n+1个顶点的完整图的边用n种颜色着色.证明我们可以找到一个奇数长度的单色循环.

8. 对于给定的$n \geq 2$，找到具有以下性质的最小k：$n \times n$表的任意一组k个单元格包含一个非空子集A，使得表的每一行和每一列中都有偶数个属于A的单元格.

(Poland 2000)

9. 在一个由至少7人组成的社团中，每个成员至少与该社团的其他三个成员交流.证明我们可以把这个社团分成两个非空的群体，这样每个成员至少可以和他们自己群体的两个成员交流.

(Czech-Slovak Match 1997)

10. 在凸多面体的边上画箭头，这样从每个顶点至少有一个箭头指向内，至少有一个箭头指向外. 证明存在多面体的一个面，使得其边上的箭头形成一个电路.

(Dan Schwartz, Romanian TST 2005)

11. 一个城市的每一条街道都连接着两个广场，任何一个广场都可以从任何一条街道到达. 总督发现，如果他关闭任何路线上所有没有经过任何广场一次以上的广场，那么任何其他广场都可以到达.证明有一条圆形路线穿过城市的每一个广场恰好一次.

(S. Berlov, Tuymaada Olympiad 2008)

12. 给定一个数的矩形阵列，在每行每列中所有数字的和都是整数. 证明数组中的每个非整数x都可以转换为$\lceil x \rceil$或$\lfloor x \rfloor$，从而使行和列之和保持不变.

(IMO Shortlist 1998)

13. 一个国家有25个城镇,找出可以建立连接这些城镇的双向飞行路线的最小k，以便满足以下条件：
(a) 从每个城镇出发，正好有k条直达其他k个城镇的路线;

(b) 如两个城镇并非以直达路线连接，则有一个城镇有直达这两个城镇的路线.

(Vietnamese TST 1997)

14. 数学竞赛有$2n$个学生,他们每个人都向陪审团提出一个问题.最后，陪审团给每个学生一个提交的问题.如果有n个学生从其他n个参与者那里接收到他们的问题，那么比赛是公平的. 证明以公平竞争为终点的问题的分布数是一个完全平方.

(Romanian TST 2003)

15. 在一个连通的简单图中，每个顶点至少有三个阶. 证明存在一个循环，使得在移除这个周期的边之后，新的图仍然是连接的.

(Kömal)

16. 一个顶点为$v_1, v_2, \ldots, v_n$的简单图G没有孤立的顶点.证明存在$I \subset \{v_1, v_2, \ldots, v_n\}$且具有下述性质

(a) $|I| \geq \displaystyle\sum_{i=1}^{n} \frac{2}{\deg v_i + 1}$.

(b)G的每个循环至少包含一个不属于I的顶点.

(Darij Grinberg)

17. 设G是一个有n个顶点的图，且满足每个顶点的阶严格大于$\dfrac{2n}{5}$. 如果这个图不包含三角形，则它是二部的.

(Andrasfai, Erdös, Sos)

18. 一个连通图有1998 个顶点，每个顶点有3 阶，证明一个可以删除200个顶点，且没有两个顶点通过边连接，这样生成的图仍然是连接的.

(Russia 1998)

第 23 章 多项式的一些特殊应用

23.1 理论和实例

毫无疑问, 多项式在数学的任何领域都是一个强大的工具, 因为它们设法在分析和代数之间建立了一种微妙的联系: 一方面, 把它们看作是形式级数在算术和组合数学中很方便, 另一方面, 它们的分析性质 (零点的位置, 复分析性质等) 对于有效的估计特别有趣. 本章的目的是介绍这些思想在数论和组合数学中的一些引人注目的应用. 我们将只触及表面, 但我们相信, 即使是这一小部分, 也将向读者展示这个深刻的数学对象多项式. 将要讨论的一个特别重要的结果是来自Noga-Alon的"革命性的组合零", 它很好地展示了代数方法在组合学中的威力.

我们像往常一样, 从一个非常简单的问题开始. 然而, 这并不完全是微不足道的, 因为有许多方法可能会失败. 纯粹的代数解既简单又有见地.

例23.1 在空间中是否有一组点在有限的非零个点的数目上切割任何平面?

(IMO 1987 Shortlist)

解答. 想法很简单: 取一个集合A 为形如$(f(t), g(t), h(t))$的点集, 我们要求函数f, g, h, 使得对于任意不全为零的a, b, c 和任意d, 方程

$$af(t) + bg(t) + ch(t) + d = 0$$

有有限个非零解. 这意味着恰当地取多项式f, g, h, 众多选择之一是$f(t) = t^5$, $g(t) = t^3$ 且$h(t) = t$. 事实上, 方程

$$at^5 + bt^3 + ct + d = 0$$

显然有有限个解并且至少有一个, 因为任何奇数次多项式至少有一个实根, 这表明存在这样的集合.

你很可能知道这个经典的问题, 若$2^n + 1$ 是一个质数, 则n 是2的幂(不知道的读者在讨论下一个问题之前, 应该先考虑一下). 下面的例子是对这个经典结果的一个改编, 但是它没有被引用的问题那么直接.

例23.2 证明若$4^m - 2^m + 1$ 是一个质数, 则m 的所有质因数都小于5.

(S. Golomb, AMM)

解答. 假设p是m的一个质因数, 且$p > 3$. 记$m = np$, 则$4^m - 2^m + 1 = P(-2^n)$, 其中$P(X) = X^{2p} + X^p + 1$. 我们断言P是$X^2 + X + 1$的倍数. 事实上, $X^2 + X + 1$有不同的复根, 且它的任意根显然也是P的根. 所以$X^2 + X + 1$在$\mathbb{C}[X]$中整除P, 于是在$\mathbb{Q}[X]$中同样. 因为$X^2 + X + 1$首项系数为1, 由高斯引理P在$\mathbb{Z}[X]$中被$X^2 + X + 1$整除. 所以, $P(-2^n)$是$4^n - 2^n + 1 > 1$的倍数, 于是$4^m - 2^m + 1$不是一个质数.

我们继续处理一个相当棘手的问题, 其漂亮的解决方案是由盖尔格·埃克斯坦(Gheorghe Eckstein)提出的. 这将为下一个具有挑战性的问题做准备.

例23.3 证明由所有2^{100}个形如$\pm 1 \pm \sqrt{2} \pm \ldots \pm \sqrt{100}$的数字相乘得到的数字是一个整数的平方.

(Tournament of the Towns)

解答. 首先观察到, 若$P \in \mathbb{Z}[X]$是偶数多项式, 则对于任意正整数k, 多项式$P\left(X - \sqrt{k}\right) P\left(X + \sqrt{k}\right)$也是一个整系数偶数多项式. 现在考虑多项式

$$P_1(X) = X, \quad P_k(X) = P_{k-1}\left(X - \sqrt{k}\right) P_{k-1}\left(X + \sqrt{k}\right)$$

$k \geq 2$. P_{100}是一个整系数偶数多项式, 显然想要的积就是$P_{100}(1)P_{100}(-1)$, 是一个平方数. 解答完毕.

正如我们所说, 下一个问题是非常具有挑战性的. 这里给出的解决方案是来自皮埃尔·博恩斯泰因(Pierre Bornsztein), 而且可以用来证明: 无平方正整数的平方根在有理数集上是线性独立的. 这一深刻的结果也有一些基本的证据, 但下面的论点简直令人震惊. 感兴趣的读者将在练习部分发现一个更一般（但困难）的陈述, 可以用多项式技巧证明, 我们强烈推荐.

例23.4 设若正有理数$a_1, a_2, \ldots, a_n$使得

$$\sqrt{a_1} + \sqrt{a_2} + \ldots + \sqrt{a_n}$$

是有理数. 证明$\sqrt{a_i}$都是有理数.

解答. 若所有$x_i = \sqrt{a_i}$, 则x_i^2是有理数, 且x_i的和S也是有理数. 假设x_1不是有理数并考虑多项式

$$P(X) = \prod_{u_2, \ldots, u_n = \pm 1} (X - x_1 + u_2 x_2 + \ldots + u_n x_n) \tag{23.1}$$

显然,当我们展开这个多项式$x_2, x_3, \ldots, x_n$时用偶数指数表示，因为多项式在替换下是不变的

$$x_2 \to -x_2, \ldots, x_n \to -x_n.$$

展开后，多项式可以写成

$$P(X) = P(X, x_1, x_2, \ldots, x_n) = N(X, x_1^2, x_2^2, \ldots, x_n^2) - x_1 D(X, x_1^2, x_2^2, \ldots, x_n^2)$$

其中N和D是有理系数多项式. 因为P在S中消失了, 推出

$$x_1 D(S, x_1^2, \ldots, x_n^2) = N(S, x_1^2, \ldots, x_n^2),$$

并且x_1是无理数的假设意味着

$$D(S, x_1^2, \ldots, x_n^2) = N(S, x_1^2, \ldots, x_n^2) = 0.$$

但是我们也有

$$P(S, -x_1, x_2, \ldots, x_n) = 0,$$

这是不可能的,因为$P(S, -x_1, x_2, \ldots, x_n)$是正整数之积. 这种矛盾表明$x_1$是有理数, 通过归纳法, 所有$x_i$都是有理数.

以下问题成为多项式技巧的经典应用. 它也曾在巴尔干的一次数学奥林匹克竞赛上使用，最近在中国的一次TST 中使用. 下面的解决方案可能是它受欢迎的一个原因.

例23.5 一个正整数p 是质数当且仅当具有p个顶点和有理边长的等角多边形是正则的.

解答. 我们将首先证明若n是一个正整数，$\varepsilon = e^{\frac{2i\pi}{n}}$，且$a_1, a_2, \ldots, a_n$是正整数，则存在一个等角且边长为$a_1, a_2, \ldots, a_n$的$n$边形当且仅当$a_1 + a_2\varepsilon + \ldots + a_n\varepsilon^{n-1} = 0$. 这并不困难：将多边形的边看作顺时针方向的定向向量就足够了. 显然, 它们的和是0. 然而, 我们可以平移这些向量, 使它们的起点都在平面的原点O. 通过选择正半轴a_1, 对应于向量的端点的复数是$a_1, a_2\varepsilon, \ldots, a_n\varepsilon^{n-1}$, 从而求出$a_1 + a_2\varepsilon + \ldots a_n\varepsilon^{n-1} = 0$. 相反是很容易的, 因为这个结构是从前面的论点开始的.

现在假设p是一个质数, 考虑一个边长为有理数$a_1, a_2, \ldots, a_p$的多边形, 各个角相等. 所以$a_1 + a_2\varepsilon + \ldots + a_p\varepsilon^{p-1} = 0$, 多项式$1 + X + \ldots + X^{p-1}$在有理数域上的不可约性表明$a_1 = a_2 = \ldots = a_p$, 所以多边形是正则的(这个论点与"复杂的组合"这一章第一个引理的证明相同). 相反, 假设p 不是质数并证明存在等边等角的非正则正多边形. 记$p = mn$, $m, n > 1$. 那么$\varepsilon = e^{\frac{2i\pi}{p}}$满足方程$1 + \varepsilon^n + \varepsilon^{2n} + \ldots + \varepsilon^{(m-1)n} = 0$ 和$1 + \varepsilon + \ldots + \varepsilon^{p-1} = 0$. 把这两个方程相

加, 得到 $a_1 + a_2\varepsilon + \ldots + a_p\varepsilon^{p-1} = 0$, 其中 a_i 等于1 或2 并且它们不全相等. 开始时的观察表明, 存在等角和边长为 $a_1, a_2 \ldots, \ldots, a_p$ 的多边形. 很明显, 这个多边形不是正则的.

我们继续处理两个难题. 第一个是经典的, 但很难. 它属于数论中的一大类可加性问题, 它有一个纯代数解是很值得注意的. 一个类似的说法是著名的四平方定理, 它指出任何正整数都是四个整数平方的和, 另一个是众所周知的难题, 指出对于任何 k, 存在 m, 使得任何足够大的整数是指数 k 的至多 m 次幂的和. 我们让感兴趣的读者从四平方定理中推断出任何正整数都是53个四次方的和!

例23.6 证明任何有理数都可以写成三个有理数的立方和.

解答. 首先看一个复杂的式子

$$\left(\frac{x^3 - 3^6}{9x^2 + 81x + 3^6}\right)^3 + \left(\frac{-x^3 + 3^5x + 3^6}{9x^2 + 81x + 3^6}\right)^3 + \left(\frac{9x^2 + 3^5x}{9x^2 + 81x + 3^6}\right)^3 = x.$$

这个式子是怎么来的呢? 一个自然的想法是寻找 x 作为三个有理函数的立方和的表示. 所以我们试着找到前两个多项式 f, g 满足 $f^3 + g^3$ 有一个立方因子. 另一方面, 因式分解

$$f^3 + g^3 = (f + g)(f + zg)(f + z^2g),$$

其中 $z = e^{\frac{2i\pi}{3}}$ 想到一个明智的选择,

$$f + zg = (X - z)^3, \quad f + z^2g = (X - z^2)^3.$$

简单的计算表明

$$f = X^3 - 3X - 1, \quad g = -3X^2 - 3X.$$

这也给出性质

$$(x^3 - 3x - 1)^3 + (-3x^2 - 3x)^3 = (x^2 + x + 1)^3((x - 1)^3 - 9x),$$

用 $9x$ 替换 x 后, 这就很容易得出解答开始给出的关系式.

下一个问题有一个特别之处, 因为这个好主意隐藏得很好, 而且在解决方案的所有步骤中都会出现技术困难. 这绝对不是数学竞赛中的友好问题, 而是极好的精神食粮!

例23.7 在一张 $m \times n$ 的纸上, 分成单位正方形的网格. 然后长度为 n 的

两边用胶带粘在一起形成一个圆柱体. 证明可以在每个方格里写一个实数,所有实数不能都为零, 且每个数字恰是相邻方格里数字的和, 当且仅当存在整数 k, l 使得 $n + 1$ 不能整除 k 且

$$\cos\left(\frac{2l\pi}{m}\right) + \cos\left(\frac{k\pi}{n+1}\right) = \frac{1}{2}.$$

(Ciprian Manolescu, Romanian TST 1998)

解答. 给环自上向下编号 $1, 2, \ldots, n$ 且列逆时针编号 $1, 2, \ldots, m$. 想法是把每个环关联一个多项式

$$P_i(X) = a_{i1} + a_{i2}X + \ldots + a_{im}X^{m-1}$$

并研究加在数字上的条件如何转化成这些多项式. 这并不难, 因为每个数字存在当且仅当

$$P_i(X) \equiv P_{i-1}(X) + P_{i+1}(X) + (X^{m-1} + X)P_i(X) \pmod{X^m - 1},$$

其中 $P_0 = P_{n+1} = 0$. 这可以被写作

$$P_{i+1}(X) \equiv (1 - X - X^{m-1})P_i(X) - P_{i-1}(X) \pmod{X^m - 1}$$

所以 $P_i(X) = Q_i(X)P_1(X)$, 其中 Q_i 是由 $Q_0 = 0$, $Q_1 = 1$ 定义的序列, 且

$$Q_{i+1}(X) \equiv (1 - X - X^{m-1})Q_i(X) - Q_{i-1}(X) \pmod{X^m - 1}.$$

所有数字为零的条件变成 $P_1 \equiv 0$. 所以满足问题的条件当且仅当我们可以找到一个非零多项式 P_1 (当然, $\pmod{X^m - 1}$) 满足 $P_1 Q_{n+1} \equiv 0$ $\pmod{X^m - 1}$, 即 Q_{n+1} 和 $X^m - 1$ 不互质. 这也等价于存在一个 z 使得 $z^m = 1$ 且 $Q_{n+1}(z) = 0$. 若 $x_k = Q_k(z)$, Q_i 满足的性质变为 $x_0 = 0$, $x_1 = 1$ 且

$$x_{i+1} = x_i(1 - z - z^{-1}) - x_{i-1}.$$

现在, 若 $a = 1 - z - z^{-1}$, 关系式变为 $x_{i+1} - ax_i + x_{i-1} = 0$. 设 $t^2 - at + 1 = 0$, 则 r_1, r_2 非零, 所以若 $x_{n+1} = 0$, 则必有 $r_1 \neq r_2$ 且

$$x_{n+1} = \frac{r_1^{n+1} - r_2^{n+1}}{r_1 - r_2}.$$

于是 m, n 满足的条件是 $r_1^{n+1} = r_2^{n+1}$, 即存在 x 满足 $x^{n+1} = 1$, $x \neq 1$ 和 $r_2 = xr_1$. 应用 Viéte 公式, 这等价于 1 的 $n + 1$ 阶非平凡根的存在性, 记为 x, 满足 $a^2 x = (1 + x)^2$, 即 $2 + 2\mathrm{Re}(x) = (1 - 2\mathrm{Re}(z))^2$, 显然这和问题的条件等价. 解答完毕.

现在我们来看一些组合问题. 我们从一个非常漂亮的结果开始. 不要因为它的简短证明而低估它,它绝不是微不足道的. 实际上这个关于阿廷(Artin)的旧猜想在加法数论中起到了非常重要的作用,并产生了一些Ax 和Katz 的重要理论, 可惜这些远远超出了本书的范围.

例23.8 设$f_1, f_2, \ldots, f_k$ 是$\mathbb{Z}/p\mathbb{Z}[X_1, X_2, \ldots, X_n]$中的多项式,满足

$$\sum_{i=1}^{k} \deg(f_i) < n.$$

那么向量集$(x_1, x_2, \ldots, x_n) \in (\mathbb{Z}/p\mathbb{Z})^n$的基数满足$f_i(x) = 0$, 其中$i = 1, 2, \ldots, k$ 是p的倍数.

(Chevalley-Warning theorem)

解答. 其思想是,f_i的公共零点集的基数可以更方便地表示为

$$\sum_{x=(x_1,\ldots,x_n)\in(\mathbb{Z}/p\mathbb{Z})^n} (1 - f_1(x)^{p-1})(1 - f_2(x)^{p-1}) \ldots (1 - f_k(x)^{p-1}),$$

这里我们通过$f_i(x)$ 分析元素$f_i(x_1, x_2, \ldots, x_n)$. 实际上,这很容易从费马小定理中得到,因为多项式

$$P(X) = (1 - f_1(X)^{p-1})(1 - f_2(X)^{p-1}) \ldots (1 - f_k(X)^{p-1})$$

(这里$X = (X_1, X_2, \ldots, X_n)$) 具有性质:$P(x_1, x_2, \ldots, x_n) = 0$ 当且仅当$f_i(x_1, x_2, \ldots, x_n)$至少非零,否则为1 .

现在我们证明

$$\sum_{x\in(\mathbb{Z}/p\mathbb{Z})^n} P(x) = 0.$$

为此, 它足以证明对P的任何形如$X_1^{a_1} X_2^{a_2} \ldots X_n^{a_n}$的单项式.

注意, 因为条件

$$\sum_{i=1}^{k} \deg(f_i) < n$$

在任何这样的单项式中, 我们都有$a_1 + a_2 + \ldots + a_n < n(p-1)$. 这意味着存在一个$i$ 满足$a_i < p-1$. 观察到

$$\sum_{x\in(\mathbb{Z}/p\mathbb{Z})^n} x_1^{a_1} x_2^{a_2} \ldots x_n^{a_n} = \prod_{j=1}^{n} \left(\sum_{x_j\in\mathbb{Z}/p\mathbb{Z}} x_j^{a_j} \right),$$

且因为$a_i < p - 1$, 根据"越小越好"这一章的一个结果

$$\sum_{x_i \in \mathbb{Z}/p\mathbb{Z}} x_i^{a_i} = 0,$$

因此在$\mathbb{Z}/p\mathbb{Z}$中，有

$$\sum_{x \in (\mathbb{Z}/p\mathbb{Z})^n} P(x) = 0$$

这就完成了证明，因为它表明集合的基数是p的倍数. 最后, 注意,如果我们假设对于所有i有$f_i(0) = 0$,则可推出f_i在域中p个元素至少有一个非零的公共根,这一点都不重要!

我们应用Chevalley-Warning定理得出著名的Erdös-Ginzburg-Ziv定理. 对于这个漂亮的结果还有很多其他的证明方法，但是它从Chevalley-Warning定理中得出的方法必须介绍一下.

例23.9 证明从任何$2n - 1$个整数中可以选择n个,使得它们之和可被n整除.

(Erdös-Ginzburg-Ziv theorem)

解答. 假设$n = p$是一个质数. 我们将看到，这实际上是定理的困难部分. 考虑$\mathbb{Z}/p\mathbb{Z}$上的多项式:

$$f_1(X_1, X_2, \ldots, X_{2p-1}) = X_1^{p-1} + X_2^{p-1} + \ldots + X_{2p-1}^{p-1}$$
$$f_2(X_1, X_2, \ldots, X_{2p-1}) = a_1 X_1^{p-1} + a_2 X_2^{p-1} + \ldots + a_{2p-1} X_{2p-1}^{p-1},$$

其中$a_1, a_2, \ldots, a_{2p-1}$是$2p - 1$个数字.

显然，Chevalley-Warning定理的条件是满足的，所以方程组$f_1(X) = f_2(X) = 0$有一个非平凡解$(x_i)_{i=1,\ldots,2p-1}$. 设I是$1 \le i \le 2p-1$时满足$x_i \ne 0$的集合. 那么由费马小定理，有

$$f_1(x_1, x_2, \ldots, x_{2p-1}) = |I| \pmod{p}$$

且

$$f_2(x_1, x_2, \ldots, x_{2p-1}) = \sum_{i \in I} a_i \pmod{p}$$

所以p整除$|I|$和$\sum_{i \in I} a_i$. 因为I至少有1个,至多有$2p - 1$个元素,所以它有p个元素, 定理在这种情况下得证.

为了完成定理的证明,只要证明它对大于1的整数a和b成立, 对ab也成立就足够了. 所以取$2ab - 1$个整数并看前$2a - 1$个. 存在一些a，它们

的和是a的倍数,把它们放在一个标为1的盒子里，看看剩下的数字. 至少有$2a(b-1)-1 \geq 2a-1$, 所以可以找到其他一些a个数字的和是a的倍数. 被它们放在标记为2的盒子里. 在每个阶段, 只要您仍有至少$2a-1$个尚未在盒子中的数字, 就可以创建另一个包含数字的盒子, 那些数字的总和是a的倍数. 所以你可以创建至少$2b-1$个这样的盒子. 现在对前$2b-1$个盒子中的数之和除以a, 应用归纳假设将得到一组ab个数字, 其和是ab 的倍数, 这表明该定理适用于ab, 并完成了证明.

下一个例子展示了一个真正令人惊奇的定理，出现在Noga Alon的革命性文章$combinatorial Nullstellensatz$中，现在它是代数组合学中的一个必修课. 有交换代数基础的读者会立即理解这篇文章的标题：它与更著名的希尔伯特的Nullstellensatz 有关，它是代数几何的基本结果之一，可能是数学中最重要的定理之一. 后者怎么说? 若$f_1, f_2, \ldots, f_k$ 是n 个变量的复系数多项式，且若f 是另一个这样的多项式，在多项式$f_1, f_2, \ldots, f_k$的所有公共零点处消失，那么f 的一些幂可以写作$f_1 g_1 + f_2 g_2 + \ldots + f_k g_k$, 其中$g_1, g_2, \ldots, g_k$是多项式. 注意,例如若$f_1, f_2, \ldots, f_k$ 没有公共零点,那么存在$g_1, g_2, \ldots, g_k$ 满足$f_1 g_1 + f_2 g_2 + \ldots + f_k g_k = 1$, 事实并不是显而易见! 实际上，证明希尔伯特的Nullstellensatz非常困难，而且需要相当数量的交换代数，所以我们这里不介绍它,读者几乎可以在任何一本代数几何书中找到证明.但是请注意，这个语句和组合的Nullstellensatz之间有很大的区别，它们可能解释了为什么后者非常适合组合应用.

例23.10 设F 是一个域, 多项式$f \in F[X_1, X_2, \ldots, X_n]$, 且$S_1, S_2, \ldots, S_n$是$F$的非空子集.

(a)若$f(s_1, s_2, \ldots, s_n) = 0$,所有$(s_1, s_2, \ldots, s_n) \in S_1 \times S_2 \times \ldots \times S_n$, 则$f$属于由多项式

$$g_i(X_i) = \prod_{s \in S_i}(X_i - s)$$

生成的理想. 再者,满足

$$f = g_1 h_1 + g_2 h_2 + \ldots + g_n h_n$$

的多项式$h_1, h_2, \ldots, h_n$ 对所有i可以满足$\deg(h_i) \leq \deg(f) - \deg(g_i)$.

最后,若对于F的子环R, $g_1, g_2, \ldots, g_n \in R[X_1, X_2, \ldots, X_n]$, 可以选择$h_i$,使其系数属于$R$.

(b) 若$\deg(f) = t_1 + t_2 + \ldots + t_n$, 其中非负整数$t_i$ 满足$t_i < |S_i|$,且若$X_1^{t_1} X_2^{t_2} \ldots X_n^{t_n}$的系数不是零,则存在$s_i \in S_i$ 使得$f(s_1, s_2, \ldots, s_n) \neq 0$.

(Noga Alon, Combinatorial Nullstellensatz)

解答. (a) 想法是S_i 的任意元素s_i 满足一个$|S_i|$次代数方程, 因此s_i 的

任何幂是$1, s_i, \ldots, s_i^{|S_i|-1}$的一个线性组合, 其系数与$s_i \in S_i$的选择无关. 事实上, 若

$$g_i(X_i) = X_i^{|S_i|} - \sum_{j=0}^{|S_i|-1} g_{ij} X_i^j,$$

则

$$s_i^{|S_i|} = \sum_{j=0}^{|S_i|-1} g_{ij} s_i^j.$$

这允许我们通过用$1, X_i, \ldots, X_i^{|S_i|-1}$的一个线性组合替换$X_i^k$从而化简多项式$f$. 这对应于从$f$中减去形如$g_i h_i$的多项式, 其中$\deg(h_i) \leq \deg(f) - \deg(g_i)$. 所以我们看到通过从$f$中减去一个线性组合$\sum_{i=1}^{n} g_i h_i$得到多项式$f_1$, 它在$X_i$中次数至多是$|S_i| - 1$, 且对所有$s_i \in S_i$满足

$$0 = f(s_1, s_2, \ldots, s_n) = f_1(s_1, s_2, \ldots, s_n)$$

立即得出$f_1 = 0$. 事实上, f_1可被写作

$$F_0 + F_1 X_1 + \ldots + S_{|S_1|-1} X_1^{|S_1|-1}$$

其中多项式$F_i \in F[X_2, \ldots, X_n]$满足$F_j$在$X_j$中次数至多为$|S_j| - 1$. 现在, 对所有$s_2 \in S_2, \ldots, s_n \in S_n$, 多项式

$$F_0(s_2, \ldots, s_n) + \ldots + F_{|S_1|-1}(s_2, \ldots, s_n) X_1^{|S_1|-1}$$

在域F中至少有$|S_1|$个零点, 所以它等于零, 即对所有$(s_2, \ldots, x_n) \in S_2 \ldots S_n$,

$$F_0(s_2, \ldots, s_n) = \ldots = F_{|S_1|-1}(s_2, \ldots, s_n) = 0$$

归纳推理表明$F_0 = \ldots = F_{|S_1|-1} = 0$, 于是$f_1 = 0$. (a)证明完毕.

(b) 是(a)的一个直接结果. 矛盾假设f在$S_1 \times S_2 \times \ldots \times S_n$上消失. 取$S_i$的含有$t_i + 1$个元素的子集, 我们可以假设$|S_i| = t_i + 1$. 设$h_i$和$g_i$如(a)中定义. 则$X_1^{t_1} X_2^{t_2} \ldots X_n^{t_n}$在$g_1 h_1 + g_2 h_2 + \ldots + g_n h_n$中系数不是零. 因为$\deg(h_i) \leq \deg(f) - \deg(g_i)$, $X_1^{t_1} X_2^{t_2} \ldots X_n^{t_n}$在$g_i h_i$中的系数是零: 在这个多项式中的任意$\deg(f)$次单项式是$X_i^{t_i+1}$的倍数, 矛盾.

现在让我们看看这个结果的一些应用. 首先, 一些直接的结果已经显示了该方法的威力, 尝试找到解决这些问题的其他解决方案, 你会发现它们作用非常明显. 这可能也是2007年国际数学奥林匹克竞赛中选择下一道题为第6题的原因.

例23.11 设n是一个正整数,考虑集合

$$S = \{(x,y,z) \mid x,y,z \in \{0,1,\ldots,n\}, \ x+y+z > 0\}$$

作为空间中的一组点. 求最小空间数,其并集包含S但不包含$(0,0,0)$.

(IMO 2007)

解答. 设$a_i x + b_i y + c_i z = d_i$ 是这些空间上的方程,且考虑多项式

$$f(X,Y,Z) = \prod_{i=1}^{k}(a_i X + b_i Y + c_i Z - d_i) - m \cdot \prod_{i=1}^{n}(X-i)(Y-i)(Z-i),$$

其中m 满足$f(0,0,0) = 0$. 若$k < 3n$, 则$X^n Y^n Z^n$ 在f中的系数非零. 因此, 通过组合的Nullstellensatz,存在整数$x,y,z \in \{0,1,\ldots,n\}$ 满足$f(x,y,z) \neq 0$. 若x,y,z 之中至少有一个为零, 则显然定义f 的两项为零, 矛盾. 于是$(x,y,z) = (0,0,0)$, 与$f(0,0,0) = 0$矛盾. 所以$k \geq 3n$ 且对于$k = 3n$ 立即得出一个例子, 我们推断这就是问题的答案.

现在有一个非常相似的问题.

例23.12 设p 是一个质数, $S_1, S_2, \ldots, S_k$ 是非负整数集, 包含0且具有成对的、模p的不同元素. 假设

$$\sum_i (|S_i| - 1) \geq p.$$

证明对任意元素$a_1, \ldots, a_k \in \mathbb{Z}/p\mathbb{Z}$, 方程

$$x_1 a_1 + x_2 a_2 + \ldots + x_k a_k = 0$$

有解$(x_1, \ldots, x_k) \in S_1 \times \ldots \times S_k$, 但不是平凡解$(0, \ldots, 0)$.

(Troi-Zannier's theorem)

解答. (Peter Scholze) 考虑多项式

$$P(X_1, \ldots, X_k) = (a_1 X_1 + a_2 X_2 + \ldots + a_k X_k)^{p-1} - 1$$
$$+ C \prod_{0 \neq s_1 \in S_1}(X_1 - s_1) \prod_{0 \neq s_2 \in S_2}(X_2 - s_2) \ldots \prod_{0 \neq s_k \in S_k}(X_k - s_k)$$

其中C 满足$P(0, \ldots, 0) = 0$.

因为第三个条件, $x_1^{|S_1|-1} \dots x_k^{|S_k|-1}$ 的系数非零. 所以存在$t_1 \in S_1, \dots, t_k \in S_k$, 其中$P(t_1, \dots, t_k) \neq 0$.

因为$P(0, \dots, 0) = 0$, 显然不是零解. 于是

$$C \prod_{0 \neq s_1 \in S_1} (X_1 - s_1) \prod_{0 \neq s_2 \in S_2} (X_2 - s_2) \dots \prod_{0 \neq s_k \in S_k} (X_k - s_k)$$

一定为零,则$(a_1 t_1 + \dots + a_k t_k)^{p-1} \neq 1$. 只需注意费马小定理给出$a_1 t_1 + \dots + a_k t_k = 0$.

具有简短证明的深层结果的范畴将再次被表示出来，这次是加法组合学的一个非常重要的结果，这是20世纪爆发的数学领域之一. 当然，这个结果还有很多其他的证明，都非常巧妙. 结果本身很重要：作为一个练习（大约两百年前由柯西解决……），试着用拉格朗日著名的定理证明这一点，该定理指出任何正整数都可以写成四个整数平方的和. 正如我们将看到的，有一些非常基本的参数，但是组合的Nullstellensatz也暗示了这个结果，实际上更多.

例23.13 对于$\mathbb{Z}/p\mathbb{Z}$ 的子集A, B 有不等式

$$|A + B| \geq \min(p, |A| + |B| - 1).$$

(Cauchy-Davenport theorem)

解答. 有一种非常简单的情况: $|A| + |B| \geq p + 1$, 这里$A + B = \mathbb{Z}/p\mathbb{Z}$. 因为对任意$x \in \mathbb{Z}/p\mathbb{Z}$, 定义在$A$上的函数$f(a) = x - a$ 不能把值都取在B之外, 因为它是内射的. 难题是$|A| + |B| \leq p$的情况. 假设$|A + B| \leq |A| + |B| - 2$并选择$\mathbb{Z}/p\mathbb{Z}$的一个包含$A + B$ 的子集C, 它有$|A| + |B| - 2$ 个元素. 多项式

$$f(X_1, X_2) = \prod_{c \in C} (X_1 + X_2 - c) \in \mathbb{Z}/p\mathbb{Z}[X]$$

次数为$|A| + |B| - 2$且在$A \times B$消失. 为了得出矛盾,需要证明$X_1^{|A|-1} X_2^{|B|-1}$在f中表现为非零幂. 然而, 很明显这个指数等于

$$\binom{|A| + |B| - 2}{|A| - 1} \pmod{p},$$

不是零, 因为$|A| + |B| - 2 \leq p - 2$. 利用前面的定理, 我们得到了期望的矛盾.

在讨论下一个例子之前，让我们展示一个漂亮的结果（因为它很简单！）前一个结果的证明并不像看上去那么明显! 我们在$|A|$上将用归纳法证

明结果, $|A| = 1$ 时显然成立. 显然, 我们可以假设$|A| > 1$ 且$|B| < p$. 现在, A 的元素多于一个, 通过平移我们可以假设它包含0 和一些$x \neq 0$. 现在, B非空 且$B \neq \mathbb{Z}/p\mathbb{Z}$, 所以必有一个整数$n$ 使得$nx \in B$, 但是$(n+1)x$不属于B. 通 过平移B, 这次假设$0 \in B$, 但是x 不属于B. 于是, $A \cap B$是A的符合题意的非 空子集,我们可以用归纳假设和$A \cup B$. 因为$A + B$包含$(A \cap B) + (A \cup B)$, 且

$$|A \cap B| + |A \cup B| = |A| + |B|,$$

得出结论. 尽管这个证明非常简短, 但应该注意的是, Alon 的技巧要强大 得多. 事实上, Alon在他开创性的论文中表明, 他的定理隐含着一个著名 的Erdös-Heilbronn猜想, 有一个非常相似的陈述, 但是没有基本的证明（读 者的练习：检查上面的基本解决方案是否适用于以下结果）：对任意$\mathbb{Z}/p\mathbb{Z}$ 的 非空子集A 有

$$|\{a + b \mid a, b \in A, \ a \neq b\}| \geq \min(p, 2|A| - 3).$$

下一个问题使用Noga Alon对Snevily的一个困难猜想的特殊情况给出的 证明. 同样, 组合的Nullstellensatz是非常合适的, 但是这次还不太清楚它的 假设是否得到满足. 实际上, 在使用这个强大的工具时, 最困难的部分是找 到恰当的多项式, 但是在某些情况下, 甚至更难检查假设, 因为多项式可以 有一个相当复杂的表达式.

例23.14 设p 是一个质数, 且$a_1, a_2, \ldots, a_k \in \mathbb{Z}/p\mathbb{Z}$, 它们不必不同. 证 明对$\mathbb{Z}/p\mathbb{Z}$的任意不同元素$b_1, b_2, \ldots, b_k$ 存在一个置换σ 使得元素$a_1 + b_{\sigma(1)}$, $a_2 + b_{\sigma(2)}, \ldots, a_k + b_{\sigma(k)}$ 成对不同.

(Alon's theorem)

解答. 设$B = \{b_1, b_2, \ldots, b_k\}$ 并假设相反,即对于所有选择的不同元 素$x_1, x_2, \ldots, x_k$, 至少有两个元素$x_1 + a_1, \ldots, a_k + x_k$ 完全相同. 即 若$x_1, x_2, \ldots, x_k$ 是B中不同元素, 在$\mathbb{Z}/p\mathbb{Z}$中有

$$\prod_{1 \leq i < j \leq k} (x_i + a_i - x_j - a_j) = 0$$

通过考虑多项式

$$f(X_1, X_2, \ldots, X_k) = \prod_{1 \leq i < j < k} (X_i - X_j)(X_i + a_i - X_j - a_j)$$

我们可以放宽$x_1, x_2, \ldots, x_k$是成对不同的.

前面的说明表明 f 在 B^k 消失. 显然, f 可以被写作

$$\prod_{1 \le i < j \le k} (X_i - X_j)^2 + g(X_1, X_2, \ldots, X_k)$$

其中多项式 g 次数小, 再者, $\deg(f) = k(k-1)$.

我们将试着求出 $t_1, t_2, \ldots, t_k$ 使其满足 $t_1 + t_2 + \ldots + t_k = k(k-1)$, $t_i < k$, 并且在 f 中 $X_1^{t_1} X_2^{t_2} \ldots X_k^{t_k}$ 的系数非零. 前两个条件强制 $t_1 = t_2 = \ldots = t_k = k-1$, 所以关键问题是 $(X_1 X_2 \ldots X_k)^{k-1}$ 在 f 中系数是否为零. 当然, 若我们成功证明 $(X_1 X_2 \ldots X_k)^{k-1}$ 在 $\displaystyle\prod_{1 \le i < j \le k} (X_i - X_j)^2$ 中有一个非零系数, 我们可以应用 Alon 的定理, 得到期望的矛盾. 然而, 应用 "拉格朗日插值公式" 这一章例 11.8 的结果, 我们推出 $\displaystyle\prod_{1 \le i \ne j \le k} \left(1 - \frac{X_i}{X_j}\right)$ 的自由项是 $k!$. 但是注意到

$$\prod_{1 \le i \ne j \le k} \left(1 - \frac{X_i}{X_j}\right) = (-1)^{\frac{k(k-1)}{2}} \cdot \frac{\displaystyle\prod_{1 \le i < j \le k} (X_i - X_j)^2}{(X_1 X_2 \ldots X_k)^{k-1}}, \tag{23.2}$$

所以 $(X_1 X_2 \ldots X_{k-1})$ 在 $\mathbb{Z}/p\mathbb{Z}$ 中的系数非零, 因为假设 $k < p$. 证明完毕.

我们已经看到了一些组合问题的例子, 它们几乎不可能找到组合解. 我们继续举一个例子, 这是 Alon, Friedland 和 Katai 的一个很深的结果, 使用组合 Nullstellensatz 的解实际上很简单. 但是, 该方法有一些限制, 例如, 不知道在下一个结果中是否可以用任何正整数替换质数 p.

例23.15 设 G 是一个没有循环的图 (但允许有多条边), 设 p 是素数. 假设所有顶点的阶数都不超过 $2p-1$, 并且图的平均阶数大于 $2p-2$. 证明 G 有一个 p-正则子图 (其中每个顶点都有度 p 的子图).

解答. 考虑关联矩阵 $(a_{v,e})$, 其中 v 表示一个顶点, e 表示一条边,且若 $v \in e$, $a_{v,e} = 1$, 否则为 0. 设 x_e 是与每条边 e 关联的向量,并考虑多项式

$$f = \prod_v \left(1 - \left(\sum_{e \in E} a_{v,e} x_e\right)^{p-1}\right) - \prod_e (1 - x_e).$$

假设意味着 f 是 $|E|$ 次,且 $\displaystyle\prod_e x_e$ 的系数非零, Alon 的 Nullstellensatz 意味着存在值 $x_e \in \{0, 1\}$ 使得 f 在这些 x_e 的值不是零. 很明显, 这不是零向量, 因此利用费马小定理我们推断所有 $\displaystyle\sum_{e \in E} a_{v,e} x_e$ 在 $\mathbb{Z}/p\mathbb{Z}$ 中为 0, 也就是说, 如果

我们观察这些边e的子图，使得$x_e = 1$，所有顶点的度数都是p的倍数，小于$2p$. 因此这个子图是p-正则的.

我们强烈要求读者关注组合Nullstellensatz的许多其他应用的训练问题，这一主题肯定会在代数组合学和加法理论中反复出现. 现在我们将根据多项式的代数性质给出一个相当微妙的结果. 在前一章中我们已经遇到过这种类型的参数，但是结果和方法太重要了，不能预先设置.

例23.16 设F 是有n个元素的集合X的子集的族. 假设存在一个有s个元素的集合L 满足对所有不同的$A, B \in F$, $|A \cap B| \in L$，证明

$$|F| \leq \binom{n}{s} + \binom{n}{s-1} + \ldots + \binom{n}{1} + \binom{n}{0}.$$

$$\text{(Frankl-Wilson theorem)}$$

解答. 设$L = \{l_1, l_2, \ldots, l_s\}$ 并且不可约是一般性地，设$X = \{1, 2, \ldots, n\}$. 最后, 令$A_1, A_2, \ldots, A_m$ 为F的元素,满足

$$|A_1| \leq |A_2| \leq \ldots \leq |A_m|.$$

我们将每个集合A_i 与它的特征向量$\boldsymbol{v}_i = (v_{ij})_{1 \leq j \leq n}$联系起来,特征向量定义为: 若$j \in A_i, v_{ij} = 1$ ，否则为0 . 观察到若

$$\langle \boldsymbol{x}, \boldsymbol{y} \rangle = x_1 y_1 + x_2 y_2 + \ldots + x_n y_n$$

是标准欧氏内积, 则$|A_i \cap A_j| = \langle \boldsymbol{v}_i, \boldsymbol{v}_j \rangle$. 现在, 定义多项式

$$f_i(X) = \prod_{k, l_k < |A_i|} (\langle \boldsymbol{x}, \boldsymbol{v}_i \rangle - l_k)$$

$i = 1, 2, \ldots, m$. 主要思想是考虑这些多项式对单位立方体顶点的限制, 即集合$Y = \{0, 1\}^n$. 因为$x_i^2 = x_i$，其中$x_i \in \{0, 1\}$, 很明显，这些限制可以写作$g_i(x_1, \ldots, x_n)$, 其中g_i 是至多s次多项式且每个变量有最多次. 值得注意的是这些函数$f_i : Y \to \mathbb{R}$ 线性独立. 这不难: 若对于$x \in Y$,

$$\lambda_1 f_1(x) + \lambda_2 f_2(x) + \ldots + \lambda_m f_m(x) = 0$$

那么对于所有j取$\boldsymbol{x} = \boldsymbol{v}_j$，并应用

$$f_i(\boldsymbol{v}_j) = 0 \ , \ j < i \quad \text{且} \quad f_i(\boldsymbol{v}_i) \neq 0$$

(显然), 立即归纳得出λ_i 是0. 结果表明, 由这些函数生成的向量空间具是m维,它是最高s次的函数向量空间的子空间, 且偏次数至多是1, 维数是

$$\binom{n}{s} + \binom{n}{s-1} + \ldots + \binom{n}{1} + \binom{n}{0}.$$

23.2 习题

1. 设 $a_1, a_2, \ldots, a_{100}$ 和 $b_1, b_2, \ldots, b_{100}$ 是200 个不同的实数. 考虑一张100 × 100的表格, 并把数字 $a_i + b_j$ 放进位置 (i, j). 假设每列中的项的乘积是1. 证明每行项的乘积是−1.

(Russian Olympiad)

2. 设正整数 n, m 满足 $n < m - 1$, 且非零整数 $a_1, a_2, \ldots, a_m$ 满足对所有 $0 \le k \le n$ 有

$$a_1 + a_2 \cdot 2^k + \ldots + a_m \cdot m^k = 0.$$

证明序列 $a_1, a_2, \ldots, a_m$ 中至少有 $n + 1$ 对具有相反符号的连续项.

(Russia 1996)

3. 有限序列 $\{a_k\}_{1 \le k \le n}$ 被称作 p 平衡, 若和

$$s(k, p) = a_k + a_{k+p} + a_{k+2p} + \ldots$$

对于 $k = 1, 2, \ldots, p$ 都相等. 证明如果50个实数的序列是3, 5, 7, 11, 13 和17平衡的, 那么它的所有项都等于0.

(St. Petersburg 1991)

4. 凸100边形的每个顶点上都写有两个数字. 证明可以从每个顶点删除一个数, 以便任何两个相邻顶点中的剩余数都是不同的.

(Fedor Petrov, Russia 2007)

5. 设 $\boldsymbol{A}$ 是域 F 上的一个 $n \times n$ 矩阵, 并定义其积和式为

$$Per(\boldsymbol{A}) = \sum_{\sigma \in S_n} a_{1\sigma(1)} a_{2\sigma(2)} \cdots a_{n\sigma(n)}.$$

若 $Per(\boldsymbol{A}) \neq 0$, 证明对每个 $\boldsymbol{b} = (b_1, b_2, \ldots, b_n) \in \mathbb{F}^n$ 和 $\boldsymbol{F}$ 的二元集合 $S_1, S_2, \ldots, S_n$ 的每个族, 存在一个向量 $\boldsymbol{X} \in S_1 \times S_2 \times \ldots \times S_n$, 使得对每个 i, $\boldsymbol{AX}$ 的第 i 个坐标不是 b_i.

(Alon's Permanent Lemma)

6. 设 p 是一个质数且 $a_1, a_2, \ldots, a_{2p-1}$ 是 $\mathbb{Z}/p\mathbb{Z}$ 的元素. 证明在 $\mathbb{Z}/p\mathbb{Z}$ 中 $\{1, 2, \ldots, 2p - 1\}$ 的含有 p 个元素满足

$$\sum_{i \in I} a_i = b$$

的子集 I 的个数等于0 或1 模 p, 其中 $b \in \mathbb{Z}/p\mathbb{Z}$.

(W. Gao)

7. 设质数 p 和正整数集合 A 满足:

(a) 集合 A 中元素的质因数集合包含 $p-1$ 个元素;

(b) 对于 A 的任何非空子集, 其元素的乘积不是一个完美的 p 次幂.

A 中最大的元素可能是几?

(IMO Shortlist 2003)

8. 设 p 是一个质数且 d 是一个正整数. 证明对任意整数 k 存在整数 $x_1, x_2, \ldots, x_d$ 使得 $k = x_1^d + x_2^d + \ldots + x_d^d \pmod{p}$.

(Gabriel Carrol)

9. 设 $S_1, S_2, \ldots, S_n$ 是 $\mathbb{Z}/p\mathbb{Z}$ 的子集且 $S = S_1 \times S_2 \times \ldots \times S_n$. 考虑多项式 $f_1, f_2, \ldots, f_k$ 在 $\mathbb{Z}/p\mathbb{Z}$ 上有 n 个变量满足

$$(p-1) \cdot \sum_{i=1}^{k} \deg(f_i) < \sum_{i=1}^{n} (|S_i| - 1).$$

证明若 $f_1(x) = f_2(x) = \ldots = f_k(x) = 0$ 有解 $a \in S$, 则一定还有解 $b \in S$.

(David Brink)

10. 设 $H_1, \ldots, H_m$ 是 $\mathbb{R}^n$ 中一个超平面族，它覆盖了单位立方 $\{0,1\}^n$ 除了一个顶点以外的所有顶点. 证明 $m \geq n$.

(Noga Alon)

11. 若 p 是一个质数, n 是一个整数, 且 $x_1, x_2, \ldots, x_{(p-1)n+1}$ 是向量空间 $\mathbb{F}_p^n$ 中 $(p-1)n+1$ 个元素, 则存在非空子集 $I \subseteq \{1, 2, \ldots, (p-1)n+1\}$ 使得 $\sum_{i \in I} x_i = 0$.

12. 设 A 是 $\mathbb{Z}/p\mathbb{Z}$ 的一个子集, 其中 p 是一个质数. 证明在元素 $a+b$ 且 $a \neq b \in A$ 中至少存在 $\min(p, 2|A| - 3)$ 个不同的元素.

(Erdös-Heilbronn conjecture)

13. 设 p 是一个质数, $n = 4p$ 且 $A \subset \{-1, 1\}^n$ 是一个向量族, 其中没有两个向量是正交的. 证明 A 至多有 $4 \sum_{i=0}^{p-1} \binom{n}{i}$ 个向量.

(Frankl-Wilson)

14. 设 F 是 $\{1,2,\ldots n\}$ 的一个子集族, L 是一个非负整数集.若对所有 $A \in F, |A| = k$, 则称 F 是 k 均匀的.若对所有 $A \neq B \in F, |A \cap B| \in L$,则称 F 是 L 相交的. 若 p 是一个质数,若 $|A| \notin L \pmod{p}$ 对所有 $A \in F$,但是对所有 $A \neq B \in F, |A \cap B| \in L \pmod{p}$,称 F 是 L 相交模 p.

(a) 证明一个 L 相交或 L 相交模 p 的族至多有 $\displaystyle\sum_{i=0}^{|L|} \binom{n}{i}$ 个元素.

(b) 证明一个 k 均匀 L 相交或 k 均匀 L 相交模 p 的族至多有 $\dbinom{n}{|L|}$ 个元素.

(Chaudhuri, Frankl, Ray, Wilson)

15. 证明存在一个正整数 n 使得 $2^n - 1$ 的任意质因数小于 $2^{\frac{n}{1993}} - 1$.

(Komal)

16. 一个 k-森林是 $\{1,2,\ldots,n\}$ 的一个子集族 F,满足:

(a) 对任意 $f \in F$, f 有 k 个元素.

(b) 对任意 $f \in F$ 存在一个分区 $\{1,2,\ldots,n\} = V_{1,f} \cup \ldots \cup V_{k,f}$ 使得 f 是 F 交每个 $V_{i,F}$ 的唯一元素. 证明一个 k-森林至多有 $\dbinom{n-1}{k-1}$ 个成员.

(Lovasz's theorem)

17. 证明与所有超平面相交的 $(\mathbb{Z}/p\mathbb{Z})^d$ 的子集的最小基数是 $d(p-1)+1$.

(Brouwer-Schrijver's theorem)

18. 设 n 是偶数且 $v_1, v_2, \ldots, v_k \in \{-1,1\}^n$ 是长度为 n 的向量,满足任意 $v \in \{-1,1\}^n$ 至少与它们之一正交. 证明 $k \geq n$ 并且对所有偶数 n 这个估计很准确.

(Alon, Knuth)

19. 设 $S \subset \mathbb{R}^n$ 是单位向量的集合, 满足存在实数 a,b 且 $a+b \geq 0$ 和 $\langle x,y \rangle \in \{a,b\}$, $x \neq y \in S$. 这里 $\langle \cdot \rangle$ 是 $\mathbb{R}^n$ 上的标准点积. 证明 S 至多有 $\dfrac{n(n+1)}{2}$ 个元素且对于 $n \geq 7$ 是成立的.

(Oleg R. Musin)

20. 设 $f(n)$ 表示 $\mathbb{R}^n$ 的子集 A 的最大基数, 使得 A 中的点最多确定两个距离 $f(n)$. 证明

$$\frac{n(n+1)}{2} \leq f(n,2) \leq \frac{(n+1)(n+2)}{2}.$$

(Larman, Rogers, Seidel, Blokhius)

21. $(\mathbb{Z}/p\mathbb{Z})^n$ 的一个子集 E 被称作一个 Kakeya 集,如果它包含在每个方向上的一条线, 即对于所有 $v \in (\mathbb{Z}/p\mathbb{Z})^n$ 且 $v \neq 0$,存在 $x \in (\mathbb{Z}/p\mathbb{Z})^n$ 使得对所有 $t \in \mathbb{Z}/p\mathbb{Z}$, $x + tv \in E$.

(a) 证明若 $P \in \mathbb{Z}/p\mathbb{Z}[X_1, X_2, \ldots, X_n]$ 至多 $p-1$ 次且在 E 上消失, 则 $P = 0$.

(b)推导任意 Kakeya 集 E 至少有 $\dbinom{p+n-1}{n}$ 个元素.

(Zeev Dvir's theorem)

参考文献

[1] Aassila M., *300 Defis Mathematiques*, Ellipses, 2001.

[2] Aigner M., Ziegler G.M., *Proofs from the Book*, Springer-Verlag, 3rd edition, 2003.

[3] Alon N., Nathanson M.B., Rusza I.Z., *Adding Distinct Congruence Classes modulo a Prime*, Amer. Math. Monthly 102(1995), 250-255.

[4] Alon N., Nathanson M.B., Rusza I.Z., *The Polynomial Method and Restricted Sums of Congruence Classes*, J. Number Theory 56(1996), 404-417.

[5] Andreescu T., Feng Z., *Mathematical Olympiads 1998-1999: Problems and Solutions from Around the World*, MAA Problem Book Series.

[6] Andreescu T., Feng Z., *Mathematical Olympiads 1999-2000: Problems and Solutions from Around the World*, MAA Problem Book Series.

[7] Andreescu T., Feng Z., Lee George Jr., *Mathematical Olympiads 2000-2001: Problems and Solutions from Around the World*, MAA Problem Book Series.

[8] Andreescu T., Feng Z., *USA and International Mathematical Olympiads 2000*, MAA Problem Book Series.

[9] Andreescu T., Feng Z., *USA and International Mathematical Olympiads 2001*, MAA Problem Book Series.

[10] Andreescu T., Feng Z., *USA and International Mathematical Olympiads 2002*, MAA Problem Book Series.

[11] Andreescu T., Andrica D., *360 Problems for Mathematical Contests*, GIL Publishing House, Zalău, 2003.

[12] Andreescu T., Andrica D., *Complex Numbers from A to... Z,* Birkhäuser, Boston, 2005.

[13] Andreescu T., Andrica D., *Number Theory: Structures, Examples, and Problems,* Birkhäuser Boston, 2008.

[14] Andreescu T., Gelca R., *Mathematical Olympiad Challenges,* 2nd edition, Birkhäuser, Boston, 2008.

[15] Andreescu T., Kedlaya K., Zeitz P., *Mathematical Contests, 1995-1996.*

[16] Andreescu T., Kedlaya K., *Mathematical Contests 1996-1997, Problems and Solutions from Around the World,* American Mathematics Competitions, 1998.

[17] Andreescu T., Kedlaya K., *Mathematical Contests 1997-1998, Problems and Solutions from Around the World,* American Mathematics Competitions, 1999.

[18] Andreescu T., Cartoaje. V, Dospinescu G., Lascu M., *Old and New Inequalities,* GIL Publishing House, Zalău, 2004.

[19] Ankeny N.C., *Sums of Three Squares,* Proceedings of the Amer. Math. Soc., 8(1957), No. 2, 316-319.

[20] Baker A., *Transcendental Number Theory,* Cambridge University Press, 1975.

[21] Barbeau E.J., Klamkin M.S., Moser W.O.J., *Five Hundred Mathematical Challenges,* The Mathematical Association of America, 1995.

[22] Becheanu M., *International Mathematical Olympiads 1959-2000. Problems. Solutions. Results,* Academic Distribution Center, Freeland, USA, 2001.

[23] Berend D., Bilu Y., *Polynomials with Roots modulo Every Integer,* Proceedings of the Amer. Math. Soc., 124(1996), No. 6, 1663-1671.

[24] Bhargava M., *The Factorial Function and Generalizations,* Amer. Math. Monthly 107(2000), 783-799.

[25] Blichfeldt H., *A New Principle in the Geometry of Numbers, With Some Applications,* Trans. Amer. Math. Soc. 15(1914), 227-235.

[26] Boju V., Funar L., *The Math Problems Notebook*, Birkhäuser, 2007.

[27] Bonavero L., *Sur le Nombre de Sommets des Polytopes Entiers*, Images des Mathematiques, C.N.R.S, 2004, 33-40.

[28] Bonciocat A.I., Zaharescu A., *Irreducibility Results for Compositions of Polynomials with Integer Coefficients*, Monatsh. Math. 149(2006), 31-41.

[29] Bornsztein P., Caruso X., *Des Formes Bilineaires en Combinatoire*, Revue des Mathématiques Speciales.

[30] Cassels J.W.S, *An Introduction to Diophantine Approximation*, Cambridge Tracts in Mathematics, Vol. 45, 1957.

[31] Cassels J.W.S., Frohlich A., *Algebraic Number Theory*, Academic Press, 1967.

[32] Cassels J.W.S., *An Introduction to the Geometry of Numbers*, Springer-Verlag, Berlin, 1959.

[33] Cuculescu I., *International Mathematical Olympiads for Students*, Editura Tehnică, Bucharest, 1984.

[34] Davenport H., *Multiplicative Number Theory*, Markham Publ. Co., 1967.

[35] Davenport H., Lewis D.J., Schinzel A., *Polynomials of Certain Special Types*, Acta Arithm. 9(1964), 108-116.

[36] Davenport H., *The Geometry of Numbers*, Q.J. Math, 10(1939), 119-121.

[37] Dorwart H.L., Ore O., *Criteria for the Irreducibility of Polynomials*, The Annals of Mathematics, 34(1993), No. 1, 81-94.

[38] Dorwart H.L., *Irreducibility of Polynomials*, Amer. Math. Monthly, 6(1935), 369-381.

[39] Ehrhart E., *Demonstration de la Loi de Réciprocité pour un Polyedre Entier*, C.R. Acad. Sci. Paris 265(1967), 5-7.

[40] Engel A., *Problem Solving Strategies*, Springer, 1999.

[41] Erdös P., Ginzburg A., Ziv A., *Theorem in the Additive Number Theory*, Bull. Research Counsil Israel, 1961, 41-43.

[42] Fomin A.A., Kuznetsova G.M., *International Mathematical Olympiads*, Drofa, Moskva, 1998.

[43] Forman R., *Sequences With Many Primes*, Amer. Math. Monthly, 99(1992), 548-557.

[44] Freiling C., Rinne D., *Tiling a Square With Similar Rectangles*, Mathematical Research Letters 1(1994), 547-558.

[45] Gelca R., Andreescu T., *Putnam and Beyond*, Springer, 2007.

[46] Gerst I., Brillhart J., *On the Prime Divisors of Polynomials*, Amer. Math. Monthly, 78(1971), 250-266.

[47] Godsil C., *Tools from Linear Algebra, Handbook of Combinatorics*, Edited by R. Graham, M. Grotschel and L. Lovasz, Elsevier and M.I.T Press, 1995, 1705-1748.

[48] Graham R.L., Knuth D.E., Patashnik O., *Concrete Mathematics*, 2nd edition, Addison-Wesley, 1989.

[49] Greitzer S.L., *International Mathematical Olympiads 1959-1977*, M.A.A., Washington, D.C., 1978.

[50] Guy, R.K., *Unsolved Problems in Number Theory*, Springer, 3rd edition, 2004.

[51] O'Hara P.J., *Another Proof of Bernstein's Theorem*, Amer. Math. Monthly 80(1973), 673-674.

[52] Hardy G.H, Wright E.M., *An Antroduction to the Theory of Numbers*, Oxford, 1979.

[53] Hlawka E., Schoibengeier J., Taschner R., *Geometric and Analytic Number Theory*, Springer-Verlag, 1991.

[54] Huneke C., *The Friendship Theorem*, Amer. Math. Monthly, 2(2002), 192-194.

[55] Oleszkiewicz K., *An Elementary Proof of Hilbert's Inequality*, Amer. Math. Monthly, 100(1993), 276-280.

[56] Mignotte M., *An Inequality about Factors of Polynomials*, Mathematics of Computation, 128(1974), 1153-1157.

[57] Mitrinović D.S, Vasić P.M, *Analytic Inequalities*, Springer-Verlag, 1970.

[58] Murty M.R., *Prime Numbers and Irreducible Polynomials*, Amer. Math. Monthly, 5(2002), 452-458.

[59] Nathanson M.B., *Additive Number Theory*, Springer 1996.

[60] Polya G., Szegö G., *Problems and Theorems in Analysis*, Springer-Verlag, 1976.

[61] Prasolov V.V., *Polynomials, Algorithms and Computation in Mathematics*, Vol. 11, Springer-Verlag, 2003.

[62] Rădulescu T., Rădulescu V., Andreescu T., *Problems in Real Analysis: Advanced Calculus on the Real Axis*, Springer, New York, 2009.

[63] Rogosinski W.W., *Some Elementary Inequalities for Polynomials*, Math. Gaz, 39(1955), No. 327, 7-12.

[64] Roitman M., *On Zsigmondy Primes*, Proceedings of the Amer. Math. Soc., 125(1997), No. 7, 1913-1919.

[65] Savchev S., Andreescu T., *Mathematical Miniatures*, New Mathematical Library, MAA 2002.

[66] Seres I., *Irreducibility of Polynomials*, Journal of Algebra 2(1963), 283-286.

[67] Serre J.-P., *A Course in Arithmetic*, Springer-Verlag 1973.

[68] Siegel, C.L., *Lectures on the Geometry of Numbers*, Springer-Verlag, 1989 (notes by B. Friedman rewritten by K. Chandrasekharan with assistance of R. Suter).

[69] Sierpinski W., *Elementary Theory of Numbers*, Polski Academic Nauk, Warsaw, 1964.

[70] Sierpinski W., *250 Problems in Elementary Number Theory*, American Elsevier Publishing Company, Inc., New York, Warsaw, 1970.

[71] Stanley R.P., *Enumerative Combinatorics*, Cambridge University Press, 2nd edition, 2000.

[72] Steele Michael J., *The Cauchy-Schwarz Master Class*, Cambridge University Press, 2004.

[73] Sun Z.W., *Covering the Integers by Arithmetic Sequences*, Trans. Amer. Math. Soc, 348(1996), No. 11, 4279-4320.

[74] Tomescu I., Melter R.A., *Problems in Combinatorics and Graph Theory*, John Wiley Sons, 1985.

[75] Tomescu I. et al., *Balkan Mathematical Olympiads 1984-1994*, Gil, Zalău, 1996.

[76] Turk J., *The Fixed Divisor of a Polynomial*, Amer. Math. Monthly, 93(1986), 282-286.

[77] Yaglom A.M., Yaglom I.M., *Challenging Mathematical Problems with Elementary Solutions*, Dover Publications, 1987.

[78] Zannier U., *A Note on Recurrent mod p Sequences*, Acta Arithmetica XLI, 1982.

刘培杰数学工作室
已出版(即将出版)图书目录——初等数学

书　名	出版时间	定　价	编号
新编中学数学解题方法全书(高中版)上卷(第2版)	2018—08	58.00	951
新编中学数学解题方法全书(高中版)中卷(第2版)	2018—08	68.00	952
新编中学数学解题方法全书(高中版)下卷(一)(第2版)	2018—08	58.00	953
新编中学数学解题方法全书(高中版)下卷(二)(第2版)	2018—08	58.00	954
新编中学数学解题方法全书(高中版)下卷(三)(第2版)	2018—08	68.00	955
新编中学数学解题方法全书(初中版)上卷	2008—01	28.00	29
新编中学数学解题方法全书(初中版)中卷	2010—07	38.00	75
新编中学数学解题方法全书(高考复习卷)	2010—01	48.00	67
新编中学数学解题方法全书(高考真题卷)	2010—01	38.00	62
新编中学数学解题方法全书(高考精华卷)	2011—03	68.00	118
新编平面解析几何解题方法全书(专题讲座卷)	2010—01	18.00	61
新编中学数学解题方法全书(自主招生卷)	2013—08	88.00	261
数学奥林匹克与数学文化(第一辑)	2006—05	48.00	4
数学奥林匹克与数学文化(第二辑)(竞赛卷)	2008—01	48.00	19
数学奥林匹克与数学文化(第二辑)(文化卷)	2008—07	58.00	36'
数学奥林匹克与数学文化(第三辑)(竞赛卷)	2010—01	48.00	59
数学奥林匹克与数学文化(第四辑)(竞赛卷)	2011—08	58.00	87
数学奥林匹克与数学文化(第五辑)	2015—06	98.00	370
世界著名平面几何经典著作钩沉——几何作图专题卷(共3卷)	2022—01	198.00	1460
世界著名平面几何经典著作钩沉(民国平面几何老课本)	2011—03	38.00	113
世界著名平面几何经典著作钩沉(建国初期平面三角老课本)	2015—08	38.00	507
世界著名解析几何经典著作钩沉——平面解析几何卷	2014—01	38.00	264
世界著名数论经典著作钩沉(算术卷)	2012—01	28.00	125
世界著名数学经典著作钩沉——立体几何卷	2011—02	28.00	88
世界著名三角学经典著作钩沉(平面三角卷Ⅰ)	2010—06	28.00	69
世界著名三角学经典著作钩沉(平面三角卷Ⅱ)	2011—01	38.00	78
世界著名初等数论经典著作钩沉(理论和实用算术卷)	2011—07	38.00	126
世界著名几何经典著作钩沉(解析几何卷)	2022—10	68.00	1564
发展你的空间想象力(第3版)	2021—01	98.00	1464
空间想象力进阶	2019—05	68.00	1062
走向国际数学奥林匹克的平面几何试题诠释.第1卷	2019—07	88.00	1043
走向国际数学奥林匹克的平面几何试题诠释.第2卷	2019—09	78.00	1044
走向国际数学奥林匹克的平面几何试题诠释.第3卷	2019—03	78.00	1045
走向国际数学奥林匹克的平面几何试题诠释.第4卷	2019—09	98.00	1046
平面几何证明方法全书	2007—08	35.00	1
平面几何证明方法全书习题解答(第2版)	2006—12	18.00	10
平面几何天天练上卷·基础篇(直线型)	2013—01	58.00	208
平面几何天天练中卷·基础篇(涉及圆)	2013—01	28.00	234
平面几何天天练下卷·提高篇	2013—01	58.00	237
平面几何专题研究	2013—07	98.00	258
平面几何解题之道.第1卷	2022—05	38.00	1494
几何学习题集	2020—10	48.00	1217
通过解题学习代数几何	2021—04	88.00	1301
圆锥曲线的奥秘	2022—06	88.00	1541

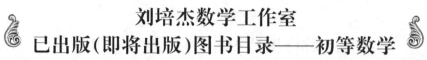

刘培杰数学工作室
已出版(即将出版)图书目录——初等数学

书 名	出版时间	定 价	编号
最新世界各国数学奥林匹克中的平面几何试题	2007—09	38.00	14
数学竞赛平面几何典型题及新颖解	2010—07	48.00	74
初等数学复习及研究(平面几何)	2008—09	68.00	38
初等数学复习及研究(立体几何)	2010—06	38.00	71
初等数学复习及研究(平面几何)习题解答	2009—01	58.00	42
几何学教程(平面几何卷)	2011—03	68.00	90
几何学教程(立体几何卷)	2011—07	68.00	130
几何变换与几何证题	2010—06	88.00	70
计算方法与几何证题	2011—06	28.00	129
立体几何技巧与方法(第2版)	2022—10	168.00	1572
几何瑰宝——平面几何500名题暨1500条定理(上、下)	2021—07	168.00	1358
三角形的解法与应用	2012—07	18.00	183
近代的三角形几何学	2012—07	48.00	184
一般折线几何学	2015—08	48.00	503
三角形的五心	2009—06	28.00	51
三角形的六心及其应用	2015—10	68.00	542
三角形趣谈	2012—08	28.00	212
解三角形	2014—01	28.00	265
探秘三角形:一次数学旅行	2021—10	68.00	1387
三角学专门教程	2014—09	28.00	387
图天下几何新题试卷.初中(第2版)	2017—11	58.00	855
圆锥曲线习题集(上册)	2013—06	68.00	255
圆锥曲线习题集(中册)	2015—01	78.00	434
圆锥曲线习题集(下册·第1卷)	2016—10	78.00	683
圆锥曲线习题集(下册·第2卷)	2018—01	98.00	853
圆锥曲线习题集(下册·第3卷)	2019—10	128.00	1113
圆锥曲线的思想方法	2021—08	48.00	1379
圆锥曲线的八个主要问题	2021—10	48.00	1415
论九点圆	2015—05	88.00	645
近代欧氏几何学	2012—03	48.00	162
罗巴切夫斯基几何学及几何基础概要	2012—07	28.00	188
罗巴切夫斯基几何学初步	2015—06	28.00	474
用三角、解析几何、复数、向量计算解数学竞赛几何题	2015—03	48.00	455
用解析法研究圆锥曲线的几何理论	2022—05	48.00	1495
美国中学几何教程	2015—04	88.00	458
三线坐标与三角形特征点	2015—04	98.00	460
坐标几何学基础.第1卷,笛卡儿坐标	2021—08	48.00	1398
坐标几何学基础.第2卷,三线坐标	2021—09	28.00	1399
平面解析几何方法与研究(第1卷)	2015—05	18.00	471
平面解析几何方法与研究(第2卷)	2015—06	18.00	472
平面解析几何方法与研究(第3卷)	2015—07	18.00	473
解析几何研究	2015—01	38.00	425
解析几何学教程.上	2016—01	38.00	574
解析几何学教程.下	2016—01	38.00	575
几何学基础	2016—01	58.00	581
初等几何研究	2015—02	58.00	444
十九和二十世纪欧氏几何学中的片段	2017—01	58.00	696
平面几何中考.高考.奥数一本通	2017—07	28.00	820
几何学简史	2017—08	28.00	833
四面体	2018—01	48.00	880
平面几何证明方法思路	2018—12	68.00	913
折纸中的几何练习	2022—09	48.00	1559
中学新几何学(英文)	2022—10	98.00	1562
线性代数与几何	2023—04	68.00	1633
四面体几何学引论	2023—06	68.00	1648

刘培杰数学工作室
已出版(即将出版)图书目录——初等数学

书 名	出版时间	定 价	编号
平面几何图形特性新析.上篇	2019—01	68.00	911
平面几何图形特性新析.下篇	2018—06	88.00	912
平面几何范例多解探究.上篇	2018—04	48.00	910
平面几何范例多解探究.下篇	2018—12	68.00	914
从分析解题过程学解题:竞赛中的几何问题研究	2018—07	68.00	946
从分析解题过程学解题:竞赛中的向量几何与不等式研究(全2册)	2019—06	138.00	1090
从分析解题过程学解题:竞赛中的不等式问题	2021—01	48.00	1249
二维、三维欧氏几何的对偶原理	2018—12	38.00	990
星形大观及闭折线论	2019—03	68.00	1020
立体几何的问题和方法	2019—11	58.00	1127
三角代换论	2021—05	58.00	1313
俄罗斯平面几何问题集	2009—08	88.00	55
俄罗斯立体几何问题集	2014—03	58.00	283
俄罗斯几何大师——沙雷金论数学及其他	2014—01	48.00	271
来自俄罗斯的5000道几何习题及解答	2011—03	58.00	89
俄罗斯初等数学问题集	2012—05	38.00	177
俄罗斯函数问题集	2011—03	38.00	103
俄罗斯组合分析问题集	2011—01	48.00	79
俄罗斯初等数学万题选——三角卷	2012—11	38.00	222
俄罗斯初等数学万题选——代数卷	2013—08	68.00	225
俄罗斯初等数学万题选——几何卷	2014—01	68.00	226
俄罗斯《量子》杂志数学征解问题100题选	2018—08	48.00	969
俄罗斯《量子》杂志数学征解问题又100题选	2018—08	48.00	970
俄罗斯《量子》杂志数学征解问题	2020—05	48.00	1138
463个俄罗斯几何老问题	2012—01	28.00	152
《量子》数学短文精粹	2018—09	38.00	972
用三角、解析几何等计算解来自俄罗斯的几何题	2019—11	88.00	1119
基谢廖夫平面几何	2022—01	48.00	1461
基谢廖夫立体几何	2023—04	48.00	1599
数学:代数、数学分析和几何(10—11年级)	2021—01	48.00	1250
直观几何学:5—6年级	2022—04	58.00	1508
几何学:第2版.7—9年级	2023—08	68.00	1684
平面几何:9—11年级	2022—10	48.00	1571
立体几何.10—11年级	2022—01	58.00	1472
谈谈素数	2011—03	18.00	91
平方和	2011—03	18.00	92
整数论	2011—05	38.00	120
从整数谈起	2015—10	28.00	538
数与多项式	2016—01	38.00	558
谈谈不定方程	2011—05	28.00	119
质数漫谈	2022—07	68.00	1529
解析不等式新论	2009—06	68.00	48
建立不等式的方法	2011—03	98.00	104
数学奥林匹克不等式研究(第2版)	2020—07	68.00	1181
不等式研究(第三辑)	2023—08	198.00	1673
不等式的秘密(第一卷)(第2版)	2014—02	38.00	286
不等式的秘密(第二卷)	2014—01	38.00	268
初等不等式的证明方法	2010—06	38.00	123
初等不等式的证明方法(第二版)	2014—11	38.00	407
不等式·理论·方法(基础卷)	2015—07	38.00	496
不等式·理论·方法(经典不等式卷)	2015—07	38.00	497
不等式·理论·方法(特殊类型不等式卷)	2015—07	48.00	498
不等式探究	2016—03	38.00	582
不等式探秘	2017—01	88.00	689
四面体不等式	2017—01	68.00	715
数学奥林匹克中常见重要不等式	2017—09	38.00	845

刘培杰数学工作室
已出版(即将出版)图书目录——初等数学

书　名	出版时间	定　价	编号
三正弦不等式	2018－09	98.00	974
函数方程与不等式:解法与稳定性结果	2019－04	68.00	1058
数学不等式.第1卷,对称多项式不等式	2022－05	78.00	1455
数学不等式.第2卷,对称有理不等式与对称无理不等式	2022－05	88.00	1456
数学不等式.第3卷,循环不等式与非循环不等式	2022－05	88.00	1457
数学不等式.第4卷,Jensen不等式的扩展与加细	2022－05	88.00	1458
数学不等式.第5卷,创建不等式与解不等式的其他方法	2022－05	88.00	1459
不定方程及其应用.上	2018－12	58.00	992
不定方程及其应用.中	2019－01	78.00	993
不定方程及其应用.下	2019－02	98.00	994
Nesbitt不等式加强式的研究	2022－06	128.00	1527
最值定理与分析不等式	2023－02	78.00	1567
一类积分不等式	2023－02	88.00	1579
邦费罗尼不等式及概率应用	2023－05	58.00	1637
同余理论	2012－05	38.00	163
[x]与{x}	2015－04	48.00	476
极值与最值.上卷	2015－06	28.00	486
极值与最值.中卷	2015－06	38.00	487
极值与最值.下卷	2015－06	28.00	488
整数的性质	2012－11	38.00	192
完全平方数及其应用	2015－08	78.00	506
多项式理论	2015－10	88.00	541
奇数、偶数、奇偶分析法	2018－01	98.00	876
历届美国中学生数学竞赛试题及解答(第一卷)1950－1954	2014－07	18.00	277
历届美国中学生数学竞赛试题及解答(第二卷)1955－1959	2014－04	18.00	278
历届美国中学生数学竞赛试题及解答(第三卷)1960－1964	2014－06	18.00	279
历届美国中学生数学竞赛试题及解答(第四卷)1965－1969	2014－04	28.00	280
历届美国中学生数学竞赛试题及解答(第五卷)1970－1972	2014－06	18.00	281
历届美国中学生数学竞赛试题及解答(第六卷)1973－1980	2017－07	18.00	768
历届美国中学生数学竞赛试题及解答(第七卷)1981－1986	2015－01	18.00	424
历届美国中学生数学竞赛试题及解答(第八卷)1987－1990	2017－05	18.00	769
历届中国数学奥林匹克试题集(第3版)	2021－10	58.00	1440
历届加拿大数学奥林匹克试题集	2012－08	38.00	215
历届美国数学奥林匹克试题集	2023－08	98.00	1681
历届波兰数学竞赛试题集.第1卷,1949～1963	2015－03	18.00	453
历届波兰数学竞赛试题集.第2卷,1964～1976	2015－03	18.00	454
历届巴尔干数学奥林匹克试题集	2015－05	38.00	466
保加利亚数学奥林匹克	2014－10	38.00	393
圣彼得堡数学奥林匹克试题集	2015－01	38.00	429
匈牙利奥林匹克数学竞赛题解.第1卷	2016－05	28.00	593
匈牙利奥林匹克数学竞赛题解.第2卷	2016－05	28.00	594
历届美国数学邀请赛试题集(第2版)	2017－10	78.00	851
普林斯顿大学数学竞赛	2016－06	38.00	669
亚太地区数学奥林匹克竞赛题	2015－07	18.00	492
日本历届(初级)广中杯数学竞赛试题及解答.第1卷(2000～2007)	2016－05	28.00	641
日本历届(初级)广中杯数学竞赛试题及解答.第2卷(2008～2015)	2016－05	38.00	642
越南数学奥林匹克题选:1962－2009	2021－07	48.00	1370
360个数学竞赛问题	2016－08	58.00	677
奥数最佳实战题.上卷	2017－06	38.00	760
奥数最佳实战题.下卷	2017－05	58.00	761
哈尔滨市早期中学数学竞赛试题汇编	2016－07	28.00	672
全国高中数学联赛试题及解答:1981—2019(第4版)	2020－07	138.00	1176
2022年全国高中数学联合竞赛模拟题集	2022－06	30.00	1521

刘培杰数学工作室
已出版(即将出版)图书目录——初等数学

书　名	出版时间	定　价	编号
20世纪50年代全国部分城市数学竞赛试题汇编	2017—07	28.00	797
国内外数学竞赛题及精解:2018~2019	2020—08	45.00	1192
国内外数学竞赛题及精解:2019~2020	2021—11	58.00	1439
许康华竞赛优学精选集.第一辑	2018—08	68.00	949
天问叶班数学问题征解100题.Ⅰ,2016—2018	2019—05	88.00	1075
天问叶班数学问题征解100题.Ⅱ,2017—2019	2020—07	98.00	1177
美国初中数学竞赛:AMC8准备(共6卷)	2019—07	138.00	1089
美国高中数学竞赛:AMC10准备(共6卷)	2019—08	158.00	1105
王连笑教你怎样学数学:高考选择题解题策略与客观题实用训练	2014—01	48.00	262
王连笑教你怎样学数学:高考数学高层次讲座	2015—02	48.00	432
高考数学的理论与实践	2009—08	38.00	53
高考数学核心题型解题方法与技巧	2010—01	28.00	86
高考思维新平台	2014—03	38.00	259
高考数学压轴题解题诀窍(上)(第2版)	2018—01	58.00	874
高考数学压轴题解题诀窍(下)(第2版)	2018—01	48.00	875
北京市五区文科数学三年高考模拟题详解:2013~2015	2015—08	48.00	500
北京市五区理科数学三年高考模拟题详解:2013~2015	2015—09	68.00	505
向量法巧解数学高考题	2009—08	28.00	54
高中数学课堂教学的实践与反思	2021—11	48.00	791
数学高考参考	2016—01	78.00	589
新课程标准高考数学解答题各种题型解法指导	2020—08	78.00	1196
全国及各省市高考数学试题审题要津与解法研究	2015—02	48.00	450
高中数学章节起始课的教学研究与案例设计	2019—05	28.00	1064
新课标高考数学——五年试题分章详解(2007~2011)(上、下)	2011—10	78.00	140,141
全国中考数学压轴题审题要津与解法研究	2013—04	78.00	248
新编全国及各省市中考数学压轴题审题要津与解法研究	2014—05	58.00	342
全国及各省市5年中考数学压轴题审题要津与解法研究(2015版)	2015—04	58.00	462
中考数学专题总复习	2007—04	28.00	6
中考数学较难题常考题型解题方法与技巧	2016—09	48.00	681
中考数学难题常考题型解题方法与技巧	2016—09	48.00	682
中考数学中档题常考题型解题方法与技巧	2017—08	68.00	835
中考数学选择填空压轴好题妙解365	2017—05	38.00	759
中考数学:三类重点考题的解法例析与习题	2020—04	48.00	1140
中小学数学的历史文化	2019—11	48.00	1124
初中平面几何百题多思创新解	2020—01	58.00	1125
初中数学中考备考	2020—01	58.00	1126
高考数学之九章演义	2019—08	68.00	1044
高考数学之难题谈笑间	2022—06	68.00	1519
化学可以这样学:高中化学知识方法智慧感悟疑难辨析	2019—07	58.00	1103
如何成为学习高手	2019—09	58.00	1107
高考数学:经典真题分类解析	2020—04	78.00	1134
高考数学解答题破解策略	2020—11	58.00	1221
从分析解题过程学解题:高考压轴题与竞赛题之关系探究	2020—08	88.00	1179
教学新思考:单元整体视角下的初中数学教学设计	2021—03	58.00	1278
思维再拓展:2020年经典几何题的多解探究与思考	即将出版		1279
中考数学小压轴汇编初讲	2017—07	48.00	788
中考数学大压轴专题微言	2017—09	48.00	846
怎么解中考平面几何探索题	2019—06	48.00	1093
北京中考数学压轴题解题方法突破(第8版)	2022—11	78.00	1577
助你高考成功的数学解题智慧:知识是智慧的基础	2016—01	58.00	596
助你高考成功的数学解题智慧:错误是智慧的试金石	2016—04	58.00	643
助你高考成功的数学解题智慧:方法是智慧的推手	2016—04	68.00	657
高考数学奇思妙解	2016—04	38.00	610
高考数学解题策略	2016—05	48.00	670
数学解题泄天机(第2版)	2017—10	48.00	850

刘培杰数学工作室

已出版(即将出版)图书目录——初等数学

书　名	出版时间	定　价	编号
高中物理教学讲义	2018—01	48.00	871
高中物理教学讲义:全模块	2022—03	98.00	1492
高中物理答疑解惑65篇	2021—11	48.00	1462
中学物理基础问题解析	2020—08	48.00	1183
初中数学、高中数学脱节知识补缺教材	2017—06	48.00	766
高考数学客观题解题方法和技巧	2017—10	38.00	847
十年高考数学精品试题审题要津与解法研究	2021—10	98.00	1427
中国历届高考数学试题及解答.1949—1979	2018—01	38.00	877
历届中国高考数学试题及解答.第二卷,1980—1989	2018—10	28.00	975
历届中国高考数学试题及解答.第三卷,1990—1999	2018—10	48.00	976
跟我学解高中数学题	2018—07	58.00	926
中学数学研究的方法及案例	2018—05	58.00	869
高考数学抢分技能	2018—07	68.00	934
高一新生常用数学方法和重要数学思想提升教材	2018—06	38.00	921
高考数学全国卷六道解答题常考题型解题诀窍:理科(全2册)	2019—07	78.00	1101
高考数学全国卷16道选择、填空题常考题型解题诀窍.理科	2018—09	88.00	971
高考数学全国卷16道选择、填空题常考题型解题诀窍.文科	2020—01	88.00	1123
高中数学一题多解	2019—06	58.00	1087
历届中国高考数学试题及解答:1917—1999	2021—08	98.00	1371
2000~2003年全国及各省市高考数学试题及解答	2022—05	88.00	1499
2004年全国及各省市高考数学试题及解答	2023—08	78.00	1500
2005年全国及各省市高考数学试题及解答	2023—08	78.00	1501
2006年全国及各省市高考数学试题及解答	2023—08	88.00	1502
2007年全国及各省市高考数学试题及解答	2023—08	98.00	1503
2008年全国及各省市高考数学试题及解答	2023—08	88.00	1504
2009年全国及各省市高考数学试题及解答	2023—08	88.00	1505
2010年全国及各省市高考数学试题及解答	2023—08	98.00	1506
突破高原:高中数学解题思维探究	2021—08	48.00	1375
高考数学中的"取值范围"	2021—10	48.00	1429
新课程标准高中数学各种题型解法大全.必修一分册	2021—06	58.00	1315
新课程标准高中数学各种题型解法大全.必修二分册	2022—01	68.00	1471
高中数学各种题型解法大全.选择性必修一分册	2022—06	68.00	1525
高中数学各种题型解法大全.选择性必修二分册	2023—01	58.00	1600
高中数学各种题型解法大全.选择性必修三分册	2023—04	48.00	1643
历届全国初中数学竞赛经典试题详解	2023—04	88.00	1624
孟祥礼高考数学精刷精解	2023—06	98.00	1663

书　名	出版时间	定　价	编号
新编640个世界著名数学智力趣题	2014—01	88.00	242
500个最新世界著名数学智力趣题	2008—06	48.00	3
400个最新世界著名数学最值问题	2008—09	48.00	36
500个世界著名数学征解问题	2009—06	48.00	52
400个中国最佳初等数学征解老问题	2010—01	48.00	60
500个俄罗斯数学经典老题	2011—01	28.00	81
1000个国外中学物理好题	2012—04	48.00	174
300个日本高考数学题	2012—05	38.00	142
700个早期日本高考数学试题	2017—02	88.00	752
500个前苏联早期高考数学试题及解答	2012—05	28.00	185
546个早期俄罗斯大学生数学竞赛题	2014—03	38.00	285
548个来自美苏的数学好问题	2014—11	28.00	396
20所苏联著名大学早期入学试题	2015—02	18.00	452
161道德国工科大学生必做的微分方程习题	2015—05	28.00	469
500个德国工科大学生必做的高数习题	2015—06	28.00	478
360个数学竞赛问题	2016—08	58.00	677
200个趣味数学故事	2018—02	48.00	857
470个数学奥林匹克中的最值问题	2018—10	88.00	985
德国讲义日本考题.微积分卷	2015—04	48.00	456
德国讲义日本考题.微分方程卷	2015—04	38.00	457
二十世纪中叶中、英、美、日、法、俄高考数学试题精选	2017—06	38.00	783

刘培杰数学工作室
已出版(即将出版)图书目录——初等数学

书　　名	出版时间	定　价	编号
中国初等数学研究　2009 卷(第 1 辑)	2009－05	20.00	45
中国初等数学研究　2010 卷(第 2 辑)	2010－05	30.00	68
中国初等数学研究　2011 卷(第 3 辑)	2011－07	60.00	127
中国初等数学研究　2012 卷(第 4 辑)	2012－07	48.00	190
中国初等数学研究　2014 卷(第 5 辑)	2014－02	48.00	288
中国初等数学研究　2015 卷(第 6 辑)	2015－06	68.00	493
中国初等数学研究　2016 卷(第 7 辑)	2016－04	68.00	609
中国初等数学研究　2017 卷(第 8 辑)	2017－01	98.00	712
初等数学研究在中国.第 1 辑	2019－03	158.00	1024
初等数学研究在中国.第 2 辑	2019－10	158.00	1116
初等数学研究在中国.第 3 辑	2021－05	158.00	1306
初等数学研究在中国.第 4 辑	2022－06	158.00	1520
初等数学研究在中国.第 5 辑	2023－07	158.00	1635
几何变换(Ⅰ)	2014－07	28.00	353
几何变换(Ⅱ)	2015－06	28.00	354
几何变换(Ⅲ)	2015－01	38.00	355
几何变换(Ⅳ)	2015－12	38.00	356
初等数论难题集(第一卷)	2009－05	68.00	44
初等数论难题集(第二卷)(上、下)	2011－02	128.00	82,83
数论概貌	2011－03	18.00	93
代数数论(第二版)	2013－08	58.00	94
代数多项式	2014－06	38.00	289
初等数论的知识与问题	2011－02	28.00	95
超越数论基础	2011－03	28.00	96
数论初等教程	2011－03	28.00	97
数论基础	2011－03	18.00	98
数论基础与维诺格拉多夫	2014－03	18.00	292
解析数论基础	2012－08	28.00	216
解析数论基础(第二版)	2014－01	48.00	287
解析数论问题集(第二版)(原版引进)	2014－05	88.00	343
解析数论问题集(第二版)(中译本)	2016－04	88.00	607
解析数论基础(潘承洞,潘承彪著)	2016－07	98.00	673
解析数论导引	2016－07	58.00	674
数论入门	2011－03	38.00	99
代数数论入门	2015－03	38.00	448
数论开篇	2012－07	28.00	194
解析数论引论	2011－03	48.00	100
Barban Davenport Halberstam 均值和	2009－01	40.00	33
基础数论	2011－03	28.00	101
初等数论 100 例	2011－05	18.00	122
初等数论经典例题	2012－07	18.00	204
最新世界各国数学奥林匹克中的初等数论试题(上、下)	2012－01	138.00	144,145
初等数论(Ⅰ)	2012－01	18.00	156
初等数论(Ⅱ)	2012－01	18.00	157
初等数论(Ⅲ)	2012－01	28.00	158

— 7 —

刘培杰数学工作室
已出版(即将出版)图书目录——初等数学

书 名	出版时间	定 价	编号
平面几何与数论中未解决的新老问题	2013—01	68.00	229
代数数论简史	2014—11	28.00	408
代数数论	2015—09	88.00	532
代数、数论及分析习题集	2016—11	98.00	695
数论导引提要及习题解答	2016—01	48.00	559
素数定理的初等证明.第2版	2016—09	48.00	686
数论中的模函数与狄利克雷级数(第二版)	2017—11	78.00	837
数论:数学导引	2018—01	68.00	849
范氏大代数	2019—02	98.00	1016
解析数学讲义.第一卷,导来式及微分、积分、级数	2019—04	88.00	1021
解析数学讲义.第二卷,关于几何的应用	2019—04	68.00	1022
解析数学讲义.第三卷,解析函数论	2019—04	78.00	1023
分析·组合·数论纵横谈	2019—04	58.00	1039
Hall代数:民国时期的中学数学课本:英文	2019—08	88.00	1106
基谢廖夫初等代数	2022—07	38.00	1531
数学精神巡礼	2019—01	58.00	731
数学眼光透视(第2版)	2017—06	78.00	732
数学思想领悟(第2版)	2018—01	68.00	733
数学方法溯源(第2版)	2018—08	68.00	734
数学解题引论	2017—05	58.00	735
数学史话览胜(第2版)	2017—01	48.00	736
数学应用展观(第2版)	2017—08	68.00	737
数学建模尝试	2018—04	48.00	738
数学竞赛采风	2018—01	68.00	739
数学测评探营	2019—05	58.00	740
数学技能操握	2018—03	48.00	741
数学欣赏拾趣	2018—02	48.00	742
从毕达哥拉斯到怀尔斯	2007—10	48.00	9
从迪利克雷到维斯卡尔迪	2008—01	48.00	21
从哥德巴赫到陈景润	2008—05	98.00	35
从庞加莱到佩雷尔曼	2011—08	138.00	136
博弈论精粹	2008—03	58.00	30
博弈论精粹.第二版(精装)	2015—01	88.00	461
数学 我爱你	2008—01	28.00	20
精神的圣徒 别样的人生——60位中国数学家成长的历程	2008—09	48.00	39
数学史概论	2009—06	78.00	50
数学史概论(精装)	2013—03	158.00	272
数学史选讲	2016—01	48.00	544
斐波那契数列	2010—02	28.00	65
数学拼盘和斐波那契魔方	2010—07	38.00	72
斐波那契数列欣赏(第2版)	2018—08	58.00	948
Fibonacci数列中的明珠	2018—06	58.00	928
数学的创造	2011—02	48.00	85
数学美与创造力	2016—01	48.00	595
数海拾贝	2016—01	48.00	590
数学中的美(第2版)	2019—04	68.00	1057
数论中的美学	2014—12	38.00	351

刘培杰数学工作室
已出版(即将出版)图书目录——初等数学

书　名	出版时间	定　价	编号
数学王者　科学巨人——高斯	2015—01	28.00	428
振兴祖国数学的圆梦之旅:中国初等数学研究史话	2015—06	98.00	490
二十世纪中国数学史料研究	2015—10	48.00	536
数字谜、数阵图与棋盘覆盖	2016—01	58.00	298
数学概念的进化:一个初步的研究	2023—07	68.00	1683
数学发现的艺术:数学探索中的合情推理	2016—07	58.00	671
活跃在数学中的参数	2016—07	48.00	675
数海趣史	2021—05	98.00	1314
玩转幻中之幻	2023—08	88.00	1682
数学艺术品	2023—09	98.00	1685
数学博弈与游戏	2023—10	68.00	1692
数学解题——靠数学思想给力(上)	2011—07	38.00	131
数学解题——靠数学思想给力(中)	2011—07	48.00	132
数学解题——靠数学思想给力(下)	2011—07	38.00	133
我怎样解题	2013—01	48.00	227
数学解题中的物理方法	2011—06	28.00	114
数学解题的特殊方法	2011—06	48.00	115
中学数学计算技巧(第2版)	2020—10	48.00	1220
中学数学证明方法	2012—01	58.00	117
数学趣题巧解	2012—03	28.00	128
高中数学教学通鉴	2015—05	58.00	479
和高中生漫谈:数学与哲学的故事	2014—08	28.00	369
算术问题集	2017—03	38.00	789
张教授讲数学	2018—07	38.00	933
陈永明实话实说数学教学	2020—04	68.00	1132
中学数学学科知识与教学能力	2020—06	58.00	1155
怎样把课讲好:大罕数学教学随笔	2022—03	58.00	1484
中国高考评价体系下高考数学探秘	2022—03	48.00	1487
自主招生考试中的参数方程问题	2015—01	28.00	435
自主招生考试中的极坐标问题	2015—04	28.00	463
近年全国重点大学自主招生数学试题全解及研究.华约卷	2015—02	38.00	441
近年全国重点大学自主招生数学试题全解及研究.北约卷	2016—05	38.00	619
自主招生数学解证宝典	2015—09	48.00	535
中国科学技术大学创新班数学真题解析	2022—03	48.00	1488
中国科学技术大学创新班物理真题解析	2022—03	58.00	1489
格点和面积	2012—07	18.00	191
射影几何趣谈	2012—04	28.00	175
斯潘纳尔引理——从一道加拿大数学奥林匹克试题谈起	2014—01	28.00	228
李普希兹条件——从几道近年高考数学试题谈起	2012—10	18.00	221
拉格朗日中值定理——从一道北京高考试题的解法谈起	2015—10	18.00	197
闵科夫斯基定理——从一道清华大学自主招生试题谈起	2014—01	28.00	198
哈尔测度——从一道冬令营试题的背景谈起	2012—08	28.00	202
切比雪夫逼近问题——从一道中国台北数学奥林匹克试题谈起	2013—04	38.00	238
伯恩斯坦多项式与贝齐尔曲面——从一道全国高中数学联赛试题谈起	2013—03	38.00	236
卡塔兰猜想——从一道普特南竞赛试题谈起	2013—06	18.00	256
麦卡锡函数和阿克曼函数——从一道前南斯拉夫数学奥林匹克试题谈起	2012—08	18.00	201
贝蒂定理与拉姆贝克莫斯尔定理——从一个拣石子游戏谈起	2012—08	18.00	217
皮亚诺曲线和豪斯道夫分球定理——从无限集谈起	2012—08	18.00	211
平面凸图形与凸多面体	2012—10	28.00	218
斯坦因豪斯问题——从一道二十五省市自治区中学数学竞赛试题谈起	2012—07	18.00	196

刘培杰数学工作室
已出版(即将出版)图书目录——初等数学

书　名	出版时间	定　价	编号
纽结理论中的亚历山大多项式与琼斯多项式——从一道北京市高一数学竞赛试题谈起	2012—07	28.00	195
原则与策略——从波利亚"解题表"谈起	2013—04	38.00	244
转化与化归——从三大尺规作图不能问题谈起	2012—08	28.00	214
代数几何中的贝祖定理(第一版)——从一道 IMO 试题的解法谈起	2013—08	18.00	193
成功连贯理论与约当块理论——从一道比利时数学竞赛试题谈起	2012—04	18.00	180
素数判定与大数分解	2014—08	18.00	199
置换多项式及其应用	2012—10	18.00	220
椭圆函数与模函数——从一道美国加州大学洛杉矶分校(UCLA)博士资格考题谈起	2012—10	28.00	219
差分方程的拉格朗日方法——从一道 2011 年全国高考理科试题的解法谈起	2012—08	28.00	200
力学在几何中的一些应用	2013—01	38.00	240
从根式解到伽罗华理论	2020—01	48.00	1121
康托洛维奇不等式——从一道全国高中联赛试题谈起	2013—03	28.00	337
西格尔引理——从一道第 18 届 IMO 试题的解法谈起	即将出版		
罗斯定理——从一道前苏联数学竞赛试题谈起	即将出版		
拉克斯定理和阿廷定理——从一道 IMO 试题的解法谈起	2014—01	58.00	246
毕卡大定理——从一道美国大学数学竞赛试题谈起	2014—07	18.00	350
贝齐尔曲线——从一道全国高中联赛试题谈起	即将出版		
拉格朗日乘子定理——从一道 2005 年全国高中联赛试题的高等数学解法谈起	2015—05	28.00	480
雅可比定理——从一道日本数学奥林匹克试题谈起	2013—04	48.00	249
李天岩—约克定理——从一道波兰数学竞赛试题谈起	2014—06	28.00	349
受控理论与初等不等式:从一道 IMO 试题的解法谈起	2023—03	48.00	1601
布劳维不动点定理——从一道前苏联数学奥林匹克试题谈起	2014—01	38.00	273
伯恩赛德定理——从一道英国数学奥林匹克试题谈起	即将出版		
布查特-莫斯特定理——从一道上海市初中竞赛试题谈起	即将出版		
数论中的同余数问题——从一道普特南竞赛试题谈起	即将出版		
范·德蒙行列式——从一道美国数学奥林匹克试题谈起	即将出版		
中国剩余定理:总数法构建中国历史年表	2015—01	28.00	430
牛顿程序与方程求根——从一道全国高考试题解法谈起	即将出版		
库默尔定理——从一道 IMO 预选试题谈起	即将出版		
卢丁定理——从一道冬令营试题的解法谈起	即将出版		
沃斯滕霍姆定理——从一道 IMO 预选试题谈起	即将出版		
卡尔松不等式——从一道莫斯科数学奥林匹克试题谈起	即将出版		
信息论中的香农熵——从一道近年高考压轴题谈起	即将出版		
约当不等式——从一道希望杯竞赛试题谈起	即将出版		
拉比诺维奇定理	即将出版		
刘维尔定理——从一道《美国数学月刊》征解问题的解法谈起	即将出版		
卡塔兰恒等式与级数求和——从一道 IMO 试题的解法谈起	即将出版		
勒让德猜想与素数分布——从一道爱尔兰竞赛试题谈起	即将出版		
天平称重与信息论——从一道基辅市数学奥林匹克试题谈起	即将出版		
哈密尔顿—凯莱定理:从一道高中数学联赛试题的解法谈起	2014—09	18.00	376
艾思特曼定理——从一道 CMO 试题的解法谈起	即将出版		

刘培杰数学工作室
已出版(即将出版)图书目录——初等数学

书　　名	出版时间	定　价	编号
阿贝尔恒等式与经典不等式及应用	2018—06	98.00	923
迪利克雷除数问题	2018—07	48.00	930
幻方、幻立方与拉丁方	2019—08	48.00	1092
帕斯卡三角形	2014—03	18.00	294
蒲丰投针问题——从2009年清华大学的一道自主招生试题谈起	2014—01	38.00	295
斯图姆定理——从一道"华约"自主招生试题的解法谈起	2014—01	18.00	296
许瓦兹引理——从一道加利福尼亚大学伯克利分校数学系博士生试题谈起	2014—08	18.00	297
拉姆塞定理——从王诗宬院士的一个问题谈起	2016—04	48.00	299
坐标法	2013—12	28.00	332
数论三角形	2014—04	38.00	341
毕克定理	2014—07	18.00	352
数林掠影	2014—09	48.00	389
我们周围的概率	2014—10	38.00	390
凸函数最值定理:从一道华约自主招生题的解法谈起	2014—10	28.00	391
易学与数学奥林匹克	2014—10	38.00	392
生物数学趣谈	2015—01	18.00	409
反演	2015—01	28.00	420
因式分解与圆锥曲线	2015—01	18.00	426
轨迹	2015—01	28.00	427
面积原理:从常庚哲命的一道CMO试题的积分解法谈起	2015—01	48.00	431
形形色色的不动点定理:从一道28届IMO试题谈起	2015—01	38.00	439
柯西函数方程:从一道上海交大自主招生的试题谈起	2015—02	28.00	440
三角恒等式	2015—02	28.00	442
无理性判定:从一道2014年"北约"自主招生试题谈起	2015—01	38.00	443
数学归纳法	2015—03	18.00	451
极端原理与解题	2015—04	28.00	464
法雷级数	2014—08	18.00	367
摆线族	2015—01	38.00	438
函数方程及其解法	2015—05	38.00	470
含参数的方程和不等式	2012—09	28.00	213
希尔伯特第十问题	2016—01	38.00	543
无穷小量的求和	2016—01	28.00	545
切比雪夫多项式:从一道清华大学金秋营试题谈起	2016—01	38.00	583
泽肯多夫定理	2016—03	38.00	599
代数等式证题法	2016—01	28.00	600
三角等式证题法	2016—01	28.00	601
吴大任教授藏书中的一个因式分解公式:从一道美国数学邀请赛试题的解法谈起	2016—06	28.00	656
易卦——类万物的数学模型	2017—08	68.00	838
"不可思议"的数与数系可持续发展	2018—01	38.00	878
最短线	2018—01	38.00	879
数学在天文、地理、光学、机械力学中的一些应用	2023—03	88.00	1576
从阿基米德三角形谈起	2023—01	28.00	1578
幻方和魔方(第一卷)	2012—05	68.00	173
尘封的经典——初等数学经典文献选读(第一卷)	2012—07	48.00	205
尘封的经典——初等数学经典文献选读(第二卷)	2012—07	38.00	206
初级方程式论	2011—03	28.00	106
初等数学研究(Ⅰ)	2008—09	68.00	37
初等数学研究(Ⅱ)(上、下)	2009—05	118.00	46,47
初等数学专题研究	2022—10	68.00	1568

刘培杰数学工作室
已出版(即将出版)图书目录——初等数学

书　名	出版时间	定　价	编号
趣味初等方程妙题集锦	2014—09	48.00	388
趣味初等数论选美与欣赏	2015—02	48.00	445
耕读笔记(上卷)：一位农民数学爱好者的初数探索	2015—04	28.00	459
耕读笔记(中卷)：一位农民数学爱好者的初数探索	2015—05	28.00	483
耕读笔记(下卷)：一位农民数学爱好者的初数探索	2015—05	28.00	484
几何不等式研究与欣赏.上卷	2016—01	88.00	547
几何不等式研究与欣赏.下卷	2016—01	48.00	552
初等数列研究与欣赏·上	2016—01	48.00	570
初等数列研究与欣赏·下	2016—01	48.00	571
趣味初等函数研究与欣赏.上	2016—09	48.00	684
趣味初等函数研究与欣赏.下	2018—09	48.00	685
三角不等式研究与欣赏	2020—10	68.00	1197
新编平面解析几何解题方法研究与欣赏	2021—10	78.00	1426
火柴游戏(第2版)	2022—05	38.00	1493
智力解谜.第1卷	2017—07	38.00	613
智力解谜.第2卷	2017—07	38.00	614
故事智力	2016—07	48.00	615
名人们喜欢的智力问题	2020—01	48.00	616
数学大师的发现、创造与失误	2018—01	48.00	617
异曲同工	2018—09	48.00	618
数学的味道(第2版)	2023—10	68.00	1686
数学千字文	2018—10	68.00	977
数贝偶拾——高考数学题研究	2014—04	28.00	274
数贝偶拾——初等数学研究	2014—04	38.00	275
数贝偶拾——奥数题研究	2014—04	48.00	276
钱昌本教你快乐学数学(上)	2011—12	48.00	155
钱昌本教你快乐学数学(下)	2012—03	58.00	171
集合、函数与方程	2014—01	28.00	300
数列与不等式	2014—01	38.00	301
三角与平面向量	2014—01	28.00	302
平面解析几何	2014—01	38.00	303
立体几何与组合	2014—01	28.00	304
极限与导数、数学归纳法	2014—01	38.00	305
趣味数学	2014—03	28.00	306
教材教法	2014—04	68.00	307
自主招生	2014—05	58.00	308
高考压轴题(上)	2015—01	48.00	309
高考压轴题(下)	2014—10	68.00	310
从费马到怀尔斯——费马大定理的历史	2013—10	198.00	I
从庞加莱到佩雷尔曼——庞加莱猜想的历史	2013—10	298.00	II
从切比雪夫到爱尔特希(上)——素数定理的初等证明	2013—07	48.00	III
从切比雪夫到爱尔特希(下)——素数定理100年	2012—12	98.00	III
从高斯到盖尔方特——二次域的高斯猜想	2013—10	198.00	IV
从库默尔到朗兰兹——朗兰兹的历史	2014—01	98.00	V
从比勃巴赫到德布朗斯——比勃巴赫猜想的历史	2014—02	298.00	VI
从麦比乌斯到陈省身——麦比乌斯变换与麦比乌斯带	2014—02	298.00	VII
从布尔到豪斯道夫——布尔方程与格论漫谈	2013—10	198.00	VIII
从开普勒到阿诺德——三体问题的历史	2014—05	298.00	IX
从华林到华罗庚——华林问题的历史	2013—10	298.00	X

刘培杰数学工作室

已出版(即将出版)图书目录——初等数学

书　名	出版时间	定　价	编号
美国高中数学竞赛五十讲.第1卷(英文)	2014—08	28.00	357
美国高中数学竞赛五十讲.第2卷(英文)	2014—08	28.00	358
美国高中数学竞赛五十讲.第3卷(英文)	2014—09	28.00	359
美国高中数学竞赛五十讲.第4卷(英文)	2014—09	28.00	360
美国高中数学竞赛五十讲.第5卷(英文)	2014—10	28.00	361
美国高中数学竞赛五十讲.第6卷(英文)	2014—11	28.00	362
美国高中数学竞赛五十讲.第7卷(英文)	2014—12	28.00	363
美国高中数学竞赛五十讲.第8卷(英文)	2015—01	28.00	364
美国高中数学竞赛五十讲.第9卷(英文)	2015—01	28.00	365
美国高中数学竞赛五十讲.第10卷(英文)	2015—02	38.00	366
三角函数(第2版)	2017—04	38.00	626
不等式	2014—01	38.00	312
数列	2014—01	38.00	313
方程(第2版)	2017—04	38.00	624
排列和组合	2014—01	28.00	315
极限与导数(第2版)	2016—04	38.00	635
向量(第2版)	2018—08	58.00	627
复数及其应用	2014—08	28.00	318
函数	2014—01	38.00	319
集合	2020—01	48.00	320
直线与平面	2014—01	28.00	321
立体几何(第2版)	2016—04	38.00	629
解三角形	即将出版		323
直线与圆(第2版)	2016—11	38.00	631
圆锥曲线(第2版)	2016—09	48.00	632
解题通法(一)	2014—07	38.00	326
解题通法(二)	2014—07	38.00	327
解题通法(三)	2014—05	38.00	328
概率与统计	2014—01	28.00	329
信息迁移与算法	即将出版		330
IMO 50年.第1卷(1959—1963)	2014—11	28.00	377
IMO 50年.第2卷(1964—1968)	2014—11	28.00	378
IMO 50年.第3卷(1969—1973)	2014—09	28.00	379
IMO 50年.第4卷(1974—1978)	2016—04	38.00	380
IMO 50年.第5卷(1979—1984)	2015—04	38.00	381
IMO 50年.第6卷(1985—1989)	2015—04	58.00	382
IMO 50年.第7卷(1990—1994)	2016—01	48.00	383
IMO 50年.第8卷(1995—1999)	2016—06	38.00	384
IMO 50年.第9卷(2000—2004)	2015—04	58.00	385
IMO 50年.第10卷(2005—2009)	2016—01	48.00	386
IMO 50年.第11卷(2010—2015)	2017—03	48.00	646

刘培杰数学工作室
已出版(即将出版)图书目录——初等数学

书　名	出版时间	定　价	编号
数学反思(2006—2007)	2020—09	88.00	915
数学反思(2008—2009)	2019—01	68.00	917
数学反思(2010—2011)	2018—05	58.00	916
数学反思(2012—2013)	2019—01	58.00	918
数学反思(2014—2015)	2019—03	78.00	919
数学反思(2016—2017)	2021—03	58.00	1286
数学反思(2018—2019)	2023—01	88.00	1593
历届美国大学生数学竞赛试题集.第一卷(1938—1949)	2015—01	28.00	397
历届美国大学生数学竞赛试题集.第二卷(1950—1959)	2015—01	28.00	398
历届美国大学生数学竞赛试题集.第三卷(1960—1969)	2015—01	28.00	399
历届美国大学生数学竞赛试题集.第四卷(1970—1979)	2015—01	18.00	400
历届美国大学生数学竞赛试题集.第五卷(1980—1989)	2015—01	28.00	401
历届美国大学生数学竞赛试题集.第六卷(1990—1999)	2015—01	28.00	402
历届美国大学生数学竞赛试题集.第七卷(2000—2009)	2015—08	18.00	403
历届美国大学生数学竞赛试题集.第八卷(2010—2012)	2015—01	18.00	404
新课标高考数学创新题解题诀窍:总论	2014—09	28.00	372
新课标高考数学创新题解题诀窍:必修1~5分册	2014—08	38.00	373
新课标高考数学创新题解题诀窍:选修2—1,2—2,1—1,1—2分册	2014—09	38.00	374
新课标高考数学创新题解题诀窍:选修2—3,4—4,4—5分册	2014—09	18.00	375
全国重点大学自主招生英文数学试题全攻略:词汇卷	2015—07	48.00	410
全国重点大学自主招生英文数学试题全攻略:概念卷	2015—01	28.00	411
全国重点大学自主招生英文数学试题全攻略:文章选读卷(上)	2016—09	38.00	412
全国重点大学自主招生英文数学试题全攻略:文章选读卷(下)	2017—01	58.00	413
全国重点大学自主招生英文数学试题全攻略:试题卷	2015—07	38.00	414
全国重点大学自主招生英文数学试题全攻略:名著欣赏卷	2017—03	48.00	415
劳埃德数学趣题大全.题目卷.1:英文	2016—01	18.00	516
劳埃德数学趣题大全.题目卷.2:英文	2016—01	18.00	517
劳埃德数学趣题大全.题目卷.3:英文	2016—01	18.00	518
劳埃德数学趣题大全.题目卷.4:英文	2016—01	18.00	519
劳埃德数学趣题大全.题目卷.5:英文	2016—01	18.00	520
劳埃德数学趣题大全.答案卷:英文	2016—01	18.00	521
李成章教练奥数笔记.第1卷	2016—01	48.00	522
李成章教练奥数笔记.第2卷	2016—01	48.00	523
李成章教练奥数笔记.第3卷	2016—01	38.00	524
李成章教练奥数笔记.第4卷	2016—01	38.00	525
李成章教练奥数笔记.第5卷	2016—01	38.00	526
李成章教练奥数笔记.第6卷	2016—01	38.00	527
李成章教练奥数笔记.第7卷	2016—01	38.00	528
李成章教练奥数笔记.第8卷	2016—01	48.00	529
李成章教练奥数笔记.第9卷	2016—01	28.00	530

书　名	出版时间	定　价	编号
第19～23届"希望杯"全国数学邀请赛试题审题要津详细评注(初一版)	2014—03	28.00	333
第19～23届"希望杯"全国数学邀请赛试题审题要津详细评注(初二、初三版)	2014—03	38.00	334
第19～23届"希望杯"全国数学邀请赛试题审题要津详细评注(高一版)	2014—03	28.00	335
第19～23届"希望杯"全国数学邀请赛试题审题要津详细评注(高二版)	2014—03	38.00	336
第19～25届"希望杯"全国数学邀请赛试题审题要津详细评注(初一版)	2015—01	38.00	416
第19～25届"希望杯"全国数学邀请赛试题审题要津详细评注(初二、初三版)	2015—01	58.00	417
第19～25届"希望杯"全国数学邀请赛试题审题要津详细评注(高一版)	2015—01	48.00	418
第19～25届"希望杯"全国数学邀请赛试题审题要津详细评注(高二版)	2015—01	48.00	419
物理奥林匹克竞赛大题典——力学卷	2014—11	48.00	405
物理奥林匹克竞赛大题典——热学卷	2014—04	28.00	339
物理奥林匹克竞赛大题典——电磁学卷	2015—07	48.00	406
物理奥林匹克竞赛大题典——光学与近代物理卷	2014—06	28.00	345
历届中国东南地区数学奥林匹克试题集(2004～2012)	2014—06	18.00	346
历届中国西部地区数学奥林匹克试题集(2001～2012)	2014—07	18.00	347
历届中国女子数学奥林匹克试题集(2002～2012)	2014—08	18.00	348
数学奥林匹克在中国	2014—06	98.00	344
数学奥林匹克问题集	2014—01	38.00	267
数学奥林匹克不等式散论	2010—06	38.00	124
数学奥林匹克不等式欣赏	2011—09	38.00	138
数学奥林匹克超级题库(初中卷上)	2010—01	58.00	66
数学奥林匹克不等式证明方法和技巧(上、下)	2011—08	158.00	134,135
他们学什么:原民主德国中学数学课本	2016—09	38.00	658
他们学什么:英国中学数学课本	2016—09	38.00	659
他们学什么:法国中学数学课本.1	2016—09	38.00	660
他们学什么:法国中学数学课本.2	2016—09	28.00	661
他们学什么:法国中学数学课本.3	2016—09	38.00	662
他们学什么:苏联中学数学课本	2016—09	28.00	679
高中数学题典——集合与简易逻辑·函数	2016—07	48.00	647
高中数学题典——导数	2016—07	48.00	648
高中数学题典——三角函数·平面向量	2016—07	48.00	649
高中数学题典——数列	2016—07	58.00	650
高中数学题典——不等式·推理与证明	2016—07	38.00	651
高中数学题典——立体几何	2016—07	48.00	652
高中数学题典——平面解析几何	2016—07	78.00	653
高中数学题典——计数原理·统计·概率·复数	2016—07	48.00	654
高中数学题典——算法·平面几何·初等数论·组合数学·其他	2016—07	68.00	655

刘培杰数学工作室
已出版(即将出版)图书目录——初等数学

书　名	出版时间	定　价	编号
台湾地区奥林匹克数学竞赛试题.小学一年级	2017—03	38.00	722
台湾地区奥林匹克数学竞赛试题.小学二年级	2017—03	38.00	723
台湾地区奥林匹克数学竞赛试题.小学三年级	2017—03	38.00	724
台湾地区奥林匹克数学竞赛试题.小学四年级	2017—03	38.00	725
台湾地区奥林匹克数学竞赛试题.小学五年级	2017—03	38.00	726
台湾地区奥林匹克数学竞赛试题.小学六年级	2017—03	38.00	727
台湾地区奥林匹克数学竞赛试题.初中一年级	2017—03	38.00	728
台湾地区奥林匹克数学竞赛试题.初中二年级	2017—03	38.00	729
台湾地区奥林匹克数学竞赛试题.初中三年级	2017—03	28.00	730
不等式证题法	2017—04	28.00	747
平面几何培优教程	2019—08	88.00	748
奥数鼎级培优教程.高一分册	2018—09	88.00	749
奥数鼎级培优教程.高二分册.上	2018—04	68.00	750
奥数鼎级培优教程.高二分册.下	2018—04	68.00	751
高中数学竞赛冲刺宝典	2019—04	68.00	883
初中尖子生数学超级题典.实数	2017—07	58.00	792
初中尖子生数学超级题典.式、方程与不等式	2017—08	58.00	793
初中尖子生数学超级题典.圆、面积	2017—08	38.00	794
初中尖子生数学超级题典.函数、逻辑推理	2017—08	48.00	795
初中尖子生数学超级题典.角、线段、三角形与多边形	2017—07	58.00	796
数学王子——高斯	2018—01	48.00	858
坎坷奇星——阿贝尔	2018—01	48.00	859
闪烁奇星——伽罗瓦	2018—01	58.00	860
无穷统帅——康托尔	2018—01	48.00	861
科学公主——柯瓦列夫斯卡娅	2018—01	48.00	862
抽象代数之母——埃米·诺特	2018—01	48.00	863
电脑先驱——图灵	2018—01	58.00	864
昔日神童——维纳	2018—01	48.00	865
数坛怪侠——爱尔特希	2018—01	68.00	866
传奇数学家徐利治	2019—09	88.00	1110
当代世界中的数学.数学思想与数学基础	2019—01	38.00	892
当代世界中的数学.数学问题	2019—01	38.00	893
当代世界中的数学.应用数学与数学应用	2019—01	38.00	894
当代世界中的数学.数学王国的新疆域(一)	2019—01	38.00	895
当代世界中的数学.数学王国的新疆域(二)	2019—01	38.00	896
当代世界中的数学.数林撷英(一)	2019—01	38.00	897
当代世界中的数学.数林撷英(二)	2019—01	48.00	898
当代世界中的数学.数学之路	2019—01	38.00	899

书　　名	出版时间	定　价	编号
105 个代数问题:来自 AwesomeMath 夏季课程	2019—02	58.00	956
106 个几何问题:来自 AwesomeMath 夏季课程	2020—07	58.00	957
107 个几何问题:来自 AwesomeMath 全年课程	2020—07	58.00	958
108 个代数问题:来自 AwesomeMath 全年课程	2019—01	68.00	959
109 个不等式:来自 AwesomeMath 夏季课程	2019—04	58.00	960
国际数学奥林匹克中的 110 个几何问题	即将出版		961
111 个代数和数论问题	2019—05	58.00	962
112 个组合问题:来自 AwesomeMath 夏季课程	2019—05	58.00	963
113 个几何不等式:来自 AwesomeMath 夏季课程	2020—08	58.00	964
114 个指数和对数问题:来自 AwesomeMath 夏季课程	2019—09	48.00	965
115 个三角问题:来自 AwesomeMath 夏季课程	2019—09	58.00	966
116 个代数不等式:来自 AwesomeMath 全年课程	2019—04	58.00	967
117 个多项式问题:来自 AwesomeMath 夏季课程	2021—09	58.00	1409
118 个数学竞赛不等式	2022—08	78.00	1526
紫色彗星国际数学竞赛试题	2019—02	58.00	999
数学竞赛中的数学:为数学爱好者、父母、教师和教练准备的丰富资源.第一部	2020—04	58.00	1141
数学竞赛中的数学:为数学爱好者、父母、教师和教练准备的丰富资源.第二部	2020—07	48.00	1142
和与积	2020—10	38.00	1219
数论:概念和问题	2020—12	68.00	1257
初等数学问题研究	2021—03	48.00	1270
数学奥林匹克中的欧几里得几何	2021—10	68.00	1413
数学奥林匹克题解新编	2022—01	58.00	1430
图论入门	2022—09	58.00	1554
新的、更新的、最新的不等式	2023—07	58.00	1650
澳大利亚中学数学竞赛试题及解答(初级卷)1978～1984	2019—02	28.00	1002
澳大利亚中学数学竞赛试题及解答(初级卷)1985～1991	2019—02	28.00	1003
澳大利亚中学数学竞赛试题及解答(初级卷)1992～1998	2019—02	28.00	1004
澳大利亚中学数学竞赛试题及解答(初级卷)1999～2005	2019—02	28.00	1005
澳大利亚中学数学竞赛试题及解答(中级卷)1978～1984	2019—03	28.00	1006
澳大利亚中学数学竞赛试题及解答(中级卷)1985～1991	2019—03	28.00	1007
澳大利亚中学数学竞赛试题及解答(中级卷)1992～1998	2019—03	28.00	1008
澳大利亚中学数学竞赛试题及解答(中级卷)1999～2005	2019—03	28.00	1009
澳大利亚中学数学竞赛试题及解答(高级卷)1978～1984	2019—05	28.00	1010
澳大利亚中学数学竞赛试题及解答(高级卷)1985～1991	2019—05	28.00	1011
澳大利亚中学数学竞赛试题及解答(高级卷)1992～1998	2019—05	28.00	1012
澳大利亚中学数学竞赛试题及解答(高级卷)1999～2005	2019—05	28.00	1013
天才中小学生智力测验题.第一卷	2019—03	38.00	1026
天才中小学生智力测验题.第二卷	2019—03	38.00	1027
天才中小学生智力测验题.第三卷	2019—03	38.00	1028
天才中小学生智力测验题.第四卷	2019—03	38.00	1029
天才中小学生智力测验题.第五卷	2019—03	38.00	1030
天才中小学生智力测验题.第六卷	2019—03	38.00	1031
天才中小学生智力测验题.第七卷	2019—03	38.00	1032
天才中小学生智力测验题.第八卷	2019—03	38.00	1033
天才中小学生智力测验题.第九卷	2019—03	38.00	1034
天才中小学生智力测验题.第十卷	2019—03	38.00	1035
天才中小学生智力测验题.第十一卷	2019—03	38.00	1036
天才中小学生智力测验题.第十二卷	2019—03	38.00	1037
天才中小学生智力测验题.第十三卷	2019—03	38.00	1038

刘培杰数学工作室
已出版(即将出版)图书目录——初等数学

书　名	出版时间	定　价	编号
重点大学自主招生数学备考全书:函数	2020—05	48.00	1047
重点大学自主招生数学备考全书:导数	2020—08	48.00	1048
重点大学自主招生数学备考全书:数列与不等式	2019—10	78.00	1049
重点大学自主招生数学备考全书:三角函数与平面向量	2020—08	68.00	1050
重点大学自主招生数学备考全书:平面解析几何	2020—07	58.00	1051
重点大学自主招生数学备考全书:立体几何与平面几何	2019—08	48.00	1052
重点大学自主招生数学备考全书:排列组合・概率统计・复数	2019—09	48.00	1053
重点大学自主招生数学备考全书:初等数论与组合数学	2019—08	48.00	1054
重点大学自主招生数学备考全书:重点大学自主招生真题.上	2019—04	68.00	1055
重点大学自主招生数学备考全书:重点大学自主招生真题.下	2019—04	58.00	1056
高中数学竞赛培训教程:平面几何问题的求解方法与策略.上	2018—05	68.00	906
高中数学竞赛培训教程:平面几何问题的求解方法与策略.下	2018—06	78.00	907
高中数学竞赛培训教程:整除与同余以及不定方程	2018—01	88.00	908
高中数学竞赛培训教程:组合计数与组合极值	2018—04	48.00	909
高中数学竞赛培训教程:初等代数	2019—04	78.00	1042
高中数学讲座:数学竞赛基础教程(第一册)	2019—06	48.00	1094
高中数学讲座:数学竞赛基础教程(第二册)	即将出版		1095
高中数学讲座:数学竞赛基础教程(第三册)	即将出版		1096
高中数学讲座:数学竞赛基础教程(第四册)	即将出版		1097
新编中学数学解题方法1000招丛书.实数(初中版)	2022—05	58.00	1291
新编中学数学解题方法1000招丛书.式(初中版)	2022—05	48.00	1292
新编中学数学解题方法1000招丛书.方程与不等式(初中版)	2021—04	58.00	1293
新编中学数学解题方法1000招丛书.函数(初中版)	2022—05	38.00	1294
新编中学数学解题方法1000招丛书.角(初中版)	2022—05	48.00	1295
新编中学数学解题方法1000招丛书.线段(初中版)	2022—05	48.00	1296
新编中学数学解题方法1000招丛书.三角形与多边形(初中版)	2021—04	48.00	1297
新编中学数学解题方法1000招丛书.圆(初中版)	2022—05	48.00	1298
新编中学数学解题方法1000招丛书.面积(初中版)	2021—07	28.00	1299
新编中学数学解题方法1000招丛书.逻辑推理(初中版)	2022—06	48.00	1300
高中数学题典精编.第一辑.函数	2022—01	58.00	1444
高中数学题典精编.第一辑.导数	2022—01	68.00	1445
高中数学题典精编.第一辑.三角函数・平面向量	2022—01	68.00	1446
高中数学题典精编.第一辑.数列	2022—01	58.00	1447
高中数学题典精编.第一辑.不等式・推理与证明	2022—01	58.00	1448
高中数学题典精编.第一辑.立体几何	2022—01	58.00	1449
高中数学题典精编.第一辑.平面解析几何	2022—01	68.00	1450
高中数学题典精编.第一辑.统计・概率・平面几何	2022—01	58.00	1451
高中数学题典精编.第一辑.初等数论・组合数学・数学文化・解题方法	2022—01	58.00	1452
历届全国初中数学竞赛试题分类解析.初等代数	2022—09	98.00	1555
历届全国初中数学竞赛试题分类解析.初等数论	2022—09	48.00	1556
历届全国初中数学竞赛试题分类解析.平面几何	2022—09	38.00	1557
历届全国初中数学竞赛试题分类解析.组合	2022—09	38.00	1558

刘培杰数学工作室
已出版(即将出版)图书目录——初等数学

书　　名	出版时间	定　价	编号
从三道高三数学模拟题的背景谈起:兼谈傅里叶三角级数	2023－03	48.00	1651
从一道日本东京大学的入学试题谈起:兼谈 π 的方方面面	即将出版		1652
从两道 2021 年福建高三数学测试题谈起:兼谈球面几何学与球面三角学	即将出版		1653
从一道湖南高考数学试题谈起:兼谈有界变差数列	即将出版		1654
从一道高校自主招生试题谈起:兼谈詹森函数方程	即将出版		1655
从一道上海高考数学试题谈起:兼谈有界变差函数	即将出版		1656
从一道北京大学金秋营数学试题的解法谈起:兼谈伽罗瓦理论	即将出版		1657
从一道北京高考数学试题的解法谈起:兼谈毕克定理	即将出版		1658
从一道北京大学金秋营数学试题的解法谈起:兼谈帕塞瓦尔恒等式	即将出版		1659
从一道高三数学模拟测试题的背景谈起:兼谈等周问题与等周不等式	即将出版		1660
从一道 2020 年全国高考数学试题的解法谈起:兼谈斐波那契数列和纳卡穆拉定理及奥斯图达定理	即将出版		1661
从一道高考数学附加题谈起:兼谈广义斐波那契数列	即将出版		1662
代数学教程.第一卷,集合论	2023－08	58.00	1664
代数学教程.第二卷,抽象代数基础	2023－08	68.00	1665
代数学教程.第三卷,数论原理	2023－08	58.00	1666
代数学教程.第四卷,代数方程式论	2023－08	48.00	1667
代数学教程.第五卷,多项式理论	2023－08	58.00	1668

联系地址:哈尔滨市南岗区复华四道街 10 号　哈尔滨工业大学出版社刘培杰数学工作室
网　　址:http://lpj.hit.edu.cn/
邮　　编:150006
联系电话:0451－86281378　　13904613167
E-mail:lpj1378@163.com